普通高等教育机电类系列教材

工 程 制 图

第 4 版

主 编 李 芳 武 华
副主编 徐旭松 方锡武
参 编 蒋麒麟 关鸿耀 吴凤祥

机 械 工 业 出 版 社

本书是在第 3 版的基础上，根据教育部高等学校工程图学课程教学指导分委员会 2019 年修订的《高等学校工程图学课程教学基本要求》，结合最新的应用型本科人才培养方案及教学要求，并听取了兄弟院校及读者的建议修订而成的。除绪论和附录外，本书共 10 章，主要内容包括制图基本知识和技能，点、直线、平面的投影，基本体，组合体，轴测图，机件的表达方法，零件图，标准件和常用件，装配图和计算机绘图。本书为新形态教材，以二维码的形式链接了知识点讲解微课视频和三维互动模型，以便学生随扫随学。

本书可作为本科院校各专业"工程制图"课程教材，也可作为高职、高专等院校相关专业课程教材，还可供工程技术人员参考。本书提供教学大纲、PPT 课件等配套资源，选用本书的教师可以登录机械工业出版社教育服务网（www.cmpedu.com）免费下载。

图书在版编目（CIP）数据

工程制图／李芳，武华主编. -- 4 版. -- 北京：
机械工业出版社，2025.4（2025.9重印）. --（普通高等教育机电类系
列教材）. -- ISBN 978-7-111-78300-8

Ⅰ. TB23

中国国家版本馆 CIP 数据核字第 2025EV6577 号

机械工业出版社（北京市百万庄大街 22 号　邮政编码 100037）
策划编辑：徐鲁融　　　　　　责任编辑：徐鲁融
责任校对：韩佳欣　张　征　　封面设计：王　旭
责任印制：单爱军
保定市中画美凯印刷有限公司印刷
2025 年 9 月第 4 版第 2 次印刷
184mm×260mm・22.25 印张・548 千字
标准书号：ISBN 978-7-111-78300-8
定价：69.80 元

电话服务　　　　　　　　　　网络服务
客服电话：010-88361066　　　机　工　官　网：www.cmpbook.com
　　　　　010-88379833　　　机　工　官　博：weibo.com/cmp1952
　　　　　010-68326294　　　金　书　网：www.golden-book.com
封底无防伪标均为盗版　　机工教育服务网：www.cmpedu.com

PREFACE

前 言

　　本书是在第 3 版的基础上，根据教育部高等学校工程图学课程教学指导分委员会 2019 年修订的《高等学校工程图学课程教学基本要求》，结合最新的应用型本科人才培养方案及教学要求，并听取了兄弟院校及读者的建议修订而成的。

　　本书保持前续版本"夯实基础，突出应用，培养能力"的指导思想，以培养学生的绘图、读图能力和构型思维为目标，通过修订实现持续优化。具体而言，本书具有如下特色。

　　1）内容符合现行《技术制图》《机械制图》《CAD 制图》国家标准，以及与制图有关的其他国家标准。

　　2）注重工程意识和实践能力的培养。本书大量选择工程零件和常用结构来进行讲解，力求贴近行业实际生产现状，符合专业改革与发展方向，助力学生工程素养培养。

　　3）计算机绘图的二维绘图部分以 AutoCAD 2024 为工具进行讲解，三维建模部分选用 SOLIDWORKS 2021 软件并结合工程实例展开介绍，内容涵盖从工程图的创建、图形绘制到文件导出的方法和步骤，培养学生独立完成工程图的系统性思维与工程实践能力。

　　4）各章章末设置"拓展阅读"模块，内容取材包括我国古代机械、长征五号火箭、汽车中间轴的零件图与工艺等，旨在激发学生的专业兴趣，开阔思维视野，培育人文精神，引导学生成长为合格的工程技术人才。

　　5）各章以思维导图梳理知识点，便于学生搭建知识框架，厘清知识点之间的逻辑关系，提升学习效率。

　　6）本书为新形态教材，以二维码的形式链接了知识点讲解微课视频和三维互动模型，以便学生随扫随学。本书提供教学大纲、PPT 课件等配套资源，便于教师选书用书。本书主编团队主讲的"工程制图"课程已在中国大学 MOOC 上线，欢迎选用本书的同学同步学习。

　　本书由南京工程学院、江苏理工学院、天津汽车工业（集团）有限公司合作编写，李芳、武华任主编，徐旭松、方锡武任副主编，李芳负责全书统稿。具体的编写分工：南京工程学院武华编写第一章、第五章、第七章主体内容、第十章第一～七节、第十章拓展阅读，江苏理工学院徐旭松编写第二章，南京工程学院方锡武编写第三章，南京工程学院李芳编写第四章、第八章、第九章、第十章第八节以及第一～六章、第八章、第九章拓展阅读，南京工程学院蒋麒麟编写第六章，南京工程学院关鸿耀编写附录，天津汽车工业（集团）有限公司吴凤祥提供了部分工程案例材料并编写了第七章拓展阅读。

　　东南大学张建润教授认真审阅了本书，并提出了许多宝贵意见和建议，在此表示衷心的感谢！本书的编写参考了很多同类教材，并一一列于参考文献中，在此向相关作者一并表示感谢。

　　衷心希望通过本次修订本书能更好地为广大读者的学习和工作提供帮助。但由于编者水平有限，书中难免存在疏漏和错误，敬请选用本书的师生和广大读者批评指正。

编　者

目录 CONTENTS

前　言

绪论 / 1

第一章　制图基本知识和技能 / 3
第一节　国家标准《技术制图》和《机械制图》的基本规定 / 3
第二节　尺规绘图工具 / 15
第三节　几何作图 / 17
第四节　平面图形的绘制 / 21
第五节　徒手绘图 / 24
本章归纳 / 27
拓展阅读 / 27

第二章　点、直线、平面的投影 / 29
第一节　投影基本知识 / 29
第二节　点的投影 / 31
第三节　直线的投影 / 36
第四节　平面的投影 / 42
第五节　直线与平面、平面与平面的相对位置 / 47
本章归纳 / 52
拓展阅读 / 52

第三章　基本体 / 55
第一节　平面立体 / 55
第二节　回转体 / 61
第三节　平面与立体相交 / 68
第四节　两立体相交 / 81
本章归纳 / 91
拓展阅读 / 91

第四章　组合体 / 93
第一节　三视图的形成及投影特性 / 93
第二节　组合体的组合形式与表面连接关系 / 94
第三节　画组合体的三视图 / 96

第四节　组合体的尺寸标注 / 100
第五节　读组合体视图 / 105
第六节　组合体的构型设计 / 114
本章归纳 / 118
拓展阅读 / 118

第五章　轴测图 / 120
第一节　轴测图的基本知识 / 120
第二节　正等轴测图 / 121
第三节　斜二等轴测图 / 129
第四节　轴测图的相关问题 / 131
本章归纳 / 134
拓展阅读 / 134

第六章　机件的表达方法 / 136
第一节　视图 / 136
第二节　剖视图 / 140
第三节　断面图 / 149
第四节　规定画法和简化画法 / 153
第五节　表达方法综合应用举例 / 159
第六节　第三角画法简介 / 162
本章归纳 / 165
拓展阅读 / 165

第七章　零件图 / 167
第一节　零件图的作用和内容 / 167
第二节　零件的视图选择 / 169
第三节　零件图的尺寸标注 / 176
第四节　零件图的技术要求 / 181
第五节　零件的典型工艺结构 / 194
第六节　读零件图 / 196
第七节　零件测绘 / 198
本章归纳 / 202
拓展阅读 / 203

第八章　标准件和常用件 / 205
第一节　螺纹 / 205
第二节　螺纹紧固件 / 214
第三节　齿轮 / 220
第四节　键和销 / 224
第五节　滚动轴承 / 227
第六节　弹簧 / 230

本章归纳 / 234

拓展阅读 / 234

第九章　装配图 / 236

第一节　装配图的作用和内容 / 236

第二节　装配图的表达方法 / 239

第三节　装配图的尺寸标注和技术要求 / 241

第四节　装配图的零、部件序号和明细栏 / 242

第五节　装配工艺结构 / 244

第六节　部件测绘和绘制装配图 / 246

第七节　读装配图 / 256

第八节　由装配图拆画零件图 / 259

本章归纳 / 266

拓展阅读 / 267

第十章　计算机绘图 / 268

第一节　机械工程 CAD 制图的基本规定 / 268

第二节　AutoCAD 2024 的基础知识 / 270

第三节　二维图形的绘制与编辑 / 277

第四节　文字注写及尺寸和引线的标注 / 283

第五节　图块的创建与应用 / 291

第六节　CAD 二维绘图综合实践 / 297

第七节　图形输出与打印 / 303

第八节　SOLIDWORKS 三维建模简介 / 306

本章归纳 / 321

拓展阅读 / 321

附录 / 323

附录 A　极限与配合 / 323

附录 B　螺纹 / 328

附录 C　螺纹紧固件 / 333

附录 D　键和销 / 339

附录 E　滚动轴承 / 342

附录 F　常用材料 / 345

参考文献 / 347

绪论

一、本课程的性质和研究对象

"工程制图"课程是普通高等学校理、工类专业的一门重要技术基础课程。该课程理论严谨，实践性强，与工程设计紧密联系，对培养学生掌握科学思维方法、增强工程意识和创新意识有非常重要的作用。

本课程的主要研究对象是工程图样。在工程领域的技术工作与管理工作中，工程图样作为传递设计意图、表达产品信息、交流技术思想和指导实际生产的载体，有着不可或缺的重要作用，因此被称为"工程界的技术语言"。

二、本课程的目的和任务

本课程的教学目的是培养学生具有尺规绘图能力、徒手绘图能力及计算机绘图能力，为后续课程的学习和今后从事技术工作打下坚实的基础，并初步具备工程技术人员的基本素质和实践技能。

本课程的主要任务有以下六点。

1）学习《技术制图》《机械制图》《CAD 制图》国家标准，培养贯彻执行国家标准的意识。

2）学习正投影法的基本理论及其应用。

3）掌握绘制和阅读工程图样的基本要求和方法。

4）培养空间想象能力、形象思维能力和创新能力。

5）学习使用计算机绘图软件绘制二维图样和三维建模的方法。

6）培养认真负责的工作态度、严谨细致的工作作风和自主学习的能力。

三、本课程的学习方法和要求

1）本课程理论体系严谨，实践性很强，在学习中切忌死记硬背，应通过大量的作业练习来理解和掌握基础理论的应用。

2）牢固树立标准化意识，并不断提高应用国家标准的能力。

3）在各章结束时，应对照章末的归纳总结厘清知识点之间的关系，抓住重点，解决

2

难点。

4）注重课程与日常生活、生产实际的结合，多观察、多思考、多练习。由物体画图形、由图形想物体，反复实践，逐步提高绘图和读图的能力。

5）注重自学能力的培养，及时、独立、认真地完成作业，从中找到分析问题和解决问题的方法。此外，要借助网络媒体，采用多种学习模式，提高学习效率。

6）通过大量的上机训练提高计算机绘图能力，养成良好的操作习惯，找到快速、准确绘制工程图样的方法和技巧；通过计算机建模过程，增强形体构型能力和工程图绘制能力。

7）在零部件测绘的实践环节中，培养团队协作精神，注重理论与实际的结合，逐步提高综合应用能力和工程实践能力。

第一章 制图基本知识和技能

图样作为工程界的技术语言，必须具备良好的规范性和可读性，因此国家标准对图样的有关内容给出了严格的规定。学习本课程首先要熟悉关于工程制图的相关标准，并在练习作业中认真执行国家标准。此外，还应掌握工程制图的基本知识和技能，培养工程素质。

本章的重点是掌握国家标准的相关规定、尺规绘图和徒手绘图的方法，难点是绘制平面图形。

第一节 国家标准《技术制图》和《机械制图》的基本规定

国家标准即中华人民共和国国家标准，简称"国标"，用"GB"（强制性标准）或"GB/T"（推荐性标准）表示，国际标准化组织用"ISO"表示。国家标准的格式为：标准代号/推荐属性 顺序号.部分号—批准年号，如 GB/T 4457.4—2002。绘制工程图样时，必须严格执行这些标准规定。

一、图纸幅面和格式、标题栏（GB/T 14689—2008、GB/T 10609.1—2008）

1. 图纸幅面

图纸幅面是指图纸宽度与长度组成的图面大小。绘制工程图样时应优先采用表 1-1 所列的基本幅面，必要时也允许选用表 1-2 所列的加长幅面，加长幅面的尺寸是由基本幅面的短边成整数倍增加得出的。图纸的基本幅面和加长幅面如图 1-1 所示。

表 1-1　图纸基本幅面及尺寸　　　　　　　　　　　　（单位：mm）

幅面代号	A0	A1	A2	A3	A4
$B×L$	841×1189	594×841	420×594	297×420	210×297
a	25				
c	10			5	
e	20		10		

表 1-2　图纸加长幅面及尺寸　　　　　　　　　　　　（单位：mm）

幅面代号	A3×3	A3×4	A4×3	A4×4	A4×5
$B×L$	420×891	420×1189	297×630	297×841	297×1050

4

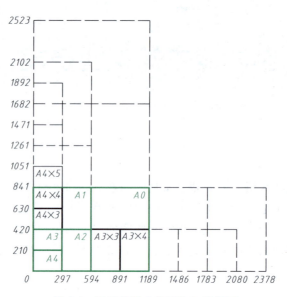

图 1-1 图纸的基本幅面和加长幅面

2. 图框格式

图框是指图纸上用粗实线画出的限定绘图区域的线框，其格式分为不留装订边和留有装订边两种，分别如图 1-2 和图 1-3 所示。同一产品的图样只能采用一种格式。

图框尺寸按表 1-1 中的规定值选取，加长幅面的图框尺寸按所选用的基本幅面大一号的图框尺寸确定。例如，A3×4 的图框尺寸应按 A2 的图框尺寸绘制。

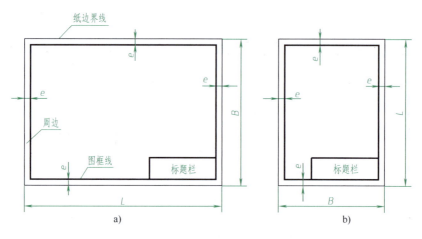

图 1-2 不留装订边的图框格式

a) X 型 b) Y 型

3. 标题栏

标题栏是由名称及代号区、签字区、更改区和其他区组成的栏目，标题栏的分区如图 1-4a 所示，标题栏的格式如图 1-4b 所示，标题栏应布置在图纸的右下角。当标题栏的长边置于水平方向并与图纸的长边平行时，则构成 X 型图纸；当标题栏的长边与图纸的长边垂直时，则构成 Y 型图纸。两种类型的图纸都遵循看图方向与看标题栏的方向一致的原则读图。

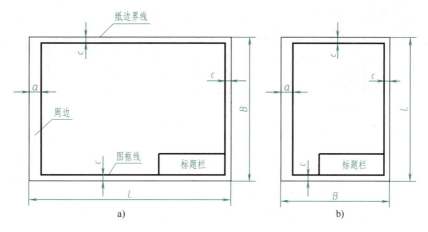

图 1-3　留有装订边的图框格式

a）X 型　b）Y 型

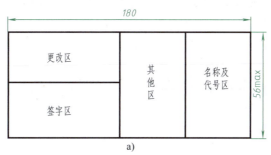

a）

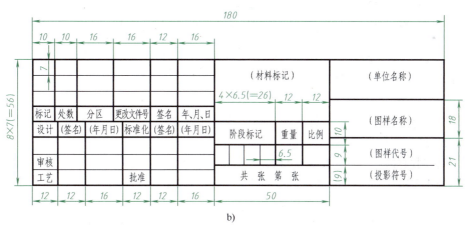

b）

图 1-4　标题栏

a）标题栏的分区　b）标题栏的格式

在学校的制图作业中，可以采用简化标题栏，格式如图 1-5 所示。

4. 附加符号

（1）对中符号　为了使图样复制和进行缩微摄影时定位方便，应在图纸各边长的中点处分别画出对中符号。该符号用粗实线（宽度不小于 0.5mm）绘制，长度从纸边界开始至伸入图框内约 5mm，如图 1-6a 所示。

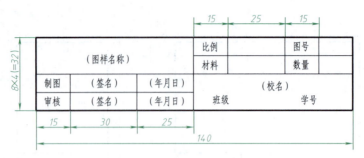

图 1-5 简化标题栏的格式

（2）方向符号 为了利用预先印制了图框和标题栏的图纸，允许将 X 型图纸的短边或 Y 型图纸的长边水平放置，而标题栏位于图纸的右上角，此时必须在图纸的下边对中符号处画出方向符号，该符号是用细实线绘制的等边三角形，如图 1-6b 所示。

（3）投影符号 我国采用第一角投影作图，而美国、日本、加拿大、澳大利亚等国采用第三角投影作图（详见第六章的第六节）。为了表明图样采用第三角投影，在标题栏中必须标注第三角投影的识别符号。第一角投影可省略标注，必要时再标注。两种符号的画法如图 1-6c、d 所示，h 为图样中尺寸字体高度（$H = 2h$），d 为图样中粗实线宽度。

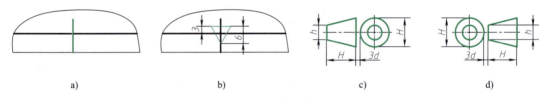

图 1-6 附加符号的绘制

a）对中符号　b）方向符号　c）第一角投影识别符号　d）第三角投影识别符号

二、比例（GB/T 14690—1993）

比例是指图样中图形与其实物相应要素的线性尺寸之比。线性尺寸是能用直线表达的尺寸，如直线长度、圆的直径等。

按比例绘制图样时，应注意以下几点。

1）在表 1-3 所列的系列中选取适当的比例，必要时也允许选用表 1-4 所列的比例。

表 1-3 优先选用的比例

原值比例	$1:1$		
放大比例	$5:1$	$2:1$	
	$5 \times 10^n : 1$	$2 \times 10^n : 1$	$1 \times 10^n : 1$
缩小比例	$1:2$	$1:5$	$1:10$
	$1:2 \times 10^n$	$1:5 \times 10^n$	$1:1 \times 10^n$

注：n 为正整数。

2）不论采用放大还是缩小的比例绘图，图样中所标注的尺寸应为机件的实际尺寸，如图 1-7 所示。

表 1-4 允许选用的比例

放大比例	4：1	2.5：1			
	4×10^n：1	2.5×10^n：1			
缩小比例	1：1.5	1：2.5	1：3	1：4	1：5
	$1：1.5 \times 10^n$	$1：2.5 \times 10^n$	$1：3 \times 10^n$	$1：4 \times 10^n$	$1：5 \times 10^n$

注：n 为正整数。

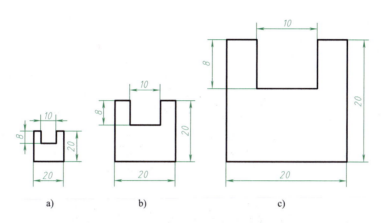

图 1-7 采用不同比例绘制的图形

a）采用 1：2 比例绘制　b）采用 1：1 比例绘制　c）采用 2：1 比例绘制

3）绘制同一机件的各个视图时，应尽量采用相同的比例，并将比例填入标题栏中。若某个视图采用与之不同的比例时，可在视图名称的上方注出该比例。

三、字体（GB/T 14691—1993）

字体是指图样中文字、字母、数字的书写形式，它们是图样中的重要组成部分。

图样中的字体必须做到：字体工整、笔画清楚、间隔均匀、排列整齐。

国家标准规定字体高度（用 h 表示）代表字体的号数，其公称尺寸系列为：1.8mm、2.5mm、3.5mm、5mm、7mm、10mm、14mm、20mm。若需要书写更大的字，则其字体高度应按 $\sqrt{2}$ 的比率递增。

1. 汉字

汉字应写成长仿宋体，并采用国家正式公布推行的简化字。汉字最小高度不应小于 3.5mm，其字宽一般为 $h/\sqrt{2}$（$\approx 0.7h$）。字体示例如图 1-8 所示。

2. 数字和字母

图样中常用的数字和字母分 A 型（笔画宽度为 $h/14$）和 B 型（笔画宽度为 $h/10$），均可书写成直体或斜体（与水平基准线夹角为 75°，向右倾斜）。同一张图样中的数字和字母只能采用一种字体书写。常用字体示例如图 1-9 所示。

书写指数、注脚、极限偏差、分数等的数字及字母一般应采用小一号字体，其综合应用示例如图 1-10 所示。

8

10号字: 字体工整 笔画清楚 间隔均匀 排列整齐

7号字: 横平竖直 注意起落 结构均匀 填满方格

5号字: 技术制图机械制图计算机绘图按最新国家标准进行绘制

3.5号字: 机械制图工程制图教学应当以制图规则及其相关标准为根本依据

图 1-8 长仿宋体汉字示例

阿拉伯数字直体 0123456789

阿拉伯数字斜体 0123456789

罗马数字斜体 I II III IV V VI VII VIII IX X

大写拉丁字母 ABCDEFGHIJKLMN

OPQRSTUVWXYZ

小写拉丁字母 abcdefghijklmn

opqrstuvwxyz

图 1-9 A 型数字及拉丁字母斜体示例

$$\phi 25^{+0.033}_{0} \quad 10^2 \quad Td \quad \phi 50\frac{H8}{f8} \quad \frac{4}{7} \quad 350\text{MPa} \quad 75°$$

图 1-10 数字和字母综合应用示例

四、图线 （GB/T 17450—1998、GB/T 4457.4—2002）

图线是起点和终点间以任意方式连接的一种几何图形，可以是直线或曲线、连续线或不连续线。

1. 图线线型

图线应按照国家标准《技术制图　图线》（GB/T 17450—1998）和《机械制图　图样画法　图线》（GB/T 4457.4—2002）中的规定线型绘制。机械制图的线型及其应用见表1-5。

表1-5　机械制图的线型及其应用

代码	图线宽度	名称及线型	一般应用
01.1	$d/2$	细实线	过渡线、尺寸线和尺寸界线、指引线和基准线、剖面线、重合断面的轮廓线、短中心线、螺纹牙底线、辅助线等
		波浪线	断裂处的边界线、视图与剖视图的分界线 注:在一张图样中一般采用一种线型,即采用波浪线或双折线
		双折线	
01.2	d	粗实线	可见棱边线、可见轮廓线、相贯线、螺纹牙顶线、螺纹长度终止线、剖切符号用线、齿顶圆(线)、模样分型线等
02.1	$d/2$	细虚线	不可见棱边线、不可见轮廓线
02.2	d	粗虚线	允许表面处理的表示线
04.1	$d/2$	细点画线	轴线、对称中心线、分度圆(线)、孔系分布的中心线、剖切线等
04.2	d	粗点画线	限定范围表示线
05.1	$d/2$	细双点画线	相邻辅助零件的轮廓线、可动零件的极限位置的轮廓线、剖切面前的结构轮廓线、中断线、轨迹线等

注:1. GB/T 4457.4—2002 的表1列出了52种应用场合,本表未全部列出。

　　2. GB/T 17450—1998规定了15种基本线型,用代码中的前两位表示,其中,"01"表示实线,"02"表示虚线,"04"表示点画线,"05"表示双点画线;代码中的最后一位表示线宽种类,其中,"1"表示细线,"2"表示粗线。

2. 图线宽度

图线宽度 d 系列为：0.13mm、0.18mm、0.25mm、0.35mm、0.5mm、0.7mm、1mm。

在机械工程图样中采用的线宽只有粗线、细线两种，其宽度比为 2∶1，即只取相邻两个档次的线宽比例。一般绘制图样时，粗、细线规格优先使用 0.5mm 和 0.25mm 或 0.7mm 和 0.35mm 组别。在一张图样中，同种图线的宽度应一致。

3. 图线画法注意事项

1）两条平行线间的最小间隙不得小于 0.7mm。

2）较小图形中的细点画线或细双点画线可用细实线代替。

3）细点画线的两端应超出轮廓线 2~5mm。

4）细点画线、细双点画线、细虚线、粗实线彼此相交时，应相交于画线处。

5）细虚线是粗实线的延长线时，应在连接处断开。

6）两种图线重合时，只需画出其中一种，优先顺序为：可见轮廓线、不可见轮廓线、对称中心线、尺寸界线。

图线综合应用示例如图 1-11 所示。

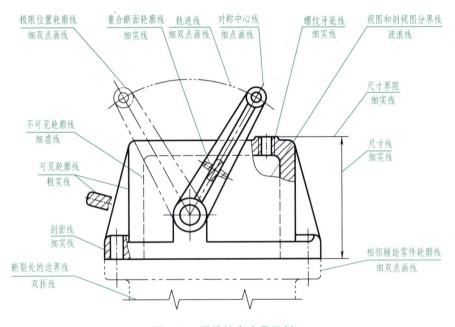

图 1-11 图线综合应用示例

绘制图形时，应注意图线画法的细节。图 1-12 所示为一对称图形，试分析比较左、右两部分的正误画法。

五、尺寸注法（GB/T 16675.2—2012、GB/T 4458.4—2003）

1. 基本规则

1）机件的真实大小应以图样上所注的尺寸数值为依据，与图形的大小及绘图的准确度无关。

11

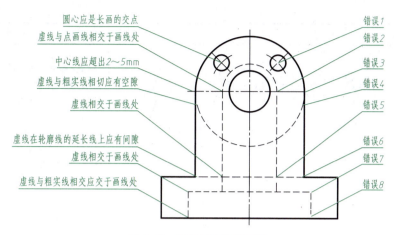

图线正误画法对比的各项标注：

圆心应是长画的交点 —— 错误1
虚线与点画线相交于画线处 —— 错误2
中心线应超出2～5mm —— 错误3
虚线与粗实线相切应有空隙 —— 错误4
虚线相交于画线处 —— 错误5
虚线在轮廓线的延长线上应有间隙 —— 错误6
虚线相交于画线处 —— 错误7
虚线与粗实线相交应交于画线处 —— 错误8

图 1-12　图线正误画法对比

2）图样中（包括技术要求和其他说明）的尺寸以 mm 为单位时，不需标注单位符号（或名称），若采用其他单位，则应注明相应的单位符号，如°（度）、cm（厘米）等。

3）图样中所标注的尺寸为该图样所示机件的最后完工尺寸，否则应另加说明。

4）机件的每一尺寸一般只标注一次，并应标注在反映该结构最清晰的图形上。

2. 尺寸的组成及注法

尺寸的组成及注法示例见表 1-6。

表 1-6　尺寸的组成及注法示例

项目		图例	说明
尺寸组成	尺寸界线	尺寸数字和符号　尺寸线 Φ24 尺寸界线 尺寸线终端 Φ12 尺寸界线应超出尺寸线约2～3mm 40　30　15 40 尺寸线避免交叉，间距大于7mm	1）尺寸界线用细实线绘制，并应由图形的轮廓线、轴线或对称中心线处引出，也可直接以这些线作为尺寸界线 2）尺寸界线一般应垂直于尺寸线，必要时才允许倾斜 3）在光滑过渡处标注尺寸时，应用细实线将轮廓线延长，从它们的交点处引出尺寸界线
	尺寸线	Φ20 Φ30	1）尺寸线用细实线绘制，不能与其他图线重合 2）标注线性尺寸时，尺寸线应与所标注的线段平行
	尺寸线终端	箭头　　细斜线 d　≥6d　45°　h	1）尺寸线终端有两种形式：箭头和斜线。机械图样中一般采用箭头 2）在没有足够位置画箭头时，可用小圆点或细斜线代替

（续）

项目		图例	说明
尺寸组成	尺寸数字	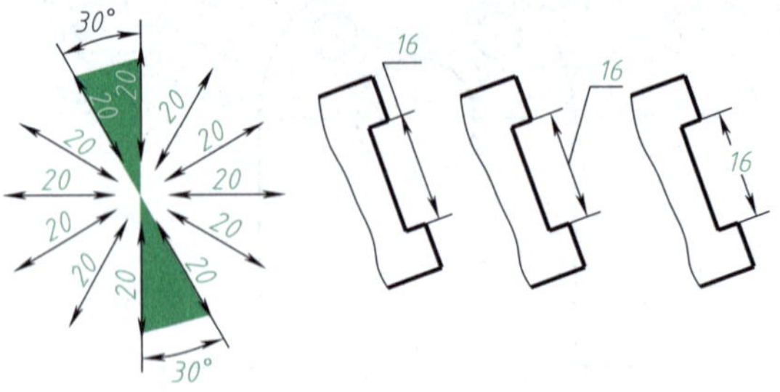	1）线性尺寸数字的注写方向如图例所示，并尽量避免在图示30°范围内标注尺寸，无法避免时可引出标注 2）允许将非水平方向的尺寸数字水平地注写在尺寸线的中段处 3）尺寸数字不能被任何图线通过，不可避免时需把图线断开
角度的尺寸注法			1）角度尺寸的尺寸界线应沿径向引出，尺寸线画成圆弧，其圆心为该角的顶点 2）角度的数字一律沿水平方向书写，一般注写在尺寸线的中断处，必要时可写在尺寸线的上方、外侧或引出标注
圆的直径注法			1）整圆或大于半圆的圆弧标注直径尺寸，并在尺寸数字前加注符号"φ" 2）尺寸线应通过圆心且不能与中心线重合
弦长及圆弧的注法			1）弦长和弧长的尺寸界线应平行于该弦（或该弧）的垂直平分线 2）弦长的尺寸线为直线，弧长的尺寸线为圆弧 3）弧长的尺寸数字前方加注符号"⌒"
圆弧及球面的尺寸注法			1）小于或等于半圆的圆弧标注半径尺寸，并在尺寸数字前加注符号"R" 2）当圆弧过大、在图纸范围内无法标出圆心位置时，可按中间的图例标注 3）标注球面直径或半径应在"φ"或"R"前加注符号"S"，在不需标出球心位置时，可按右侧的图例标注
小尺寸的注法			在没有足够的空间画箭头或注写尺寸数字时，允许用圆点或斜线代替箭头

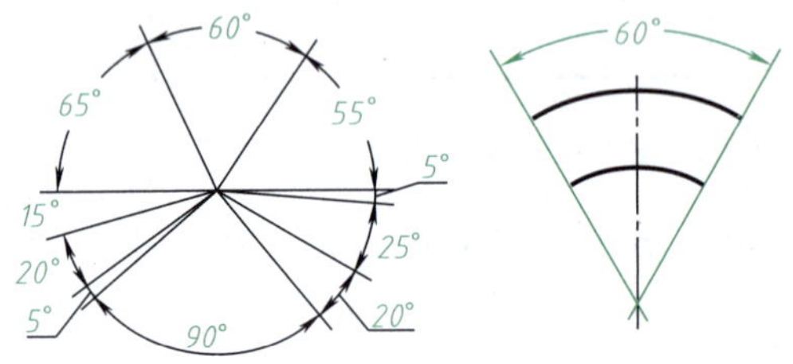

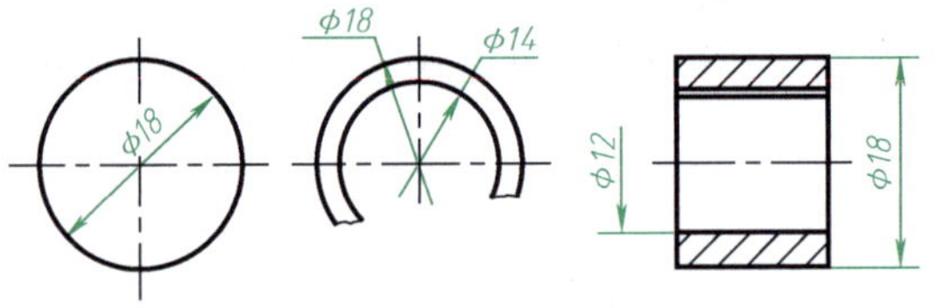

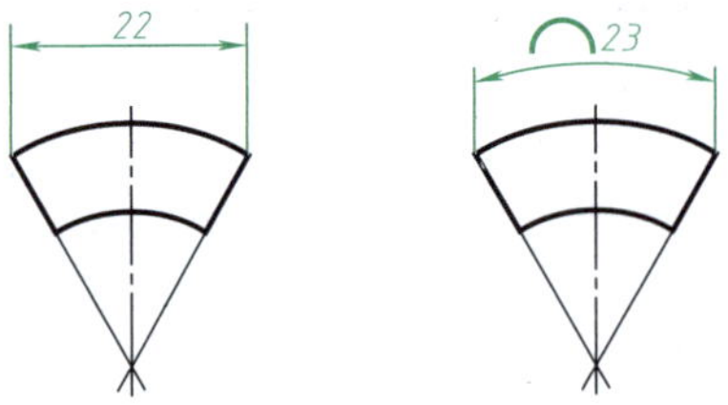

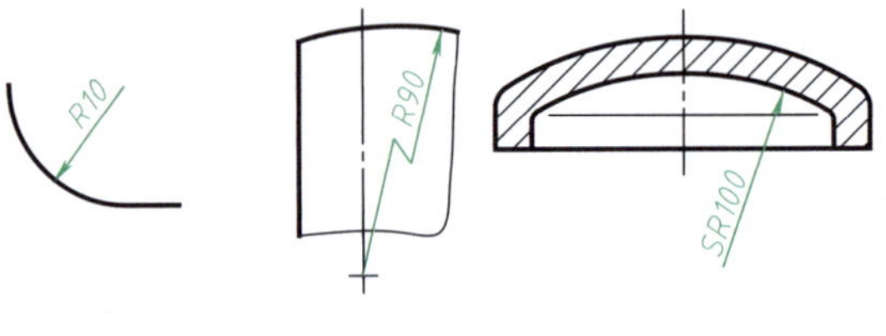

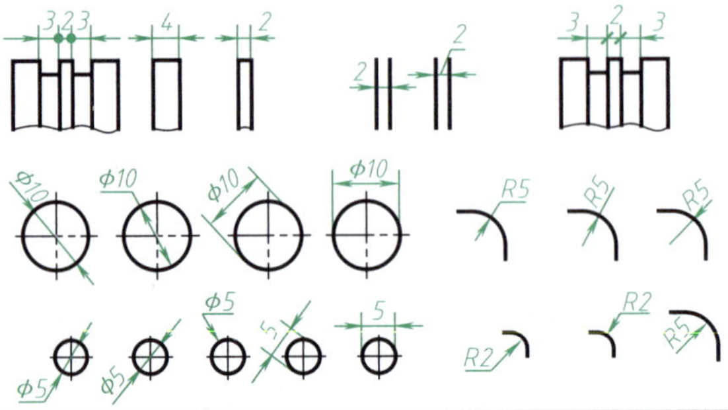

（续）

项目	图例	说明
不完整要素的注法	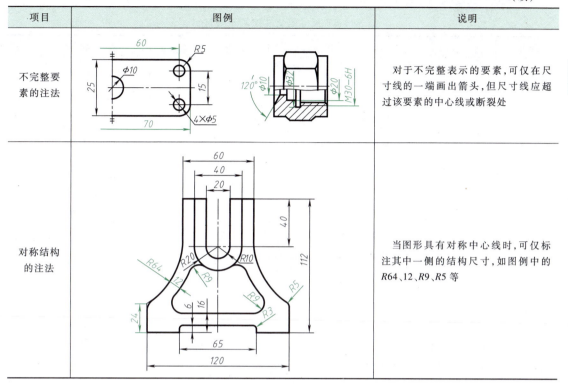	对于不完整表示的要素,可仅在尺寸线的一端画出箭头,但尺寸线应超过该要素的中心线或断裂处
对称结构的注法		当图形具有对称中心线时,可仅标注其中一侧的结构尺寸,如图例中的 *R64*、*12*、*R9*、*R5* 等

3. 尺寸简化注法

1）标注尺寸时,应尽可能使用符号或缩写词,常用符号和缩写词见表 1-7。

表 1-7　标注尺寸的常用符号和缩写词

名　　称	符号或缩写词	名　　称	符号或缩写词
直径	ϕ	45°倒角	C
半径	R	深度	↓
球直径	$S\phi$	沉孔或锪平	⊔
球半径	SR	埋头孔	∨
厚度	t	正方形	□
均布	EQS	弧长	⌒
斜度	∠	锥度	◁

常用符号的比例画法如图 1-13 所示。

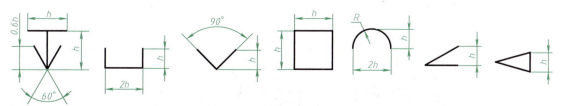

图 1-13　常用符号的比例画法

2）尺寸简化注法的若干规定见表 1-8。

表 1-8 尺寸简化注法若干规定

项目	图例	说明
单边箭头标注	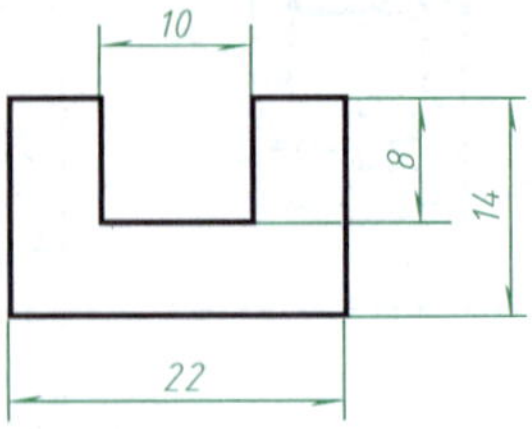	为了便于标注尺寸，可使用单边箭头。箭头偏置原则为水平尺寸左上右下，竖直（倾斜）尺寸上右下左
指引线上标注	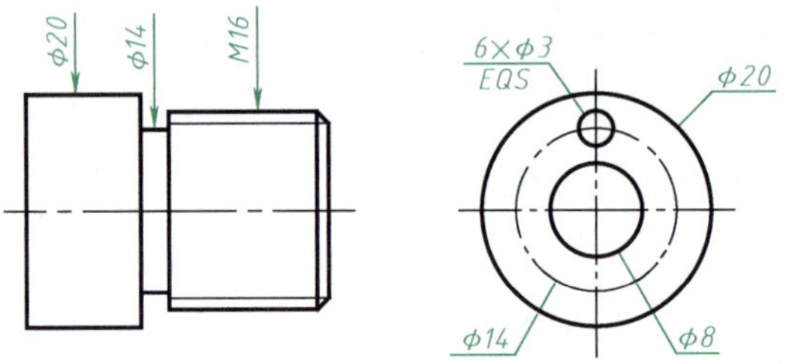	标注尺寸时，可在带箭头的指引线上或不带箭头的指引线上注写尺寸数字及其公差。均匀分布的相同直径的小孔，其尺寸标注可采用"6×φ3 EQS"的形式
共用尺寸线标注	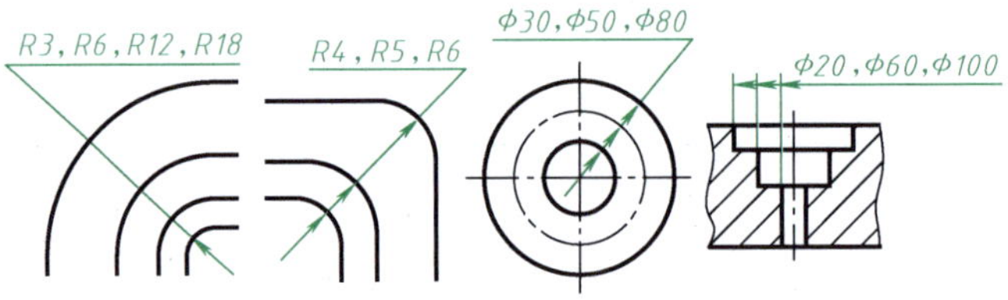	1）一组同心圆弧或圆心位于同一条直线上的一组不同心圆弧的尺寸可按图例标注 2）一组同心圆或同轴的台阶孔的尺寸可按图例标注。两者注写的尺寸数字必须与箭头指向一致，且尺寸之间用逗号分开
同一基准的标注	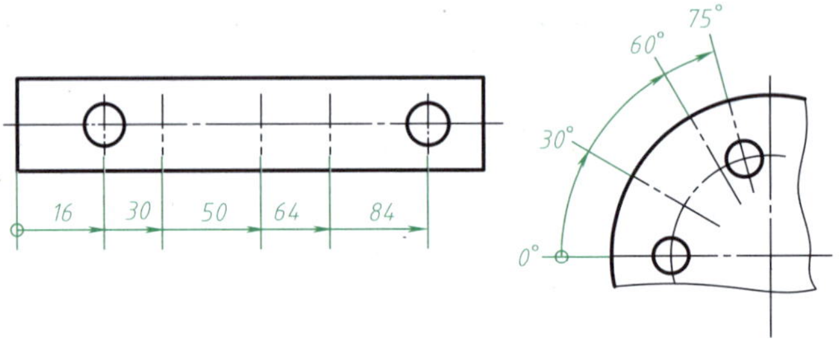	从同一基准出发的尺寸可按图例标注
各类孔的旁注法	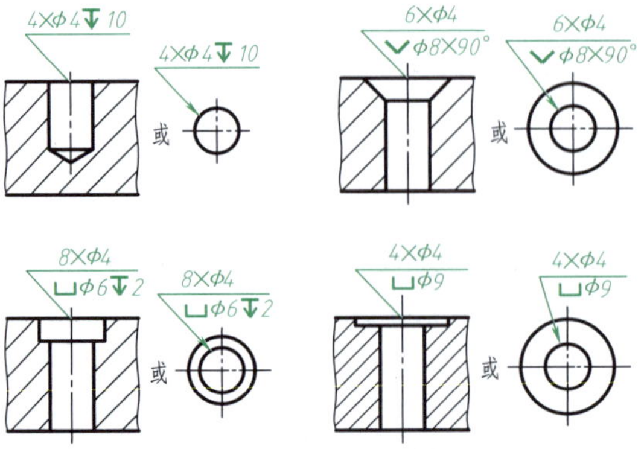	1）各类孔可采用旁注法和符号相结合的方法标注 2）锪平孔不需要标注深度

第二节　尺规绘图工具

在工业互联网时代，计算机绘图软件已完全渗透到制造业中，但对于初学工程制图的学生来说，首先要掌握借助铅笔、三角板、圆规等绘图工具完成图形绘制这一基本技能。

一、绘图铅笔

铅笔用于画线和写字。铅芯的软硬程度分 H~6H、HB 和 B~6B 这 13 种规格，并标记在铅笔上。字母 H 前的数字越大，铅芯越硬，画出的图线越淡。字母 B 前的数字越大，铅芯越软，画出的图线越黑。HB 铅芯软硬适中。

画图时，一般用 H 或 2H 铅笔画底稿和细线，用 B 或 2B 铅笔画粗线，用 HB 铅笔写字和标注尺寸。削铅笔时，一般从无铅芯标号的一端削起。铅芯常磨成圆锥形（用于画细线和写字）和矩形（用于画粗线），如图 1-14 所示。

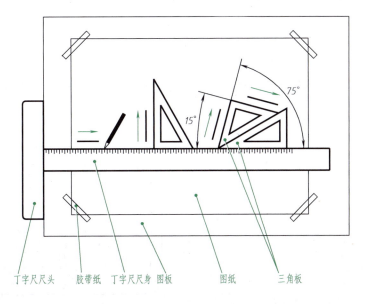

图 1-14　铅芯的形状

二、图板、丁字尺和三角板

1. 图板

图板用于铺放图纸，要求其表面平坦光滑，左、右两导边平直。常用的图板规格有 A0、A1、A2、A3。画图之前，先以丁字尺工作边作为水平基准将图纸调好位置，再用胶带纸粘贴图纸的四个角，使之固定于图板，如图 1-15 所示。

丁字尺尺头　　胶带纸　丁字尺尺身　图板　　　　图纸　　　　三角板

演示视频

图 1-15　图板、丁字尺和三角板的配合使用

2. 丁字尺

丁字尺用于画水平线，它由尺头和尺身组成。画图时左手轻握尺头，使其右侧面紧靠图板左侧导边上下滑动；右手执笔，笔杆适当向外倾斜，笔尖贴紧尺身工作边，自左向右画水平线，如图 1-15 所示。

3. 三角板

三角板配合丁字尺，用于画竖直线和特殊角度（15°、30°、45°、60°、75°）的斜线。画竖直线时，三角板一条直角边紧靠丁字尺工作边，另一条直角边位于左侧，身体适当向左旋转，由下向上画竖直线，如图 1-15 所示。

三、圆规和分规

1. 圆规

圆规用于画圆和圆弧。使用圆规时，应调整量针使带台阶的小针尖朝下，且略长于铅芯，针尖插入图板后台阶与铅芯尖平齐，可避免针尖插入图板过深，如图 1-16a 所示。画圆时，应使圆规略向前进方向倾斜，且匀速旋转，用力要均匀。画较大的圆时，圆规的针脚和铅芯插脚均应与纸面垂直，如图 1-16b 所示。

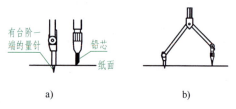

图 1-16 圆规的用法
a）针尖略长于铅芯 b）画圆

2. 分规

分规用于等分和量取线段。使用分规时，两针尖应平齐，才能保证准确性。等分线段时，使两针尖交替作为圆心沿直线前进，如图 1-17 所示。度量尺寸时，用拇指和食指微调两针尖，使之对准刻度线即可。

四、擦图片

擦图片的功能是利用不同形状的镂空窗口擦去多余的图线，以保证图面清洁，如图 1-18 所示。

图 1-17 用分规等分线段

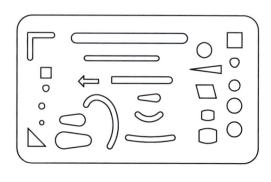

图 1-18 擦图片

第三节 几何作图

在绘制机械工程图样的过程中，经常会遇到正多边形、斜度和锥度、圆弧连接等一些几何作图问题，本节将介绍如何借助尺规绘图工具并根据几何原理来绘制常见的几何图形的基本方法。

一、正六边形

在工程实际中，很多零件都涉及正六边形，如六角螺母、六角头螺栓、内六角扳手等，下面举例说明正六边形的绘制方法。

【例1-1】 已知正六边形的对角距离为 D，如图1-19a所示，画出正六边形。

绘图步骤：

1）画两个方向的对称中心线，将对角距离二等分后得 1、2 两点，如图1-19b所示。

2）分别过对称中心线交点及 1、2 两点画60°斜线，如图1-19c所示。

3）分别过 1、2 两点画120°斜线，得到交点 3、4，如图1-19d所示。

4）分别过 3、4 两点画水平线，得到正六边形并加深描粗，如图1-19e所示。

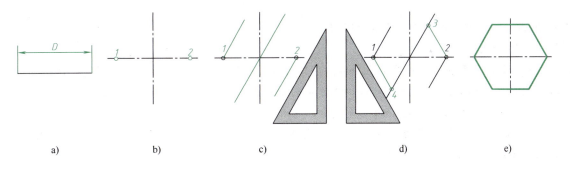

a)   b)   c)   d)   e)

图1-19 画正六边形

二、斜度和锥度

1. 斜度

斜度是指一直线（或平面）对另一直线（或平面）的倾斜程度。其大小以两者之间夹角的正切值来表示，一般在标注时将此值转化为 $1:n$ 的形式。

在图样中标注斜度时，斜度的图形符号"∠"应加注在 $1:n$ 的前面，符号尖端方向与斜度方向一致。

【例1-2】 绘制如图 1-20a 所示的图形。

绘图步骤：

1）画长为 20mm、64mm 的两条直线，自交点起沿竖直方向和水平方向分别截取 1 个和 7 个相同线段，连接两端点，如图 1-20b 所示。

2）过 20mm 直线的上端点画出倾斜线的平行线（即斜度线），加深描粗轮廓完成题目，如图 1-20c 所示。

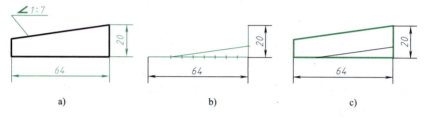

图 1-20 斜度的作图方法

a）斜度及标注 b）作斜度辅助线 c）作平行线，完成图形

2. 锥度

锥度是指正圆锥体的底圆直径与其高度之比，如果是圆台，则为底、顶两圆直径之差与其高度之比，标注时也将比值转化为 1∶n 的形式。

在图样中标注锥度时，锥度的图形符号"◁"应加注在 1∶n 的前面，符号尖端方向与锥度方向一致。

【例1-3】 绘制如图 1-21a 所示的图形。

绘图步骤：

1）绘制水平点画线并截取 30mm，在其两端分别作垂线，左侧上、下段各取 10mm，然后自左侧交点起沿竖直方向和水平方向分别截取 1 个和 4 个相同线段，连接两端点，如图 1-21b 所示。应注意的是，由于是锥台，故在竖直线上、下各截取 1/2 线段。

2）过竖直线上、下两端点作倾斜线的平行线（即锥度线），加深描粗轮廓完成题目，如图 1-21c 所示。

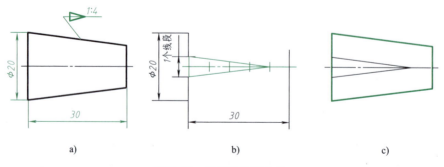

图 1-21 锥度的作图方法

a）锥度及标注 b）作锥度辅助线 c）作平行线，完成图形

三、圆弧连接

日常生活中的很多物品都具有圆弧连接的几何特征，如图 1-22 所示。当绘制它们的平面图形时，就会遇到圆弧连接的作图问题，即用圆弧光滑连接已知直线或圆弧，而光滑连接在几何原理上就是相切的关系，连接点即为切点。因此，绘制连接弧的关键是精准确定连接弧的圆心和切点的位置。

图 1-22　具有圆弧特征的生活用品

1. 圆弧连接的基本形式

（1）与已知直线相切　连接弧的圆心轨迹为与已知直线距离为 R 的平行直线，切点 K 为从圆心 O 向已知直线作垂线的垂足，如图 1-23a 所示。

（2）与已知圆弧外切　连接弧的圆心轨迹为已知半径为 R_1 的圆弧的同心圆，半径为两圆弧半径之和，即 $R+R_1$，切点 K 为两圆心的连线与已知圆弧的交点，如图 1-23b 所示。

（3）与已知圆弧内切　连接弧的圆心轨迹为已知半径为 R_1 的圆弧的同心圆，半径为两圆弧半径之差，即 R_1-R，切点 K 为两圆心连线的延长线与已知圆弧的交点，如图 1-23c 所示。

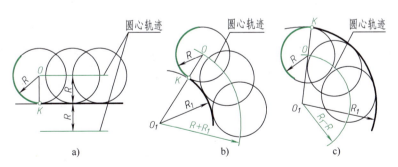

图 1-23　圆弧连接的基本形式

a）与已知直线相切　b）与已知圆弧外切　c）与已知圆弧内切

2. 圆弧连接的作图方法

无论圆弧连接的对象是直线还是圆弧，相切方式是内切还是外切，画连接弧的步骤均相同，即：①求出连接弧的圆心；②确定切点的位置；③在两切点之间画出连接圆弧。

常见的圆弧连接作图方法见表 1-9。

表 1-9 常见的圆弧连接作图方法

连接要求		求圆心 O 和切点 K_1、K_2	画连接弧
连接相交两直线	垂直相交		演示视频
	倾斜相交		演示视频
连接一直线和一圆弧			演示视频
连接两圆弧	外切		演示视频
	内切		演示视频
	内外切		演示视频

第四节　平面图形的绘制

平面图形是指由各种线段（直线、圆弧和圆）以相交、相切的形式组成的封闭的几何图形。

一、平面图形的分析

绘制图形之前，首先要对平面图形进行分析，才能将其准确而迅速地画出。平面图形的分析主要是从尺寸和线段两个方面进行。

1. 尺寸分析

平面图形中的尺寸决定了其形状、大小及各线段之间的相对位置。尺寸按其在平面图形中所起的作用可分为定形尺寸和定位尺寸。定位就是确定线段在图形中的相对位置，这必然与选定的尺寸基准有关。下面以图 1-24 所示手摇器的手柄为例，介绍平面图形的尺寸分析方法。

a)

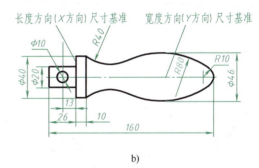

b)

图 1-24　手摇器的手柄
a）手柄实物图　b）手柄平面图

（1）尺寸基准　尺寸基准是指测量尺寸的起始点，它们可以是点或直线，常用的基准有图形的对称中心线、圆的中心线、图形的底线等。平面图形中的任意一点均可由长、宽两个方向的尺寸来度量，即均可由 X、Y 两个坐标来确定，因此一个平面图形至少在长、宽两个方向上各有一个尺寸基准。例如，图 1-24b 所示手柄平面图在长度方向的基准选为圆柱右端，它是保证加工和安装手柄的重要端面；在宽度方向的基准选为对称中心线。

（2）定形尺寸　定形尺寸是指确定平面图形上各线段形状大小的尺寸，如直线段的长度、矩形的长度和宽度、圆的直径、圆弧的半径和角度的大小等。例如，图 1-24b 所示手柄平面图中的 $\phi40$、$\phi20$、$\phi10$、26、10、$R40$、$R80$、$R10$、$\phi46$、160 均为定形尺寸。

（3）定位尺寸　定位尺寸是指确定平面图形上各线段与尺寸基准相对位置的尺寸。例如，图 1-24b 所示手柄平面图中 $\phi10$ 的安装孔圆心相对于长度方向尺寸基准的定位尺寸是 13，该圆心位于宽度方向尺寸基准线上（定位尺寸为 0），不标注。

注意：在平面图形中，有些尺寸兼有定形尺寸和定位尺寸的功能。

22

2. 线段分析

平面图形中的各种线段（直线和圆弧）按其定位尺寸是否完整分为三类：已知线段、中间线段和连接线段。下面仍以图 1-24b 所示的手柄平面图为例进行线段分析。

（1）已知线段　已知线段是指具有定形尺寸和完整定位尺寸（2 个定位尺寸）的线段，此类线段可直接画出。例如，图 1-24b 所示手柄平面图中的长 26 宽 20 的矩形和长 40 宽 10 的矩形、ϕ10 圆、R20 圆弧及 R10 圆弧为已知线段。

（2）中间线段　中间线段是指具有定形尺寸和不完整定位尺寸（1 个定位尺寸）的线段，此类线段必须根据它与一端相邻线段的连接关系，用几何作图的方法才能画出。例如，图 1-24b 所示手柄平面图中的 R80 圆弧须根据它与 R10 圆弧和与 ϕ46 确定的水平线的相切关系，确定其圆心位置和一个切点才能画出。

（3）连接线段　连接线段是指具有定形尺寸而无定位尺寸的线段，此类线段必须根据它与两端相邻线段的连接关系，用几何作图的方法才能画出。例如，图 1-24b 所示手柄平面图中的 R40 圆弧须根据它与 R80 圆弧的相切关系和通过矩形顶点的位置关系，确定其圆心位置和一个切点才能画出。

二、平面图形的画法

绘制一个平面图形，首先要分析图形中的尺寸是否完整，其次要分析线段的类型，再根据它们的连接关系确定各线段的绘图顺序。图 1-25 是起重机械中最常见的吊钩实物，下面以图 1-26 所示吊钩的平面图形为例，介绍平面图形的绘图步骤。

图 1-25　吊钩实物图

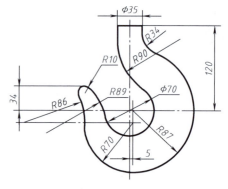

图 1-26　吊钩的平面图形

1. 图形分析

吊钩的平面图形在长度方向和宽度方向均没有对称结构，图形中的线段主要由圆弧相连接构成，因此以 ϕ70 圆的中心线作为尺寸基准比较合理，再根据标注的尺寸确定各圆弧的属性，最后按已知线段、中间线段、连接线段的顺序依次画出，完成该图形的绘制。

2. 绘图步骤

1）画出长、宽（X、Y）方向的基准线，如图 1-27a 所示。

2）由定位尺寸 5、120，可画出上部由 ϕ35 尺寸确定的各段直线和下部 ϕ70、R87 圆弧，如图 1-27b 所示。

3）根据圆弧连接的作图原理，可确定 R70 圆弧的圆心及切点，画出连接弧，如图 1-27c 所示。

4）R86 圆弧的圆心与 R70 圆弧的圆心在同一条水平线上，且两圆弧相切，可由此确定 R86 圆弧圆心并画出圆弧。R10 圆弧分别与 R86 圆弧和由 34 尺寸确定的水平线相切，可由此确定 R10 圆弧圆心并画出圆弧，如图 1-27d 所示。

5）R34、R90、R89 圆弧分别与其相邻的两线段相切，可由此画出这三段连接弧，如图 1-27e 所示。

6）擦除多余图线，加深轮廓线并标注尺寸（在此省略标注），完成全图，如图 1-27f 所示。

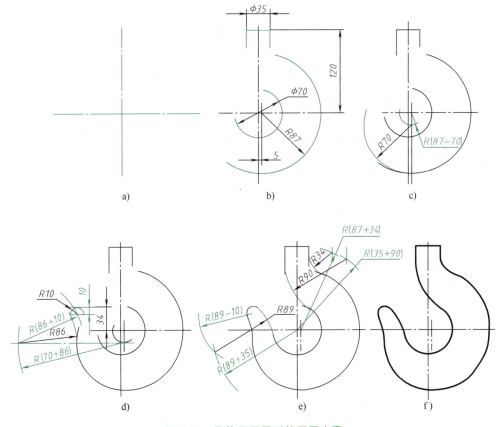

图 1-27　吊钩平面图形的画图步骤

三、绘图的步骤

尺规绘图除了要正确使用绘图工具，还应按照一定的绘图步骤进行，这样才能保证图样质量，提高绘图效率。

1. 绘图前的准备工作

1）削、磨好铅笔和圆规的铅芯，调整好圆规的两脚长度。

2）擦干净图板、丁字尺和三角板，并将其他绘图工具放置在合适位置。

3）确定绘图比例，选定合适的图幅。

4）将图纸固定在图板合适的位置，图板左方和下方应留出一定空间，便于丁字尺和三角板移动。

2. 绘图的基本步骤

1）画图框和标题栏。用细实线画出图框和标题栏，待与图形底稿一起加深描粗。

2）画基准线。基准线布置要合理，图形之间应留有标注尺寸的空间。

3）画底稿。使用2H铅笔轻、细、准地先画出主要轮廓线，后画细节。注意区分线型，不用区分粗细。

4）检查图形。修改底稿中的错误，补画遗漏线段，擦除多余线段。

5）加深图线。加深图线时要适当用力，保证线条均匀、光滑、深浅一致。加深步骤为：①先粗线，后细线；②先曲线，后直线；③先水平线，再竖直线，后斜线；④自上而下，从左到右。

6）标注尺寸。尺寸界线和尺寸线可以先打底稿再加深。

7）注写文字。书写注释文字，填写标题栏。

8）检查全图。有错误要修改时，可以使用擦图片保护邻近图线。

第五节 徒手绘图

徒手绘图是指主要使用铅笔、橡皮和图纸，徒手完成草图的绘制。草图是以目测方式估计图形与实物的比例，按一定画法要求徒手（或少量使用绘图仪器）绘制的图，常用于产品设计的创意阶段、设备的零部件测绘和技术交流中。

徒手绘图也称为草图绘制，是工程技术人员必须掌握的基本技能之一。草图并非潦草的图，画图时必须遵循相关规定，做到图线清晰，粗细分明，比例合适，字体工整，图面整洁等。本节主要介绍徒手绘图的基本方法。

一、徒手绘图的图纸和铅笔

徒手绘图优先选用网格纸，以便于掌握图形的尺寸和比例，提高绘图的速度和质量。画图时，图纸不必固定，可随图线走向随时转动。

徒手绘图选用HB铅笔即可。画细线（中心线、虚线、尺寸线）时，铅芯应削磨成较尖的圆锥形；画粗线（轮廓线）时，铅芯应削磨得钝些。

二、徒手绘图的基本要领

1. 手法

徒手绘图时，手指应握在离铅笔尖稍远（35mm左右）处，肘部不宜接触纸面，手腕和小手指对纸面压力不宜过大。

2. 画直线的方法

徒手画直线时，眼睛要看着画线的终点。画短线时，小手指压在纸面上，用手腕运笔。画长线时，可移动手臂运笔，分段画出长直线。水平线和斜线从左向右画出，竖直线自上而下画出。为了运笔方便，也可将图纸旋转适当角度来画直线。徒手画直线的方法如图 1-28 所示。

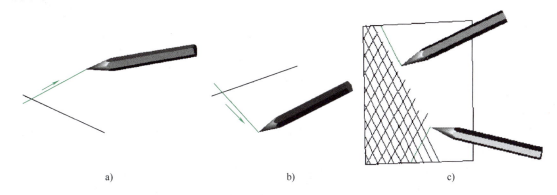

图 1-28　徒手画直线的方法

a）画水平线　b）画竖直线　c）画斜线

3. 画角度线的方法

对于特殊角度，如 30°、45°、60° 等常见角度，可根据直角三角形两直角边的近似比例关系，先徒手画出两直角边定出两端点，再徒手连接两点得到角度线。徒手画角度线的方法如图 1-29 所示。

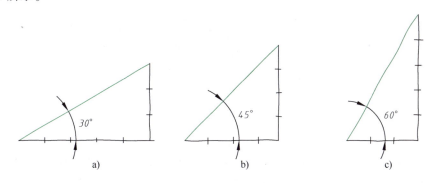

图 1-29　徒手画角度线的方法

a）画 30°角度线　b）画 45°角度线　c）画 60°角度线

4. 画圆的方法

徒手画圆时，先画出互相垂直的中心线，定出圆心。再根据半径大小，在中心线上定出四点。画小圆时，沿两个方向分别画出两个半圆即可，如图 1-30a 所示。画较大圆时，可再增画两条 45°线（增加的斜线越多，圆画得越准确），并在 45°线上定出另外四点，然后各沿一个方向依次通过四点画出两个半圆，如图 1-30b 所示。画很大圆时，以小手指指尖或关节为圆心，以铅笔尖与小手指的距离为半径，另一只手缓慢转动图纸画出大圆。

5. 画圆角的方法

徒手画直角边之间的圆角时，根据圆角半径 R，在两直线边上定出两点，过这两点作垂

26

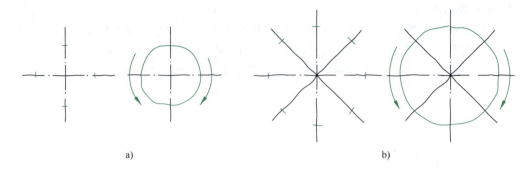

图 1-30　徒手画圆的方法
a）画小圆　b）画较大圆

线定圆心，连接直角顶点和圆心，在此连线上根据圆角半径 R 定一点，过该点与两垂足画圆弧即可，如图 1-31a 所示。

　　画任意角度角两边之间的圆角时，根据圆角半径 R，分别画出两条边的平行线，定出圆心；再画角平分线，在角平分线上根据圆角半径 R 定出一点；过该点与两边上的垂足画圆弧即可，如图 1-31b、c 所示。

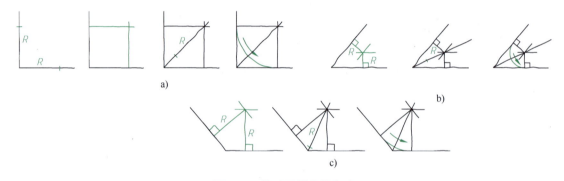

图 1-31　徒手画圆角的方法
a）画直角边之间的圆角　b）画锐角两边之间的圆角　c）画钝角两边之间的圆角

6. 画椭圆的方法

　　徒手画椭圆时，先画出长、短轴，如图 1-32a 所示；根据长、短轴的四个端点画一矩形，如图 1-32b 所示；连接矩形对角线，确定另外四点，使点距离椭圆中心长、短轴之和的 1/4，如图 1-32c 所示；分别画四段弧与矩形边相切即可（也可转动图纸画弧），如图 1-32d 所示。

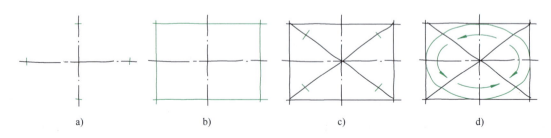

图 1-32　徒手画椭圆的方法
a）画长、短轴　b）画矩形　c）连接对角线并确定四点　d）画椭圆

【本章归纳】

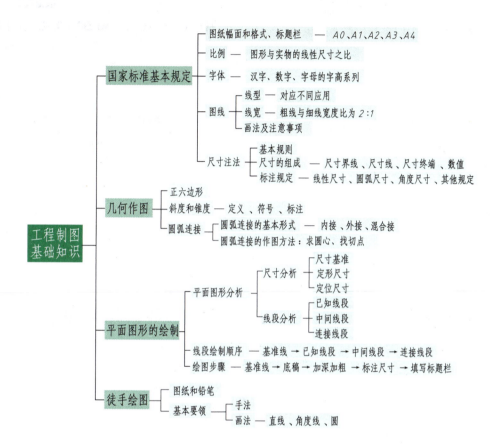

【拓展阅读】

作为一名工程技术人员，严格遵守国家标准是基本的职业素养，可以说"无标准，不作为"。

2017 年修订的《中华人民共和国标准化法》规定："标准包括国家标准、行业标准、地方标准和团体标准、企业标准。国家标准分为强制性标准、推荐性标准，行业标准、地方标准是推荐性标准。强制性标准必须执行。国家鼓励采用推荐性标准。"目前我国制图标准体系主要包含五个层面：第一层面是技术制图标准（适用于各专业制图）；第二层面是专业制图标准，主要分为机械制图标准、建筑制图标准和电气文件及制图标准三大类；第三层面是 CAD 建模制图标准；第四层面是 CAD 文件管理标准；第五层面是图形符号标准。国家标准示例如图 1-33 所示。

追根溯源，标准古已有之。著名史学家司马迁在《史记·夏本纪》中所记载大禹治水的"左准绳、右规矩"是器物制造、工程测量的标准；东晋文学家孙绰在《丞相王导碑》中所写的"信人伦之水镜，道德之标准也"是品格的标准。不以规矩，不成方圆，标准早已渗透到人们生产生活的方方面面。

ICS 01.100.01
J 04

中华人民共和国国家标准

GB/T 14689—2008
代替 GB/T 14689—1993

技术制图 图纸幅面和格式

Technical drawings—Size and layout of drawing sheets

(ISO 5457:1999,Technical product documentation—Sizes and
layout of drawing sheets,MOD)

2008-06-26 发布

2009-01-01 实施

中华人民共和国国家质量监督检验检疫总局
中国国家标准化管理委员会 发布

a)

ICS 01.100.20
J 04

中华人民共和国国家标准

GB/T 4457.4—2002
代替 GB/T 4457.4—1984

机械制图 图样画法 图线

Mechanical drawings—General principles of presentation—Lines

(ISO 128-24:1999,Technical drawings—General principles of
presentation—Part 24:Lines on mechanical engineering drawing,MOD)

2002-09-06 发布

2003-04-01 实施

中华人民共和国
国家质量监督检验检疫总局 发布

b)

图 1-33 国家标准示例

第二章 | 点、直线、平面的投影

投影作图是本课程的理论基础。本章学习正投影法中点、直线、平面的投影规律、特点和相互关系，这也是后续讲述立体投影的基础。对于初学者而言，这部分内容比较抽象，尤其是点、直线、平面综合问题的解题方法，理解起来有一定难度。在学习过程中，首先要熟练掌握点的投影规律，因为它是直线与平面的投影基础。其次可以将理论与实践结合起来，例如，把铅笔和三角板当作直线和平面，摆放于不同位置并想象它们的平面投影特点，再由直线和平面的投影想象出它们的空间位置，不断进行三维和二维相互对照练习，逐步增强空间想象力。

本章的重点是掌握正投影法的投影规律及各种位置直线和平面的投影特点，难点是平面内取点和直线。

第一节 投影基本知识

一、投影法

在光线的照射下，我们能够在地面上看到小狗的影子，在墙壁上看到小树的影子（见图 2-1），投影法就是基于这一自然现象而形成的。投射线通过物体向选定的面投射，并在该面上得到图形的方法称为投影法。如图 2-2 所示，投射中心 S（相当于光源）通过空间物体 $\triangle ABC$ 向投影面 P（相当于地面或墙壁）进行投射，即在平面 P 上形成投影 $\triangle abc$（也称为投影图）。

a)　　　　　　　　　　　　　　　　b)

图 2-1　阳光照射形成的影子

a）地面上的影子　b）墙壁上的影子

二、投影法的分类

1. 中心投影法

投射线交汇于一点的投影法称为中心投影法，如图 2-2 所示，中心投影法所得到的投影不反映物体的真实形状，投影的大小与投射中心、物体和投影面之间的相对位置有关，这一投影方法主要用于建筑物。

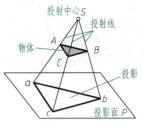

图 2-2 中心投影法

2. 平行投影法

若投射中心位于无穷远处，投射线可视为相互平行，由此又形成以下两种投影方法。

（1）正投影法 投射线与投影面相互垂直的平行投影法称为正投影法，如图 2-3a 所示。

（2）斜投影法 投射线与投影面相互倾斜的平行投影法称为斜投影法，如图 2-3b 所示。

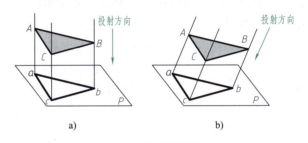

a)   b)

图 2-3 平行投影法

a）正投影法 b）斜投影法

由于正投影法能在投影面上真实地反映空间物体的形状和大小，作图又最为方便，因此正投影法主要用于机械工程图样的绘制。本书后续内容均以正投影叙述，并简称为投影。

三、正投影法的投影特性

正投影法的基本投影特性见表 2-1，这些特性是研究工程图的重要依据。

表 2-1 正投影法的基本投影特性

投影特性	图示	特性说明
实形性		若空间直线或平面平行于投影面,则其投影反映直线的实长或平面的实形
积聚性		若空间直线、平面(或曲面)垂直于投影面,则其投影分别积聚为点、直线(或曲线)

（续）

投影特性	图示	特性说明
类似性		若空间直线或平面倾斜于投影面,则其投影为类似形,即直线投影缩短,平面投影变小且与原平面形状类似
平行性		若空间直线相互平行,则其投影必平行;空间平面相互平行,则其积聚性的投影必相互平行
从属性		若点在直线（或曲线）上,则点的投影必在直线（或曲线）的投影上;若点或线在平面（或曲面）上,则其投影必在平面（或曲面）的投影上
定比性		直线上的点分割线段的比例在投影上保持不变（$AK:KB=ak:kb$）;空间两平行线段长度之比在投影上保持不变（$AB:CD=ab:cd$）

注：1. 平面类似性：平面的投影与原图基本特征保持不变，即边数、凹凸形状、平行关系、曲直关系保持不变。
　　2. 投影规定：空间的点、直线、平面用大写字母表示，其投影用同名小写字母表示。

第二节　点的投影

点是构成形体的基本几何要素，研究点的投影规律是掌握其他几何要素投影的基础。

如图 2-4 所示，过空间点 A 向投影面 P 作垂线，交点即为该点的投影 a。反之，若已知投影 a，由 a 作投影面的垂线，其上各点（如点 A、A_0 等）的投影均为 a，即不能由投影 a 唯一确定点 A 的空间位置。因此，确定一个空间点至少需要两个不同方向的投影。在工程制图中，通常选取相互垂直的投影面，称为投影面体系。

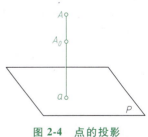

图 2-4　点的投影

一、点在两投影面体系中的投影

1. 两投影面体系的建立

如图 2-5 所示，设立两个互相垂直的投影面，即竖直位置的正面投影面（简称为正面或

V 面）和水平位置的水平投影面（简称为水平面或 H 面）。V 面与 H 面相交于投影轴 OX，同时将空间分成（Ⅰ、Ⅱ、Ⅲ、Ⅳ）四个分角。我国采用第一分角投影，有些国家采用第三分角投影，其内容将在第六章中做介绍。

2. 点的两面投影

如图 2-6a 所示，由空间点 A 分别作垂直于 H 面、V 面的投射线，分别得点 A 的水平投影 a 和正面投影 a'。因此，平面矩形 $Aaa_Xa' \perp OX$，即 $aa_X \perp OX$、$a'a_X \perp OX$。将 H 面绕 OX 轴向下旋转 90° 与 V 面共面，水平投影 a 也随之旋转，即得到点的两面投影展开图，如图 2-6b 所示。实际投影图中，不必画出投影面的边界和点 a_X，并省略字母 H 和 V，如图 2-6c 所示。

注写规定：空间点用大写字母表示，如 A；水平投影用同名小写字母表示，如 a；正面投影用同名小写字母加一撇表示，如 a'。

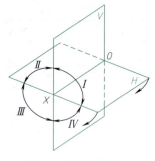

图 2-5 两投影面体系

演示视频

点的两面投影规律有以下两点。

1）点的投影连线垂直于投影轴，即 $aa' \perp OX$。

2）点的水平投影到投影轴的距离反映空间点到 V 面的距离，即 $aa_X = Aa'$；点的正面投影到投影轴的距离反映空间点到 H 面的距离，即 $a'a_X = Aa$。

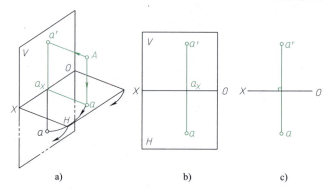

a)　　　　　　　　　　b)　　　　　　c)

图 2-6 点的两面投影

a）直观图　b）投影面展开图　c）投影图

二、点在三投影面体系中的投影

点的两面投影已能确定该点的空间位置，为了更清晰地图示几何元素的特征，常用三投影面体系来生成投影。

1. 三投影面体系的建立

如图 2-7a 所示，在两投影面体系中，再增加一个与 H、V 面都垂直的侧立投影面（简称为侧面或 W 面），构成一个三投影面体系。投影面之间的交线称为投影轴 OX、OY、OZ，三条投影轴的交点 O 称为原点。

2. 点的三面投影

如图 2-7a 所示，由空间点 A 分别向 H、V 和 W 面投射的投射线，分别得点 A 的水平投影 a、正面投影 a' 和侧面投影 a''（规定点的侧面投影用同名小写字母加两撇表示）。保持 V 面不动，沿 OY 轴将 H 面和 W 面分开，分别旋转 H 面和 W 面，使三个投影面共面。属于 H 面上的 OY 轴用 OY_H 表示，属于 W 面上的 OY 轴用 OY_W 表示，如图 2-7b 所示。同理，原 OY 轴上的 a_Y 点分别用 a_{YH} 和 a_{YW} 表示。

三面投影图有以下关系：$aa_{YH} \perp OY_H$，$a''a_{YW} \perp OY_W$，$Oa_{YH} = Oa_{YW}$。在三投影面体系中，

投影图可采用45°辅助线法、辅助圆弧法（以 O 为圆心，以 Oa_{YH} 或 Oa_{YW} 为半径）或直接量取法来保证 $Oa_{YH}=Oa_{YW}$ 的关系，如图 2-7c 所示。

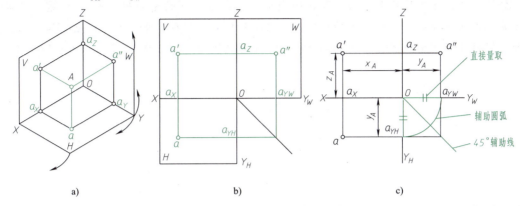

图 2-7　点的三面投影

a）直观图　b）投影面展开图　c）投影图

3. 点的直角坐标

将三投影面体系视为直角坐标系，则投影面、投影轴、原点分别为坐标面、坐标轴、坐标原点。由图 2-7 可知，点 A 的空间坐标（x_A，y_A，z_A）与它的投影有如下关系。

1）x 坐标反映点到 W 面的距离，即 $x_A = a'a_Z = aa_{YH} = Aa''$。

2）y 坐标反映点到 V 面的距离，即 $y_A = aa_X = a''a_Z = Aa'$。

3）z 坐标反映点到 H 面的距离，即 $z_A = a'a_X = a''a_{YW} = Aa$。

4. 点的三面投影规律

根据上述分析，点在三投影面体系中的投影规律有以下两点。

1）点的两面投影连线垂直于相应的投影轴，即 $a'a \perp OX$，$a'a'' \perp OZ$ 和 $aa_{YH} \perp OY_H$，$a''a_{YW} \perp OY_W$。

2）点的一面投影的两个坐标等于该空间点到其余两个投影面的距离。

小结：如果已知点的两面投影，则该点的坐标（x，y，z）便可确定，即该点的空间位置唯一确定。如果点的三个坐标中有一个为零，则该点的一面投影与空间点重合，即该点位于投影面上，如图 2-8 所示的 A、B 两点；如果点的三个坐标中有两个为零，则该点的两面投影与空间点重合，即该点位于投影轴上，如图 2-8 所示的 C 点。

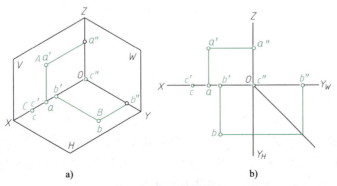

图 2-8　特殊位置的点

a）直观图　b）投影图

33

【例 2-1】 如图 2-9a 所示，已知点 A 的正面投影 a' 和水平投影 a，求其侧面投影 a''。

分析：已知点 A 的两面投影，即 a' 的坐标为 (x, z)，a 的坐标为 (x, y)，则点 A 的空间位置可以唯一确定。本题有两种解法：①在坐标轴 OY_W、OY_H 和 OZ 上相应截取 y、z，即可确定侧面投影 a'' 的位置；②通过画 45°辅助线确定侧面投影 a'' 的位置，作图原理如图 2-9所示。

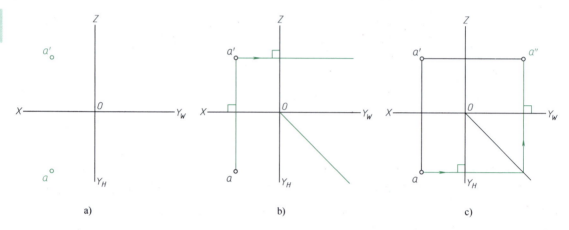

a)   b)   c)

图 2-9 已知点的两面投影求其第三面投影

演示视频

绘图步骤：

1）连接 aa'，过 a' 作 OZ 轴的垂线，画 45°辅助线，如图 2-9b 所示。

2）过 a 作 OY_H 轴的垂线并与 45°辅助线相交，过交点作 OY_W 轴的垂线，与过 a' 的水平线相交的交点即为所求侧面投影 a''，如图 2-9c 所示。

【例 2-2】 已知点 A 坐标（12, 16, 10）和点 B 坐标（28, 8, 0），求作两点的三面投影图。

分析：已知点 A 的坐标为（12, 16, 10），则其三面投影的坐标均可在相应的坐标轴上量取确定，从而确定点 A 的三面投影的位置。已知点 B 的坐标为（28, 8, 0），因 $z_B = 0$，故其正面投影 b' 和侧面投影 b'' 均在坐标轴上，水平投影 b 在 H 面内，并与空间点 B 重合。

绘图步骤：

1）求点 A 的投影。分别在 OX、OY_H（或 OY_W）、OZ 轴上量取 $Oa_X = 12$、$Oa_{YH} = 16$（或 $Oa_{YW} = 16$）、$Oa_Z = 10$ 得到三个坐标点 a_X、a_{YH}（或 a_{YW}）、a_Z；分别过这三点作相应投影轴的平行线，所得交点即为所求 A 点的三面投影 a'、a、a''，如图 2-10a 所示。

2）求点 B 的投影。分别在 OX、OY_H、OY_W 轴上量取 $Ob_X = 28$，$Ob_{YH} = Ob_{YW} = 8$；过 b_X、b_{YH} 作相应投影轴的平行线，在 H 面的交点即为水平投影 b；正面投影 b' 与 b_X 重合；侧面投影 b'' 在 OY_W 轴上，它与 b_{YW} 重合，如图 2-10b 所示。

3）将 A、B 两点的投影整合，完成题目要求，如图 2-10c 所示。

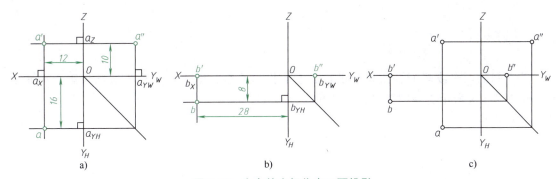

图 2-10 由点的坐标作出三面投影

a）图解 A 点投影 b）图解 B 点投影 c）A、B 两点的投影

> **注意：** 当空间点的三个坐标值中的一个为零时，该点位于某坐标面上；三个坐标值中若有两个为零时，则该点位于某投影轴上。

三、两点的相对位置

两点的相对位置是指空间两点在上下、前后、左右三个方向上的位置关系，可根据两点的三面投影判断两点的相对位置，判断方法为：左右关系是 x 坐标大者在左，前后关系是 y 坐标大者在前，上下关系是 z 坐标大者在上，因此可用两点的坐标差描述两点的相对距离。

> **注意：** 两点的水平投影和侧面投影中均能反映两点的前后位置关系，即 OY_H 轴向下表示为前，OY_W 轴向右表示为前。

【例 2-3】 已知空间两点 A、B 的投影图如图 2-11a 所示，判断两点之间的相对位置关系。

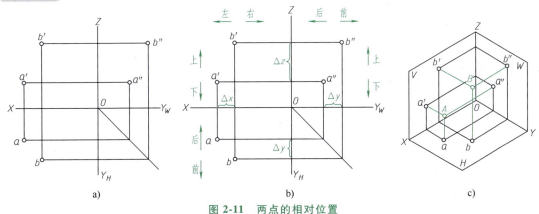

图 2-11 两点的相对位置

a）两点的投影图 b）两点的相对位置 c）直观图

分析： 在投影图中度量获得坐标差 Δx、Δy、Δz，如图 2-11b 所示，由正面投影可以看出点 A 在点 B 左侧 Δx、下方 Δz 处，由水平投影可以看出点 A 在点 B 后方 Δy 处，因此，点 A 在点 B 左侧 Δx，下方 Δz、后方 Δy 处，两点空间位置的直观图如图 2-11c 所示。

四、重影点

若空间的两个或多个点在某个投影面上的投影重合，则这些点称为对该投影面的重影点。由图 2-12a 所示直观图可见，点 A 位于点 B 的正前方，a' 与 b' 重合，故点 A 与点 B 为对正面的重影点。

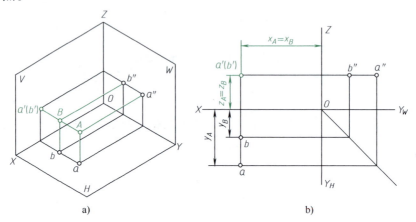

图 2-12 两点的相对位置

a）直观图 b）投影图

如图 2-12b 所示，$x_A = x_B$，$z_A = z_B$，A、B 两点对投影面无左右及上下距离差，而只有前后距离差，它们在正面的投影 a' 与 b' 重合，这两个点称为对正面的重影点。由于 $y_A > y_B$，故点 A 位于点 B 前方，点 A 可见，点 B 被遮挡而不可见，通常用括号表示不可见点，如 a'（b'）。

同理可知，当两点只有 x 坐标不相等时，它们对投影面只有左右距离差，是对侧面的重影点；当两点只有 z 坐标不相等时，它们对投影面只有上下距离差，是对水平面的重影点。

重影点的可见性是：前遮后、上遮下、左遮右。若用坐标值来判别，即同一坐标的数值较大者可见。

第三节 直线的投影

直线的投影可由该直线两端点的投影确定。直线对 H、V、W 三个投影面的倾角分别用 α、β、γ 表示，如图 2-13a 所示。确定直线 AB 的三面投影时，可分别求出两端点 A、B 的三面投影，如图 2-13b 所示，再用粗实线连接其同面投影，即得到直线 AB 的三面投影，如图 2-13c 所示。

一、直线的投影特性

直线据其相对于三个投影面的位置可分为三种类型，具体分类及名称如图 2-14 所示，其中前两种类型统称为特殊位置直线。

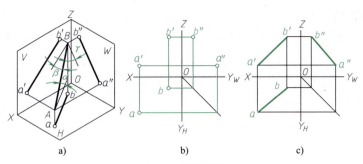

图 2-13　直线的投影

a）直观图　b）两端点的投影图　c）直线的投影图

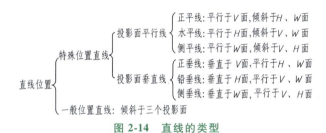

图 2-14　直线的类型

1. 投影面平行线

投影面平行线分为正平线、水平线和侧平线三种类型，它们的投影及投影特性见表 2-2。

表 2-2　投影面平行线的投影及投影特性

类型	正平线 （$AB//V$ 面，倾斜于 H、W 面）	水平线 （$AB//H$ 面，倾斜于 V、W 面）	侧平线 （$AB//W$ 面，倾斜于 V、H 面）
直观图			
投影图			
投影特性	1）$a'b'$ 反映实长，$a'b'$ 与 OX、OZ 的夹角分别反映角 α、γ 2）$ab//OX$，$a''b''//OZ$，ab、$a''b''$ 均小于实长	1）ab 反映实长，ab 与 OX、OY_H 的夹角分别反映角 β、γ 2）$a'b'//OX$，$a''b''//OY_W$，$a'b'$、$a''b''$ 均小于实长	1）$a''b''$ 反映实长，$a''b''$ 与 OY_W、OZ 的夹角分别反映角 α、β 2）$a'b'//OZ$，$ab//OY_H$，ab、$a'b'$ 均小于实长
概括	1）在所平行的投影面上的投影反映直线实长（具有实形性），与投影轴的夹角分别反映直线对另两个投影面的真实倾角 2）在另两个投影面上的投影平行于相应的投影轴，长度缩短（具有类似性）		

2. 投影面垂直线

投影面垂直线分为正垂线、铅垂线和侧垂线三种类型，它们的投影及投影特性见表 2-3。

表 2-3　投影面垂直线的投影及投影特性

类型	正垂线 ($AB \perp V$ 面，$AB // H$ 面，$AB // W$ 面)	铅垂线 ($AB \perp H$ 面，$AB // V$ 面，$AB // W$ 面)	侧垂线 ($AB \perp W$ 面，$AB // V$ 面，$AB // H$ 面)
直观图	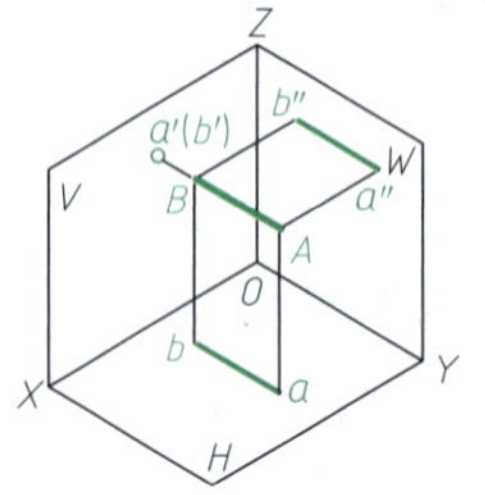	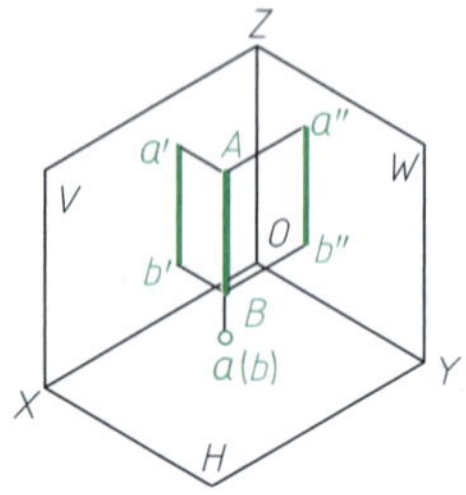	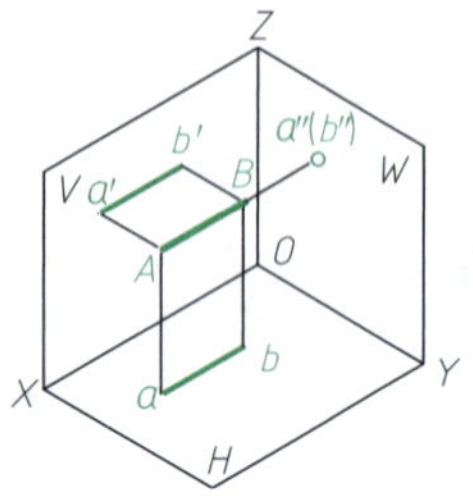
投影图	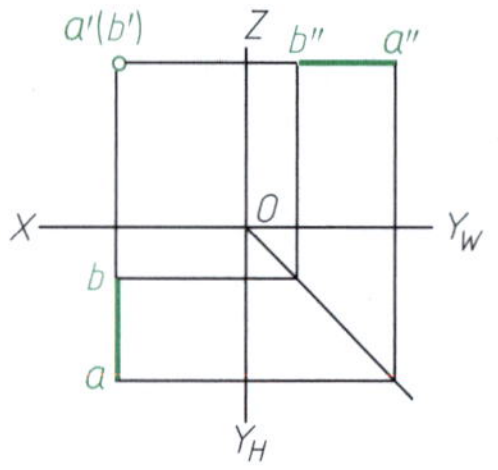	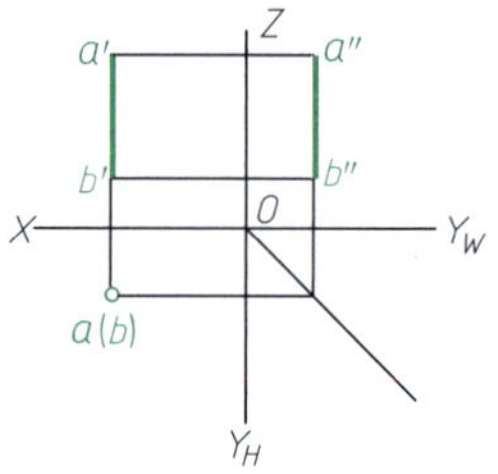	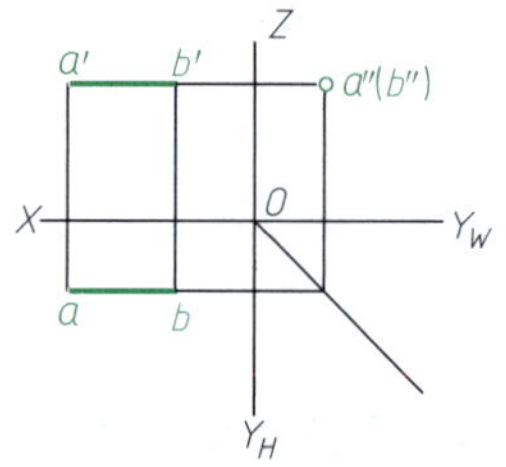
投影特性	1）a'、b' 积聚为 $a'(b')$ 2）$ab \perp OX$，$a''b'' \perp OZ$，ab、$a''b''$ 均反映实长	1）a、b 积聚为 $a(b)$ 2）$a'b' \perp OX$，$a''b'' \perp OY_W$，$a'b'$、$a''b''$ 均反映实长	1）a''、b'' 积聚为 $a''(b'')$ 2）$a'b' \perp OZ$，$ab \perp OY_H$，ab、$a'b'$ 均反映实长
概括	1）在所垂直的投影面上的投影积聚成一点（具有积聚性） 2）在另两个投影面上的投影垂直于相应的投影轴，反映直线实长（具有实形性）		

3. 一般位置直线

如图 2-13a 所示的一般位置直线 AB，它与三个投影面均倾斜，两端点对投影面的上下、前后、左右距离差都不等于零，所以直线 AB 的三面投影均倾斜于投影轴。由图 2-13 可知，直线 AB 的实长、投影长度和倾角之间的关系为

$$ab = AB\cos\alpha < AB, \quad a'b' = AB\cos\beta < AB, \quad a''b'' = AB\cos\gamma < AB$$

注意：直线 AB 的投影与投影轴的夹角不等于直线对投影面的倾角。

一般位置直线的投影特性概括为以下两点。

1）三面投影均倾斜于投影轴，且投影长度均小于实长（具有类似性）。

2）三面投影与投影轴的夹角均不反映直线对投影面的倾角。

二、一般位置直线的实长及其对投影面的倾角

在工程实际中，经常会遇到求解一般位置直线的实长及其对投影面的倾角问题，在此仅介绍较简单的直角三角形法的作图原理。如图 2-15 所示，过点 A 作 AC 平行于 H 面，得到直角三角形 ABC，则 $AC = ab$，$BC = \Delta z_{AB}$（即点 A 与点 B 的 z 坐标差），斜边就是 AB 实长，$\angle BAC$ 即为直线 AB 对 H 面的倾角 α。

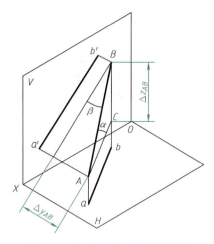

图 2-15　直角三角形法作图原理

【例 2-4】　已知直线 AB 的两面投影，如图 2-16a 所示，求直线的实长及其对 H 面、V 面的倾角。

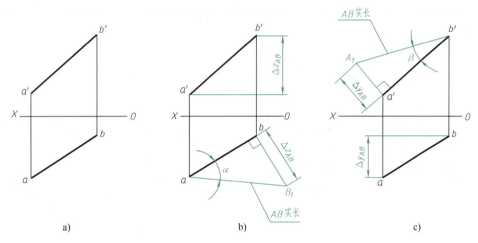

图 2-16　直角三角形法求实长和倾角

a) 题目　b) 利用 z 坐标差求实长及 α　c) 利用 y 坐标差求实长及 β

分析：根据题目给定的两面投影可以判断直线 AB 属于一般位置直线，故需通过直角三角形法求解该直线的实长和倾角。

绘图步骤：

1）如图 2-16b 所示，以水平投影 ab 作为一条直角边，以正面投影两端点的 z 坐标差 Δz_{AB} 作为另一条直角边得到一点 B_1，连接斜边 aB_1 即得所求直线 AB 的实长，夹角 $\angle baB_1$ 即为直线对 H 面的倾角 α。

2）如图 2-16c 所示，同理以正面投影 $a'b'$ 作为一条直角边，以水平投影两端点的 y 坐标差 Δy_{AB} 作为另一条直角边得到一点 A_1，连接斜边 $b'A_1$ 即得所求直线 AB 的实长，夹角 $\angle a'b'A_1$ 即为直线对 V 面的倾角 β。

三、直线上的点

直线上点的投影特性具有从属性和定比性，由此可以分析直线与点的位置关系。

如图 2-17 所示，直线 AB 上有一点 C，由直线上点的投影特性可知，点 C 的三面投影必定在直线 AB 的同面投影上，且 $AC : CB = ac : cb = a'c' : c'b' = a''c'' : c''b''$。

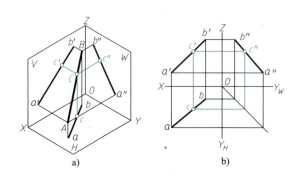

图 2-17　直线上的点的投影

a）直观图　b）投影图

【例 2-5】　如图 2-18a 所示，已知直线 AB 的两面投影，求直线 AB 上的等分点 C 使 $AC : CB = 2 : 3$，作出其两面投影。

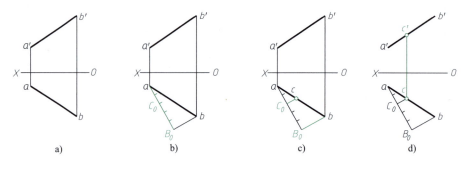

图 2-18　求直线上的分点

分析：根据定比性的投影特性，将线段 AB 的任一投影分成 $2 : 3$ 的两段，即得到等分点 C 的一面投影；再根据从属性，即可确定点 C 的另一面投影。

绘图步骤：

1）由 a 作任意辅助直线，在其上量取 5 个等长度线段，得点 B_0；在 aB_0 上确定点 C_0，使 $aC_0 : C_0B_0 = 2 : 3$，如图 2-16b 所示。

2）连接 B_0b，作 $C_0c \parallel B_0b$，与 ab 交于点 c，即为所求点 C 的一面投影，如图 2-18c 所示。

3）由 c 对应在 $a'b'$ 上作出点 c'，即为所求点 C 的另一面投影，如图 2-18d 所示。

四、两直线的相对位置关系

空间两直线的相对位置关系有平行、相交和交叉三种情况。前两种关系的直线均在同一平面内，称为共面直线；最后一种关系的直线不在同一平面内，称为异面直线。

两直线的相对位置关系及投影特性见表2-4。

表 2-4　两直线的相对位置关系及投影特性

位置关系		两直线平行	两直线相交	两直线交叉
直观图		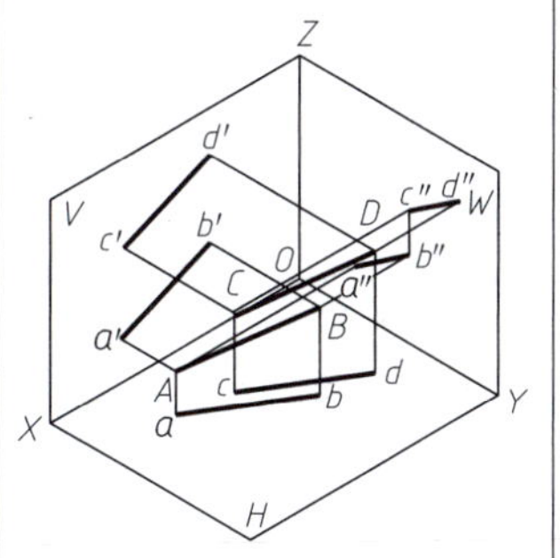	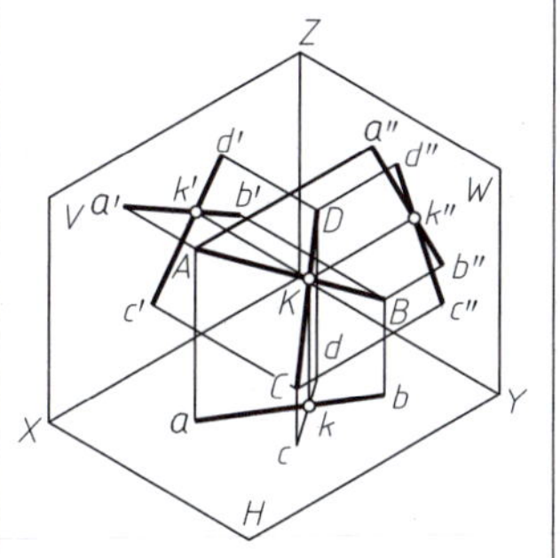	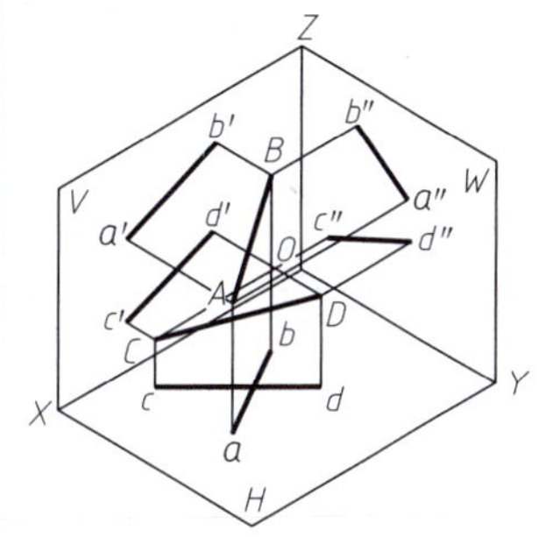
投影图	一般位置	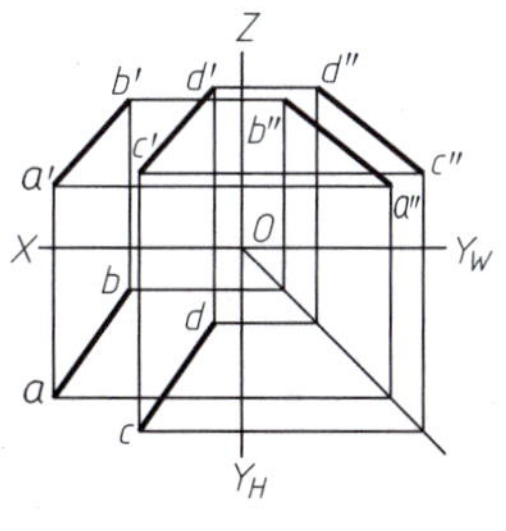	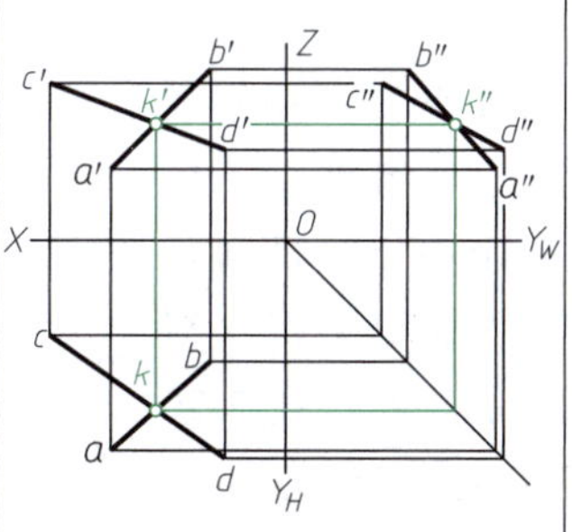	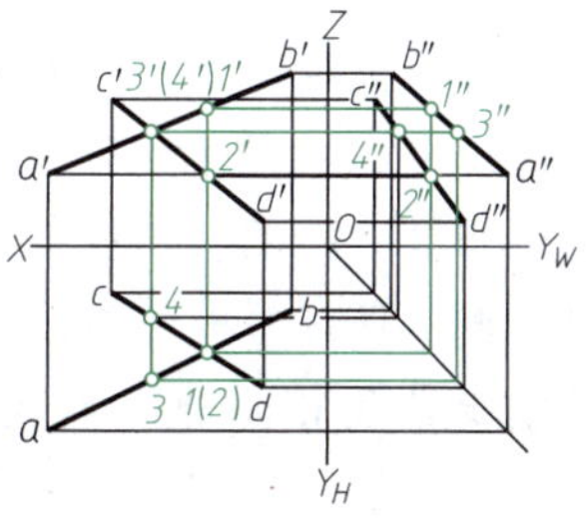
	特殊位置	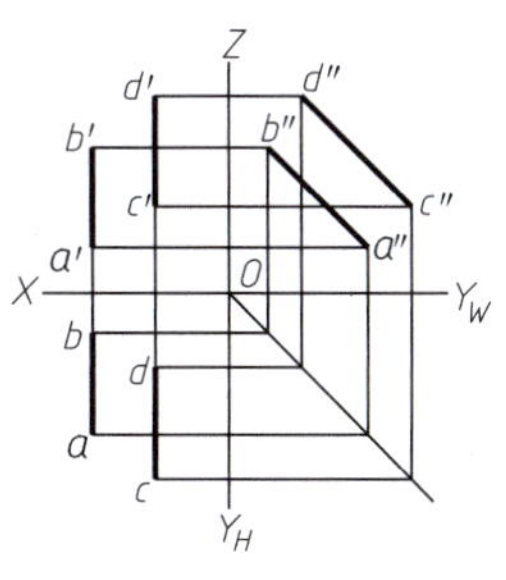	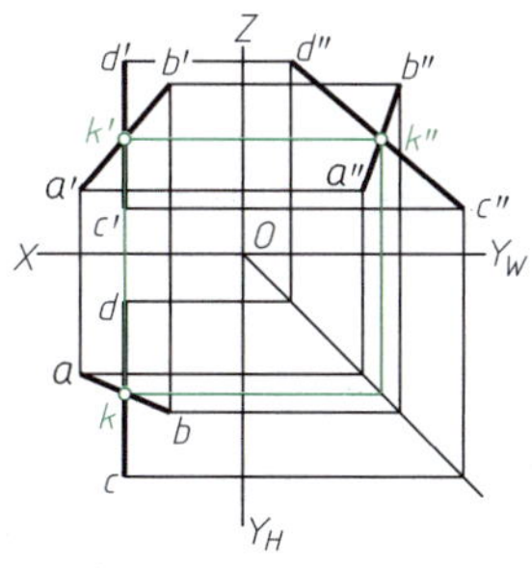	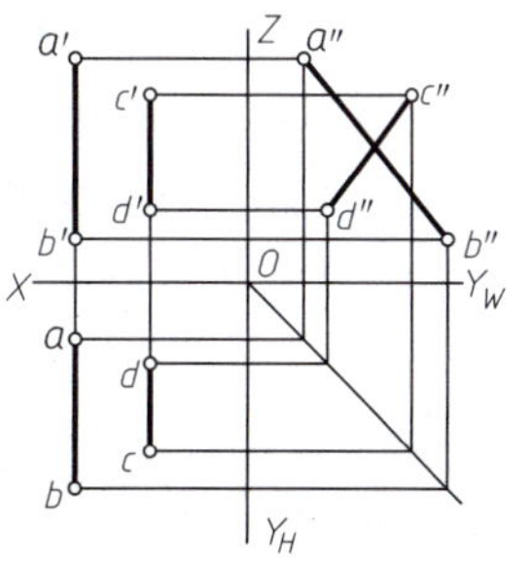
投影特性		若空间两直线互相平行，则它们的各组同面投影必定互相平行。反之，若两直线的各组同面投影都互相平行，则两直线在空间中必定互相平行	若空间两直线相交，则它们的三组同面投影必相交，且交点的投影符合空间点的三面投影特性	若空间两直线交叉，则它们的投影既不符合平行两直线的投影特性，又不符合相交两直线的投影特性。交叉两直线的三面投影也可能相交，但各面投影的交点不符合点的投影规律

【例 2-6】　如图 2-19a 所示，已知两侧平线 AB、CD 的两面投影，判断其相对位置关系。

分析：因两条侧平线之间始终保持与投影面的左右等距离差，故排除它们相交的可能性。可以用第三面投影判断，也可以用反证法判断。

1）用第三面投影判断。分别作出 AB、CD 在 W 面的投影，若 $a''b''//c''d''$，则 AB//CD；若 $a''b''$ 与 $c''d''$ 不平行，则 AB 与 CD 交叉。如图 2-19b 所示，可知两直线平行。

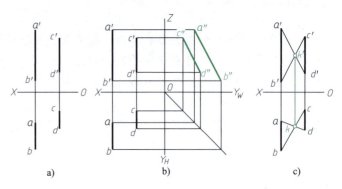

图 2-19　判断两直线的相对位置关系

2）用反证法判断。连接 $a'd'$、$b'c'$ 和 ad、bc，若 k' 与 k 符合点的投影特点，可判断 AB 与 CD 共面，即 AB//CD；反之，AB 与 CD 交叉。如图 2-19c 所示，可知两直线平行。

五、直角投影定理

直角投影定理：空间两直线垂直（相交或交叉），若其中一条直线与某投影面平行，则两直线在该投影面上的投影必互相垂直。反之，如果空间两直线在某一投影面上的投影互相垂直，且其中一条直线与该投影面平行，则两直线必互相垂直。该定理的证明如图 2-20 所示：已知 AB 与 BC 垂直相交，AB 为水平线。因 $AB \perp Bb$、$AB \perp BC$，则 $AB \perp$ 平面 BbcC；因 $ab//AB$，则 $ab \perp$ 平面 BbcC；所以，$ab \perp bc$，即 $\angle abc = \angle ABC = 90°$。

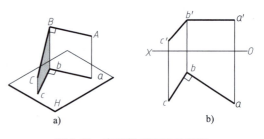

图 2-20　直线投影定理的证明
a）直观图　b）投影图

直角投影定理是在投影图上解决有关垂直以及求距离的作图依据。

第四节　平面的投影

一、平面的表示法

平面的表示方法主要有以下两种。
1. 几何元素表示法
几何元素是指确定该平面的点、直线或平面，它们的组合形式如图 2-21 所示。

42

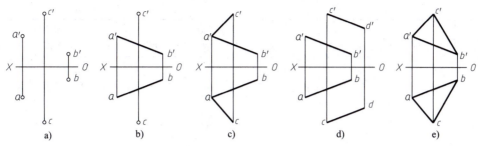

图 2-21 平面的几何元素表示法

a）不共线三点表示平面 b）直线与直线外一点表示平面 c）相交两直线表示平面
d）平行两直线表示平面 e）平面图形表示平面

2. 迹线表示法

迹线是指平面与投影面的交线，用下角标记迹线所在投影面。例如，平面 P 与 V 面、H 面、W 面的迹线分别表示为 P_V、P_H 和 P_W，如图 2-22 所示。

二、平面对投影面的相对位置

平面根据其相对于三个投影面的位置可分为三种类型，具体分类及名称如图 2-23 所示，其中前两类统称特殊位置平面。平面对 H、V、W 三个投影面的倾角分别用 α、β、γ 表示。

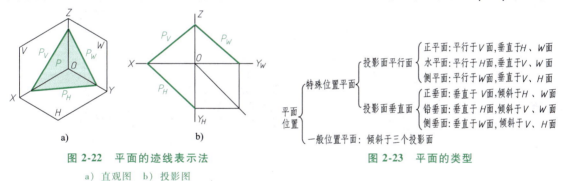

图 2-22 平面的迹线表示法

a）直观图 b）投影图

特殊位置平面
投影面平行面
正平面：平行于 V 面，垂直 H、W 面
水平面：平行于 H 面，垂直于 V、W 面
侧平面：平行于 W 面，垂直于 V、H 面

投影面垂直面
正垂面：垂直于 V 面，倾斜于 H、W 面
铅垂面：垂直于 H 面，倾斜于 V、W 面
侧垂面：垂直于 W 面，倾斜于 V、H 面

一般位置平面：倾斜于三个投影面

图 2-23 平面的类型

1. 投影面平行面

投影面平行面分为正平面、水平面和侧平面，它们的投影及投影特性见表 2-5。

表 2-5 投影面平行面的投影及投影特性

类型	正平面 （△ABC//V 面，垂直于 H、W 面）	水平面 （△ABC//H 面，垂直于 V、W 面）	侧平面 （△ABC//W 面，垂直于 V、H 面）
直观图			

（续）

类型	正平面 （△ABC//V 面，垂直于 H、W 面）	水平面 （△ABC//H 面，垂直于 V、W 面）	侧平面 （△ABC//W 面，垂直于 V、H 面）
投影图			
投影特性	1）正面投影 △a'b'c'反映实形 2）其他两面投影积聚成直线，且 abc//OX、a"b"c"//OZ	1）水平面投影 △abc 反映实形 2）其他两面投影积聚成直线，且 a'b'c'//OX、a"b"c"//OY_W	1）侧面投影 △a"b"c"反映实形 2）其他两面投影积聚成直线，且 abc//OY_H、a'b'c'//OZ
概括	1）在所平行的投影面上的投影反映平面实形（具有实形性） 2）在另两个投影面上的投影积聚成直线且平行于相应的投影轴（具有积聚性）		

2. 投影面垂直面

投影面垂直面分为正垂面、铅垂面和侧垂面，它们的投影及投影特性见表 2-6。

表 2-6 投影面垂直面的投影及投影特性

类型	正垂面 （△ABC⊥V 面，倾斜于 H、W 面）	铅垂面 （△ABC⊥H 面，倾斜于 V、W 面）	侧垂面 （△ABC⊥W 面，倾斜于 V、H 面）
直观图			
投影图			
投影特性	1）正面投影积聚为直线，它与 OX、OZ 的夹角分别反映 α、γ 角 2）其他两面投影为与 △ABC 类似的 △abc 和 △a"b"c"	1）水平投影积聚为直线，它与 OX、OY_H 的夹角分别反映 β、γ 角 2）其他两面投影为与 △ABC 类似的 △a'b'c'和 △a"b"c"	1）侧面投影积聚为直线，它与 OY_W、OZ 的夹角分别反映 α、β 角 2）其他两面投影为与 △ABC 类似的 △abc 和 △a'b'c'
概括	1）在所垂直的投影面上的投影积聚成直线（具有积聚性），与投影轴的夹角反映该平面对另两个投影面的倾角 2）在另两个投影面上的投影为两个与空间图形类似的平面图形（具有类似性，面积减小）		

3. 一般位置平面

一般位置平面△ABC 对三个投影面均倾斜，它的三面投影 △abc、△a'b'c'、△a"b"c"均为空间平面的类似形，如图 2-24 所示。

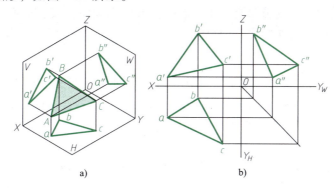

图 2-24 一般位置平面的投影特性
a) 直观图 b) 投影图

一般位置平面的投影特性概括为以下两点。

1）三面投影均是空间平面的类似形，且比实际面积小。

2）投影图均不能反映空间平面对投影面的真实倾角。

三、平面内的点和直线

1. 平面内取点

点在平面内的几何条件：如果点在平面内，则该点必在这个平面内的一条直线上；反之，若点位于平面内的一条直线上，则该点必位于该平面内。

【例 2-7】 如图 2-25a 所示，已知点 K 的两面投影，试判断点 K 是否在平面△ABC 内。

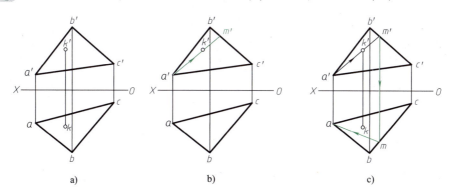

图 2-25 判断点 K 是否在平面△ABC 内

分析： 由题目可知平面△ABC 是一般位置平面，不能直接判断从属关系，应过点 K 作属于该平面的一条直线，再根据点与平面的几何条件得出结论。

绘图步骤：

1）连接 a'k'并延长交 b'c'于 m'，则 AM 必在平面△ABC 内，如图 2-25b 所示。

2）作出点 M 的水平投影 m 并连接 am，如图 2-25c 所示，可以看出投影 k 不在 am 上，故可判断点 M 不在平面 $\triangle ABC$ 内。

> **注意**：一个点的两个投影即使都在平面的投影轮廓线内，该点也不一定在该平面内。必须用几何条件和投影特性进行分析判断。

2. 平面内取直线

直线在平面内的几何条件：①若直线在平面内，则该直线必通过平面内的两个点；反之，若直线通过平面内的两个点，则该直线必在平面内；②若直线通过平面内的一个点且平行于平面内的另一条直线，则该直线必在平面内。

如图 2-26 所示，$\triangle ABC$ 确定平面 P，点 M、N 分别在 AB、AC 上，则 MN 必在平面 P 内。如图 2-27 所示，相交直线 AB、BC 确定平面 P，M 是平面内的一个点，过点 M 作 $MN/\!/BC$，则 MN 必在平面 P 内。

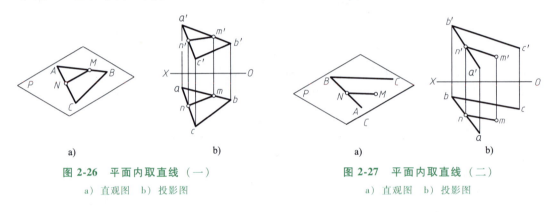

图 2-26 平面内取直线（一）
a）直观图 b）投影图

图 2-27 平面内取直线（二）
a）直观图 b）投影图

> 【例 2-8】 已知平面 $\triangle ABC$ 的两面投影，如图 2-28a 所示，求平面内点 K，使其与 V 面的距离为 14mm，与 H 面的距离为 12mm，作出其两面投影。

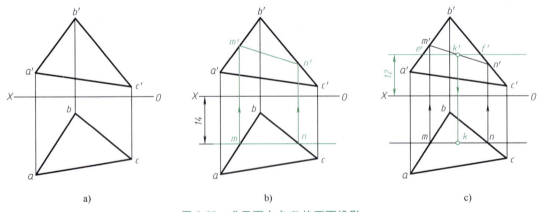

图 2-28 求平面内点 K 的两面投影

分析：满足与 V 面距离为 14mm 条件的是一正平面，其上任意两点连线均为正平线；满足与 H 面距离为 12mm 条件的是一水平面，其上任意两点连线均为水平线；再根据正平线和水平线的投影特性，即可求出题目所求点的两面投影。

绘图步骤：

1）作正平线的两面投影：如图 2-28b 所示，在 V 面前方方向上作一距 OX 轴 14mm 的水平线（可理解为正平面的水平迹线），得交线 mn；由 mn 得正面投影 $m'n'$。

2）作水平线的正面投影：如图 2-28c 所示，在 H 面上方方向上作一距 OX 轴 12mm 的水平线（可理解为水平面的正面迹线），得交线 $e'f'$，它与 $m'n'$ 的交点 k' 即为所求点 K 的正面投影。再由交点 k' 求得水平投影点 k，完成题目要求。

> **注意：** 例 2-8 中步骤 1）与 2）的顺序可颠倒，即先作水平线的两面投影，再作正平线的水平投影，即可先求得点 k，再求得点 k'。

【例 2-9】 如图 2-29a 所示，已知平面五边形的正面投影 $a'b'c'd'e'$ 和水平投影 ab、bc，试完成该平面五边形的水平投影。

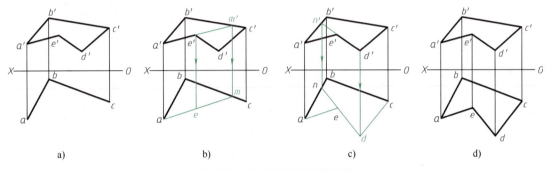

a)　　　　　　b)　　　　　　c)　　　　　　d)

图 2-29　完成平面图形的投影

分析： 由已知条件可以判断出该平面多边形是一般位置平面，其水平投影应为一个与正面投影类似的平面多边形。水平投影未知的 e、d 可根据从属性求出。

绘图步骤：

1）延长 $a'e'$ 交 $b'c'$ 于 m'，由 m' 在 bc 上求出 m；连接 am，由 e' 在 am 上求出 e，如图 2-29b 所示。

2）延长 $d'e'$ 交 $a'b'$ 于 n'，由 n' 在 ab 求出 n；连接 ne 并延长，与由 d' 向下引出的投射线的交点即为投影 d，如图 2-29c 所示。

3）用粗实线连接 ae、ed 和 cd，完整的平面五边形的水平投影如图 2-29d 所示，它与正面投影类似，完成题目要求。

第五节　直线与平面、平面与平面的相对位置

一、直线与平面的相对位置

直线与平面的相对位置分为平行、相交和垂直三种情况。通常有直线与一般位置平面

（或特殊位置平面）平行，一般位置直线（或投影面垂直线）与一般位置平面相交、一般位置直线与特殊位置平面相交，直线与一般位置平面（或特殊位置平面）垂直等多种类型。直线与平面的相对位置及投影特性见表 2-7。

表 2-7　直线与平面的相对位置及投影特性

类型	平行 （一般位置直线与投影面 垂直面平行）	相交 （一般位置直线与投影面 垂直面相交）	垂直 （一般位置直线与一般 位置平面垂直）
直观图	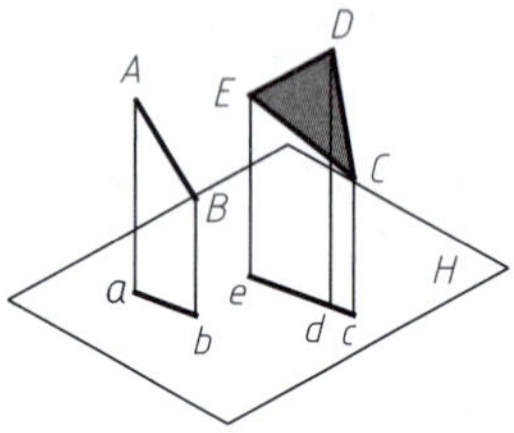	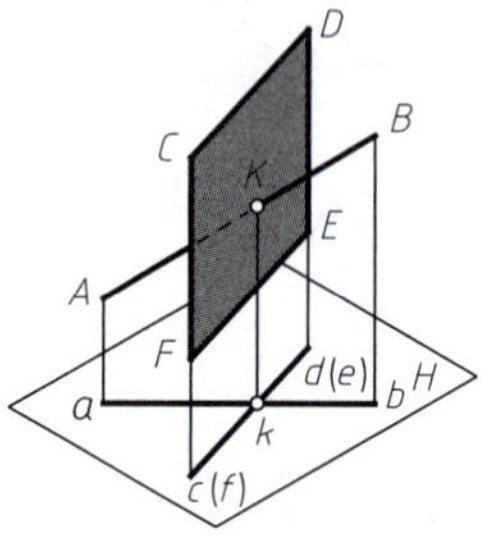	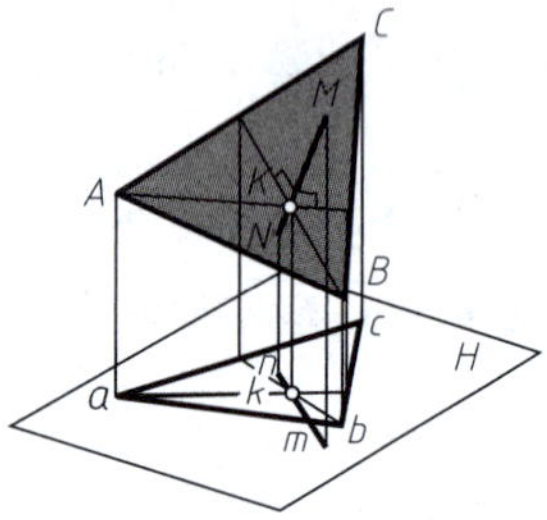
投影图	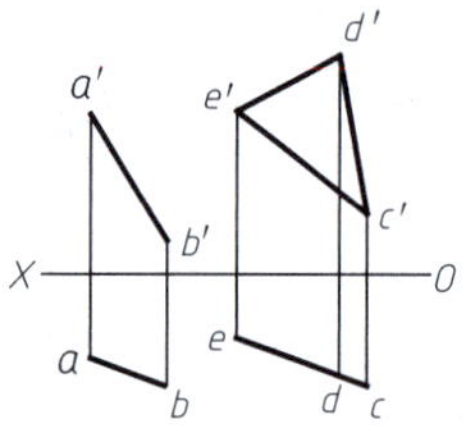	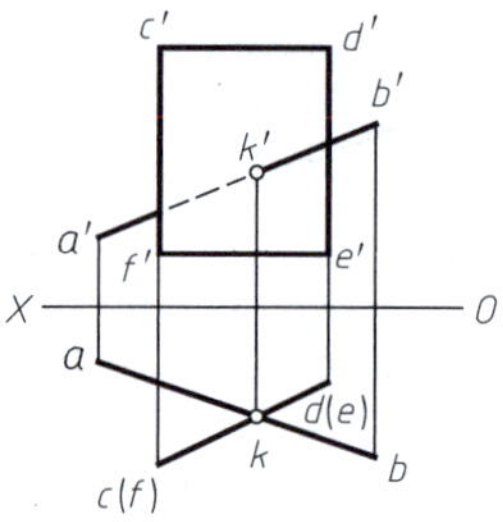	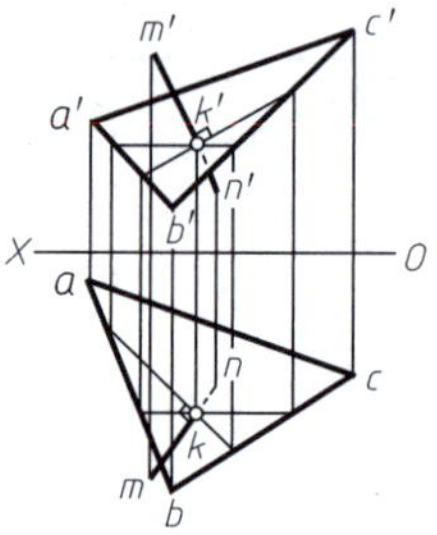
投影特性	若直线平行于某平面内的一条直线，则该直线与该平面必平行；若直线与投影面垂直面平行，则直线的投影必平行于投影面垂直面的积聚性投影	直线与平面不平行则必相交，交点是两者的公共点，即交点既在直线上，又在平面上	直线与平面垂直，则直线的正面投影必垂直于该平面上正平线的正面投影；直线的水平投影必垂直于该平面上水平线的水平投影
应用	1）求作平行于平面的直线 2）判断直线是否与平面平行	1）分析各种位置直线与各种位置平面相交的情况 2）求交点并判断直线的可见性	1）求点到平面的距离 2）求作过直线并与已知平面垂直的平面

【例 2-10】 已知投影如图 2-30a 所示，求直线 AB 及其与 $\triangle CDE$ 交点 K 的水平投影，并判别可见性。

分析：由题目可知直线 AB 为正垂线，$\triangle CDE$ 为一般位置平面，正垂线 AB 与 $\triangle CDE$ 交点 K 的投影 k' 与 $a'(b')$ 重影，根据点与平面的从属关系，即可由 k' 求出水平投影 k。

绘图步骤：

1）求交点 K 的水平投影。连接 $c'k'$ 并延长，交 $d'e'$ 于 m'，由 m' 在 de 上求出点 m，连接水平投影 cm，cm 与 ab 的交点 k 即为 K 的水平投影 k，如图 2-30b 所示。

2）判别可见性。如图 2-30c 所示，在水平投影中，k 是把 ab 分成可见与不可见部分的分界点。直线 AB 与 $\triangle CDE$ 各边均为交叉关系，直线 AB 上的点 Ⅰ 与直线 CD 上的点 Ⅱ 是对

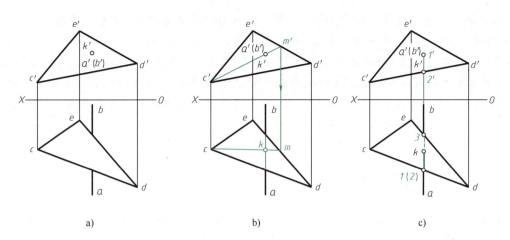

图 2-30　求直线与平面的交点的投影

H 面的重影点。由正面投影可以看出 $1'$ 在 $2'$ 的上方，故水平投影 1 可见，2 不可见，投影为 1（2）。因此，直线 AB 上的 $K\ I$ 段位于 $\triangle CDE$ 上方，其水平投影可见，画成粗实线；$K\ III$ 段必位于 $\triangle CDE$ 下方，其水平投影不可见，画成细虚线。

【例 2-11】　如图 2-31a 所示，已知点 M 和 $\triangle ABC$ 的两面投影，求过点 M 并与 $\triangle ABC$ 垂直于点 K 的直线 MN 的两面投影。

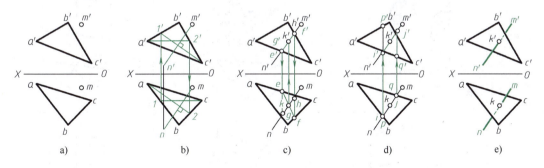

图 2-31　求过点与平面垂直的直线的投影

　　分析：由题目可知 $\triangle ABC$ 为一般位置平面。若直线 MN 与 $\triangle ABC$ 垂直，则 MN 必垂直于 $\triangle ABC$ 上的任一直线。根据直角投影定理可求出 $\triangle ABC$ 内的水平线和正平线，则 MN 的水平及正面投影分别与所求水平线和正平线的投影垂直；最后根据直线 MN 与 $\triangle ABC$ 各边的交叉重影关系求出垂足 K 的两面投影并判别可见性。

　　绘图步骤：

　　1）求直线 MN。作正平线 $C\ I$ 和水平线 $A\ II$ 的两面投影，再过 m' 作 $c'1'$ 的垂线、过 m 作 $a2$ 的垂线，在适当位置确定 n 和 n'，直线 MN 的两面投影即可确定，如图 2-31b 所示。

　　2）求垂足。在正面投影中，标出边 AC 直线 MN 的正面投影重影点 e'、g'，以及边 BC 与直线 MN 的正面投影重影点 f'、h'，求出水平投影 ac、bc 上的投影 e、f，连接 ef，ef 与 mn 的交点即为垂足的水平投影 k，再由 k 求出 k'，如图 2-31c 所示。

　　3）判别可见性。垂足 K 的投影是可见与不可见部分的分界点，正面投影和水平投影的可见性需要分别进行判断。如图 2-31c 所示，由正面投影重影点 e'、f' 向水平投影连线，得 mn 上的投影 g 和 h，由水平投影看出 gk 在 ek 之前，kh 在 kf 之后，故 $m'n'$ 上的 $g'k'$ 可见，$k'h'$ 不可见。同理，如图 2-31d 所示，由水平投影重影点 i、j 向正面投影连线，可得 $m'n'$ 上的投影 i' 和 $a'b'$ 上的投影 p'、$m'n'$ 上的投影 j' 和 ac 上的投影 q'，由正面投影看出 $i'k'$ 在 $p'k'$ 下方，$k'j'$ 在 $k'q'$ 上方，故 mn 上的 ik 不可见，kj 可见。最后将可见部分画成粗实线，不可见部分画细虚线，完成题目要求，如图 2-31e 所示。

二、平面与平面的相对位置

平面与平面的相对位置有平行、相交和垂直三种情况。通常有两一般位置平面（或两特殊位置平面）平行、两一般位置平面（或一般位置平面与特殊位置平面或两特殊位置平面）相交、一般位置平面与特殊位置平面（或两特殊位置平面）垂直等多种类型。表 2-8 列举了平面与平面的相对位置及投影特性。

表 2-8　平面与平面的相对位置及投影特性

类型	平行 （两投影面垂直面平行）	相交 （一般位置平面与投影面垂直面相交）	垂直 （两投影面垂直面垂直）
直观图	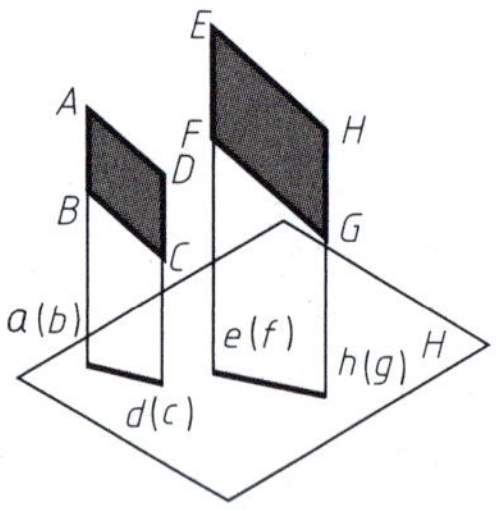	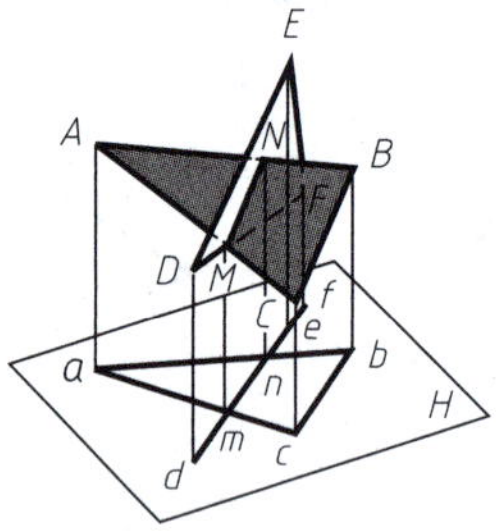	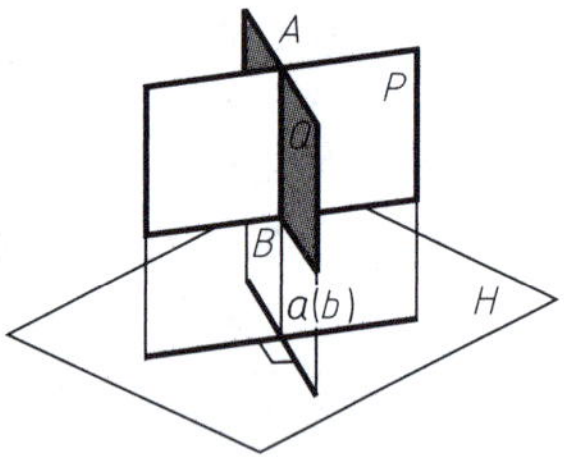
投影图	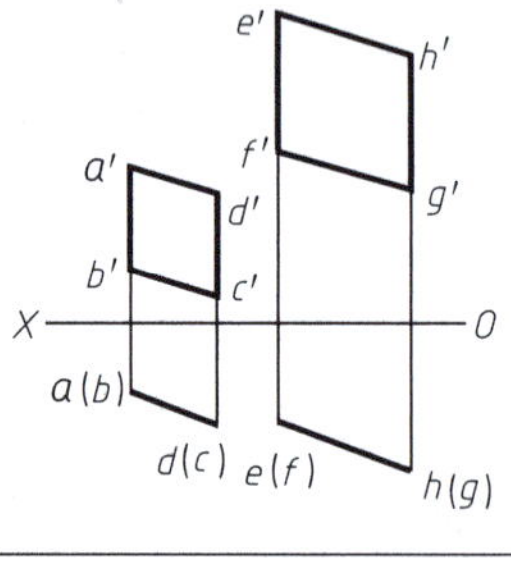	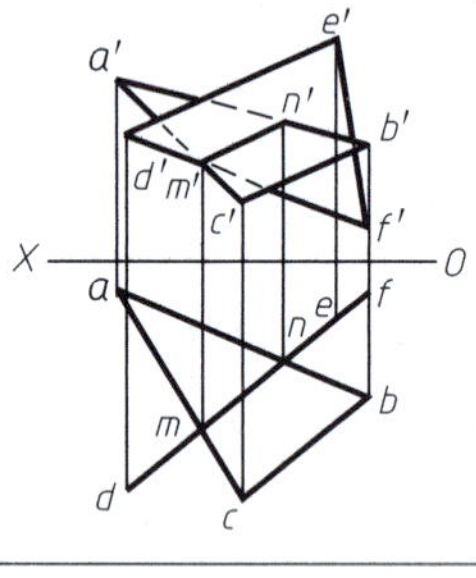	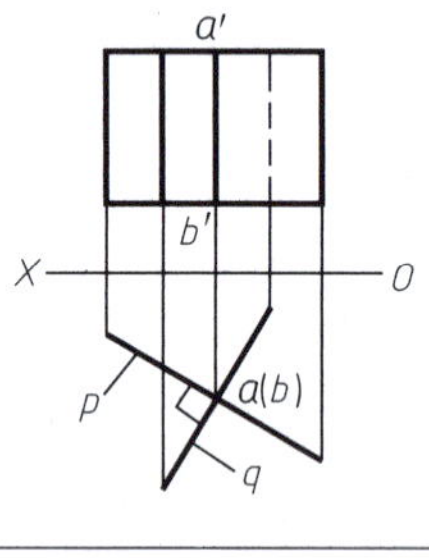
投影特性	若两个投影面垂直面相互平行，则它们的积聚性同面投影必互相平行 若两个平面内各有一对相交直线对应地平行，则这两个平面相互平行	两平面相交，交线为一条两平面共有的直线，也是可见与不可见部分的分界线。对于同一投影面，交线两侧部分的可见性相反；对于不同投影面，交线同侧部分的可见性相反	互相垂直的两平面垂直于同一平面时，它们的积聚性投影也互相垂直
应用	1）求作平行于另一平面的平面 2）判断两平面是否平行	1）求平面交线的投影 2）判断平面的可见性	1）求点到平面的距离 2）求过点并与已知平面垂直的平面

【例 2-12】 如图 2-32a 所示，完成△ABC 与△DEF 的正面投影及其交线的投影。

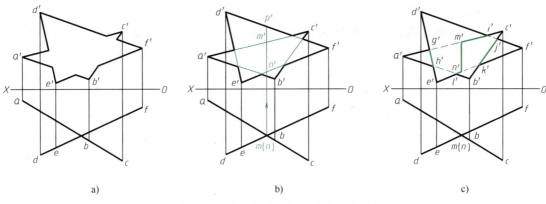

a)　　　　　　　　　b)　　　　　　　　　c)

图 2-32　求两铅垂面相交的交线投影

分析：由题目可知两个相交平面的水平投影均积聚成直线，因此它们均为铅垂面，其交线必为铅垂线。水平投影中的交点即为两面交线的积聚性投影。根据交线具有两面共有性的特点，其正面投影即可求出。

绘图步骤：

1）求交线的两面投影。铅垂面水平投影 abc 与 def 的交点即为两面交线积聚为点的水平投影，用 m(n) 表示，如图 2-32b 所示。在 V 面连接三角形的各边，再由 m(n) 向上作与正面投影的连线并与各边相交，即可确定点 M 和点 N 的正面投影 m′和 n′，得到交线的投影 m′n′。

2）判别可见性。以水平投影 m(n) 作为左右分界点，即以直线 MN 为左右分界线，延长 n′m′得辅助线 m′p′。由水平投影可以看出△DEF 的左侧部分在△ABC 的左侧部分之前，因此四边形 DENP 遮挡△ABC 的左侧部分，故 g′h′、l′n′可见，画粗实线，g′m′、h′n′不可见，画细虚线。△ABC 的右侧部分遮挡△FNP，故 i′j′、n′k′不可见，画细虚线，m′i′、j′k′可见，画粗实线，如图 2-32c 所示，完成题目要求。

【例 2-13】 如图 2-33a 所示，完成△ABC 与□DEFG 的水平投影及其交线的两面投影。

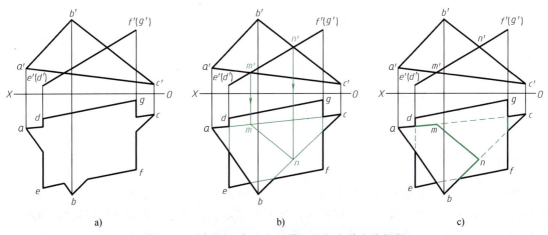

a)　　　　　　　　　b)　　　　　　　　　c)

图 2-33　求正垂面与一般位置平面相交的交线投影

51

分析：由题目可知 △ABC 为一般位置平面，□DEFG 为正垂面，故两平面的交线在 V 面的投影与 □DEFG 投影重合。根据交线的两面共有性，可求出交线的水平投影。

绘图步骤：

1）求交线的两面投影。□DEFG 的积聚性投影 $e'(d')f'(g')$ 与 △ABC 的投影 △$a'b'c'$ 的两个交点即为交线的正面投影 m' 和 n'，如图 2-33b 所示。在水平投影中用细实线作出投影 △abc 和 □$defg$，由 m' 和 n' 根据点的投影特性作出 m 和 n，连线 mn 即为交线的水平投影。

2）判别可见性。水平投影需要判别可见性，因此以交线 MN 为上下分界线来判断。由正面投影可以看出，四边形 $a'b'n'm'$ 在 $e'(d')m'n'$ 的左上方，因此 $abnm$ 可见，画粗实线，de、ef 上被遮挡的部分不可见，画细虚线。△$m'n'c'$ 位于 $m'n'f'(g')$ 的右下方，故 △mnc 与 □$defg$ 重合的部分被遮挡，不可见，画细虚线，fg 上的重合部分可见，画粗实线，如图 2-33c 所示。

【本章归纳】

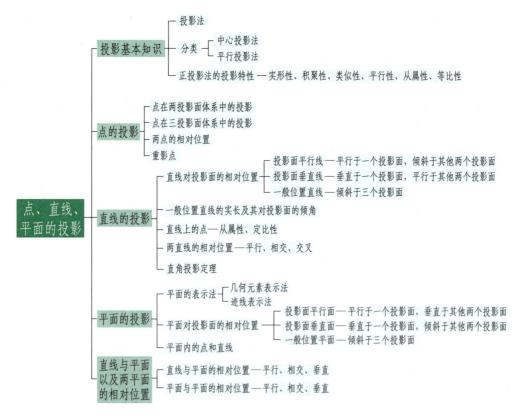

【拓展阅读】

当空间的直线和平面相对于投影面处于一般位置时，它们的投影都不能反映其真实大小和形状，也不反映它们与投影面之间的实际距离和夹角。但当它们相对于投影面处于特殊位置时，上述问题往往较易解决。换面法就是通过变换原有的投影面体系，建立一个新的投影面体系，使空间的几何元素在新投影面体系中处于更利于图解的位置，从而解决几何问题的一种投影变换方法。

1. 换面法的作图原理

换面法的核心就是要用一个新投影面替换一个原有投影面，同时保留一个原有投影面。新投影面必须垂直于被保留的那个原有投影面，组成一个新的、互相垂直的两投影面体系，这样点的投影规律才依然适用。

简单来说，换面法就像"换个角度看问题"一样，通过巧妙地设置一个新投影面，把原本倾斜、难以度量的几何元素"摆正"到新视角下，让它们变成平行或垂直于投影面的样子，这样就能直接度量它们的形状、距离或角度了，从而简化了在二维图纸上解决复杂三维空间几何问题的过程。

下面以点的投影变换来说明换面法的作图原理。

如图 2-34a 所示，点 A 在原投影体系 V/H 中的投影为 a、a'，现保持 H 面不变变换 V 面。设置一个新铅垂面 V_1 代替 V 面，构成新的投影轴 O_1X_1 和新的投影体系 V_1/H。将点 A 向 V_1 面投影得 a_1'，再将 V_1 面绕 O_1X_1 轴旋转到与 H 面共面，则点 A 新的两面投影为 a、a_1'，并有如下关系：$aa_1 \perp O_1X_1$，$a_1'a_{X1} = a'a_X = Aa$，如图 2-34b 所示。变换 H 面的作图步骤与上

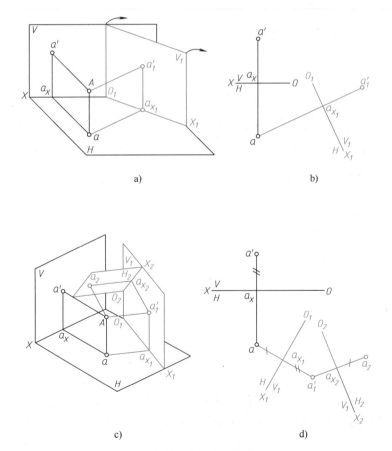

a)　　　　　　　　　　　b)

c)　　　　　　　　　　　d)

图 2-34　点的投影变换

a) 点的一次换面直观图　b) 点的一次换面投影图　c) 点的两次换面直观图　d) 点的两次换面投影图

53

述类似，不再赘述。

当运用换面法解决实际问题时，有时仅变换一次还不能实现求解，而需要连续两次或多次变换。点的两次换面的作图原理与和方法与一次换面相同，如图 2-34c、d 所示，变换顺序为 $V/H \rightarrow V_1/H \rightarrow V_1/H_2$。

2. 换面法的四个基本问题

换面法常用于解决以下四个基本问题：①将一般位置直线变换为投影面平行线；②将一般位置直线变换为投影面垂直线；③将一般位置平面变换为投影面垂直面；④将一般位置平面变换为投影面平行面。换面法四个基本问题的图解如图 2-35 所示。

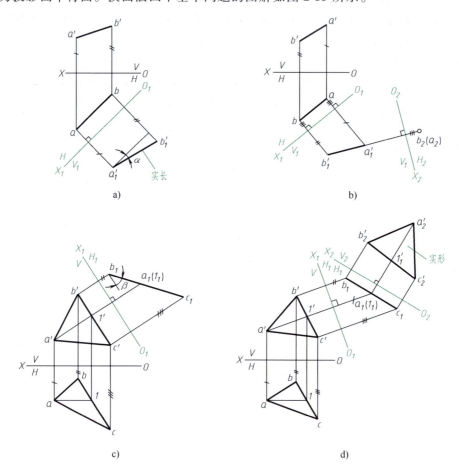

图 2-35 换面法四个基本问题的图解

a) 一般位置直线变为投影面平行线（一次换面） b) 一般位置直线变为投影面垂直线（两次换面）

c) 一般位置平面变为投影面垂直面（一次换面） d) 一般位置平面变为投影面平行面（两次换面）

通过解决上述四个基本问题，换面法能高效处理空间几何元素的定位与度量问题。例如，测量倾斜管道的实际长度、确定机床导轨斜面与底座的倾角、确定异形法兰上螺栓孔的真实距离等工程问题的求解都可以采用换面法，因此换面法是工程制图分析的重要工具。

第三章 | 基本体

基本体分为平面立体和曲面立体两大类，本课程需要研究的曲面立体为回转体。平面立体的投影实质上就是点、线、面投影的综合应用；回转体的投影需要注意曲面的形成方式及转向轮廓线的方位。求作立体表面上点的投影是求解立体表面上直线（或曲线）投影的基础，也是求解截交线及相贯线的根本。求解相对较难的回转体截交线时，一是要重点分析截平面相对于投影面的位置和截切位置，二是要牢记截交线的共有性，这样就可将复杂的问题简化为表面求点问题。

本章的重点是平面立体、回转体、截切体和相贯体的投影特性，立体表面上点与直线的投影，截切体和相贯体的投影；难点是截交线和相贯线的求解作图。

第一节 平面立体

表面均为平面多边形的立体称为平面立体。常见的有棱柱和棱锥（台），如图 3-1 所示，它们由侧棱面、底面和顶面（棱锥无顶面）围成。画平面立体的投影时，可见廓线用粗实线表示，不可见轮廓线用细虚线表示。

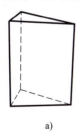

a)

b)

c)

图 3-1　平面立体

a）三棱柱　b）四棱锥　c）五棱台

一、平面立体的投影

1. 棱柱的投影

棱柱由顶面、底面和若干侧棱面围成，顶面与底面互相平行，侧棱面的棱线互相平行。侧棱面与底面的位置关系有垂直和倾斜两种情形，垂直时称为直棱柱，此时棱线与底面垂直；倾斜时称为斜棱柱，此时棱线与底面倾斜。常见的棱柱有三棱柱、四棱柱、五棱柱等。

各棱柱的投影分析方法基本类似，画图之前，应使棱柱的表面和棱线处于特殊位置；画三面投影时，一般不画投影轴，但三面投影仍要保证 x、y、z 三个坐标的对应关系。

【例 3-1】 画出如图 3-2a 所示的正五棱柱的三面投影。

分析：图 3-2a 所示正五棱柱的顶面和底面均为水平面，故水平投影为反映实形的正五边形，正面投影和侧面投影积聚为直线段；五个侧棱面均为铅垂面，它们的水平投影积聚成直线段；后侧棱面为正平面，故正面投影反映实形。

绘图步骤：

1) 画出正五棱柱的水平投影正五边形。

2) 画出正五棱柱的正面投影和侧面投影。先根据棱柱高度画出顶面、底面的积聚性正面投影和侧面投影，均为水平两直线段；再由水平投影的正五边形五个顶点对应到正面投影，确定五条棱线的投影；最后根据水平投影的 y_1 和 y_2，在侧面投影中找到相应棱线的位置，分别画出其投影。

3) 可见轮廓线加粗，不可见轮廓线画成细虚线，完成题目要求，如图 3-2b 所示。

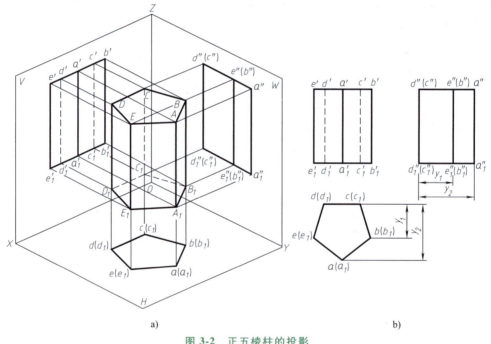

a)   b)

图 3-2 正五棱柱的投影

a) 直观图 b) 投影图

注意：水平投影与侧面投影必须保证宽度（y）相等，如图 3-2b 所示。作图时可直接用分规量取距离，也可添加 45° 线来辅助作图以保证宽相等。

2. 棱锥的投影

棱锥由底面和若干侧棱面围成，各侧棱面均为三角形，各侧棱面棱线相交于同一点，称为锥顶。工程上常见的棱锥有正三棱锥、正四棱锥等。

各棱锥的投影分析方法基本类似，画图之前，尽量将棱锥底面置于水平位置，将侧棱面置于特殊位置。

【例 3-2】 画出如图 3-3a 所示的正三棱锥的三面投影。

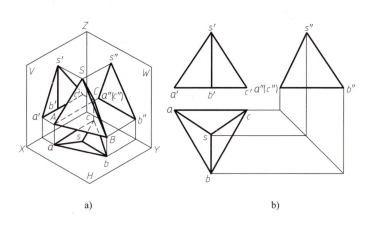

图 3-3 正三棱锥的投影

a）直观图 b）投影图

分析： 正三棱锥的底面 △ABC 为水平面，故水平投影 △abc 反映其实形，正面投影和侧面投影积聚为直线段；左、右侧棱面为一般位置平面，它们的三面投影均为类似形线框（三角形）；后侧棱面为侧垂面，故其侧面投影积聚成直线段。水平投影中三个侧棱面均可见，底面不可见；正面投影中左、右侧棱面均可见，后侧棱面不可见；侧面投影中左侧棱面可见，右侧棱面不可见，后侧棱面积聚为直线段 $s''a''(c'')$。

绘图步骤：

1）画出底面 △ABC 的三面投影。

2）画出锥顶 S 的三面投影。

3）连接各棱线的投影，形成正三棱锥的三面投影，加粗可见棱线投影，完成题目要求，如图 3-3b 所示。

二、平面立体表面上点与直线的投影

1. 棱柱表面上的点与直线

棱柱表面上点与直线的投影是以点、直线、平面的投影及其从属关系为基础的。求作棱柱表面上点的投影，一般先根据已知点的投影位置和可见性，判断点在棱柱的哪个表面上；然后利用棱柱面的积聚性求点的投影，并判断可见性。

【例 3-3】 如图 3-4a 所示，已知六棱柱的表面上有点 K 的正面投影 k'，求作其另两面投影。

分析： 六棱柱的前、后侧棱面为正平面，其他四个侧棱面均为铅垂面。因 k' 可见，可判断点 K 在前左侧棱面上，故其水平投影 k 必在侧棱面积聚性的投影线上；由 k' 和 k 即可求得 k''，并且 k'' 可见。

57

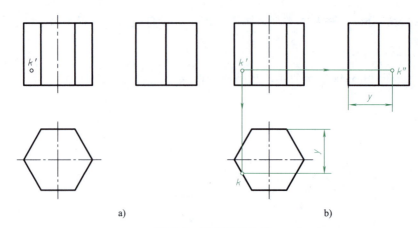

图 3-4 棱柱表面求点

a）题目 b）求解

绘图步骤：

1）由正面投影 k' 向水平投影连线得 k。

2）由 k' 向侧面投影连线，再由水平投影 k 的 y 坐标与侧面投影 k'' 的 y 坐标相等，即可求得 k''，如图 3-4b 所示完成题目要求。

【例 3-4】 如图 3-5a 所示，已知三棱柱的表面上有折线 ABC 的正面投影 $a'b'c'$，求作其另两面投影。

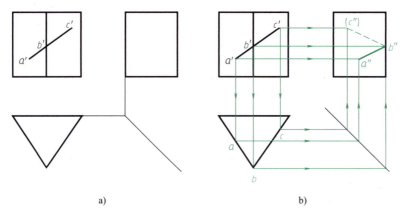

图 3-5 棱柱表面求直线

a）题目 b）求解

分析：三棱柱的后侧棱面为正平面，其他两个侧棱面均为铅垂面。因 $a'b'c'$ 分属于两个侧棱面上，故可以判断它是一条空间折线的投影。根据例 3-3 的求点方法，分别将线段的三个端点求出，然后分别连接 AB 和 BC 的投影，最后判断可见性。

绘图步骤：

1）由正面投影 a'、b'、c' 向水平投影连线，得到 a、b、c。

2）由 a'、b'、c' 向侧面投影连线，再由水平投影 a、b、c 通过 45°辅助线向侧面投影连线，即可求得 a''、b''、c''。

3）判断可见性：由正面投影 c'' 可知点 C 在右侧棱面上，故 c'' 不可见，故 $b''(c'')$ 不可见，画细虚线。$a''b''$ 可见，画粗实线，完成题目要求，如图 3-5b 所示。

2. 棱锥表面上的点与直线

求棱锥表面上的点与直线的投影比棱柱要复杂，因为棱锥的侧棱面有一般位置平面，所以在此类表面求点时，必须根据从属关系依靠辅助线求得点或直线。其他位置的求点或直线的方法与棱柱一致，即根据已知点的投影位置和可见性，判断点在棱锥的哪个表面上，然后利用棱锥侧棱面的积聚性求点的投影，并判断可见性。

【例 3-5】　如图 3-6a 所示，已知三棱锥表面上的点 M 的正面投影（m'）和点 N 的水平投影 n，求这两点的另一面投影。

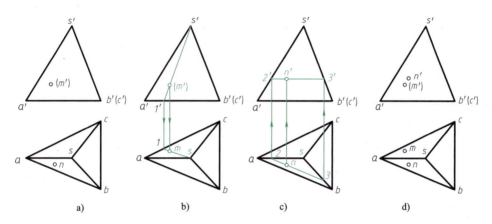

图 3-6　正三棱锥表面求点

a）题目　b）求点 M 的投影　c）求点 N 的投影　d）判断可见性

分析：该三棱锥的右侧棱面为正垂面，前后两个侧棱面为一般位置面，点 M 在正面的投影为不可见，故判断该点位于左后侧棱面 $\triangle SAC$ 上，点 N 在左前侧棱面 $\triangle SAB$ 上。两点的另一面投影可根据点、线、面的从属关系求得。

绘图步骤：

1）如图 3-6b 所示，连接 $s'(m')$ 并延长交 $\triangle s'a'b$ 底边于点 $1'$，由 $1'$ 点向水平投影连线求出水平投影 1；连接 $s1$，根据从属关系可直接确定点 M 的水平投影 m。

2）如图 3-6c 所示，过 n 作 ab 的平行线交棱线于点 2、3，在 $s'a'$、$s'b'$ 上对应求出正面投影 $2'$、$3'$ 并连接 $2'3'$（也可过 $2'$ 或 $3'$ 作底边 $a'b'$ 的平行线），根据从属关系可直接确定点 N 的正面投影 n'。

3）判断可见性：点 M 在左后侧棱面 $\triangle SAC$ 上，故 m 可见；点 N 在左前侧棱面 $\triangle SAB$ 上，故 n' 可见，完成题目要求，如图 3-6d 所示。

注意：例 3-5 中求点 M 和点 N 投影的两种作图方法均适于棱锥表面求点问题，其作图本质是利用了点在面上则必定在面内的一条线上这一特性。

【例 3-6】 如图 3-7a 所示，已知四棱锥的表面上有折线 ABC 的水平投影 abc，求作其另外两面投影。

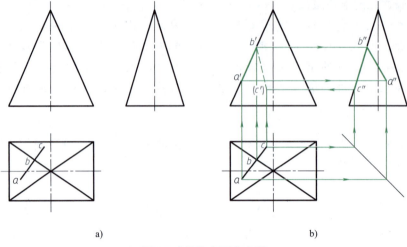

a)   b)

图 3-7 棱锥表面求直线

a）题目 b）求解

分析：四棱锥的前、后侧棱面为侧垂面，左、右侧棱面为正垂面。因 abc 分属于两个侧棱面，故可以判断它是一条空间折线的投影。因四个侧棱面均为特殊位置平面，故折线三个端点在侧棱面积聚性投影上的投影可直接求出，然后分别连接 AB 和 BC 的投影，最后判断可见性。

绘图步骤：

1）如图 3-7b，由水平投影的三点 a、b、c 分别向正面投影和侧面投影连线，直接得到 a'、b' 和 b''、c''。

2）由 C 和 A 的两面投影求出其第三面投影 c' 和 a''。

3）判断可见性：由水平投影可以看出 BC 在后侧棱面上，故 c' 不可见，$b'(c')$ 不可见，$b''c''$ 与后侧棱面的积聚性投影重合；AB 在左侧棱面上，故 $a''b''$ 可见，$a'b'$ 与左侧棱面的积聚性投影重合。

三、平面立体的构型

1. 棱柱的构型

由前面各棱柱的三面投影可以看出，三面投影中水平投影的多边形明显反映棱柱的形状特征，将这个投影称为棱柱的特征投影，而其他两面投影均为矩形线框，无明显形状特征。在构造棱柱体时，从特征投影入手，运用拉伸的方法很容易得到不同形状的立体。

拉伸是将封闭线框所围成的图形视为一个面域，将其沿一条直线路径平移一段距离，使面域扫过的区域形成立体的一种三维造型方法。拉伸路径与线框图形所在平面垂直（图 3-8a）或倾斜（图 3-8b），拉伸构型适合构造截面相同的立体，如直棱柱、斜棱柱等，如图 3-8c、d 所示。

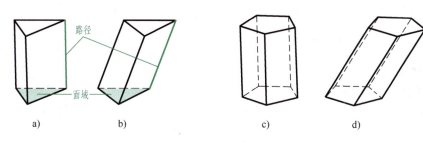

图 3-8　拉伸构型

a）路径与线框图形所在平面垂直　b）路径与线框图形所在平面倾斜　c）直五棱柱　d）斜五棱柱

2. 棱锥的构型

棱锥可以看作是将其底面向锥顶拉伸且逐渐缩为一点而形成的，如图 3-9 所示。

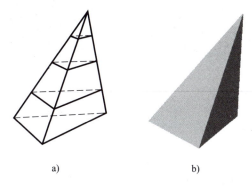

图 3-9　棱锥构型

a）示意图　b）立体图

> **提示：**
>
> 1）绘制棱柱或棱锥投影图时，应尽量使其表面处于特殊位置，如使底面为投影面的平行面或垂直面。一般情况下，先画出特征投影，再画出其他各面投影。
>
> 2）棱柱和棱锥表面求点或求直线时，应先判断点或直线位于哪个表面上，再利用投影特性求出点或直线的投影，最后根据其位置判断可见性。

第二节　回转体

由回转面与平面或完全由回转面围成的立体称为回转体。回转面是由一条直线（或曲线）绕一固定的轴线旋转而成的曲面，这条旋转的线称为母线，固定的轴线称为回转中心，如图 3-10a 所示。

如图 3-10b 所示，母线在曲面上的任意位置均称为曲面的素线；母线上任意一点的运动轨迹均为圆，称为纬圆，纬圆始终与回转中心垂直。常见的回转体有圆柱、圆锥、圆球、圆环等。

一、圆柱

1. 圆柱的构型

圆柱是由圆柱面、顶面和底面围成的立体。

圆柱的构型有拉伸和旋转两种方法。将一平面圆沿着与该面相垂直的直线拉伸可形成圆柱，如图 3-11a 所示；将一平面矩形沿其一边旋转一周也可形成圆柱，如图 3-11b 所示。

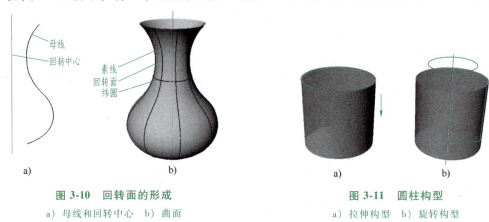

图 3-10　回转面的形成

a）母线和回转中心　b）曲面

图 3-11　圆柱构型

a）拉伸构型　b）旋转构型

2. 圆柱的投影

画圆柱的投影时，应将其轴线与某个投影面垂直，这样圆柱面在此投影面内的投影积聚为圆，在另两个投影面内为相同的矩形，但表达的是圆柱不同方向的投影。

【例 3-7】　画出如图 3-12a 所示的圆柱的三面投影。

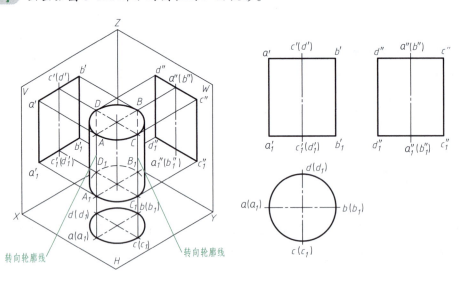

图 3-12　圆柱体的投影分析

a）直观图　b）投影图

分析：该圆柱的轴线为铅垂线，顶面和底面均为水平面，故水平投影为反映其实形的圆，也是圆柱的特征投影；正面和侧面投影为两个相同的矩形，矩形上、下两条边分别为顶面和底面圆的积聚性投影，正面投影中的左、右两条竖直边是圆柱最左素线 AA_1 和最右素线 BB_1 的投影，侧面投影的两条竖直边是圆柱最前素线 CC_1 和素线最后 DD_1 的投影。最左、最右、最前、最后素线是圆柱面可见与不可见部分的分界线，称为圆柱面的转向轮廓线。

绘图步骤：

1）采用点画线画出水平投影圆的中心线和轴线的正面和侧面投影。

2）画出圆柱顶面及底面的水平投影圆和另两面的积聚性投影直线段。

3）分别画出圆柱面的转向轮廓线的正面和侧面投影 $a'a_1'$、$b'b_1'$ 和 $c''c_1''$、$d''d_1''$，并加粗轮廓线，完成题目要求，如图 3-12b 所示。

注意：画回转体的投影时，应采用细点画线画出轴线和圆的中心线，且应超出轮廓线约 2~3mm；由于回转面是光滑曲面，当画曲面的非圆投影时，应采用粗实线画出回转面的转向轮廓线的投影。

3. 圆柱表面上点的投影

因圆柱各表面均有积聚性投影，故表面上点的投影可以直接求得。

【例 3-8】 如图 3-13a 所示，已知圆柱表面上点 A、B、C 的一面投影 a'、(b'')、(c)，求作它们的另两面投影。

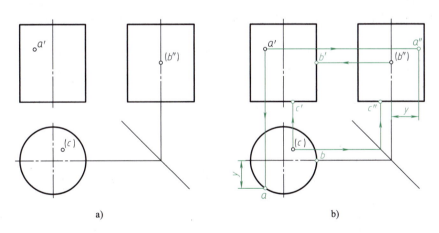

a) b)

图 3-13 在圆柱表面上取点

a）题目 b）解答

分析：由正面投影可知，点 A 位于圆柱面的前面左侧；由侧面投影可知，点 B 位于圆柱面的转向轮廓线上，由 (b'') 不可见可知点 B 位于最右素线上；由水平投影可知，点 C 位于圆柱的底面上。

绘图步骤：

1）由 a' 向水平投影连线，确定出 a 在圆柱面的积聚性投影圆上；再由 a' 向侧面投影连线，并根据 y 相等的关系求出 a''，该侧面投影可见。

2）由（b″）向正面投影连线，确定出 b′ 在圆柱面的转向轮廓线的投影上；根据点 B 的特殊位置，可直接确定其水平投影 b。

3）由（c）向正面投影连线，确定出 c′ 在底面的积聚性投影直线段上；再经 45°线向侧面投影连线，求出 c″，完成题目要求，如图 3-13b 所示。

二、圆锥

1. 圆锥的构型

圆锥是由圆锥面和底面围成的立体。

圆锥的构型有拉伸和旋转两种方法。将一平面圆沿着与该面相垂直的直线拉伸并逐渐收缩为一点可形成圆锥，如图 3-14a 所示；也可将一平面三角形绕其一条直角边旋转一周形成圆锥，如图 3-14b 所示。

圆锥面虽然为曲面，但在圆锥面上可以找到无数条直线，即素线；也有无数个圆，即纬圆。

2. 圆锥的投影

画圆锥的投影时，应将其轴线与水平投影面垂直，使底面为投影面的平行面，即可使水平投影为实形圆。圆锥的另两面投影为相同的等腰三角形。

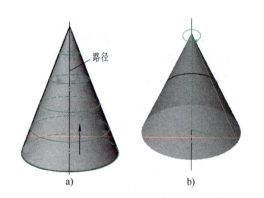

图 3-14 圆锥的构型

a）拉伸构型　b）旋转构型

【例 3-9】 画出如图 3-15a 所示的圆锥的三面投影。

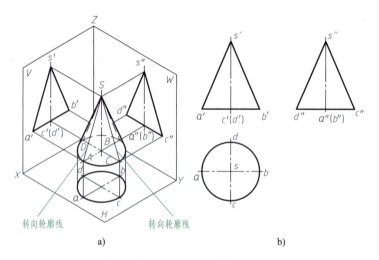

转向轮廓线　转向轮廓线

a）　　　　　　　　　　b）

图 3-15 圆锥的投影

a）直观图　b）投影图

分析：圆锥轴线为铅垂线，底面为水平面，故圆锥的水平投影反映底面圆的实形，正面和侧面投影为相同的等腰三角形；圆锥面的正面投影为最左素线 SA 和最右素线 SB 的投影，侧面投影为最前素线 SC 和最后素线 SD 的投影；圆锥面的水平投影与底面圆的水平投影相重合。最左、最右、最前、最后素线呈圆锥面可见与不可见部分的分界线，称为圆锥面的转向轮廓线。

绘图步骤：

1）用细点画线画出水平投影圆的中心线和轴线的正面和侧面投影。

2）画出底面的水平投影圆，再画出另两面的积聚性投影直线段。

3）确定锥顶的高度位置，再分别画出圆锥转向轮廓线的正面和侧面投影 s'a'、s'b' 和 s"c"、s"d"，并加粗轮廓线，完成题目要求，如图 3-15b 所示。

3. 圆锥表面上点的投影

由于圆锥面在三个投影面上的投影均没有积聚性，故不能像在圆柱表面上取点那样直接求点的投影，必须借助辅助线（素线法或纬圆法）来求解。

（1）素线法　连接锥顶和圆锥表面上某点并延长，该线必与底面圆交于一点，即得到一条辅助素线，该素线的三面投影均为直线，根据从属关系可求得点的其他投影。

（2）纬圆法　过圆锥面上的某点作垂直于圆锥轴线的辅助纬圆，该圆在某个投影面上的投影必为实形圆，在其他投影面上的投影积聚为直线，根据从属关系可求得点的其他投影。

【例 3-10】 如图 3-16a 所示，已知圆锥表面上点 A 的正面投影 a'，求作其水平投影 a 和侧面投影 a"。

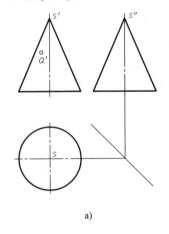
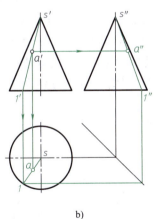
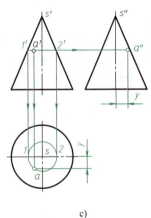

a)　　　　　　　　　　　b)　　　　　　　　　　　c)

图 3-16　圆锥表面求点

a）题目　b）素线法　c）纬圆法

分析： 根据点 A 的正面投影 a'，可以判断出点 A 位于圆锥面的前面左侧位置，三面投影均可见。

素线法绘图步骤：

1）过点 s' 和 a' 作辅助素线投影 s'1' 交底面的积聚性投影于 1'。

2）由 1' 向水平投影连线，确定水平投影 1 的位置，连接 s1。

3）根据点与直线的从属关系，由 a' 向水平投影连线求出 a。

4）根据 45°线由水平投影 1 的位置确定侧面投影 1"的位置，连接 s"1"，再由 a'向侧面投

影连线求出 *a″*，完成题目要求，如图 3-16b 所示。

纬圆法绘图步骤：

1）过 *a′* 作一水平线与等腰三角形两腰相交于 *1′*、*2′* 两点，线段 *1′2′* 即为辅助纬圆的正面积聚性投影，也是该纬圆的直径。

2）由 *1′*、*2′* 分别向水平投影连线，以此为直径画出纬圆的投影实形圆。

3）因点 *A* 在纬圆上，根据从属关系，可由 *a′* 向水平投影连线求出 *a*，向侧面投影连线并根据 *y* 相等求出 *a″*，完成题目要求，如图 3-16c 所示。

三、圆球

1. 圆球的构型

圆球是由圆球面围成的立体。

圆球的构型方法是旋转法。将半圆绕其直径旋转一周即可形成圆球，如图 3-17 所示。圆弧上任意一点的轨迹均为纬圆，图 3-17 所示的纬圆在水平面上，称为水平纬圆。圆球面上还有无数个纬圆在正平面和侧平面上，分别称为正平纬圆和侧平纬圆。

2. 圆球的投影

圆球的三面投影为直径相等的三个圆，但这三个圆反映的空间意义不同，它们分别是圆球在三个投影方向上的投影轮廓，圆心即为球心的投影。正面投影圆是前半圆球面与后半圆球面的分界线（即转向轮廓线）的投影，这个分界线也是圆球面上的最大正平圆；水平投影圆是

图 3-17　圆球的构型

上半圆球面与下半圆球面的分界线的投影，这个分界线也是圆球面上的最大水平圆；侧面投影圆是左半圆球面与右半圆球面的分界线的投影，这个分界线也是圆球面上的最大侧平圆。

【例 3-11】　画出图 3-18a 所示的圆球的三面投影。

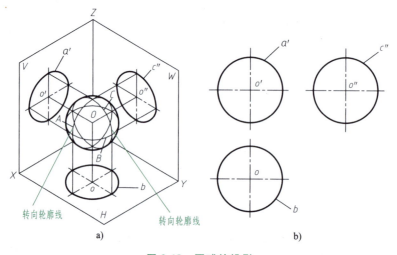

a）　　　　　　　　　　　　　　b）

图 3-18　圆球的投影

a）直观图　b）投影图

分析：由图 3-18a 可知，该圆球的正面投影为最大正平圆 A 的投影，为反映其实形的圆，横、竖两条中心线分别表示最大水平圆和最大侧平圆的位置；水平投影为最大水平圆 B 的投影，为反映其实形的圆，横、竖两条中心线分别表示最大正平圆和最大侧平圆的位置；侧面投影为最大侧平圆 C 的投影，为反映其实形的圆，横、竖两条中心线分别表示最大水平圆和最大正平圆的位置。

绘图步骤：

1）用细点画线分别画出三个投影圆的中心线，交点即为球心的投影。

2）画出三个与球直径相等的圆，加粗轮廓线，完成题目要求，如图 3-18b 所示。

3. 圆球表面上点的投影

因圆球面是曲面，在其上不能取直线，故只能用纬圆法来求圆球面上点的投影。当点在圆球面上的特殊位置时，可直接定点，否则需借助辅助纬圆求出点的投影。

【例 3-12】　如图 3-19a 所示，已知圆球面上点 M 和 N 的一面投影 m′ 和（n），求作它们的其他投影，并判断可见性。

分析：由正面投影可知，圆球面上点 M 的正面投影可见，故可判断其位于圆球面的上半部分的左、前方位置，过点 M 可作辅助水平纬圆、正平纬圆或侧平纬圆，如图 3-19b 所示，求解时采用其中一种纬圆即可。由水平投影可知，圆球面上点 N 的水平投影在中心线上且不可见，故可判断其位于圆球面的最大正平圆下半部分的右侧，属于特殊位置，可直接求该点的另两面投影。

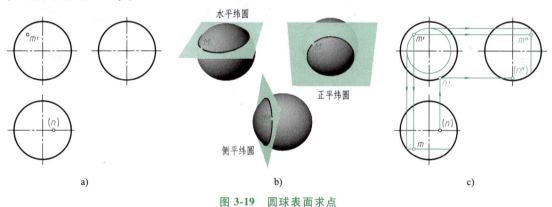

图 3-19　圆球表面求点

a）题目　b）作点的辅助纬圆　c）题解

绘图步骤：

1）过 m′ 作圆，即可得到辅助正平纬圆反映实形的正面投影。

2）由辅助正平纬圆的正面投影分别向水平投影和侧面投影连线，得到该圆的积聚性投影。

3）根据从属关系即可求出点 M 在辅助正平纬圆的积聚性水平投影和侧面投影上的投影 m 和 m″，且 m 和 m″ 均可见。

4）因点 N 为特殊位置点，可由水平投影直接向正面投影连线，求出 n′，再由 n′ 向侧面投影连线求出 n″，并判断出 n″ 不可见，完成题目要求，如图 3-19c 所示。

四、圆环

圆环的构型方法是旋转法。圆环可以看作是由一平面圆（母线）绕一轴线（与圆共面且在圆外）旋转一周而形成的立体，如图 3-20 所示。远离轴线的半圆形成的环面称为外环面，靠近轴线的半圆形成的环面称为内环面。旋转过程中，母线上任意一点的运动轨迹均为垂直于轴线的水平纬圆。

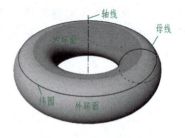

图 3-20　圆环的构型

圆环的投影及表面求点方法与上述回转体类似，请读者自行分析，不再赘述。

第三节　平面与立体相交

平面与立体相交，可设想为立体被无限大的平面截切，从而形成不完整的立体，称为截切体。这个平面称为截平面，截平面与立体表面的交线称为截交线，截交线所围成的区域称为截断面，如图 3-21 所示。

研究截切体的关键是求出截交线，而截交线是由截平面和立体表面相交形成的，因此它是两个面共有的一系列点的集合。由于平面立体和回转体的形状特征不同，因此它们与平面相交形成的截交线的性质也有区别，下面分别介绍平面与这两类立体相交的情况。

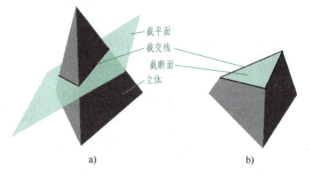

a)　　　　　　　　　　　　　b)

图 3-21　平面与立体相交
a）基本概念　b）截切体

一、平面与平面立体相交

平面立体的截交线具有以下特性。

（1）封闭性　截交线是由直线段围成的封闭平面多边形。

（2）共有性　封闭平面多边形的顶点是截平面与平面立体相关棱线（包括底面边线）的交点（共有点），其边为截平面和平面立体表面的交线（共有线）。

求平面立体的截交线有下列方法。

1）依次求出平面立体各棱面（或底面）与截平面的交线。

2）分别求出平面立体各棱线（或底面边线）与截平面的交点，再依次连接。

【例 3-13】 如图 3-22a 所示，已知正垂面 P 与四棱锥相交，完成截切体的水平投影和侧面投影。

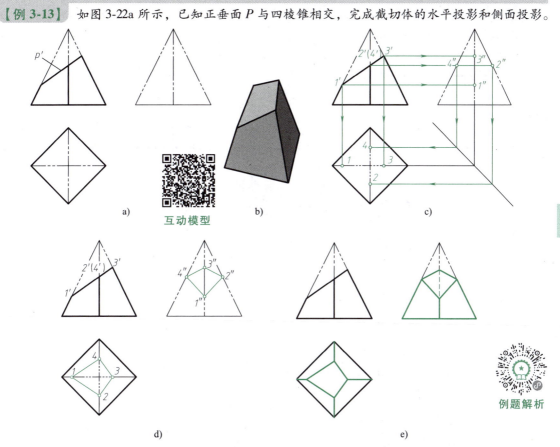

a）题目 b）截切立体 互动模型 c）确定四个端点 d）连接得到截交线 e）整理轮廓线，完成全图

例题解析

图 3-22 求作平面与四棱锥相交的截交线的投影
a）题目 b）截切立体 c）确定四个端点 d）连接得到截交线 e）整理轮廓线，完成全图

分析：截平面 P 与四棱锥的四个侧棱面相交，截交线为四边形，其四个顶点是截平面 P 与四条棱线的交点。因截平面是正垂面，故截交线围成的四边形的正面投影为已知直线段，水平投影和侧面投影为两个与截断面形状类似的四边形，构思的截切体如图 3-22b 所示。平面 P 的积聚性投影与棱锥棱线投影的四个交点即为截交线四边形顶点的正面投影点，由于这四个交点均在棱线上，故可直接确定四个点的其他两面投影。

绘图步骤：

1）在正面投影中依次标出截平面与四条棱线的交点的投影 1′、2′、3′、（4′），如图 3-22c 所示。

2）由投影 1′、3′可直接确定它们对应的水平投影 1、3 和侧面投影 1″、3″；由投影 2′、（4′）向侧面投影连线求得侧面投影 2″、4″，再经 45° 辅助线确定水平投影 2、4，如图 3-22c 所示。

3）根据四个侧棱面的位置，顺序连接所求四点的同面投影，即得到截交线的其他两面投影，如图 3-22d 所示。

4）判断可见性，将可见轮廓线加粗、不可见棱线画成细虚线，完成题目要求，如图 3-22e 所示。

【例 3-14】　如图 3-23a 所示，已知正六棱柱被两个相交平面 *P*、*Q* 所截切，完成截切体的其他两面投影。

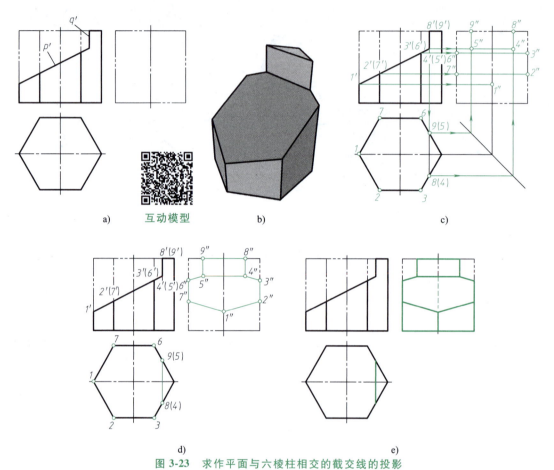

图 3-23　求作平面与六棱柱相交的截交线的投影

a）题目　b）截切立体　c）确定各端点　d）连接得到截交线　e）整理轮廓线，完成全图

分析： 当几个截平面与平面立体相交形成缺口或穿孔时，需逐个作出各截平面与平面立体的截交线，再确定截平面之间的交线，最后完成截切体的投影图。

由题目可知，六棱柱被正垂面 *P* 和侧平面 *Q* 截切后形成缺口。截平面 *P* 与六棱柱的六个侧棱面相交形成六段截交线，与截平面 *Q* 相交形成一段交线，故截断面 *P* 为一七边形；截平面 *Q* 与六棱柱的两个侧棱面及顶面相交形成三段截交线，与截平面 *P* 相交形成一段交线，故截断面 *Q* 为一四边形；两截平面相交形成的交线为正垂线，七边形为正垂面，四边形为侧平面，构思的截切体如图 3-23b 所示。

绘图步骤：

1）在正面投影中标出截平面 *P* 和 *Q* 与六棱柱棱线或棱面相交的所有交点的投影，如图 3-23c 所示。

2）由于六棱柱的侧棱面均为特殊位置平面，故所有交点的水平投影均可直接求出，侧面投影 *1″*、*2″*、*3″*、*6″*、*7″* 可直接求出，*4″*、*5″*、*8″*、*9″* 由正面投影和水平投影对应求出，如

图 3-23c 所示。

3）根据六棱柱侧棱面的位置，顺序连接所求七边形和四边形的同面投影，即得到截交线的其他两面投影，如图 3-23d 所示。

4）判断可见性，将可见轮廓线加粗、不可见棱线画成细虚线，完成题目要求，如图 3-23e 所示。

【例 3-15】 如图 3-24a 所示，已知四棱锥被平面 P、Q、R 所截切，完成截切体的其他两面投影。

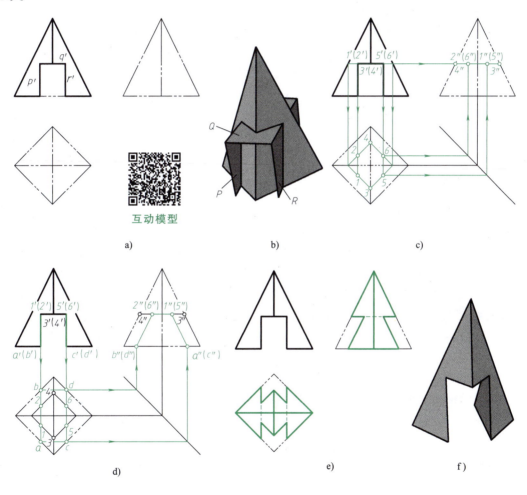

互动模型

图 3-24 求作平面与四棱锥相交的截交线的投影

a）题目 b）截切直观图 c）确定截平面 Q 的截交线投影 d）确定截平面 P、R 的交线和交线投影
f）截切体直观图 e）整理图线，完成全图

分析： 如图 3-24a 所示，截平面 Q 是水平面，P、R 是侧平面，它们的正面投影均有积聚性，故正面投影反映了切口的形状，为特征投影。欲求截交线的另两面的投影，需分别求出截平面 P、Q、R 与四棱锥的截交线的投影，还应画出截平面 Q 与截平面 P、R 的交线的投影，构思的截切直观图如图 3-24b 所示。

绘图步骤:

1) 水平截平面 Q 截切四棱锥,与四个侧棱面相交形成四段截交线,截交线的六个端点投影 1'(2')、3'(4')、5'(6') 可直接在正面投影中标出。然后在正面投影中求出截平面 Q 与四棱锥完整相交的投影水平线,对应求出水平投影四边形,即可在投影四边形上求出它们的水平投影。再根据点的投影对应规律求出侧面投影,如图 3-24c 所示。

2) 侧平截平面 P 截切四棱锥,与棱锥左半部的前、后侧棱面相交形成两段截交线,截交线的四个端点投影 1'(2')、a'(b') 可直接在正面投影中标出,然后求出底面上的两端点的水平投影和侧面投影;截平面 R 与截平面 P 左右对称,同理可由正面投影 c'(d') 求出两端点的另两面投影,如图 3-24d 所示。

3) 截平面 Q 与截平面 P、R 的交线的端点投影已求出,故连接 12、56、1"(5")2"(6") 得截平面之间的交线的投影。

4) 整理图线并判断可见性。由正面投影的切口形状可知,前、后侧棱和底面边线被截平面切去一部分,对应可得水平投影轮廓变为 b246d 和 a135c,可见,画粗实线,侧面投影轮廓变为 4"2"(6")b"(d") 和 3"1"(5")a"(c"),可见,画粗实线。三个截平面之间的交线的水平投影 12、56 和侧面投影 1"(5")2"(6") 均不可见,故用细虚线表示;擦去多余作图线,加深可见轮廓线,完成题目要求,如图 3-24e 所示。构思出的切割后的立体如图 3-24f 所示。

二、平面与回转体相交

回转体的截交线与平面立体的截交线性质类似,也具有封闭性和共有性。但回转体的截交线通常是一条封闭的平面曲线或由曲线与直线所围成的平面图形,特殊情况下为平面多边形。回转体的截交线形状由回转体的形状及截平面的相对截切位置决定,求截交线的方法也是求解一系列的点,一般按 4 个步骤进行:①作特殊点投影;②作若干个一般点投影;③将点的投影依次光滑连接;④判断其可见性,不可见线画成细虚线,可见线画成粗实线。

1. 平面与圆柱相交

平面与圆柱相交时,根据截平面相对于圆柱轴线位置的不同,其截交线有三种形状,见表 3-1。

表 3-1　平面与圆柱相交的截交线

截平面位置	垂直于轴线	倾斜于轴线	平行于轴线
直观图	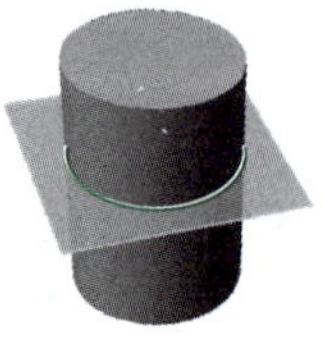	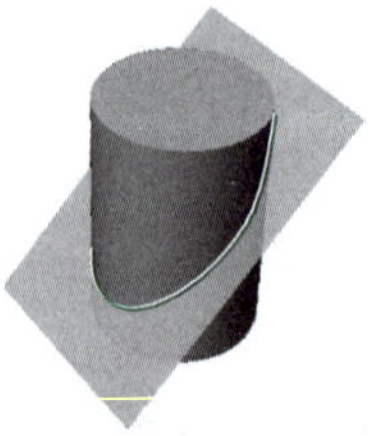	

（续）

截平面位置	垂直于轴线	倾斜于轴线	平行于轴线
投影图	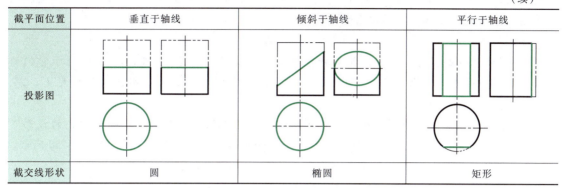		
截交线形状	圆	椭圆	矩形

【例 3-16】 如图 3-25a 所示，已知直立圆柱被一正垂面截切，完成截切体的投影。

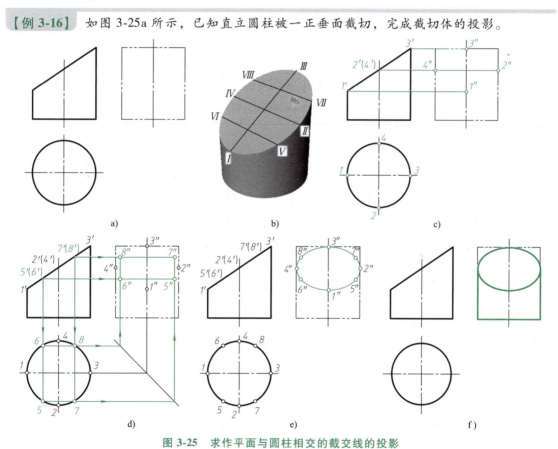

图 3-25 求作平面与圆柱相交的截交线的投影

a）题目　b）截切体直观图　c）求特殊位置点的投影　d）求一般位置点的投影

e）光滑连接投影点　f）整理图线，完成全图

分析：截平面与圆柱轴线倾斜相交，故截交线为椭圆，其正面投影积聚为直线，侧面投影为椭圆，水平投影与圆柱面的积聚圆重合。因此该截切体只需完成侧面投影，其关键是要求出椭圆上的一系列点的投影，然后光滑连接这些点的投影即可。构思出的截切体如图 3-25b 所示，由此可以想象出，截交线上的 Ⅰ、Ⅱ、Ⅲ、Ⅳ 四个特殊点分别位于最低、最前、最高、最后位置，可以直接求出它们的投影。然后确定椭圆上其他位置的点以保证曲

线的准确性，如 V、VI、VII、VIII 四点，再根据圆柱表面求点的方法，即可求出各点的投影，将上述八个点光滑连接，即得椭圆的投影。

绘图步骤：

1）求特殊点的投影。在正面投影标出四个特殊点的投影 1′、2′(4′)、3′，由于它们均在圆柱面的转向轮廓线上，故可直接确定它们的水平投影 1、2、3、4 和侧面投影 1″、2″、3″、4″，如图 3-25c 所示。

2）求一般位置点的投影。在特殊点之间取数量适当的一般位置点，标出它们的投影 5′(6′)、7′(8′)，再求出它们的水平投影 5、6、7、8 和侧面投影 5″、6″、7″、8″，如图 3-25d 所示。

3）在侧面投影中，依次光滑连接所求各投影点，画出椭圆，如图 3-25e 所示。

4）判断可见性，加深可见轮廓线，完成题目要求，如图 3-25f 所示。

注意： 例 3-16 截切圆柱的侧面投影中，由于转向轮廓线在点 II、IV 以上的部分被截去，因此圆柱面的转向轮廓线仅画到 2″、4″ 处，用细双点画线表示被截切的轮廓线。

提示： 当截平面与圆柱轴线相交的角度发生变化时，其侧面投影上椭圆的形状，即长、短轴方向及大小也随之变化，如图 3-26 所示。但有一种特殊情形，当 $\alpha = 45°$ 时，截交线椭圆的侧面投影为圆。

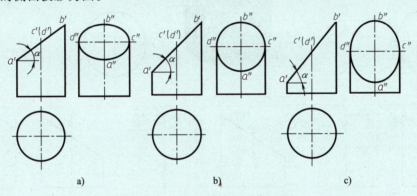

图 3-26　不同位置的平面截切圆柱

a) $\alpha < 45°$　b) $\alpha = 45°$　c) $\alpha > 45°$

【例 3-17】　如图 3-27a、b 所示为圆柱被截切的两种情况，试比较两者的区别并完成它们的水平投影和侧面投影。

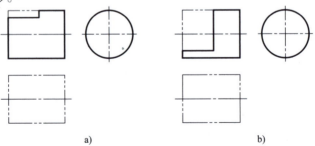

a)　　　　　　　　　　b)

图 3-27　补全圆柱被截切的投影

a) 截切体 1　b) 截切体 2

分析：这两个截切体均由一个水平面和一个侧平面组合切掉圆柱的一部分形成，水平面截切圆柱形成的截交线均为矩形，侧平面截切圆柱形成的截交线均为圆的一部分，两者的不同之处在于水平截平面的位置不同。构思的截切体如图 3-28 所示，截切体 1 的水平截平面位于圆柱的上半部分，保留了圆柱面的转向轮廓线；截切体 2 的水平截平面位于圆柱的下半部分，切掉了圆柱面的转向轮廓线的一部分，因此两者的水平投影有显著区别，侧面投影仅有水平截平面积聚投影的位置不同。

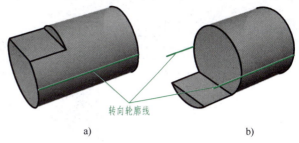

图 3-28　截切体直观图

a）截切体 1　b）截切体 2

绘图步骤：如图 3-29 所示。

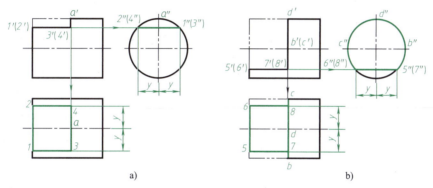

图 3-29　圆柱截切体题解

a）截切体 1　b）截切体 2

1）在正面投影中，分别标出水平截交线矩形的四个端点投影 $1'(2')$、$3'(4')$ 和 $5'(6')$、$7'(8')$。由正面投影的四个端点投影向侧面投影连线，求出水平截交线矩形各端点的侧面投影 $1''(3'')$、$2''(4'')$ 和 $5''(7'')$、$6''(8'')$。再由水平截交线矩形各端点的正面投影和侧面投影，求出水平投影 1、2、3、4 和 5、6、7、8。

2）在正面投影中，分别标出侧平面截交线圆弧的积聚性投影 $3'(4')a'$ 和 $7'(8')b'(c')d'$，然后在侧面投影中标出侧平面截交线圆弧反映实形的投影 $\overset{\frown}{2''(4'')a''1''(3'')}$ 和 $\overset{\frown}{6''(8'')c''d''b''5''(7'')}$。接着，可得到侧平面截交线圆弧的水平投影 $4a3$ 和 $c8d7b$。

3）整理图线。截切体 1 的转向轮廓线被完整保留，故其水平投影为完整圆柱体投影和矩形 1243。截切体 2 的转向轮廓线被切去了一部分，故其水平投影形状由矩形 5687 和直线 $c8d7b$ 确定。加粗可见轮廓线，完成题目要求。

【例 3-18】如图 3-30a 所示，补全切口圆柱的正面投影和水平投影。

分析：由水平投影可以看出，圆柱的左端槽口是被两个正平面和一个侧平面组合切割而成的，槽口的上、下转向轮廓线被切掉，两正平面与圆柱表面的交线为侧垂线，故其侧面投影积聚为点；由正面投影可以看出，圆柱的右端凸榫是由两个水平面和两个侧平面组合切割而成的，凸榫的前、后转向轮廓线保留，两水平面与圆柱表面的交线仍为侧垂线，该线在侧面投影中积聚为不可见点。构思的截切体如图 3-30b 所示。

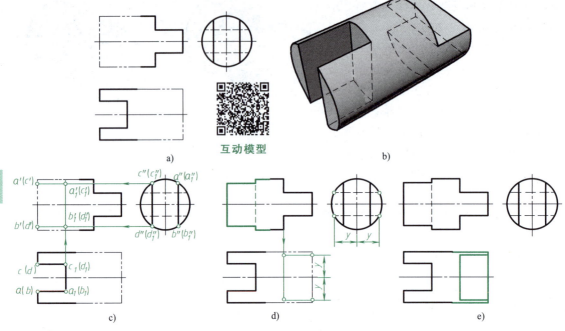

图 3-30　完成切口圆柱的正面投影和水平投影

a）题图　b）立体图　c）求左端槽口的投影　d）求右端凸榫的投影　e）完成全图

绘图步骤：

1）在圆柱左端槽口的侧面投影中标出表面交线各端点的投影 $a''(a_1'')$、$b''(b_1'')$、$c''(c_1'')$、$d''(d_1'')$，然后标出相应点的水平投影 a、a_1、(b)、(b_1)、c、c_1、(d)、(d_1)，再向正面投影连线求出各端点的正面投影 a'、a_1'、b'、b_1'、(c')、(c_1')、(d')、(d_1')，四段交线的正面投影 $a'a_1'$、$b'b_1'$ 位于圆柱前表面而可见，$(c')(c_1')$、$(d')(d_1')$ 位于圆柱后表面而不可见，如图 3-30c 所示。

2）圆柱左端槽口的侧平截切面与圆柱面相交于上、下两段圆弧，其水平投影与 $a_1(b_1)$ $c_1(d_1)$ 重合；其侧面投影为 $\overset{\frown}{a_1''c_1''}$、$\overset{\frown}{b_1''d_1''}$，与圆柱面的积聚性投影圆重合，且反映实形；其正面投影为可见直线段。侧平截切面与正平截切面的交线的正面投影由于被圆柱面遮挡而不可见，画成细虚线，如图 3-30d 所示。

3）圆柱右端凸榫的截交线求解方法与左端槽口类似，请读者参照图 3-30d 分析作图过程。

4）连接右端截交线投影后检查轮廓形状。因右端侧平面没有截切到圆柱的前、后转向轮廓线，故在水平投影中，截交线形成的矩形不能与转向轮廓线相交，并且要注意转向轮廓线的完整性，最后完成题目要求，如图 3-30e 所示。

2. 平面与圆锥相交

平面与圆锥相交时，根据截平面与圆锥轴线相对位置的不同，平面截切圆锥所形成截交线的形状不同，见表 3-2。

表 3-2 平面与圆锥相交的截交线

截平面位置	垂直于轴线	过锥顶	倾斜于轴线 θ>α	倾斜于轴线 θ=α	平行或倾斜于轴线 θ<α
直观图	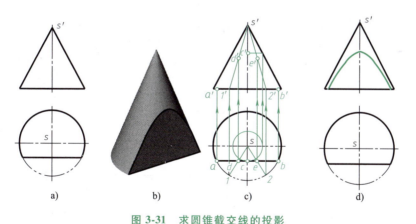				
投影图					
截交线形状	圆	三角形	椭圆	抛物线+直线	双曲线+直线

【例 3-19】 如图 3-31a 所示,已知圆锥被正平面截切,求截交线的正面投影。

图 3-31 求圆锥截交线的投影

a)题目 b)立体图 c)求截交线各点投影 d)完成全图

分析: 由于截平面与圆锥的轴线平行且为正平面,因此圆锥面上的截交线的正面投影反映实形,为双曲线,其水平投影与截平面的积聚性投影重合,为已知投影。截平面与圆锥底面的截交线是侧垂线,它的正面投影与底面的积聚性投影重合,其水平投影与截平面的积聚性投影重合,构思的立体如图 3-31b 所示。因此,只要求出曲线上一系列点的投影,光滑连接各投影即得所求。取点时,先求特殊点的投影,再求一般位置点的投影。

绘图步骤: 如图 3-31c 所示。

1) 求特殊点的投影。曲线上的三个特殊点 A、B、C 的水平投影 a、b、c 可直接在水平投影中标出，A、B 两点在底圆上，由 a、b 直接求出其正面投影 a'、b'。点 C 位于圆锥最前素线上，也是截交线的最高点，可利用圆锥表面求点的纬圆法求解 c'。

2）求一般位置点的投影。在截交线的水平投影中取适当两一般位置点投影 d、e，借助辅助素线法求其正面投影。连接 sd、se 并延长，交底面圆投影于 1、2，则 SI 和 SII 为圆锥上的两条素线，由 1、2 作出 $1'$、$2'$ 连接 $s'1'$、$s'2'$，由 d、e 在 $s'1'$、$s'2'$ 上求出正面投影 d'、e'。

3）根据截交线水平投影的顺序，将 a'、d'、c'、e'、b' 光滑连接成曲线，即得截交线的正面投影，该曲线可见，画粗实线，完成题目要求，如图 3-31d 所示。

【例 3-20】 对如图 3-32a 所示的切口圆锥，完成其侧面投影和水平投影。

分析： 圆锥被正垂面 Q 和 P 组合截切，平面 Q 过锥顶截切，形成的截交线为两直线；平面 P 与轴线倾斜截切，形成的截交线为椭圆的一部分，两截平面相交形成的交线为正垂线，构思的立体如图 3-32b 所示。

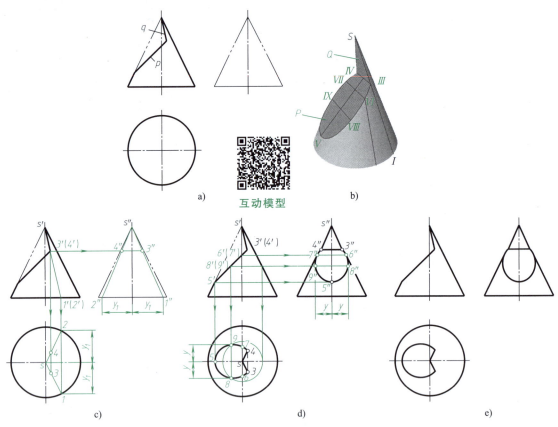

图 3-32 求圆锥被截切后的投影

a）题目　b）立体图　c）求平面 Q 的截交线　d）求平面 P 的截交线　e）题解

绘图步骤：

1）求平面 Q 的截交线。在正面投影中标出平面 Q 的截交线端点 $3'(4')$，连接 $s'3'(4')$ 并延长交底面圆投影于 $1'(2')$，即可确定水平投影 1、2，再由 y_1 相等确定侧面投影 $1''$、$2''$；连接素线的水平投影 $s1$、$s2$ 和侧面投影 $s''1''$、$s''2''$，因 SI、SII 为圆锥面素线，III、IV 两点在这两条素线上，即可求出水平投影 3、4 和侧面投影 3″ 和 4″，如图 3-32c 所示。

2）求平面 P 的截交线。①求特殊点的投影：在正面投影中标出截交线上的特殊点的投影 5′、6′(7′)，它们的对应点分别位于圆锥的最左、最前和最后转向轮廓线上，故可由 5′ 直接求出对应的水平投影 5 和侧面投影 5″，再由 6′(7′) 求出侧面投影 6″、7″ 和水平投影 6、7。②求一般位置点的投影：在正面投影中合适位置标出截交线的一般位置点投影 8′(9′)，利用辅助纬圆法求出水平投影 8、9，最后求出侧面投影 8″、9″，如图 3-32d 所示。

3）作出截交线。平面 Q 的截交线的侧面投影为等腰三角形，且可见；水平投影也为等腰三角形，两腰可见，但底边为两截平面的交线 34，不可见，故画成细虚线。平面 P 的截交线的两面投影均可见，光滑连接各点即形成椭圆的一部分，但应注意在 6″ 与 3″、7″ 与 4″ 之间是曲线而非直线，且 6″、7″ 在转向轮廓线的投影上，对应点之上的转向轮廓线已被截去，不再画出。

4）加粗可见轮廓线，完成题目要求，如图 3-32e 所示。

3. 平面与圆球相交

平面与圆球相交，无论平面处于何种位置，截交线始终为圆，但平面与投影面的相对位置不同时，截交线的投影不同。当截平面与某个投影面平行时，截交线在该投影面上的投影为圆，在另两投影面上的投影均积聚为直线；当截平面与某个投影面垂直时，截交线在该投影面上的投影积聚为直线，在另两投影面上的投影均为椭圆；当截平面为一般位置平面时，截交线在三个投影面上的投影均为椭圆。平面与圆球相交的截交线见表 3-3。

表 3-3　平面与圆球相交的截交线

截平面位置	与正面平行	与水平面平行	与侧面平行	与正面垂直
直观图	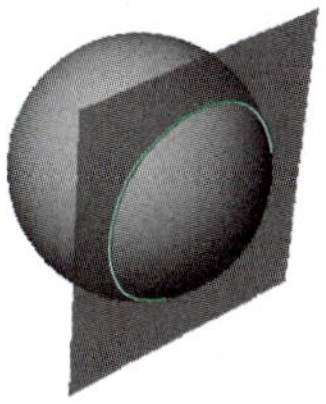		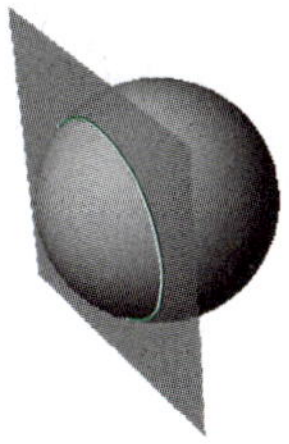	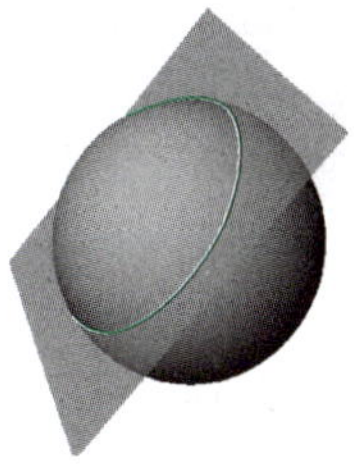
投影图	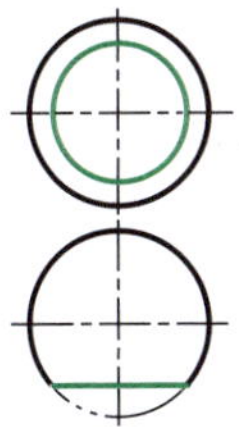	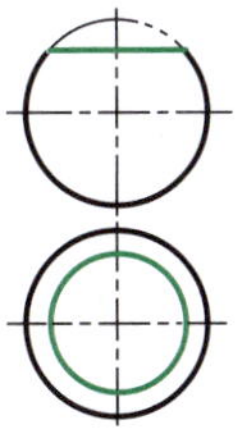	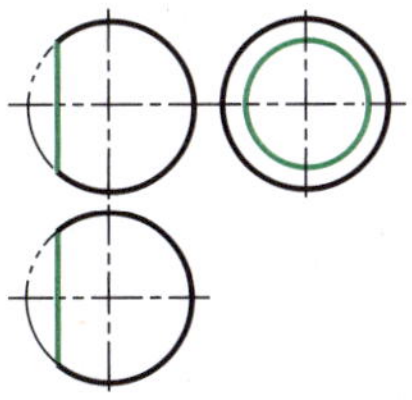	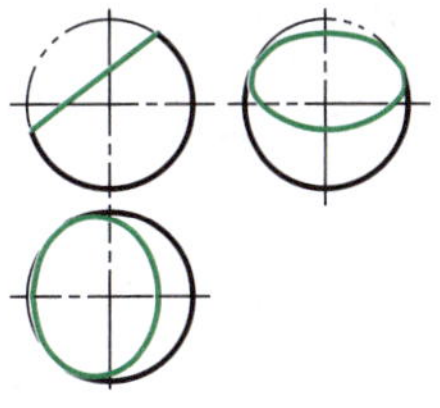
截交线投影特点	正面投影为圆	水平投影为圆	侧面投影为圆	水平和侧面投影为椭圆

【例 3-21】 如图 3-33a 所示，已知圆球被截平面 P 和 Q 截切，完成其侧面投影和水平投影。

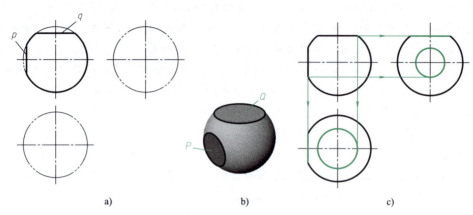

图 3-33 求圆球截交线的投影

a）题目 b）立体图 c）题解

分析：截平面 P 为侧平面，截切圆球所形成的截交线的侧面投影为圆，正面投影和水平投影为直线；截平面 Q 为水平面，截切圆球所形成的截交线的水平投影为圆，另两面投影均为直线，构思的立体如图 3-33b 所示。

绘图步骤：

1）求截平面 P 截交线。由截平面 P 的正面积聚性投影直线向水平面和侧面作投影连线，即可求得截交线的水平投影直线和侧面投影圆。

2）求截平面 Q 截交线。由截平面 Q 的正面积聚性投影直线向水平面和侧面作投影连线，即可求得截交线的水平投影圆和侧面投影直线。

3）加粗可见轮廓线，完成题目要求，如图 3-33c 所示。

【例 3-22】 如图 3-34a 所示，已知圆球被一水平面和一正垂面所截切，完成截切体的水平投影。

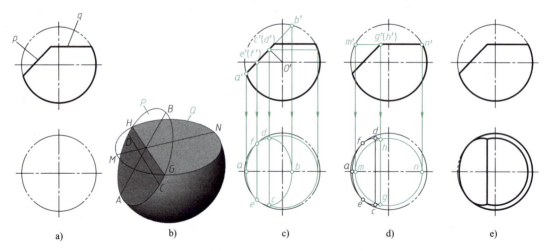

图 3-34 求圆球被截切的水平投影

a）题目 b）立体图 c）求正垂面 P 形成的截交线 d）求水平面 Q 形成的截交线 e）完成全图

分析：假设仅由水平面 Q 截切圆球，则形成的截交线的水平投影为圆；假设仅由正垂面 P 截切圆球，则形成的截交线的水平投影为椭圆。因此，这两个平面组合截切圆球时，形成的截交线的水平投影是圆与椭圆的组合，两截平面的交线为正垂线，构思的立体如图 3-34b 所示。

绘图步骤：

1) 求正垂面 P 截切的投影。若圆球仅由正垂面 P 截切，则截交线的正面投影为 $a'b'$，其水平投影 ab 为投影椭圆的短轴；找到 $a'b'$ 的中点位置 $c'(d')$，对应的水平投影 cd 为投影椭圆的长轴。因 A、B 两点位于球面的最大正平圆上，故可直接求出其水平投影 a、b；$c'(d')$ 位于球面的一般位置，可借助辅助纬圆法求出其水平投影 c、d。此外，椭圆上的 $e'(f')$ 位于最大水平圆上，其水平投影 e、f 也可直接求得。连接上述这些投影，可得水平投影椭圆，如图 3-34c 所示。

2) 求水平面 Q 截切的投影。若圆球仅由水平面 Q 截切，则截交线的正面投影为 $m'n'$，它也是水平圆的直径，由此可直接求出截交线的水平投影圆；此外，利用两截平面的交线端点投影 $g'(h')$，可在水平投影圆上直接求得 g、h，如图 3-34d 所示。

3) 求组合截切的投影。正面投影中的点 $g'(h')$ 是左侧与右侧投影的分界点，故水平投影中以交线 gh 为界，保留椭圆的 $hdfaecg$ 部分和水平圆的 gnh 部分，且全部截交线的水平投影可见。

4) 整理图线。因最大水平圆的 eaf 部分已被截掉，故加深轮廓线时，注意水平圆是不完整的，只能加深 e、f 右侧部分的最大水平圆，加深截交线投影，完成题目要求，如图 3-34e 所示。

第四节　两立体相交

日常生活中使用的物品或机械产品中的零件等，多可以视为由若干个基本立体相交组合而成。立体相交称为相贯，立体相交形成的立体称为相贯体，立体表面形成的交线称为相贯线。例如，图 3-35a 所示的紫砂壶的壶把、壶嘴分别与壶身相贯，壶盖与壶钮相贯；如图 3-35b 所示的三通件由两空心圆柱相贯形成，内、外表面相交均形成相贯线。

a)　　　　　　　　　　b)

图 3-35　物体上的相贯线
a) 紫砂壶　b) 三通件

两立体相贯的情况分为三种：平面立体与平面立体相贯、平面立体与回转体相贯和回转体与回转体相贯。相贯线的形状取决于相交两立体的形状、大小及相对位置。本节主要介绍最为复杂的两回转体相贯的相贯线的求解方法。

一般情况下，两回转体的相贯线为封闭的空间曲线。特殊情况下，相贯线有可能不闭合，还有可能是平面曲线或直线。相贯线是两回转体表面的共有线，因此求相贯线的实质是求两立体表面上的一系列共有点，然后依次光滑连接并判断可见性。求相贯线上的共有点与求回转体截交线上的点类似，通常按以下 4 个步骤求解。

1）求特殊点投影。特殊点是立体表面转向轮廓线上的点、对称平面上的点，以及最高、最低、最左、最右、最前、最后等特殊位置的点。

2）求一般位置点投影。取若干个一般位置点，利用这些点能比较准确地作出相贯线的投影。

3）判断相贯线的投影范围和变化趋势，然后将上述各点投影依次光滑连接。

4）判断可见性。当相贯线同时位于两个立体的可见表面时，此相贯线可见，否则不可见，应画成细虚线。

求相贯线的常用方法有积聚性投影法、辅助平面法等。

一、利用积聚性投影法求相贯线的投影

积聚性投影法是利用圆柱面积聚性投影的特点，通过圆柱表面取点，求出相贯线上一系列点的投影。

【例 3-23】 如图 3-36a 所示，已知正交两圆柱的三面投影，求其相贯线的投影，并判断可见性。

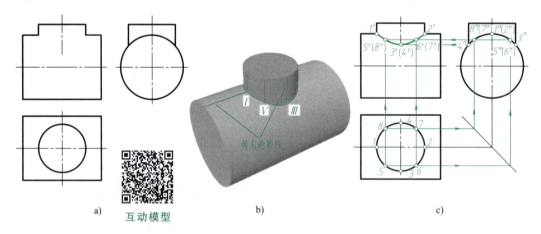

图 3-36 求正交两圆柱的相贯线
a）题目 b）立体图 c）题解

分析：大圆柱轴线侧垂放置，小圆柱轴线铅垂放置，两圆柱轴线垂直相交，构思的立体如图 3-36b 所示。因相贯线为两圆柱面共有，故其水平投影与小圆柱面的投影圆完全重影，

其侧面投影与大圆柱面的投影圆部分重影，积聚为一段圆弧，因此该相贯线的水平投影和侧面投影已知，只要求出其正面投影即可。

绘图步骤：

1）求特殊点投影。相贯线上的最高点 *Ⅰ*、*Ⅱ* 是大圆柱与小圆柱正面投影转向轮廓线的交点，最低点 *Ⅲ*、*Ⅳ* 位于小圆柱侧面投影转向轮廓线上。在水平投影中直接标出相贯线上的最左、最右、最前、最后四个点的投影 *1*、*2*、*3*、*4*，然后在侧面投影中对应标出投影 *1″*、(*2″*)、*3″*、*4″*，最后求出相应的正面投影 *1′*、*2′*、*3′*、(*4′*)。

2）求一般位置点投影。在相贯线的水平投影中，标出左右、前后对称的四个点的水平投影 *5*、*6*、*7*、*8*，即可求出它们的侧面投影 *5″*、(*6″*)、(*7″*)、*8″*，最后求出正面投影 *5′*、*6′*、(*7′*)、(*8′*)。

3）连接各投影并判断可见性。将各点的正面投影按顺序依次光滑连接成曲线，因相贯线前后对称，故在正面投影中，只需画出可见的前半部分 *1′5′3′6′2′*，后半部分 *1′*(*8′*)(*4′*)(*7′*)*2′* 的曲线与之重合，如图 3-36c 所示。

提示：例 3-23 中各点的已知位置也可先在侧面投影中标出，然后确定水平投影，最后求出正面投影。

工程上常见的两圆柱相贯的三种形式见表 3-4。

表 3-4　两圆柱相贯的三种形式

相贯形式	圆柱与圆柱相贯	圆柱与圆柱孔相贯	圆柱孔与圆柱孔相贯
直观图	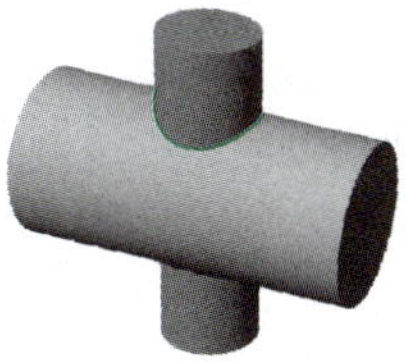	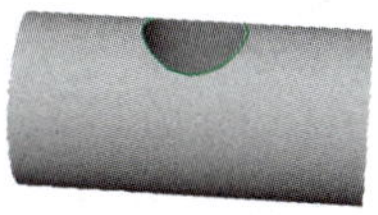	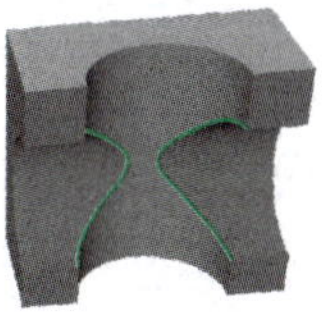
投影图	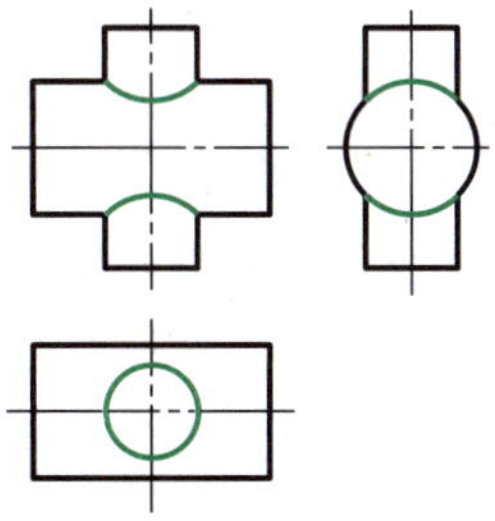	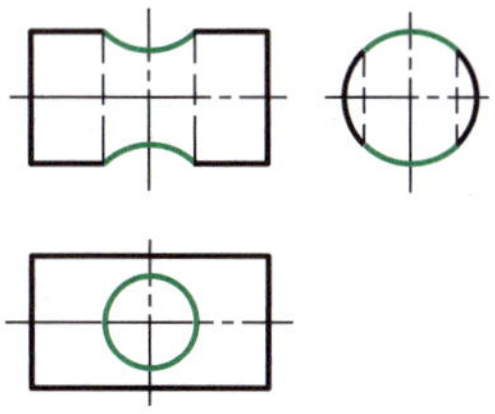	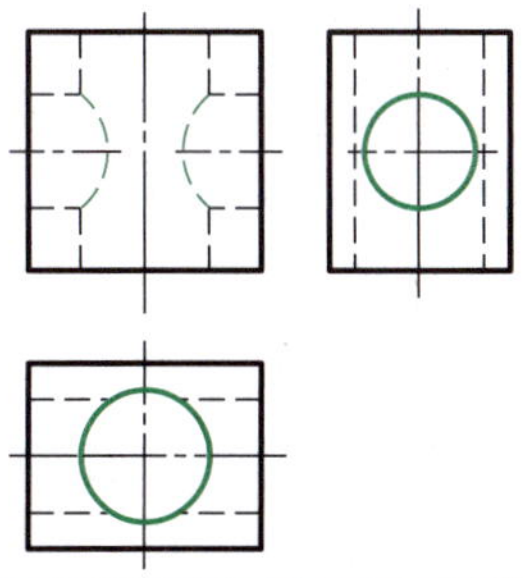

【例 3-24】 如图 3-37a 所示，求作圆柱与圆锥相贯线的投影。

分析：圆柱轴线和圆锥轴线垂直相交，其相贯线是圆柱面与圆锥面所共有的一条前后对称的封闭空间曲线，构思的立体如图 3-37b 所示。因圆柱轴线为侧垂线，故相贯线的侧面投影为已知圆，且它与圆柱面的积聚性投影重合，而相贯线的水平投影及正面投影待求解。

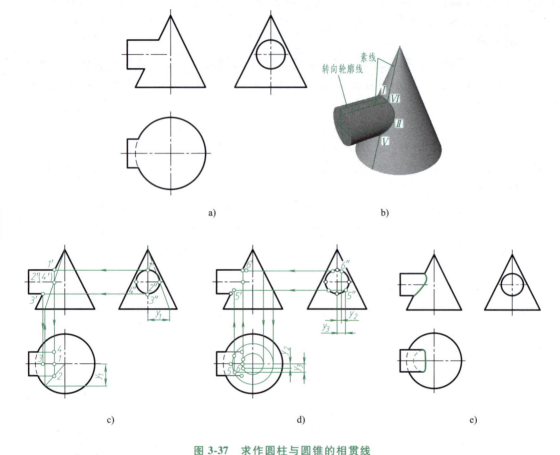

图 3-37　求作圆柱与圆锥的相贯线

a）题目　b）立体图　c）求特殊点投影　d）求一般位置点投影　e）完成全图

绘图步骤：

1）求特殊点投影。在相贯线的侧面投影圆上标出 4 个特殊点的投影 *1″、2″、3″、4″*，Ⅰ、Ⅲ两点在相贯线的最上、最下位置，它们是圆柱与圆锥的转向轮廓线的交点，可直接求得它们的正面投影，再求出它们的水平投影；Ⅱ、Ⅳ两点在圆柱面的最前、最后素线上，它们也在圆锥的表面上，可利用素线法或纬圆法求出这两点的另两面投影。如图 3-37c 所示，在侧面投影中，过锥顶和 2″作辅助素线，由 y_1 相等，获得素线的水平投影和正面投影，从而求出Ⅱ、Ⅳ两点的投影 2、4 和 2′和 4′。

2）求一般位置点投影。如图 3-37d 所示，在侧面投影圆上的适当位置定出 5″、6″两投影（对应相贯体上的 Ⅴ、Ⅵ两点），此两点也在圆锥表面上，利用纬圆法并结合 y_2、y_3 相等求出它们的水平投影 5、6，最后求出正面投影 5′、6′。

3）判断可见性。对于正面投影，相贯线前后对称，光滑连接位于前表面的可见曲线；水平投影的相贯线以 2、4 为界，光滑连接位于左半部分（位于下表面）的不可见曲线和右半部分（位于上表面）的可见曲线。

4）整理线型，加粗可见轮廓线，完成题目要求，如图 3-37e 所示。

二、利用辅助平面法求相贯线

利用辅助平面法求相贯线的作图原理：作一辅助平面与两已知立体相交，得到两组截交线，这两组截交线的交点即为两立体表面的共有点，即所求相贯线上的点。辅助平面尽量采用特殊位置的平面，使得截交线的投影简单且易于求解。

如图 3-38a 所示，利用水平面 P 截切相贯体，圆柱面上的截交线为水平两素线，圆锥面上的截交线为水平圆，水平素线与水平圆的交点就是相贯线上的点。如图 3-38b 所示，利用过锥顶的侧垂面 Q 截切相贯体，两立体表面的截交线均为直线，两直线的交点即为相贯线上的点。

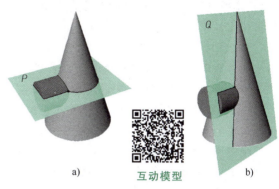

互动模型

图 3-38 利用辅助平面法求相贯线的作图原理

a）水平面为辅助平面 b）过锥顶的侧垂面为辅助平面

【例 3-25】 如图 3-39a 所示，已知两圆柱相交，求相贯线的投影。

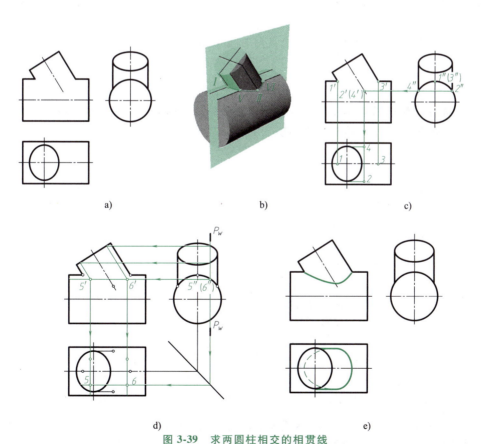

a)   b)   c)

d)   e)

图 3-39 求两圆柱相交的相贯线

a）题目 b）立体图 c）求特殊点投影 d）求一般位置点投影 e）完成全图

85

分析：两圆柱的轴线斜交，且相贯体前后对称，构思的立体如图 3-39b 所示。因相贯线为两圆柱面共有，故相贯线的侧面投影与大圆柱面投影重合，即为已知；相贯线的正面和水平投影未知，可利用辅助平面法求解。

绘图步骤：

1）求特殊点投影。在侧面投影上标出相贯线上的四个特殊点 Ⅰ、Ⅱ、Ⅲ、Ⅳ 的投影，它们均位于倾斜圆柱的转向轮廓线上。Ⅰ、Ⅲ 两点为两圆柱转向轮廓线的交点，正面投影 $1'$、$3'$ 可直接标出，再由 $1'$、$3'$ 求出水平投影。Ⅱ、Ⅳ 两点为倾斜圆柱的前、后转向轮廓线与水平圆柱面的交点，由侧面投影 $2''$、$4''$ 可直接求出正面投影 $2'$、$4'$，再由 $2'$、$4'$ 求出水平投影 2、4，如图 3-39c 所示。

2）求一般位置点投影。利用一个正平辅助面 P 截切相贯体，如图 3-39b、d 所示，与两圆柱面形成的截交线均为与各自轴线平行的素线，素线的交点即为相贯线上的一般位置点。在侧面投影中，辅助平面迹线 P_w 与大圆的交点即为素线交点的侧面投影 $5''(6'')$，再由辅助平面迹线 P_w 与椭圆的交点求出辅助平面 P 与倾斜圆柱面的交线的正面投影，从而求出交点的正面投影 $5'$、$6'$，最后求出水平投影 5、6。根据对称性求出该两点在圆柱后半部分对应点的水平投影。

3）判断可见性。对于正面投影，相贯线前后对称，故前表面的部分可见，后表面的部分不可见；对于水平投影，以 2、4 为界，左侧部分被倾斜圆柱遮挡而不可见，右侧部分可见。

4）整理线型，加粗可见轮廓线，完成题目要求，如图 3-39e 所示。

【例 3-26】 如图 3-40a 所示，已知不完整圆球与圆台相交，求作相贯线的三面投影。

分析：圆台的轴线铅垂放置，它与圆球的铅垂轴线平行并构成正平面，利用辅助侧平面截切相贯体，构思的立体及其相贯线如图 3-40b 所示。

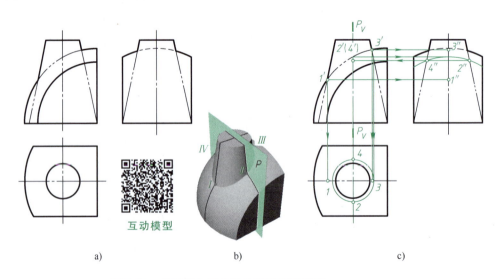

互动模型

a)　　　　　　　　b)　　　　　　　　c)

图 3-40　求圆球与圆台相交的相贯线投影

a）题目　b）侧平面截切立体图　c）求特殊点投影

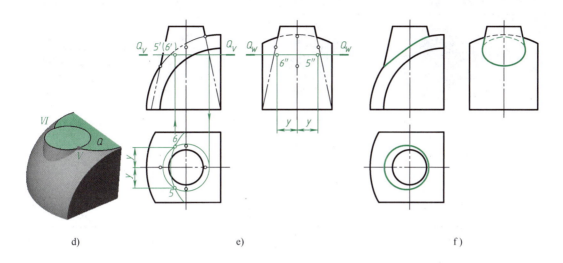

d)　　　　　　　　　e)　　　　　　　　　f)

图 3-40　求圆球与圆台相交的相贯线投影（续）

d）水平面截切立体图　e）求一般位置点投影　f）完成全图

绘图步骤：

1）求特殊点投影。相贯线上的Ⅰ、Ⅱ、Ⅲ、Ⅳ四个特殊点位于圆台的转向轮廓线上，它们确定了相贯线的最左、最右、最前、最后范围。点Ⅰ、Ⅲ为圆台和圆球的转向轮廓线交点，在正面投影中标出其位置1′、3′，水平投影1、3和侧面投影1″、3″可由正面投影对应求出。点Ⅱ、Ⅳ位于圆台前、后转向轮廓线上，假设过圆台轴线作一辅助侧平面P截切两立体，则与圆台形成的截交线为前、后转向轮廓线，与圆球形成的截交线为侧平圆的一部分，故先求出侧平面与圆台转向轮廓线的交点投影2″、4″，由此求出正面投影2′（4′），再利用圆台的辅助纬圆求出水平投影2、4。

2）求一般位置点投影。如图 3-40d、e 所示，在点Ⅰ与Ⅱ之间适当位置作一辅助水平面Q，则与圆台形成的截交线为一水平圆，与圆球形成的截交线为水平圆的一部分，两者交点Ⅴ、Ⅵ即为相贯线上的一般位置点。先在正面投影中确定两水平圆的半径，然后在水平投影中利用两圆相交求出交点的水平投影5、6，再求出正面投影5′（6′），最后根据y相等求出侧面投影5″、6″。

3）判断可见性。将所求各投影光滑连接，对于正面投影，因相贯线前后对称，只需画出前半部分可见曲线；对于侧面投影，以2″、4″为界，曲线2″1″4″为可见，曲线2″（3″）4″为不可见；相贯线的水平投影可见。

4）整理线型，加粗可见轮廓线，完成题目要求，如图 3-40f 所示。

三、相贯线的特殊情况

1）具有公共内切球的两回转体相贯，相贯线为两相交的椭圆，见表 3-5。

表 3-5 具有公共内切球的两回转体相贯

相贯形式	两等径圆柱正交	两等径圆柱斜交	圆柱与圆锥正交	圆柱与圆锥斜交
直观图	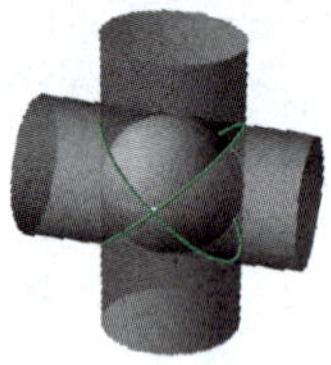	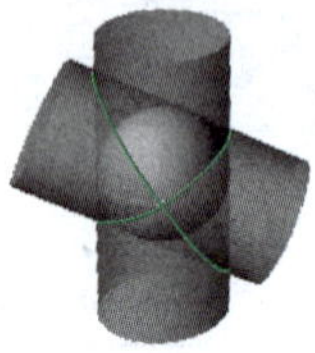	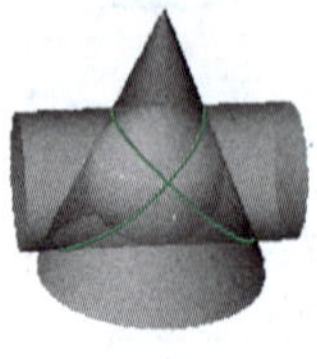	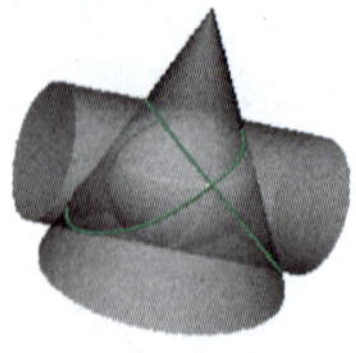
投影图	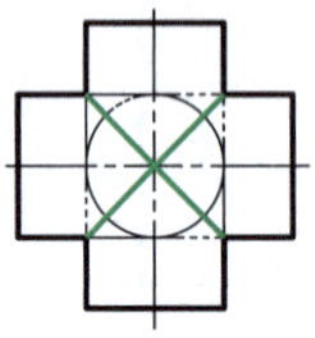	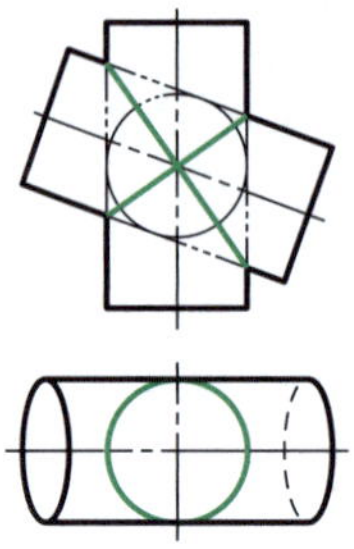	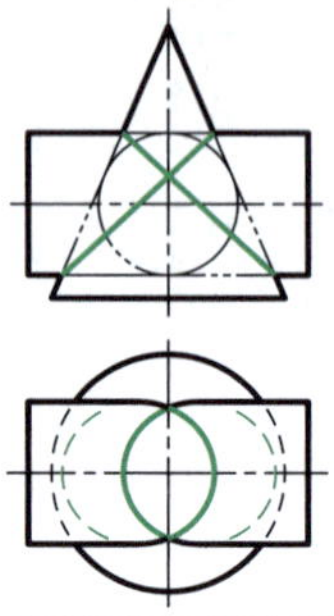	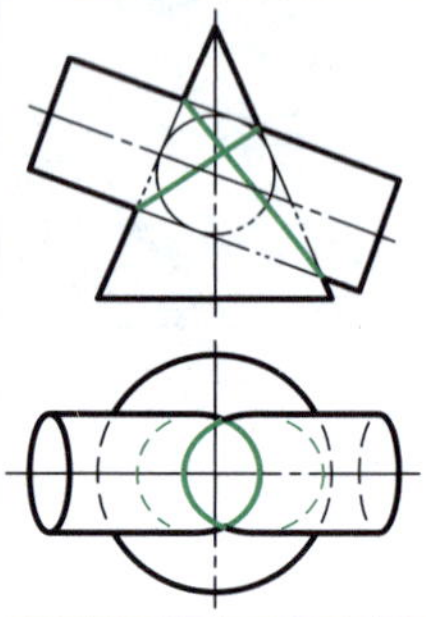

2）两回转体相贯的其他特殊类型见表 3-6。

表 3-6 两回转体相贯的其他特殊类型

相贯形式	两同轴回转体相贯	两圆柱轴线平行相贯	两圆锥共锥顶相贯
直观图			
投影图	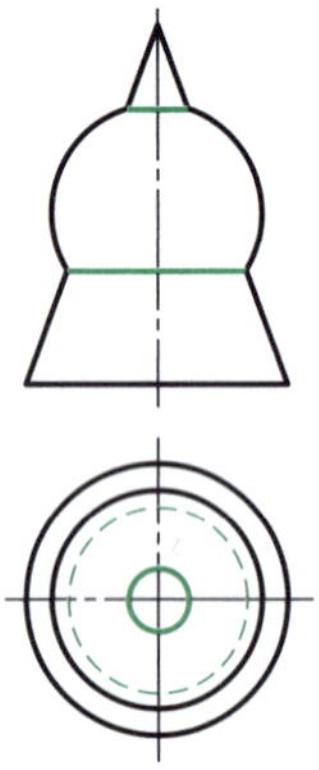	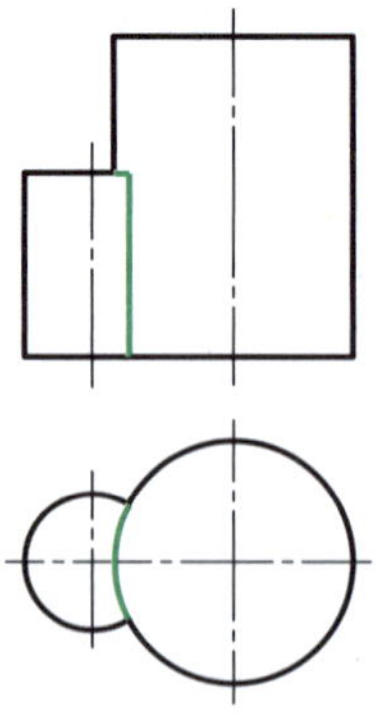	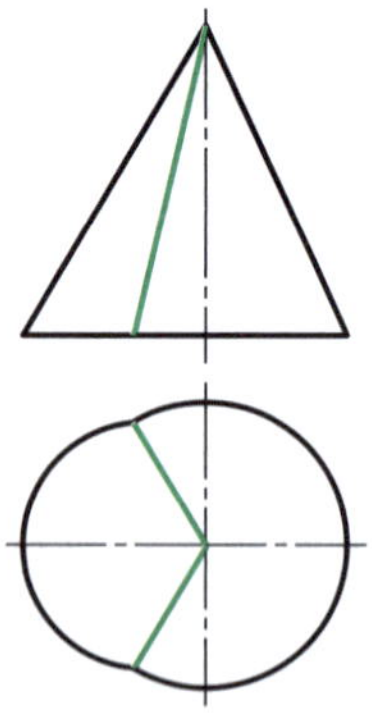

四、相贯线的简化画法

在生产实际中，两圆柱垂直相贯的情况最为普遍，因此应掌握相贯线的变化趋势和弯向。根据 GB/T 16675.1—2012 中的规定，在不致引起误解时，相贯线可以简化为用圆弧或直线代替非圆曲线。但当简化画法会影响对图形的理解时，应避免使用。

1）当两个不等径的圆柱垂直相贯时，相贯线始终朝着较大圆柱的轴线弯曲。如图 3-41 所示，随着较小圆柱直径的增大，其相贯线的弯向发生变化。

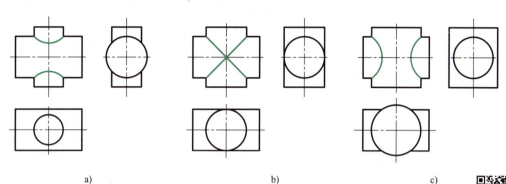

a)   b)   c)

图 3-41　两圆柱垂直相贯时相贯线的变化趋势
a）相贯线向直径较大的水平圆柱轴线弯曲　b）相贯线在两圆柱直径相等时投影
为相交直线　c）相贯线向直径较大的竖直圆柱轴线弯曲

互动模型

2）当两个不等径圆柱垂直相贯时，可以用两圆柱中较大圆柱的半径画圆弧代替非圆曲线的相贯线的投影，如图 3-42a 所示。若两圆柱轴线位置如图 3-42b 所示，则可近似用直线代替非圆曲线。

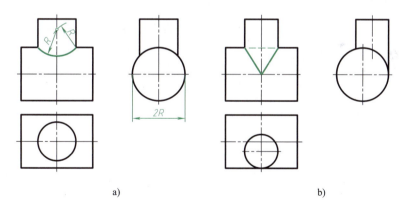

a)   b)

图 3-42　相贯线的简化画法
a）圆弧代替非圆曲线　b）直线代替非圆曲线

【例 3-27】　如图 3-43a 所示，补全相贯体的正面和侧面投影（相贯线用简化画法绘制）。

分析：由图 3-43a 可知，该相贯体由三个空心圆柱相交而成，前后对称，两圆柱孔等径正交，内表面产生相贯线；左、右两圆柱侧垂放置且同轴；中间圆柱铅垂放置并分别与左、右两圆柱相交，在表面形成不同类型的相贯线，构思的立体如图 3-43b 所示。

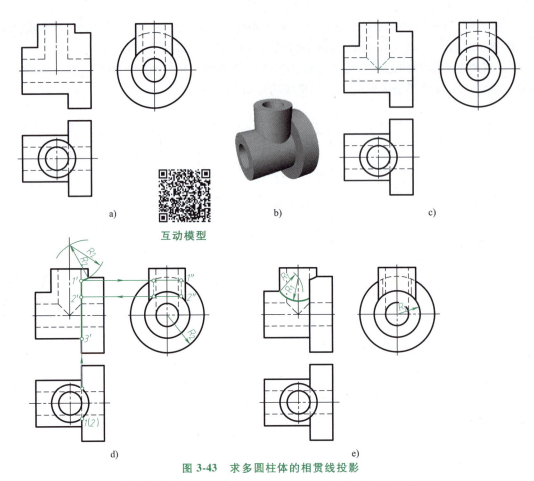

a) b) 互动模型 c)

d) e)

图 3-43 求多圆柱体的相贯线投影

a）题目 b）立体图 c）画两孔正交的相贯线投影 d）画右侧两圆柱的
相贯线投影 e）画左侧两圆柱的相贯线投影

绘图步骤：

1）求两等径圆柱孔正交的相贯线投影。由于两圆柱孔等径正交，因此该相贯线的正面
投影为相交直线，因在内部而不可见，画为细虚线，其他两面投影积聚为已知圆，如
图 3-43c 所示。

2）求铅垂圆柱与侧垂大圆柱正交的相贯线投影。两者相交产生两条铅垂交线（由水平
投影确定位置）和一条不完整曲线。在正面投影中，相贯线投影弯向大圆柱轴线，以两圆
柱转向轮廓线投影交点为右端点，用圆弧代替非圆曲线作出。大圆柱左端面与铅垂圆柱相交
于铅垂圆柱的一条素线，其位置由水平投影确定，作出该素线的正面投影位置并与相贯线投
影相交于 $1'$，再求出该素线的侧面投影 $1''2''$，然后在正面投影中确定素线投影下端点 $2'$。素
线的侧面投影为不可见，画为细虚线，如图 3-43d 所示。

3）求左、右侧垂圆柱同轴相交的交线投影。左、右侧垂圆柱同轴相交的交线为圆，其
正面投影积聚直线 $2'3'$，如图 3-43d 所示。

4）求铅垂圆柱与侧垂小圆柱正交的相贯线投影。两者相交产生的相贯线的投影弯向水
平圆柱的轴线，并终止于大圆柱的左端面位置，如图 3-43e 所示。

提示：当遇到多个立体相交时，其交线一般都比较复杂，求解相贯线时，应逐一分析出两两立体之间的相贯关系，相应画出各段交线，最后综合分析各段交线之间的关系。

【本章归纳】

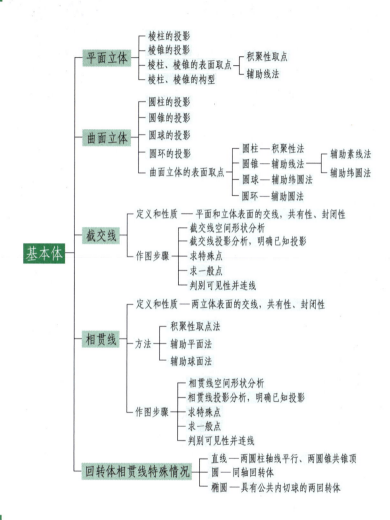

【拓展阅读】

　　长征系列运载火箭是我国自行研制的航天运载工具。长征系列运载火箭起步于 20 世纪 60 年代，1970 年 4 月 24 日，"长征一号"运载火箭首次发射"东方红一号"卫星并取得成功。长征系列运载火箭具有发射从低轨到高轨、不同质量与用途的各种卫星、载人航天器和月球探测器的能力。

　　图 3-44 所示的长征五号运载火箭又被人们亲切地称呼为"胖五"，是由中国运载火箭技术研究院研制的新一代大型低温液体运载火箭。该系列火箭拥有长征五号、长征五号 B 两种型号。

　　长征五号是新一代大型两级低温液体捆绑式运载火箭。全箭总长 56.97m，一级芯、二级芯直径 5.0m，单个助推器直径 3.35m，火箭起飞质量约 869t，主要用于发射地球同步转移轨道卫星，地球同步转移轨道运载能力达到 14t。

长征五号 B 是以发射空间站舱段任务为目标进行设计的大型近地轨道液体运载火箭。火箭充分继承长征五号运载火箭研制基础和经验，并提高运载能力和可靠性，满足空间站工程任务要求。火箭为一级半构型，捆绑四个直径 3.35m 液体助推器，一级芯直径 5m。火箭总长约 54m，起飞重量约 850t，起飞推力约 1078t，近地轨道运载能力达到 25t 级。长征五号 B 运载火箭主要完成了载人空间站核心舱及两个实验舱的发射任务，是我国目前近地轨道运载能力最大的新一代运载火箭。

长征五号运载火箭可视为主要由发动机、尾翼、助推器、一级芯、二级芯和整流罩六部分组成，如图 3-45 所示。分析各部分的结构形状，其中，尾翼为四棱柱，由平面四边形通过拉伸形成；其他部分为圆柱、圆锥等属于回转体，分别由其母线通过旋转形成。

图 3-44　长征五号运载火箭

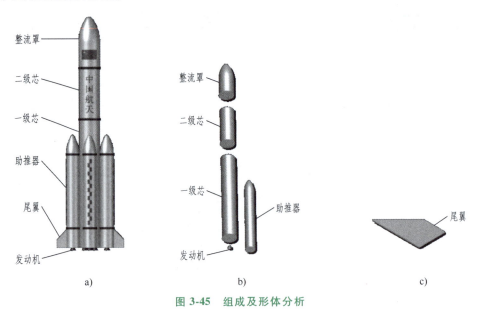

a)

b)

c)

图 3-45　组成及形体分析

a）火箭组成部分　b）曲面立体　c）平面立体

扫描下方二维码查看如何利用 AutoCAD 软件对长征五号运载火箭通过拉伸、旋转等构型方法建立三维建模，你也可以试一试。

演示视频

第四章 组合体

组合体是本课程的重点内容之一，本章在全书中起着承前启后的作用。本章以形体分析法为主线，介绍组合体的画图、读图、尺寸标注、构型等内容。通过学习，应掌握组合体的组合形式、表面连接关系、形体分析法和线面分析法的应用特点以及组合体的尺寸标注。

本章的重点是组合体的画图、读图和尺寸标注，难点是组合体读图。虽然理论内容不多，但要掌握读图和尺寸标注，需要有意识地运用形体分析法和线面分析法多看、多想、多练，逐步提高形体分析能力和空间想象能力，进而初步具备组合体的构型能力。

第一节 三视图的形成及投影特性

一、三视图的形成

在三投影面（V、H、W）体系中，用正投影法得到的空间几何体的图形称为三视图，如图 4-1 所示。其中，空间几何体在正面（V 面）上得到的视图（由前向后投射）称为主视图，空间几何体在水平面（H 面）上得到的视图（由上向下投射）称为俯视图，空间几何体在侧面（W 面）上得到的视图（由左向右投射）称为左视图。

二、三视图的特性

三视图反映了空间几何体的尺寸关系、位置关系和投影关系，如图 4-2 所示。

1. 尺寸关系

主视图：反映空间几何体的长度和高度。

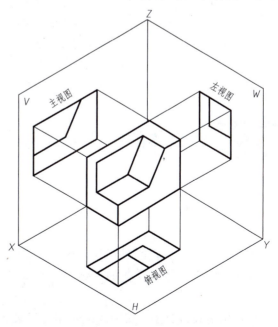

图 4-1 三视图的形成

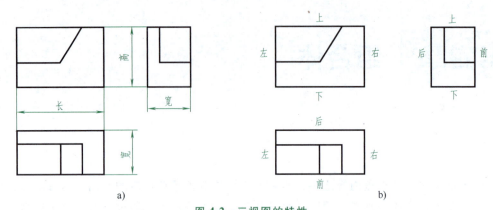

a)   b)

图 4-2   三视图的特性

a) 三视图的尺寸关系   b) 三视图的位置关系

俯视图：反映空间几何体的长度和宽度。

左视图：反映空间几何体的高度和宽度。

2. 位置关系

主视图：反映空间几何体的上下、左右位置。

俯视图：反映空间几何体的前后、左右位置。

左视图：反映空间几何体的上下、前后位置。

> **注意**：在俯视图和左视图中，远离主视图的一侧为空间几何体的前侧，靠近主视图的一侧为空间几何体的后侧。明确这一点，对初学者尤为重要。

3. 投影关系

主视图与俯视图：符合长对正的投影关系。

主视图与左视图：符合高平齐的投影关系。

俯视图与左视图：符合宽相等的投影关系。

投影关系是三视图的投影特性，也称为"三等"规律。它不仅适用于整个空间几何体的投影，也适用于空间几何体局部结构形状的投影，乃至空间几何体上各点、线、面的投影。

第二节 组合体的组合形式与表面连接关系

一、组合形式

组合体的组成有叠加和切割两种形式，而常见的是这两种形式的综合。

（1）叠加式组合体　叠加式组合体可以视为由若干个基本体叠加而形成，如图 4-3a 所示。

（2）切割式组合体　切割式组合体可以视为将一个完整的基本体用平面或曲面切割掉某几个部分而形成，如图 4-3b 所示。

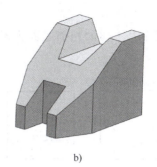

图 4-3 组合体的组合形式

a）叠加式组合体 b）切割式组合体

二、表面连接关系

组成组合体的基本体间的表面连接关系可分为平齐、不平齐、相切和相交四种情况，如图 4-4 所示。画图时，必须注意这些关系，做到不多线，不漏线。

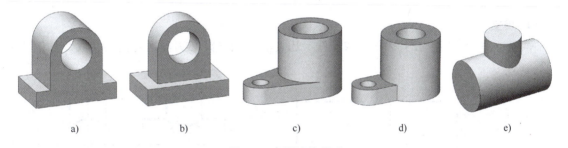

图 4-4 表面连接关系

a）平齐 b）不平齐 c）相切 d）相交（平面与曲面） e）相交（曲面与曲面）

1. 平齐

两表面平齐时，在表面结合处不存在分界线，如图 4-5 所示。

2. 不平齐

两表面不平齐时，在视图上应画出两者的分界线，如图 4-6 所示。

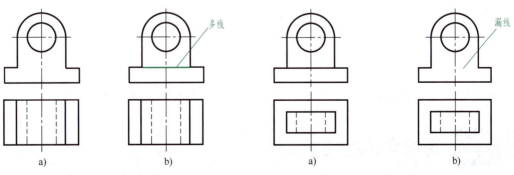

图 4-5 两表面平齐的画法

a）正确画法 b）错误画法

图 4-6 两表面不平齐的画法

a）正确画法 b）错误画法

3. 相切

相切是指两个基本体的相邻表面光滑过渡，不存在分界线，所以在视图上不画线，如图 4-7 所示。

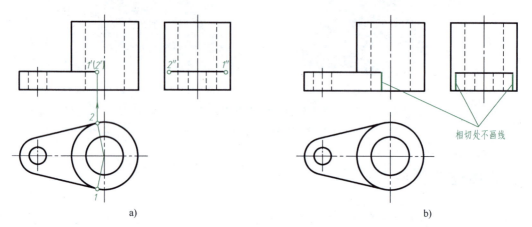

图 4-7 两表面相切的画法

a）正确画法 b）错误画法

4. 相交

两基本体相交时，在其表面形成交线，因此，在相交处必须画出它们的交线，如图 4-8 所示。

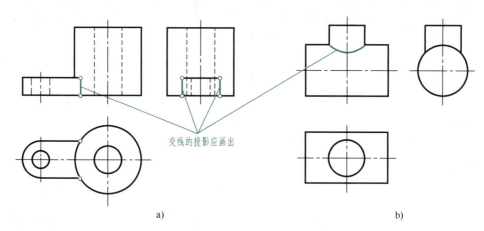

图 4-8 两表面相交的画法

a）平面与曲面相交 b）两曲面相交

掌握好上述四种表面连接关系的投影规律，有利于对组合体进行画图和读图。

第三节 画组合体的三视图

画组合体的三视图，首先采用形体分析法将组合体分解成若干个基本体，然后分析各基本体的特征、相互位置关系和相邻表面间的连接关系，最后按一定的方法和步骤进行绘图。下面按叠加式组合体和切割式组合体分别加以说明。

一、叠加式组合体的画法

下面以图 4-9a 所示的组合体为例，介绍叠加式组合体的分析方法。

1. 分析形体

（1）分解　根据组合体的特征，可将其分解成底板 I 、圆筒 II 、支撑板 III 、肋板 IV 和凸台 V 五部分，如图 4-9b 所示。

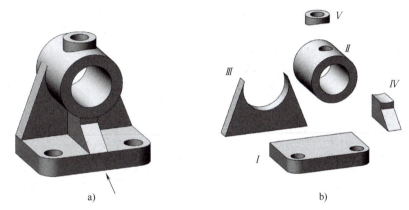

图 4-9　叠加式组合体的形体分析

a）组合体　b）形体分析

（2）分析位置关系　各部分沿底板的长边方向具有公共的对称面；圆筒后端面伸出底板后表面等。

（3）分析连接关系　支撑板的前表面与底板前表面不平齐，后表面与底板后表面平齐；支撑板的左、右侧面与圆筒相切，前、后表面与圆筒相交；肋板的左、右表面与圆筒相交；凸台与圆筒表面相交。

2. 选择三视图

选择能完整、清晰、准确地表达出空间几何体结构形状的三视图。其中，主视图一经选定，其余的视图也随之确定，故首先对主视图进行选择。选择时，应注意组合体的放置位置和主视图投射方向，通常的选择原则有以下三点。

1）使空间几何体处于平稳状态，并使其主要表面、轴线等平行或垂直于投影面。

2）将能反映空间几何体形状特征和各组成部分相对位置关系的视图作为主视图。

3）尽量减少其余视图上的虚线。

以图 4-9a 所示箭头方向投射所得的视图最能满足上述选择原则，故将其作为主视图。俯视图和左视图随之确定，这两个视图补充表达主视图未表达清楚的部分，如底板的形状及其上小孔的位置、肋板的形状等。

3. 选比例、定图幅

视图选定后，应根据组合体实际大小和复杂程度，按国家标准选取适当的比例和图幅，使图样和图幅的大小保持协调。

4. 布置视图、画基准线

根据每一视图的最大轮廓尺寸，合理地布置好三视图的位置，并注意应留出标注尺寸的空间和画标题栏的位置。画出每一视图中的作图基准线，如物体的对称中心线、回转面的轴线、圆的中心线、主要形体的定位线等，如图 4-10a 所示。

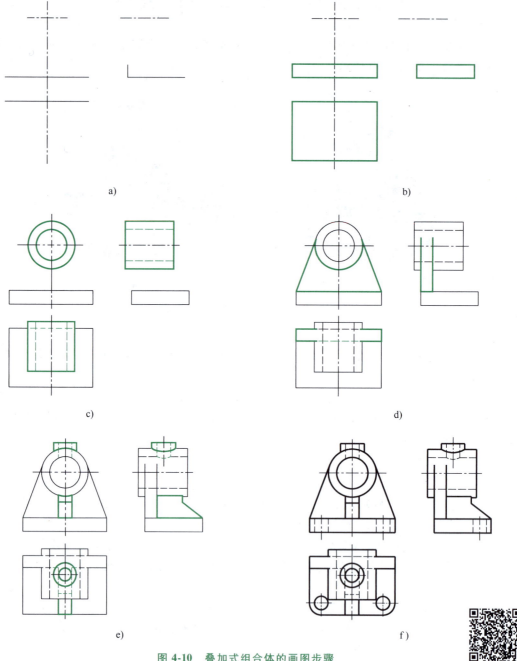

图 4-10　叠加式组合体的画图步骤

a）画对称中心线、轴线、底板定位线　b）画底板　c）画圆筒　d）画支撑板
e）画肋板、凸台　f）画细节，检查描深

互动模型

5. 画底稿

1）根据形体分析法，按各基本体画出视图。画图的一般顺序：先画主要部分，后画次要部分；先画反映形体特征的视图，后画其他视图；先画外形轮廓，后画内部结构。

例如，先画反映底板实形的俯视图，再画底板的其他视图，如图 4-10b 所示；先画反映圆筒形体特征的主视图，再画圆筒的其他视图，如图 4-10c 所示。

2）三个视图应联系起来画图，以使投影准确并提高画图效率。单独画出某一个视图容易出现"漏线"和"多线"等错误，应注意避免。

3）注意组合体相邻表面间不同连接关系的正确画法，例如，支撑板的左、右侧面与圆筒相切，所以切线投影在俯视图和左视图中应画到切点为止；肋板与圆筒表面相交处，在左视图中应画出交线的投影。

6. 检查描深

完成底稿后，应逐个对基本体进行仔细检查，确认正确无误后擦去不必要的作图线，并按国家标准的规定加深各类图线，如图 4-10f 所示。

7. 标注尺寸

对完成的组合体三视图进行尺寸标注（本图未标注）。尺寸标注的具体方法和要求较多，将在本章第四节展开介绍。

二、切割式组合体的画法

1. 分析形体

如图 4-11 所示为一切割式组合体，它可以视为由长方体分别切去基本体 I ～ V 五部分而形成的。它的形体分析法及画图步骤与前面讲述的方法基本相同，只不过是将各个基本体一块块"切割"下来，而不是"叠加"上去的。

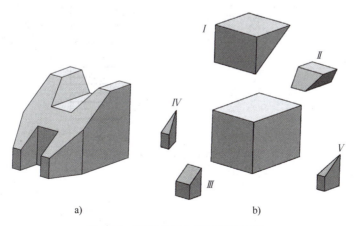

a)　　　　　　　　　　　　　　　b)

图 4-11　切割式组合体的形体分析

a）组合体　b）形体分析

2. 三视图的选择

尽可能地使组合体的表面及截平面与投影面成特殊位置，主视图的选择应能反映出主要切割形体的形状和结构特征。

3. 画图步骤

1）画出长方体的三视图，如图4-12a所示。

2）分别画出切割基本体 I ~ V 后的三视图，如图4-12b~e所示。

注意：应逐个完成各切割部分的三视图，先画出截平面的积聚性投影，再画出同一截平面的另两面投影。

3）其余画图步骤与叠加式组合体的画法基本相同，不再详述。

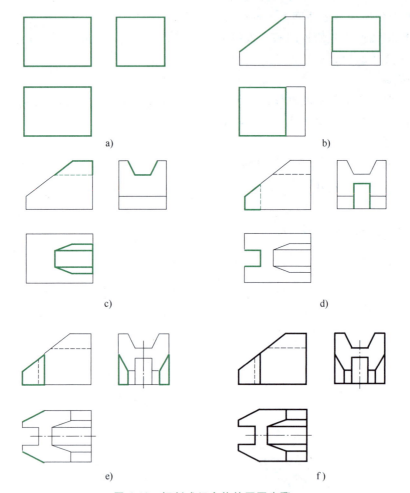

a）   b）

c）   d）

e）   f）

图 4-12   切割式组合体的画图步骤

a）画长方体   b）切去形体 I   c）切去形体 II   d）切去形体 III   e）切去形体 IV、V   f）检查描深，完成三视图

互动模型

第四节 组合体的尺寸标注

三视图只能反映出组合体的形状，不能反映出组合体的真实大小。为了使图样能够成为指导零件加工生产的依据，必须在视图上标注尺寸。

对组合体的尺寸标注有以下三个基本要求。

（1）正确　尺寸标注要符合国家标准中的相关规定，不能随意标注。

（2）完整　组合体长、宽、高三个方向的各类尺寸齐全，既不遗漏，也不重复。

（3）清晰　尺寸布置清楚、整齐，便于查找和读图。

一、常见基本体的尺寸注法

在标注组合体尺寸之前，必须掌握一些常见基本体的尺寸标注。

1. 平面立体的尺寸注法

常见平面立体的尺寸注法如图 4-13 所示。注意图 4-13c 中括号内的尺寸为关联尺寸，它与正六边形的对边距离有几何关系，标出时需加括号。

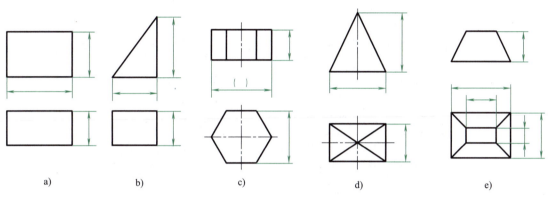

图 4-13　常见平面立体的尺寸注法

a）四棱柱　b）三棱柱　c）六棱柱　d）四棱锥　e）多面体

2. 回转体的尺寸注法

在标注回转体的尺寸时，一般只需在其非圆视图上标注直径和高度尺寸，就能确定它的形状和大小，其余视图可以省略。常见回转体的尺寸注法如图 4-14 所示。

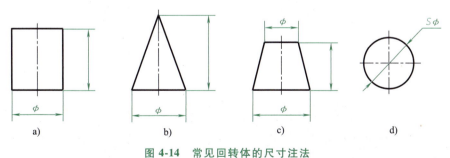

图 4-14　常见回转体的尺寸注法

a）圆柱　b）圆锥　c）圆台　d）圆球

二、截切体与相贯体的尺寸注法

1. 截切体的尺寸注法

对于截切体，除了标注基本体的尺寸之外，还应标注确定截平面位置的尺寸。由于截平面与基本体的相对位置确定后，截交线随之确定，故截交线上不应标注尺寸。

2. 相贯体的尺寸注法

对于相贯体，除了标注两相贯基本体的各自尺寸之外，还应标注确定两相贯体相对位置的尺寸。当两相贯的基本体大小及相对位置确定后，相贯线也随之确定，故相贯线上不应标注尺寸。常见截切体与相贯体的尺寸注法如图 4-15 所示。

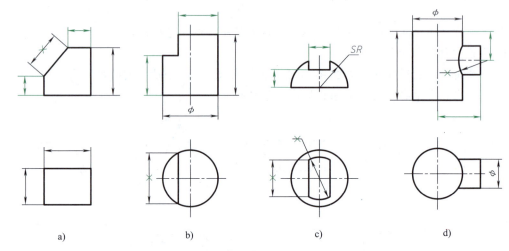

a) b) c) d)

图 4-15　常见截切体与相贯体的尺寸注法

a) 四棱柱截切体　b) 圆柱截切体　c) 半圆球截切体　d) 两圆柱相贯体

三、组合体的尺寸注法

1. 尺寸分类

组合体的尺寸一般可分为定形尺寸、定位尺寸和总体尺寸三种类型。现以图 4-16a 所示的组合体为例进行分析。

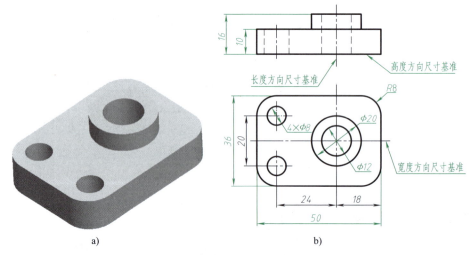

a) b)

图 4-16　组合体的尺寸分析与尺寸基准

a) 组合体立体图　b) 尺寸分析与尺寸基准

1）定形尺寸：确定各基本体的形状和大小的尺寸，如图 4-16b 中的尺寸 10、36、50、4×φ8、φ12、φ20、*R*8。

2）定位尺寸：确定各基本体之间相对位置的尺寸，如图 4-16b 中的尺寸 20、24、18。

3）总体尺寸：确定组合体外形的总长、总宽和总高的尺寸，如图 4-16b 中的尺寸 50、36、16。

> **注意：** 总体尺寸有时也是组合体上某个基本体的定形尺寸，例如，图 4-16b 中的总体尺寸 50、36 既是底板的定形尺寸，也是组合体的总长、总宽尺寸。

2. 尺寸基准

确定尺寸位置的起点（如点、直线和平面）称为尺寸基准。在组合体的长、宽、高三个方向都应有一个主要尺寸基准，有时还有辅助基准。通常以组合体的对称面、回转面的轴线、底面、重要端面等作为尺寸基准。例如，图 4-16b 中以轴线、前后对称面和底面分别作为长、宽、高三个方向的尺寸基准。

3. 尺寸标注的方法和步骤

形体分析法是尺寸标注的基本方法，一般按以下四个步骤进行。

1）用形体分析法将组合体分解成若干基本体。

2）选定组合体长、宽、高三个方向的尺寸基准。

3）标注各基本体的定形尺寸和它们之间的定位尺寸。

4）检查、调整尺寸，标注总体尺寸。

【例 4-1】 标注图 4-17 所示的轴承座的全部尺寸。

分析：

1）形体分析。由图 4-17 可知，轴承座可分解为底板、圆筒、支撑板和肋板四个基本体。

2）选定尺寸基准。由于轴承座左右对称，故选择对称面作为长度方向的尺寸基准；轴承座的底面是安装面，以此作为高度方向的尺寸基准；底板后端面面积较大，可作为宽度方向的尺寸基准，如图 4-18a 所示。

标注步骤：

1）标注定形尺寸。依次标出底板、圆筒、支撑板及肋板四个基本体的定形尺寸，分别如图 4-18b～d 所示。

2）标注定位尺寸。轴承座要确定位置的是底板上的两圆孔、圆筒的中心高度和圆筒的前后位置，标注的定位尺寸如图 4-18e 所示。

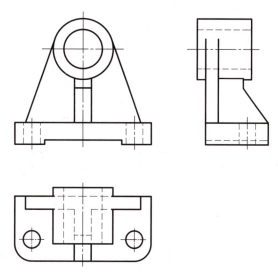

图 4-17 轴承座三视图

3）标注总体尺寸，检查、注全尺寸。重点检查有无遗漏或重复的尺寸，同时适当调整尺寸标注位置，完成组合体的全部尺寸标注，如图 4-18f 所示。

104

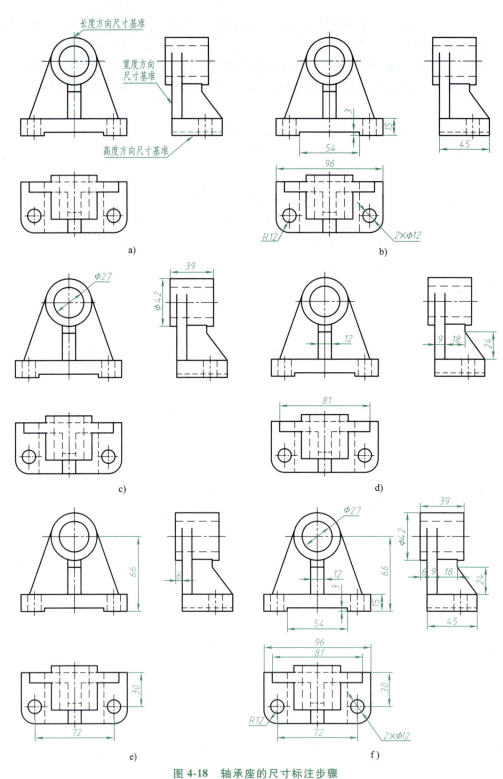

图 4-18 轴承座的尺寸标注步骤

a) 尺寸基准 b) 底板定形尺寸 c) 圆筒定形尺寸 d) 支撑板及肋板定形尺寸 e) 定位尺寸 f) 总体尺寸及全部尺寸

4. 组合体尺寸标注的注意事项

1）尺寸尽量标注在视图外部，必要时也可标注在视图内部。

2）尺寸尽量避免标注在虚线上。

3）同一基本体的尺寸尽量集中标注，并标注在形状特征明显的视图上。

4）尺寸布置应整齐。标注同一方向上的尺寸时，应使小尺寸在内，大尺寸在外；尽量避免尺寸线与尺寸线或尺寸界线相交。

5）当组合体的一端为回转面时，该方向一般不标注总体尺寸，而由确定回转面轴线的定位尺寸和回转面的直径或半径尺寸来间接确定，如图 4-19 所示。

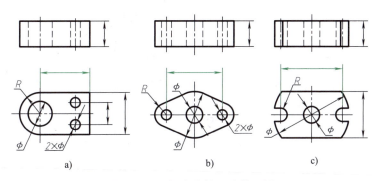

a)　　　　　　　　　　b)　　　　　　　　　　c)

图 4-19　不标注总长尺寸的示例

第五节　读组合体视图

读图是根据空间几何体的投影想象其形状，即由二维视图构思三维空间形状的过程，它与画图的思维过程恰好相反，但读图的方法与画图一样，仍主要采用形体分析法，此外还要借助线面分析法。若要快速准确地读懂视图，必须掌握读图的基本要领和方法，通过不断实践，培养和提高对视图的分析能力及空间思维能力。

一、读图的基本要领

1. 将各个视图联系起来读

一般情况下，一个视图不能唯一确定空间几何体的结构形状，有时两个视图也不能唯一确定空间几何体的结构形状。如图 4-20 所示，三个组合体的主、俯视图相同，但左视图不同时，三视图表达的组合体各不相同。因此，读图时需将各个视图联系起来一起分析，想象组合体形状。

2. 着重分析特征视图

抓住特征视图进行分析，能较快地构思出组合体的空间形状。

（1）形状特征视图　形状特征视图是反映组合体各组成部分形状特征最明显的视图。需要注意的是，各个组成部分的形状特征不一定反映在主视图中，可能反映在其他视图中。

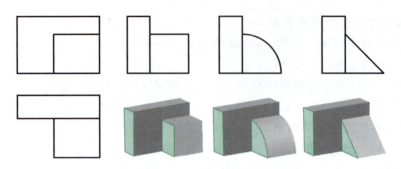

图 4-20 组合体视图比较

如图 4-20 所示，左视图是充分表达三个组合体形状特征的视图。

（2）位置特征视图 位置特征视图是反映组合体各组成部分相对位置特征最明显的视图。如图 4-21 所示，仅看主、俯两个视图无法判断圆形和方形结构的凹凸情况，左视图明确表达了它们的位置特征。

> **注意**：组合体各组成部分的形状特征和位置特征不一定集中在一个视图中，而是可能分布在几个视图中，因此，应根据投影的对应关系，分别构思组合体的各组成部分形状和位置。

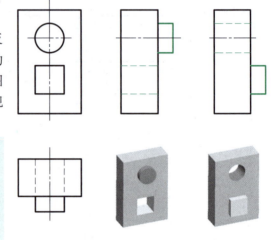

图 4-21 位置特征视图

3. 注意反映表面连接关系的图线

组合体各组成部分表面间的连接关系有平齐、不平齐、相切和相交四种情况，读图时应注意观察反映表面连接关系的图线，如图 4-22 所示。

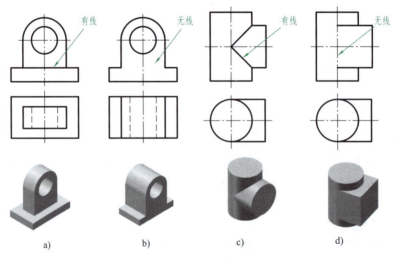

图 4-22 反映表面连接关系的图线

a）不平齐 b）平齐 c）相交 d）相切

二、读图的基本方法

读图的基本方法包括形体分析法和线面分析法。一般情况下两种方法并用，以形体分析法为主，以线面分析法为辅。

1. 形体分析法

读图的主要方法是形体分析法，它从组合体的视图中识别出各组成部分的形状，再分析各部分之间的相对位置和表面连接关系，最后综合起来构思出组合体的完整结构。

用形体分析法读图可归纳为以下三个步骤。

（1）看视图，分线框

1）看视图：以主视图为主，配合其他视图，进行初步的投影分析和空间分析。

2）分线框：参照特征视图，划分线框，将组合体分解为几个组成部分。

（2）对投影，识形体

1）对投影：利用"三等"关系，找出每一个组成部分的三个投影。

2）识形体：根据投影想象出每个组成部分的形状。

（3）综合起来，想整体　在读懂各组成部分形状的基础上，进一步分析它们之间的相对位置关系和表面连接关系，进而想象出整体形状。

【例 4-2】　读懂如图 4-23a 所示的组合体三视图。

分析：观察三视图，可以看出该组合体叠加特征明显，适合采用形体分析法读图。

读图步骤：

（1）看视图，分线框　主视图较多地反映了形体特征，将其分解为 I ~ V 五个线框，如图 4-23b 所示。

（2）对投影，识形体　根据"三等"关系，找出每一个组成部分的三个投影，想象出各个组成部分的形状。

1）由线框 I 识形体 I：它是组合体的主要组成部分，从主视图的形状特征入手，找全三个投影，可以想象出该形体是一个凸字形棱柱，如图 4-23c 所示。

2）由线框 II 识形体 II：从主视图只能看出它的形状特征，而左视图和俯视图明确表达了该形体叠加在形体 I 的前面，将三视图联系起来，可以想象出该形体是一个拱形凸台，如图 4-23d 所示。

3）由线框 III 识形体 III：该形体的构思思路与形体 II 的相同，形体 III 是贯穿形体 I 和形体 II 的一个长圆形通孔，如图 4-23e 所示。

4）由线框 IV 和 V 识形体 IV 和 V：从主、俯视图看出这两个形体左右对称分布，主视图形状特征明显，可以想象出形体 IV 及 V 是两块相同的三角形肋板，如图 4-23f 所示。

（3）综合起来想整体　分析各组成部分的相对位置和表面连接关系，左视图和俯视图明确表达了形体 II 叠加在形体 I 前方的位置关系；主、俯视图反映了形体 IV、V 左右对称分布于形体 I 的两侧并与其后表面平齐、前表面不平齐；左视图和俯视图表达了形体 III 长圆形孔的深度。

综合以上分析，构思出该组合体的整体形状，如图 4-23g 所示。

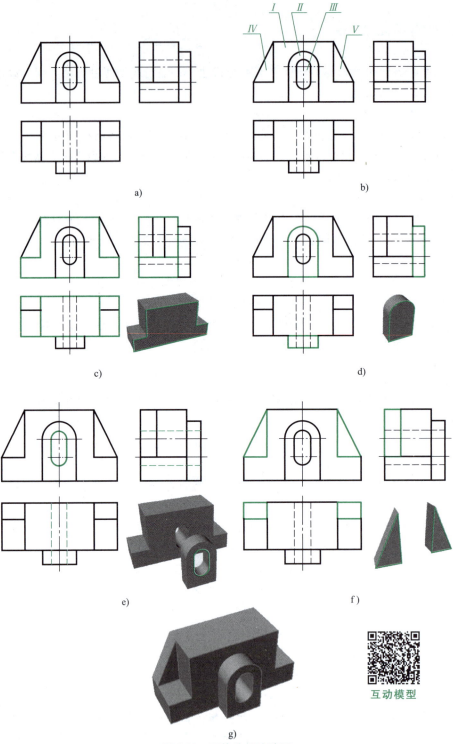

互动模型

图 4-23 形体分析法读图

a）已知三视图　b）分图框　c）构思形体 I　d）构思形体 II　e）构思形体 III
f）构思形体 IV 及 V　g）综合起来想整体

2. 线面分析法

对于以切割为主要形成方式的组合体，除了采用形体分析法，往往还需要结合线面分析法来读图。

线面分析法是运用线、面的投影规律，分析视图中图线和线框的具体含义，进而理解组合体各表面的形状和相对位置，综合起来读图。

运用线面分析法时，需要注意以下几点。

1）熟练掌握直线和平面的投影规律。重点掌握投影面垂直面和投影面平行面的投影规律，例如，投影面垂直面的投影特点是在一个投影面积聚成直线，在另两个投影面的投影为类似形。

2）了解视图中线的含义。视图中一条线所代表的含义可能是两表面交线的投影、曲面转向轮廓线的投影或面的积聚性投影，如图4-24所示。

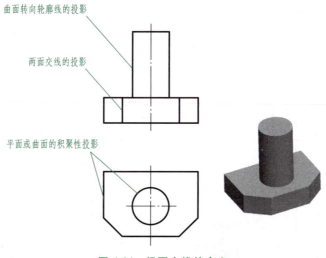

图4-24 视图中线的含义

3）了解视图中线框的含义。视图中一个线框所代表的含义可能是面（平面或曲面）的投影、面面（平面与曲面或曲面与曲面）相切的投影或立体上孔、洞的投影，如图4-25所示。

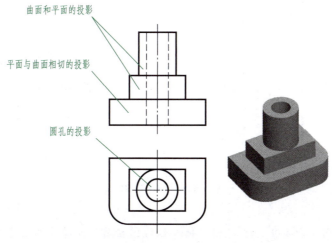

图4-25 视图中线框的含义

用线面分析法读切割式组合体视图可归纳为以下三个步骤。

1）补齐缺口，得到原型。补齐视图中缺口的图线，得到切割前的原型（即初始形状）。

2）分析线面，逐块切割。找出视图中线与面的各面投影，得出切割部分的形状。

3）综合起来想整体。

【例 4-3】 由图 4-26a 所示三视图进行线面分析，并构思组合体。

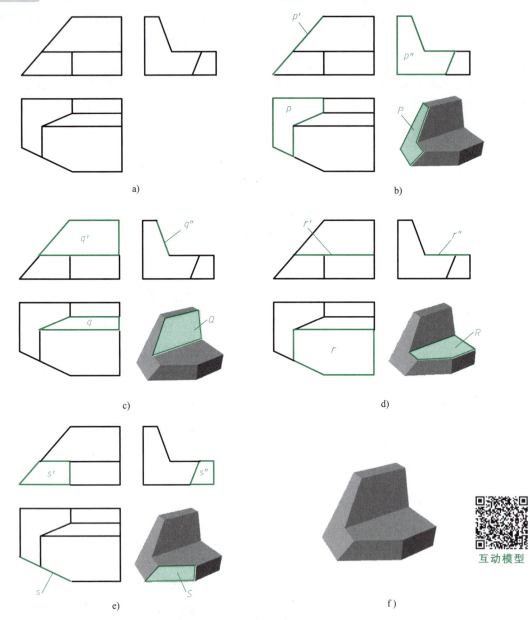

a)　　　b)

c)　　　d)

互动模型

e)　　　f)

图 4-26　线面分析法读图（一）

a）已知三视图　b）找 P 面　c）找 Q 面　d）找 R 面　e）找 S 面　f）综合起来想整体

分析： 由三视图可以看出，主视图左侧、俯视图左前、左视图右上各缺一角，补齐各角后的三个视图外形轮廓均为矩形，由此可知该组合体为一长方体经过切割而形成的，适合采用线面分析法读图。

读图步骤:

(1) 补齐缺口,得到原型 补齐三个视图缺口后,可知原型为一长方体。

(2) 分析线面,逐块切割

1) 找出截平面。由主视图中的图线 p' 找出它在其他视图中对应的面投影 p、p'',如图 4-26b 所示;由左视图中的图线 q''、r'' 找出它们在其他视图中对应的面投影 q、q' 和 r、r',如图 4-26c、d 所示;由俯视图中的图线 s 找出它在其他视图中对应的面投影 s'、s'',如图 4-26e 所示。

2) 构思截平面。根据四个截平面的投影及其相对位置,分析它们在切割过程中的不同形状:①截平面 P 是正垂面,p' 为积聚性投影,p 及 p'' 为截平面 P 的类似形;②截平面 Q 是侧垂面,q'' 为积聚性投影,q 及 q' 为截平面 Q 的类似形;③截平面 R 是水平面,r 反映截平面 R 的真实形状,r' 及 r'' 为积聚性投影;④截平面 S 是铅垂面,s 为积聚性投影,s' 及 s'' 为截平面 S 的类似形。

3) 分析交线。根据截平面的空间位置,分析它们之间形成的交线:①截平面 P 与截平面 Q 相交,其交线为一般位置直线,正面投影为积聚性投影 p' 的上段,另两视图中的投影是两条斜线;②截平面 P 与截平面 R 相交,其交线为正垂线,正面投影在积聚性投影 p' 上,另两视图中的投影是两条等长直线;③截平面 P 与截平面 S 相交,其交线为一般位置直线,正面投影为积聚性投影 p' 的下段,另两视图中的投影是两条斜线;④截平面 R 与截平面 S 相交,其交线为水平线,水平投影为积聚性投影 s 的右段,另两视图中的投影是两条类似直线。

> **提示:** 在主视图中,p' 不仅是截平面的积聚性投影,同时也是两条不同位置交线的投影。

(3) 综合起来想整体 通过上述对线与面的分析,综合起来想象出组合体形状,如图 4-26f 所示。

【例 4-4】 读图 4-27 所示主、左视图,构思组合体并补画俯视图。

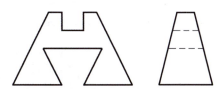

图 4-27 线面分析法读图(二)

分析: 补齐主视图和左视图视图缺口后,可知该组合体是一长方体经过逐次切割而成,如图 4-28 所示。

a)   b)   c)   d)   e)

图 4-28 原型及切割过程

111

绘图步骤：

读者自行分析作图，可扫描右侧二维码参考视频内容。

3. 组合体读图综合示例

【例 4-5】 已知如图 4-29 所示的组合体的主、俯视图，补画左视图。

分析： 由已知两视图可以看出该组合体的叠加特征明显，同时也包含部分切割特征，因此采用以形体分析法为主，线面分析法为辅的读图方法。读图和画图时应注意，每叠加一个形体，都需要分析它和已有形体的相对位置关系和表面连接关系，并在补画的左视图中反映出来。

绘图步骤：

（1）看视图，分线框　将俯视图分解为 Ⅰ~Ⅴ 五个线框，如图 4-30a 所示。

图 4-29　补画左视图

（2）对投影识形体找关系

1）由线框 Ⅰ 识形体 Ⅰ：从俯视图的线框入手，根据"三等"关系，找出线框 Ⅰ 的主视图投影，可以想象出该形体是一个对称挖切了四个圆孔的长方形底板，四周切出四个圆角，由此补画出形体 Ⅰ 的左视图，如图 4-30b 所示。

2）由线框 Ⅱ 识形体 Ⅱ：结合线框 Ⅱ 的主视图投影，可以想象形体 Ⅱ 是竖直圆柱挖切掉一个同轴阶梯孔形成的，由此补画出形体 Ⅱ 的左视图，如图 4-30c 所示。

3）由线框 Ⅲ 和 Ⅳ 识形体 Ⅲ 和 Ⅳ：形体 Ⅲ 和 Ⅳ 左右对称，形体构思思路与前相同，主视图的对应线框反映了形体 Ⅲ、Ⅳ 为两块三角形肋板，注意形体 Ⅲ、Ⅳ 和形体 Ⅱ 圆筒外表面是相交关系，由此补画的左视图如图 4-30d 所示。

4）由线框 Ⅴ 识形体 Ⅴ：俯视图表达了该形体叠加在形体 Ⅰ、Ⅱ 的正前方，对应的主视图清晰地反映出该形体是一个拱形凸台。其内部结构采用线面分析法分析可知，靠前的挖切部分为拱形凹台，上部再向后挖切出圆形通孔，如图 4-30f 所示。注意左视图中凸台外表面和形体 Ⅱ 圆筒外表面的相贯线、圆孔和形体 Ⅱ 圆筒阶梯孔的相贯线及凹台和圆孔相切关系

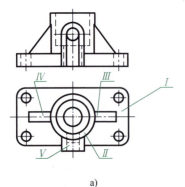

a)

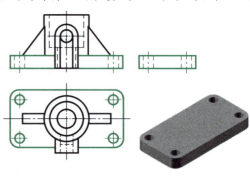

b)

图 4-30　补画三视图

a）形体分析，分线框　b）构思形体 Ⅰ，补画左视图

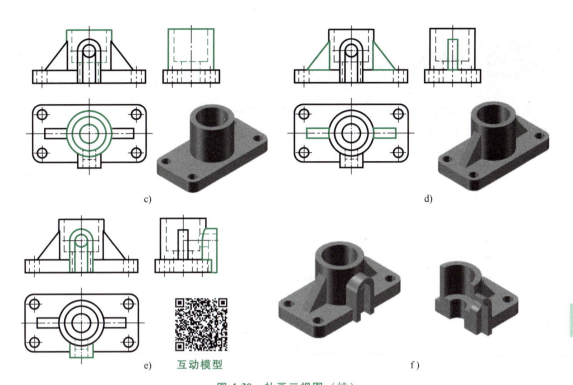

图 4-30 补画三视图（续）

c）构思形体 Ⅱ，补画左视图 d）构思形体 Ⅲ 和 Ⅳ，补画左视图

e）构思形体 Ⅴ，补画左视图 f）综合起来想整体

的正确画法。补画出的左视图如图 4-30e 所示。

（3）综合起来想整体 通过对上述线与面的分析，综合想象出该组合体的形状如图 4-30f 所示。

注意：构思组合体的空间形体时，要符合常规，即叠加组合体的各形体之间不可采用点或线连接，如图 4-31 所示，虽然构思的组合体与视图吻合，但实际上无法成型。

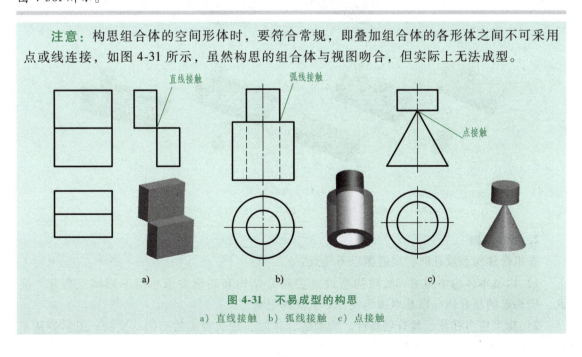

图 4-31 不易成型的构思

a）直线接触 b）弧线接触 c）点接触

第六节　组合体的构型设计

构型设计是根据已知的视图，构思出不同结构形状组合体的方法。在初步掌握了组合体画图与读图要领的基础上进行构型设计的训练，可以进一步提高空间想象能力和形体设计能力，也利于开拓创新思维，为今后的工程设计打下基础。

一、构型方法与基本原则

1. 构型方法

形体分析是将组合体看成由若干个基本立体组成的，基本体的构型在第三章中有所介绍，圆柱、圆锥、圆球、圆环可以通过拉伸或旋转的方法获得，将这些基本体通过叠加、挖切或叠加与挖切相结合的方式进行构型，从而获得复杂的组合体。叠加和挖切方式的构型思路与计算机绘制三维模型的并、差布尔运算一致，如图 4-32a、c 所示；交运算的构型思路是获得几个相交实体的共有部分，如图 4-32b 所示。

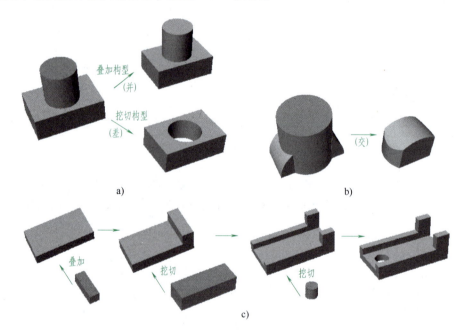

图 4-32　构型方法

a）叠加式和挖切式构型　b）交运算　c）叠加与挖切的组合式构型

2. 基本原则

在组合体构型设计时，应遵循以下几点。

1）以基本体构型为主。虽然构型设计要符合结构和功能要求，但不强调工程化。因此，所构思的组合体应以基本体为主，尽量发挥想象力。

2）构型应多样化、具有创新性。构型组合体时，对其表面的凸凹、平曲、正斜等从不同的方向、位置去思考，还应从虚、实线重影的角度进行构思，以构造出不同结构、具有创新性的形体。

3）构型应体现稳定、平衡、动、静等造型艺术法则。构型时要综合考虑力学、视觉、美学等多方面的知识（初学者可暂不考虑）。

4）构型应符合工程实际，便于成型。叠加构型时，两个立体的组合不能出现线接触和面连接的情况，如图 4-33 所示。此外，构型设计中尽量采用平面或回转面，不宜采用任意曲面。

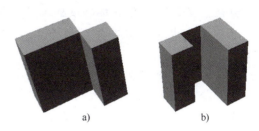

图 4-33 不能出现的叠加构型
a）两立体以线接触 b）两立体以面连接

二、构型思路

根据给定视图构型时，一般通过视图中包含的线框来想象立体的形状，可以通过一个视图来想象和构造立体的形状，再看此形状在其他基本投影面的投影与给定的视图是否吻合，若吻合，则说明构型正确；若不吻合，则需要再构型其他形状。

1. 一个视图构型

根据一个视图构型，可以想象出多个形体。

【例 4-6】 已知主视图如图 4-34a 所示，构型符合该投影的形体。

分析：主视图为一矩形，符合矩形投影的最简单的构型是长方体和圆柱，它们分别是依靠拉伸和旋转形成的（圆柱也可视为由圆拉伸而成）。在长方体和圆柱的基础上，考虑到凸凹面、平曲面、正斜面的不同，可以构思出很多形体。

综合以上分析，构型结果以 5 个立体为代表，如图 4-34b 所示。

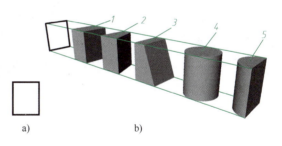

图 4-34 以基本立体为主的一个视图构型
a）已知主视图 b）构型结果

【例 4-7】 已知主视图如图 4-35a 所示，构型符合该投影的组合体。

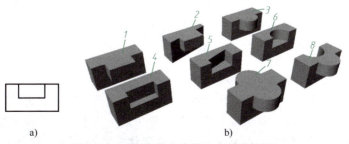

图 4-35 以组合体为主的一个视图构型
a）已知主视图 b）构型结果

分析：主视图由两个矩形线框组成，每个矩形可独立按基本体构型，结果与上例相同，可以构造出很多基本体；两个基本体再经不同方式组合，可以构造出无数个组合体。

综合以上分析，构型结果以 8 个组合体为代表，如图 4-35b 所示。可以看出，组合体可以按叠加和挖切方式构型（1~3、7、8 为叠加，4~6 为挖切），按平曲面构型（1、2、4、5 为平面，3、6~8 为曲面），按虚、实线重影构型（7、8）以及按斜面构型（2、5）。

2. 两个视图构型

根据两个视图构型时，应先根据一个视图构型，再观察构型结果是否与另一个视图吻合。因为构型受到两个视图的限制，故相对一个视图构型要复杂一些。

【例 4-8】 已知主、俯视图如图 4-36a 所示，构型符合该投影的组合体。

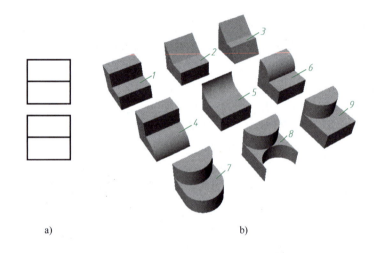

a)   b)

图 4-36　两个视图的构型
a）已知主、俯视图　b）构型结果

分析：主视图和俯视图分别由两个矩形线框组成，根据前两例的构型分析可知，分别符合主视图和俯视图的构型结果有很多，但同时符合两个视图的构型则大为减少。

构型步骤：
1）构思符合主视图投影的构型，如图 4-36b 所示，9 个构型均符合主视图。
2）筛选同时符合俯视图的构型，得到符合该投影的组合体 1、2、4、6。

3. 三个视图构型

根据三个视图构型组合体时，应注意抓大放小，即先抓大线框、大结构，想清楚大的轮廓，再关注小线框、小结构，即先整体后局部；先考虑实线表达的形体和结构，再考虑虚线表示的不可见结构；当虚线表示的孔、槽等结构形状非常明显时，还可将这些虚线暂时剔除，以免图中线条太多干扰读图和构型的思路。

【例 4-9】 已知如图 4-37a 所示的三视图，构型符合该三视图的组合体。

分析：三个视图中，俯视图只有 2 个线框，相比主视图和左视图数量要少，线框也相对简单，故以俯视图为出发点进行构型。

构型步骤：

1）以俯视图为构型出发点，将俯视图分为线框 1 和线框 2。

2）按照主视图和左视图给出的高度分别拉伸线框 1 和 2，构型出两个形体，并按照位置关系组合，如图 4-37b 所示。

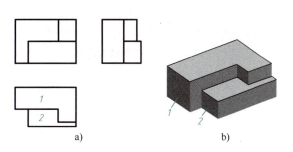

图 4-37 三视图的构型
a）已知三视图 b）拉伸构型组合体

【例 4-10】 已知如图 4-38a 所示的三视图，构型符合该三视图的组合体。

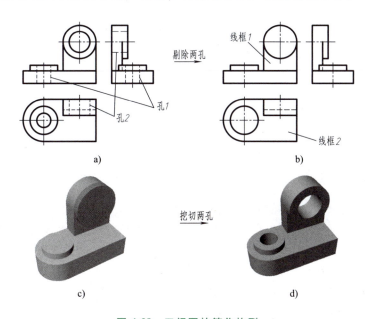

图 4-38 三视图的简化构型
a）已知三视图 b）剔除两孔后的三视图 c）叠加构型 d）最终构型

分析：在给定的三视图中，虚线表示的孔清晰、直观，所以构型时可暂时将它们剔除，这样可简化组合体，形成新的三视图，如图 4-38b 所示；观察其图形，每个视图分解为 4 个线框，主视图叠加特征突出，俯视图位置特征和形状特征明显，组合体总体结构相对简单，适合采用叠加方式构型。

构型步骤：

1）将主视图的圆及线框 1 沿前后方向分别拉伸；将俯视图的圆和线框 2 沿上下方向分别拉伸；将拉伸所得的四部分叠加，构型如图 4-38c 所示。

2）最后挖切两孔，最终所得组合体的构型如图 4-38d 所示。

【本章归纳】

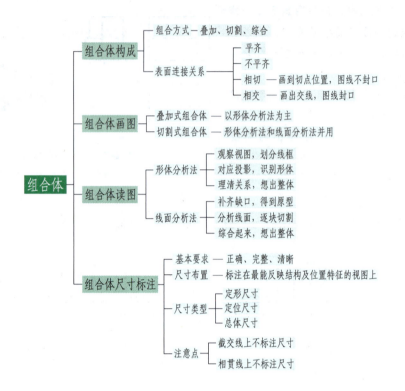

组合体
- 组合体构成
  - 组合方式—叠加、切割、综合
  - 表面连接关系
    - 平齐
    - 不平齐
    - 相切 —画到切点位置，图线不封口
    - 相交 —画出交线，图线封口
- 组合体画图
  - 叠加式组合体 —以形体分析法为主
  - 切割式组合体 —形体分析法和线面分析法并用
- 组合体读图
  - 形体分析法
    - 观察视图，划分线框
    - 对应投影，识别形体
    - 理清关系，想出整体
  - 线面分析法
    - 补齐缺口，得到原型
    - 分析线面，逐块切割
    - 综合起来，想出整体
- 组合体尺寸标注
  - 基本要求 —正确、完整、清晰
  - 尺寸布置 —标注在最能反映结构及位置特征的视图上
  - 尺寸类型
    - 定形尺寸
    - 定位尺寸
    - 总体尺寸
  - 注意点
    - 截交线上不标注尺寸
    - 相贯线上不标注尺寸

【拓展阅读】

  水运仪象台是北宋元祐年间由宰相苏颂主持、吏部官员韩公廉实施建造的大型天文仪器，如图4-39所示。它以漏刻水力为驱动，巧妙的机械装置通过水流控制得以精确地切割时间，集计时、报时、天象演示和天象观测为一体，被誉为"世界上最早的天文钟"。

  目前学界公认，水运仪象台是世界历史上最早带有擒纵器的计时器，其中，浑仪的四游仪窥管、顶部九块活动屋板和擒纵控制枢轮的"天衡"系统这三项为世界首创，在我国和世界科技史上都占有重要的地位。英国科学史学家李约瑟评价"把时钟机械和观察用浑仪结合起来，在原理上已经完全成功，比罗伯特·胡克先行了六个世纪，比方和斐先行了七个半世纪"。

  历史变迁，水运仪象台的实物早已不知所踪，值得庆幸的是，水运仪象台的设计图样通过《新仪象法要》一书得以流传至今。制造者在书中绘制了水运仪象台完整的全套设计图样，并配以文字说明，这是工业革命以前最复杂的一套工程图样，在科学史上占有重要地位，图4-39～图4-43均摘自《新仪象法要》。1953年，时任清华大学副校长的刘仙洲率先提出以《新仪象法要》为蓝本复原水运仪象台的构想。以《新仪象法要》设计图样为基础，考古学家王振铎于1958年最先复原水运仪象台模型并绘制复原详图，该复原件现存放于中国历史博物馆。如今，在苏颂的家乡福建同安又矗立起了一座1∶1复制的新水运仪象台。

图 4-39 水运仪象台

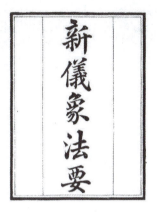

图 4-40 封面

119

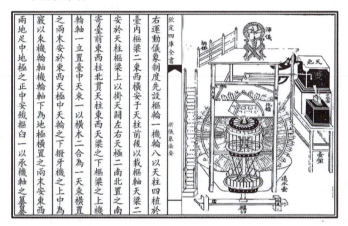

图 4-41 设计原理图和介绍

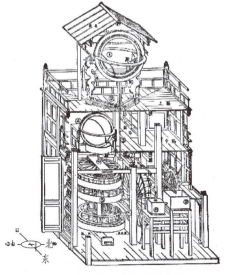

图 4-42 装配图

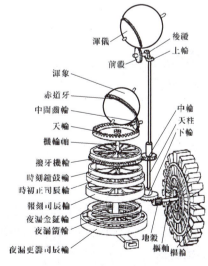

图 4-43 齿轮传动系统图

第五章 | 轴测图

轴测图是具有立体效果的单面投影图，即在一个投影面上能同时反映物体长、宽、高三个方向尺寸的投影，如图5-1所示。对比图5-2所示的三视图，显然轴测图更符合人们的视觉习惯，直观易懂，但它不能真实地反映物体的结构形状，如圆形变为椭圆、直角变为锐角或钝角等，因此，轴测图主要作为辅助图样，用于说明产品的结构及使用要求。在工程应用中，轴测图能快速表达产品的设计构思，它是设计者进行技术交流的有效手段；对于工程制图的初学者而言，绘制轴测图是提高空间想象力的有效途径之一。

本章的重点是正等轴测图的画法，难点是圆的轴测图画法。

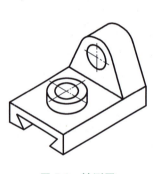

图 5-1　轴测图

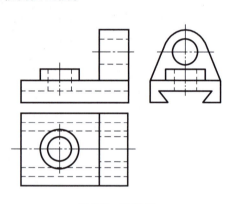

图 5-2　三视图

第一节 轴测图的基本知识

一、轴测图的基本概念（GB/T 4458.3—2013）

1. 轴测图

将物体连同其参考直角坐标系，沿不平行于任一坐标面的方向，用平行投影法将其投射在单一投影面上所得到的图形称为轴测图。图5-3所示为一四棱柱的轴测图。

2. 轴测轴

直角坐标轴在轴测图中的投影 OX_1、OY_1、OZ_1 称为轴测轴。

3. 轴间角

轴测图中两轴测轴之间的夹角 $\angle X_1O_1Y_1$、$\angle X_1O_1Z_1$、$\angle Y_1O_1Z_1$ 称为轴间角。

4. 轴向伸缩系数

轴测轴上的单位长度与相应投影轴上的单位长度的比值称为轴向伸缩系数。沿 O_1X_1、O_1Y_1、O_1Z_1 轴上的轴向伸缩系数分别用 p_1、q_1 和 r_1 表示,简化轴向伸缩系数分别用 p、q 和 r 表示。

$$p_1 = \frac{O_1A_1}{OA}, \quad q_1 = \frac{O_1B_1}{OB}, \quad r_1 = \frac{O_1C_1}{OC}$$

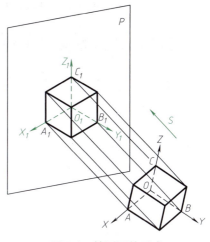

图 5-3 轴测图的形成

二、轴测图的投影特性

画轴测图时,主要根据以下特性绘制。

(1)平行特性 空间互相平行的直线,在轴测图中的投影仍平行。

> **注意:**物体上与直角坐标轴平行的直线,画轴测图时均与相应的轴测轴平行,即轴测轴确定了绘制轴测图的长、宽、高三个方向。

(2)可度量性 物体上与直角坐标轴平行的直线,其实长乘以轴向伸缩系数即为该直线的轴测投影长度。

> **注意:**物体上与直角坐标轴平行的线段,经测量后,其实长乘以轴向伸缩系数,就可在轴测图中直接画出;但与坐标轴不平行的线段,必须确定两个端点才能画出轴测投影。

三、轴测图的分类

轴测图的分类主要按以下两种方法分类。

1)按投射方向分类,可分为正轴测图(投射线与投影面垂直)和斜轴测图(投射线与投影面倾斜)。

2)按轴向伸缩系数分类,可分为等测图($p=q=r$)、二测图($p=r\neq q$)和三测图($p\neq r\neq q$)。

工程制图中常采用正等轴测图($p=q=r$,简称正等测)和斜二等轴测图($p=2q=r$,简称斜二测)。

画轴测图时,一般只画出物体的可见部分,必要时才画出其不可见部分。

第二节 正等轴测图

正等轴测图采用正投影法,使物体上的三条参考直角坐标轴与轴测投影面倾斜角度相同，且使 OZ 轴投影铅垂，得到的图形称为正等轴测图。

一、正等轴测图的轴间角和轴向伸缩系数

1. 轴间角

正等轴测图的轴间角

$$\angle X_1 O_1 Y_1 = \angle X_1 O_1 Z_1 = \angle Y_1 O_1 Z_1 = 120°$$

2. 轴向伸缩系数

正等轴测图的轴向伸缩系数

$$p_1 = q_1 = r_1 = 0.82$$

画图时，采用简化轴向伸缩系数 $p = q = r = 1$，既简化作图过程，又不影响立体效果。图 5-4 所示为采用两种轴向伸缩系数作图的图形效果。

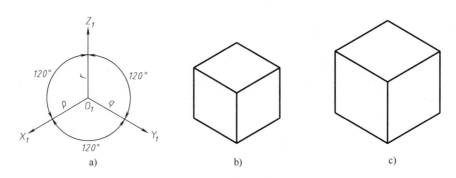

图 5-4　正等轴测图

a）基本参数　b）$p_1 = q_1 = r_1 = 0.82$　c）$p = q = r = 1$

二、基本体正等轴测图的画法

1. 平面立体的画法

画平面立体的轴测图一般采用坐标法，即度量出平面立体各顶点的坐标，分别画出它们的轴测投影，再依次连接各顶点投影，完成平面立体的轴测图。

坐标法作图应选择合适的原点和坐标轴。通常选取物体的中点或顶点为原点，选取物体的对称中心线、轴线或主要轮廓线为坐标轴。

【例 5-1】　根据如图 5-5a 所示的两视图，绘制其正等轴测图。

分析：由两视图可知该立体是正六棱柱，以顶面正六边形中心 O 作为原点，以正六边形的对称中心线分别作为 OX、OY 坐标轴，OZ 轴沿原点垂直向下，如图 5-5a 所示。

绘图步骤：

1）画轴测轴 $O_1 X_1$、$O_1 Y_1$、$O_1 Z_1$，度量作出 1_1、4_1、m_1、n_1 四点投影，如图 5-5b 所示。

2）根据平行特性分别过 m_1、n_1 作 $O_1 X_1$ 轴的平行线，再度量作出 2_1、3_1、5_1、6_1 四点

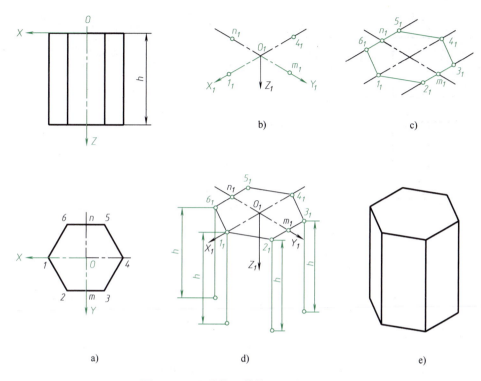

图 5-5　正六棱柱正等轴测图的绘图过程
a）两视图　b）画轴测轴及轴上取点　c）顶面取点　d）确定高度　e）完成轴测图

投影，依次连接各顶点投影，如图 5-5c 所示。

3）分别过顶点投影 6_1、1_1、2_1、3_1 向下作 O_1Z_1 轴的平行线，并截取相同高度 h，如图 5-5d 所示。

4）连接底面四个端点投影，擦除多余图线，描粗可见轮廓线，完成题目要求，如图 5-5e 所示。

2. 切割立体的画法

画切割立体的轴测图一般采用切割法，即先用坐标法画出完整基本体的正等轴测图，再用切割法逐步切除各部分。

【例 5-2】　根据如图 5-6a 所示的三视图，绘制其正等轴测图。

分析：由三视图可知，该立体是由四棱柱（长方体）切去两个三棱柱而形成的。以底面的后、右顶点作为坐标原点，以三条棱线作为坐标轴，如图 5-6a 所示。

绘图步骤：

1）画轴测轴 O_1X_1、O_1Y_1、O_1Z_1，并画出四棱柱正等测图，如图 5-6b 所示。

2）根据尺寸 a、b，在长方体左上角用正垂面切去一个三棱柱，如图 5-6c 所示。

3）根据尺寸 c、d，在长方体左前角用铅垂面切去一个三棱柱，如图 5-6d 所示。

4）擦除多余图线，描粗可见轮廓线，完成题目要求，如图 5-6e 所示。

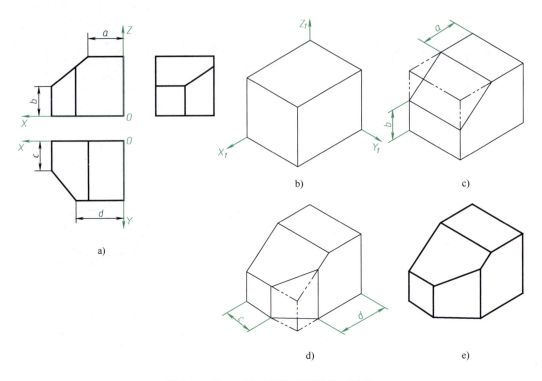

图 5-6 切割立体正等轴测图的绘图过程

a）三视图 b）四棱柱的轴测图 c）切左上角三棱柱 d）切左前角三棱柱 e）完成轴测图

3. 回转体的画法

回转体上的圆若位于或平行于某个直角坐标面时，则在正等测图中的投影均为椭圆。而圆平行的坐标平面不同，画出的椭圆长、短轴方向也随之改变，如图 5-7 所示。

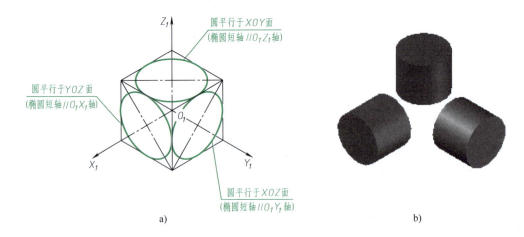

图 5-7 回转体的正等轴测图

a）圆的正等轴测图 b）实物效果图

正等轴测图的椭圆常采用近似画法绘制，下面结合例题介绍"四心法"画椭圆的方法。

【例 5-3】 对如图 5-8a 所示的圆绘制正等轴测图。

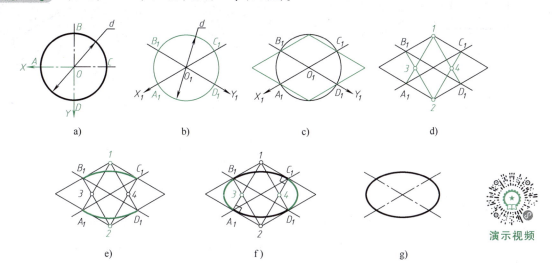

图 5-8 "四心法"画椭圆的过程

a）题目 b）画轴测轴 c）画菱形 d）画连线确定圆心
e）画大圆弧 f）画小圆弧 g）完成题目要求

分析：因已知圆位于水平面即 XOY 坐标面内，故画椭圆只需画出两条相应的轴测轴。

绘图步骤：

1）在圆上标出四个象限点的位置 A、B、C、D，如图 5-8a 所示。

2）画轴测轴 O_1X_1、O_1Y_1 及圆，得四个象限点的轴测投影 A_1、B_1、C_1、D_1，如图 5-8b 所示。

3）过 A_1、C_1 作 O_1Y_1 轴的平行线，过 B_1、D_1 作 O_1X_1 轴的平行线，得一菱形，如图 5-8c 所示。

4）分别由 A_1、B_1、C_1、D_1 向菱形顶点作连线，得四个圆心点 1、2、3、4，如图 5-8d 所示。

5）分别以 1、2 为圆心，以 $1A_1$ 为半径画大圆弧，如图 5-8e 所示。

6）分别以 3、4 为圆心，以 $3A_1$ 为半径画小圆弧，如图 5-8f 所示。

7）擦除多余图线，描粗加深，完成题目要求，如图 5-8g 所示。

说明：图 5-8d 中的圆心 1、2 也是 ϕd 圆与轴测轴 O_1Z_1 的交点，而连线 $1A_1$ 和 $2C_1$ 分别垂直于菱形的两条边。正平圆的正等轴测椭圆的画法请扫描二维码查看视频学习。请读者自行画出侧平圆的正等轴测椭圆。

演示视频

【例 5-4】 根据如图 5-9a 所示的两视图，绘制立体的正等轴测图。

分析：两视图所表达的是截切圆柱。以圆柱顶面作为 XOY 坐标面，以顶面圆心作为坐标原点，先绘制完整圆柱，再画出截切部分。

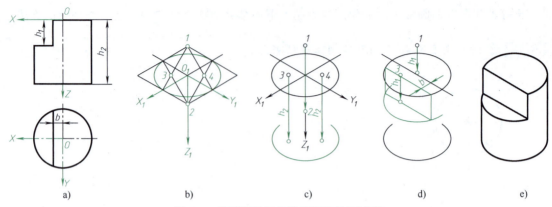

图 5-9　截切圆柱正等轴测图的绘图过程

a）题目　b）画顶面椭圆　c）画底面椭圆弧　d）画圆柱截切部分　e）画公切线，完成轴测图

绘图步骤：

1）作出轴测轴，再根据例 5-3 的"四心法"绘制顶面椭圆，如图 5-9b 所示。

2）将顶面圆心 1、3、4 沿 O_1Z_1 轴下移 h_2 距离，以三个新的圆心分别画出底面的三段椭圆弧，如图 5-9c 所示。

3）将顶面圆心 1、3 沿 O_1Z_1 轴下移 h_1 距离，以两个新的圆心分别画出截切处的两段椭圆弧；然后在顶面截取切口尺寸 b，画出矩形截面，如图 5-9d 所示。

4）画出椭圆弧两侧的公切线，擦除多余图线，描粗可见轮廓线，如图 5-8e 所示。

4. 带圆角底板的画法

底板上的圆角即为 1/4 圆柱体，因此在绘制轴测图时，只要绘制 1/4 椭圆即可。

【例 5-5】 根据如图 5-10a 所示底板的两视图，绘制其正等轴测图。

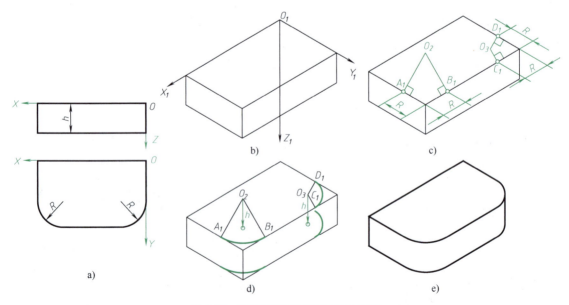

图 5-10　底板正等轴测图的绘图过程

a）题目　b）画长方体的轴测图　c）确定圆心　d）画圆角　e）完成轴测图

　　分析：选择底板顶面的后、右端点作为坐标原点，以三条棱线作为坐标轴，如图 5-10a 所示。

　　绘图步骤：

　　1）作出轴测轴，绘制长方体的轴测图，如图 5-10b 所示。

　　2）用圆角半径确定四个切点 A_1、B_1、C_1、D_1，过切点作相应边的垂线（参照"四心法"的作图说明），两垂线的交点 O_2、O_3 即为椭圆弧的圆心，如图 5-10c 所示。

　　3）分别以 O_2、O_3 为圆心、以 O_2A_1、O_3C_1 为半径画大、小圆弧，然后将圆心 O_2、O_3 向下平移底板厚度 h，再分别画大、小圆弧，如图 5-10d 所示。

　　4）画出圆弧的公切线，擦除多余图线，描粗轮廓线，完成正等轴测图，如图 5-10e 所示。

三、组合体正等轴测图的画法

　　画组合体轴测图时，首先应对组合体进行形体分析，然后根据组合体的组合形式，采用坐标法、切割法或叠加法等方法画出轴测图。

　　【例 5-6】 根据如图 5-11a 所示的组合体三视图，绘制其正等轴测图。

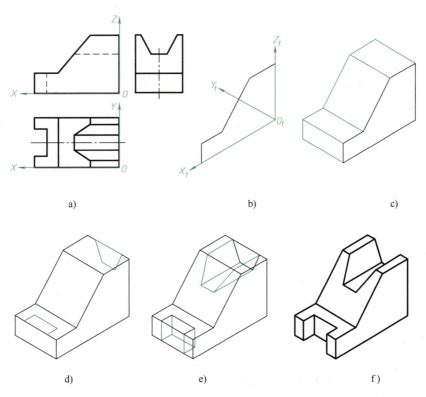

a)　　　　　　　　　　　　b)　　　　　　　　　　　　c)

d)　　　　　　　　　　　　e)　　　　　　　　　　　　f)

图 5-11　切割式组合体正等轴测图的绘图过程

a）题目　b）画主视图外形轮廓的轴测图　c）画基础形体的轴测图　d）画矩形和等腰梯形的轴测图

e）画矩形槽和梯形槽的轴测图　f）完成轴测图

127

分析：已知三视图所表达的是切割式组合体，切掉部分的真实形状分别反映在三个视图中，因此，绘制轴测图时，需要在组合体不同的表面上来表达切割体的形状特征。由于轴测图只需画出可见线，因此在画图过程中，尽量以形体的可见面为基础面向另一方向延伸，以简化绘图过程。

绘图步骤：

1）选择组合体的前表面作为 XOZ 坐标面，作出轴测轴，画出主视图外形轮廓的轴测图，如图 5-11b 所示。

2）将前表面沿 O_1Y_1 轴方向平移组合体的总宽度，完成基础形体的轴测图，如图 5-11c 所示。

3）分别在左侧平台上端面和基础形体的右侧面上，根据尺寸度量画出矩形和等腰梯形的轴测图，如图 5-11d 所示。

4）将矩形沿 O_1Z_1 轴向下平移到底部作出矩形槽的轴测图，根据梯形槽底部的尺寸度量作出斜面上的轴测投影，连线完成梯形槽的轴测图，如图 5-11e 所示。

5）擦除多余图线，描粗可见轮廓线，完成正等轴测图，如图 5-11f 所示。

【例 5-7】 根据如图 5-12a 所示的组合体两视图，绘制其正等轴测图。

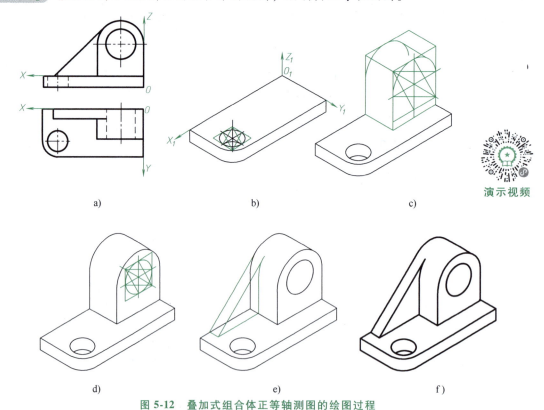

演示视频

图 5-12 叠加式组合体正等轴测图的绘图过程

a）题目　b）画轴测轴和底板　c）画 U 形柱外形　d）画 U 形柱通孔　e）画肋板　f）整理完成轴测图

分析：图 5-12a 所示两视图所表达的是叠加式组合体，它由底板、U 形柱和肋板三部分组成。因此画轴测图时应先画出底板，再画 U 形柱，最后画肋板。

绘图步骤：

1）确定坐标轴，画底板。以底板上表面作为 XOY 坐标面，作出轴测轴，测量出底板长度和宽度，沿 O_1X_1 轴和 O_1Y_1 轴方向画出底板矩形轮廓；测量出底板高度，沿 O_1Z_1 轴负方向画出底板长方体外形；参照例 5-5 的方法，根据圆角半径画出底板圆角；根据底板通孔直径，采用"四心法"画出底板通孔上表面椭圆，再画出通孔底部露出部分的椭圆，如图 5-12b 所示。

2）画 U 形柱外形。测量出 U 形柱半圆拱形的定位高度和半径，确定出 U 形柱基体长方形的长度、宽度和高度，沿三条轴测轴的方向绘制长方体。在长方体前表面沿 O_1X_1 轴和 O_1Z_1 轴方向确定圆心位置并绘制中心线，画出轴测椭圆外切菱形，以"四心法"绘制半个轴测椭圆。将圆心沿 O_1Y_1 轴方向移动 U 形柱的厚度，重复绘制半个轴测椭圆。最后画出前、后两段椭圆弧的公切线。为了图形清晰，适当擦掉不可见图线，如图 5-12c 所示。

3）画 U 形柱通孔。测量出 U 形柱通孔的直径，在 U 形柱前表面以"四心法"绘制通孔轴测椭圆，如图 5-12d 所示。

4）画肋板。测量肋板底部矩形的长度和宽度，在底板上表面沿 O_1X_1 轴和 O_1Y_1 轴方向绘制肋板底部轴测投影，从该轴测投影左后端点作出 U 形柱后表面椭圆弧的切线，再平移肋板后表面形状画出肋板前表面的轴测投影如图 5-12e 所示。

5）擦除多余作图线，描粗轮廓线，完成正等轴测图，如图 5-13f 所示。

第三节　斜二等轴测图

一、斜二等轴测图的形成

斜二等轴测图是采用斜投影法，将物体上的参考直角坐标面 XOZ 平行于轴测投影面，OZ 轴铅垂放置，投射方向使轴间角 $X_1O_1Z_1$ 为 90°，其他两个轴间角均为 135°，从而得到的图形称为斜二等轴测图，简称斜二测，如图 5-13 所示。

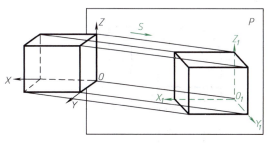

图 5-13　斜二等轴测图的形成

二、斜二等轴测图的轴间角和轴向伸缩系数

1. 轴间角

斜二等轴测图的轴间角

$$\angle X_1O_1Y_1 = 90°, \quad \angle X_1O_1Z_1 = \angle_1YO_1Z_1 = 135°$$

2. 轴向伸缩系数

工程上，常用简化轴向伸缩系数，即 $p = r = 1$，$q = 0.5$，如图 5-14 所示。

三、圆的斜二等轴测图的画法

绘制斜二等轴测图时，凡平行于 XOZ 坐标面的图形，其斜二等轴测投影均能反映实形，因此当物体上仅有一个方向存在圆或曲线结构时，常用斜二等轴测图来表达，使作图更为简便。不同坐标面上圆的斜二等轴测图如图 5-15 所示。平行于 XOZ 坐标面的圆的斜二等轴测图仍为相同半径的圆，平行于 XOY 平面和 YOZ 平面的圆的斜二等轴测图为椭圆。

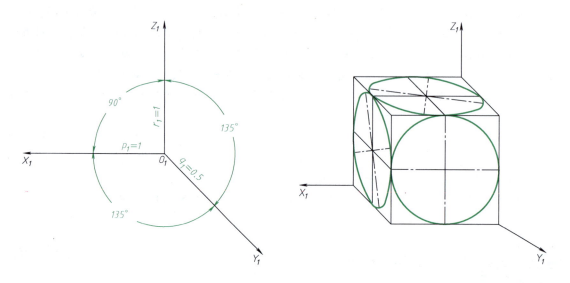

图 5-14　斜二等轴测图的轴间角和轴向伸缩系数　　图 5-15　不同坐标面上圆的斜二等轴测图

四、组合体的斜二等轴测图的画法

【例 5-8】　根据如图 5-16a 所示的组合体三视图，绘制其斜二等轴测图。

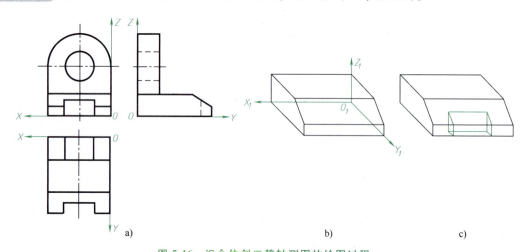

图 5-16　组合体斜二等轴测图的绘图过程

a) 题目　b) 确定轴测轴，画底板基体　c) 画底板通槽

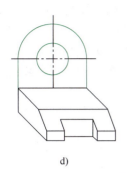
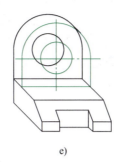

d)   e)   f)

图 5-16 组合体斜二等轴测图的绘图过程（续）

d）画 U 形立板后表面实体 e）完成 U 形立板 f）完成斜二等轴测图

分析：图 5-16a 所示组合体由底板和 U 形立板两部分叠加构成，底板可视为按切割方式形成，因此其轴测图也可按切割方式绘制。为使 U 形立板轴测投影作图简便且能反映实形，可选择立板后表面为 XOZ 坐标面。画图过程可及时擦除不可见轮廓线，便于保持图形清晰。

绘图步骤：

1）确定坐标轴，画底板基体。以底板后表面为 XOZ 坐标面、右端面为 YOZ 坐标面，作出轴测轴。底板基体可视为一个五棱柱，由底板左视图测量出五边形尺寸，沿 O_1Y_1 轴方向（缩短一半）和 O_1Z_1 轴方向绘制底板侧面五边形的轴测投影；根据底板长度沿 O_1X_1 轴方向绘制五棱柱侧棱，连接位于左侧的棱柱各端点完成底板基体五棱柱的轴测投影，如图 5-16b 所示。

2）画底板通槽。测量通槽底部矩形的长度和宽度，在五棱柱最前表面的底部中点沿 O_1X_1 轴方向（对称画出）和 O_1Y_1 轴方向（缩短一半）完成矩形轴测投影的绘制；通槽上下贯通挖切，故绘制 O_1Z_1 轴的平行线与五棱柱前表面的侧棱相交即可确定通槽切块的前表面；测量通槽后表面尺寸，沿 O_1X_1 轴方向和 O_1Z_1 轴方向绘制通槽后表面反映实形的投影矩形；连接通槽前、后表面上端点完成通槽与斜面的交线，如图 5-16c 所示。

3）画 U 形后表面实形。测量圆心的定位高度，沿 O_1Z_1 轴方向确定圆心并画出圆的中心线，以半圆拱形和通孔圆的实际尺寸完成通孔圆和外形半圆的绘制，补齐左、右两条轮廓直线，如图 5-16d 所示。

4）完成 U 形立板。测量立板厚度，沿 O_1Y_1 轴方向（缩短一半）画出立板前表面圆的中心线，重复画出 U 形立板前表面的实形，最后画出右上端两个圆弧的公切线，如图 5-16e 所示。

5）擦除多余图线，描粗轮廓线，完成斜二等轴测图，如图 5-16f 所示。

第四节 轴测图的相关问题

一、轴测图的选择方案

工程上常用正等轴测图和斜二等轴测图两种轴测图，两者各有利弊。就作图简便而言，

131

正等轴测图的轴向伸缩系数简化为 1，且椭圆的近似画法较斜二等轴测图简单，故当需要表达的物体有两个方向以上的圆或圆弧结构时，选择正等轴测图来绘图较为方便，如图 5-17 所示。斜二等轴测图有一个平面的投影能反映圆和圆弧的实形，但另两面的圆或圆弧投影为椭圆，其椭圆的画法较为复杂，故当要表达的物体上仅有一个方向的圆和圆弧结构时，选择斜二等轴测图来绘图较为方便，如图 5-18 所示。

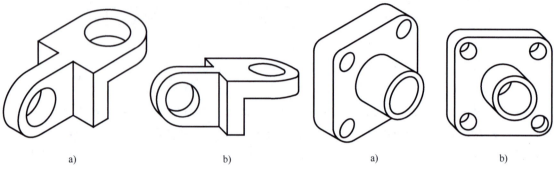

图 5-17　有不同方向圆和圆弧结构的物体的轴测图

a）正等轴测图　b）斜二等轴测图

图 5-18　仅有一个方向的圆和圆弧

结构的物体的轴测图

a）正等轴测图　b）斜二等轴测图

二、轴测剖视图

剖视图的画法及相关规定将在第六章介绍。轴测剖视图剖面线的方向按规定画法绘制，正等轴测图剖面线如图 5-19a 所示，斜二等轴测图剖面线如图 5-19b 所示。

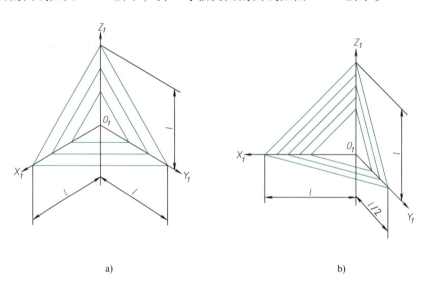

图 5-19　轴测图剖面线的规定画法

a）正等轴测图剖面线　b）斜二等轴测图剖面线

正等轴测图剖视图如图 5-20a 所示，斜二等轴测图剖视图如图 5-20b 所示。

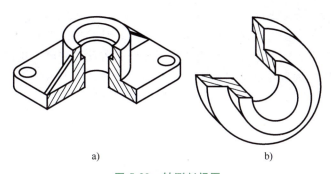

图 5-20　轴测剖视图

a）正等轴测图剖视图　b）斜二等轴测图剖视图

三、轴测装配图

在轴测装配图中，可将剖面线画成方向相反或不同间隔来区别相邻的零件，如图 5-21 所示。

四、轴测图中的断裂画法

表示零件中间折断或局部断裂时，断裂处的边界线应画细波浪线，并在可见断裂面内加画细点以代替剖面线，如图 5-22 所示。

133

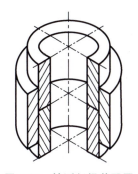

图 5-21　轴测剖视装配图

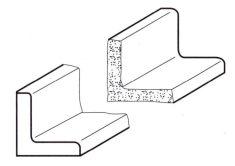

图 5-22　轴测图中的断裂画法

五、徒手勾画轴测图

在产品设计构思阶段或在生产现场快速记录零件时，徒手勾画轴测图是重要且实用的方法，也是作为工程技术人员必须掌握的基本技能。

1. 徒手画轴测轴

画正等轴测轴时，尽量使三条轴线的夹角接近 120°，先画竖直的 O_1Z_1 轴，再画 O_1X_1 轴和 O_1Y_1 轴（二者与水平线夹角近 30°）。画斜二等轴测轴时，先画竖直的 O_1Z_1 轴和水平 O_1X_1 轴，再画 O_1Y_1 轴（二者与水平线夹角近 45°）。

2. 徒手画圆的正等轴测图

圆的正等轴测图是椭圆，因圆位于不同投影面时，轴测椭圆的长、短轴方向不同，根据前述内容，椭圆的短轴方向是平面投影圆的第三方向，因此，先画出椭圆的短轴，再画出与之垂直的长轴，椭圆的大致轮廓即可确定。

【本章归纳】

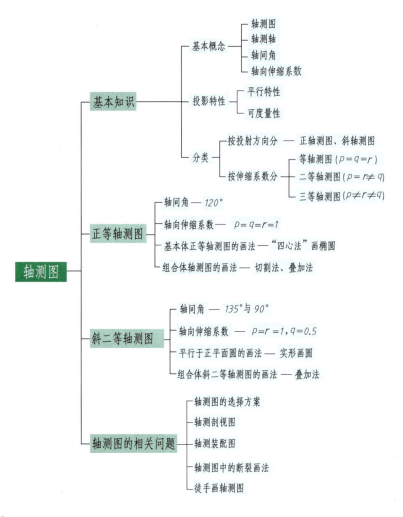

【拓展阅读】

轴测图与透视图是两种广泛采用的立体图。

轴测图的形成采用平行投影法，因此，轴测图符合平行投影法的投影特点，物体的投影形状和大小与距离观察点的远近无关。

透视图的形成则采用中心投影法。如图 5-23 所示，假定在人与物体之间设立一个透明的平面作为投影面，人眼的位置称为视点（即投射中心）。由视点至物体上各个点的连线称为视线（即投射线），各视线与投影面的交点即为物体上各点的透视投影，连接各点的投影即可得到物体的透视图。

与平行投影法不同的是，在中心投影法中，当投射中心和投影面距离一定时，物体距离投射中心越近，它所产生的投影越大，反之投影越小，这就造成了透视图中"近大远小"的现象。透视图的这种特点与我们日常生活中用眼睛观察世界的感觉是一致的，同样大小的物体，离得越近看起来越大，离得越远看起来越小，所谓"一叶障目，不见森林"也是如此。

透视图常用来绘制建筑物或室内环境设计的效果图等，图 5-24 就是采用透视图呈现的橱柜效果图。

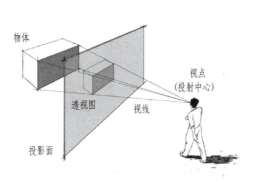

图 5-23　透视图的形成　　　　　　　图 5-24　橱柜效果图

轴测图与透视图并不是现代的发明，中国古代就有这两种图的应用了。出版于北宋元祐年间的《新仪象法要》（公元 1096 年）中采用透视图绘制了水运仪象台的整体效果图，如图 5-25 所示；元代农学家、机械设计制造家、木活字创造者王祯在他的《农书》（公元 1313 年）中采用轴测图直观地表达了农业机械的结构，如图 5-26 所示。

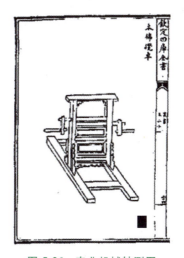

图 5-25　水运仪象台透视图　　　　　　图 5-26　农业机械轴测图

第六章 机件的表达方法

在生产实际中，机器零件的形状和结构是多种多样的，对于复杂的机件，仅用三视图难以将它们表达清楚。本章以机件为研究对象，介绍《技术制图》和《机械制图》国家标准中的各种规定画法。由于规定画法各有其概念、适用情形和作图要点，读者在学习过程中，一方面可以试着用列表的方式进行综合比较，对它们的异同加深理解；另一方面可以多接触机件（或模型），练习从不同的角度拟订几个表达方案，进行对比、分析，最终确定机件的最佳表达方案，这也是一种很好的练习方法。

本章的重点是视图、剖视图、断面图、简化画法、其他规定画法等，难点是剖视图和断面图。

第一节 视图

视图通常用来表达机件的外部结构和形状，一般只画出机件的可见部分，必要时才用细虚线画出其不可见部分。

视图的种类有基本视图、向视图、局部视图和斜视图。

一、基本视图

为了表达机件上、下、左、右、前、后六个基本方向的结构形状，可在原来 V、H、W 三个投影面的基础上，对应地增设三个投影面，组成一个正六面体，正六面体的六个面称为基本投影面，将机件向基本投影面投射所得的视图称为基本视图。六个基本视图的名称及展开方式如图 6-1 所示。在同一张图样内，基本视图按如图 6-2 所示的位置配置时，可不标注视图的名称。

绘制六个基本视图时应注意以下三点。

1）投影对应关系应符合"三等"规律，即主、俯、仰、后视图"长对正"，主、左、右、后视图"高平齐"，左、右、俯、仰视图"宽相等"。

2）位置对应关系应注意前后方向，在左、右、俯、仰视图中，远离主视图的一侧代表机件前方，靠近主视图的一侧代表机件后方。

3）实际进行绘图时，应根据机件的形状和结构特点，按需选择视图，在完整、清晰地表达机件形状的前提下，使视图数量最少。一般优先选用主、俯、左三个基本视图。

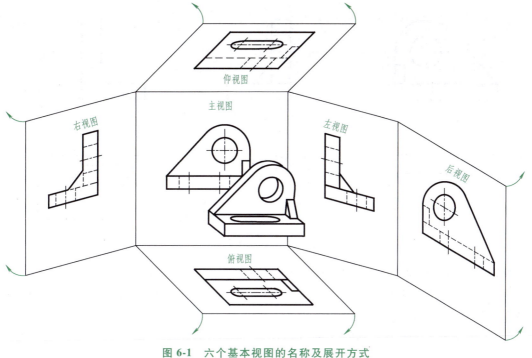

图 6-1　六个基本视图的名称及展开方式

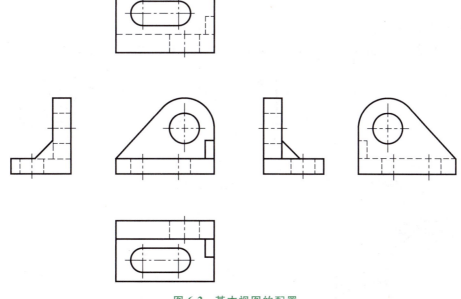

图 6-2　基本视图的配置

137

二、向视图

　　向视图是可自由配置的视图。在设计过程中，当机件的六个基本视图不能按规定配置或不能画在同一张图样中时，则采用向视图表达，同时在向视图上进行标注，如图 6-3 所示。

图 6-3　向视图的配置

标注向视图时应注意以下两点。

1）向视图的上方用大写拉丁字母"×"标注该向视图的名称，同时，在相应的视图附近用箭头指明投射方向，并标注相同的字母。

2）如果配置多个视图，则应按 A、B、C、…的顺序注写大写拉丁字母。

三、局部视图

局部视图是将机件的某一部分结构向基本投影面投射所得的视图，主要用于表达机件的局部外形。局部视图可以按基本视图的形式配置，也可按向视图的形式配置，如图 6-4 所示。

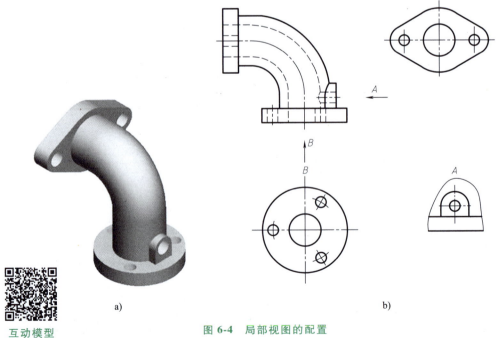

互动模型

图 6-4　局部视图的配置

a）机件　b）主视图及局部视图

配置局部视图时应注意以下四点。

1）按基本视图的形式配置时，在中间无其他图形隔开时，可省略标注，如图 6-4b 中无标注的局部视图。

2）按向视图的形式配置时，局部视图应按向视图的要求进行标注，如图 6-4b 中的 *A* 向和 *B* 向局部视图。

3）局部视图可用来表达机件分离出来的部分结构，分离边界通常用波浪线或双折线来绘制，但波浪线不能超出机件的轮廓线，也不能穿空而过，如图 6-4b 中的 *A* 向局部视图。

4）当局部结构是完整的，且外形轮廓线封闭时，波浪线或双折线可省略不画，如图 6-4b 中的 *B* 向局部视图和无标注的局部视图。

四、斜视图

斜视图是将机件向不平行于基本投影面的平面投射所得的视图，主要用于表达机件上倾斜结构的实形。例如，对图 6-5a 所示的机件，如果采用图 6-5b 所示的基本视图来表达，则

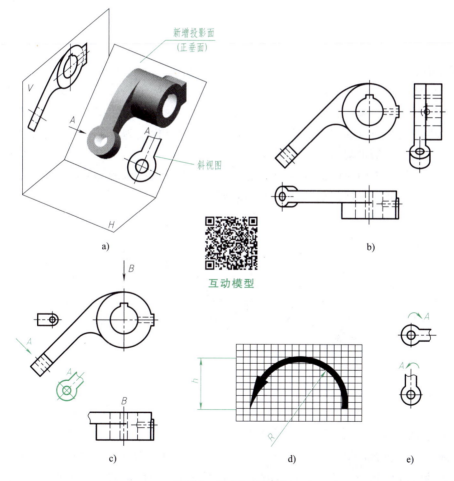

互动模型

图 6-5　斜视图的配置

a）斜视图的形成　b）基本视图表达机件　c）斜视图及其标注　d）旋转符号　e）斜视图的旋转配置形式

139

机件上的倾斜结构在俯视图和左视图中均未能显示实形；若新增一个与倾斜结构平行且与正面垂直的投影面，将倾斜结构向新增投影面投射，就可得到能反映倾斜结构实形的视图，即图 6-5c 所示的 A 向斜视图，该视图仅表达机件的一部分，故用波浪线将其断开。

配置斜视图时应注意以下三点。

1）斜视图通常按向视图的形式配置并标注，字母始终为水平位置。

2）必要时，允许将斜视图旋转配置。表示斜视图名称的字母应靠近旋转符号的箭头端，旋转符号如图 6-5d 所示（h 为字体高度，$R=h$，符号笔画宽度为字高的 1/10 或 1/14），箭头指向应与斜视图旋转的实际方向一致，沿顺时针或逆时针方向均可。斜视图的旋转配置形式如图 6-5e 所示。

3）当斜视图表达的局部结构是完整的，且外形轮廓线封闭时，波浪线可省略不画。

第二节　剖视图

一、剖视图表示法

1. 基本概念

假想用剖切面剖开机件，将处在剖切面和观察者之间的部分移去，将剩余部分向投影面投影所得的图形称为剖视图，简称剖视。国家标准要求尽量避免使用细虚线表达机件的轮廓及棱线，采用剖视图的目的就是将机件上原来看不见的结构变为可见，并以粗实线表示，这样使看图和标注尺寸都更加清晰、方便。

剖切机件的假想平面或曲面称为剖切面，剖切面与机件接触的部分称为断面，一般采用剖面符号填充该区域。剖视图的形成如图 6-6 所示。

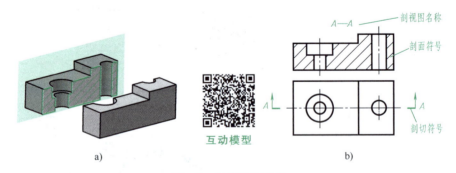

a)　　　　　　　　　　　　　　　　　　b)

图 6-6　剖视图的形成

a）剖切机件　b）剖视图的基本概念

2. 剖视图的画法

（1）确定剖切面的位置　通常用平面（或柱面）作为剖切面，一般应通过机件内部孔、槽等结构的轴线或机件的对称面，且使其平行于相应的基本投影面，以使这些结构的投影反映实形。

（2）画剖视图 用粗实线画出剖切到的孔、槽等结构的轮廓线，并将机件的可见轮廓线全部画出，如图 6-6b 所示的主视图。

（3）画剖面符号 在断面区域画出剖面符号。国家标准规定了常用的剖面符号，见表 6-1。当不需表示材料类别时，可采用通用剖面线表示剖面区域；通用剖面线用互相平行的细实线绘制，且与主要轮廓线或剖面区域的对称线成 45°，间距应根据剖面区域大小来确定。

表 6-1 常用的剖面符号

材料		剖面符号	材料	剖面符号
金属材料(已有规定剖面符号者除外)			木质胶合板(不分层数)	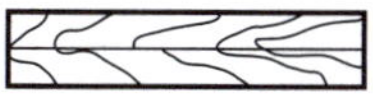
线圈绕组元件			基础周围的泥土	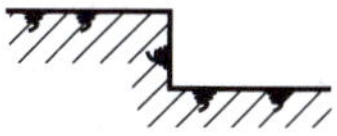
转子、电枢、变压器和电抗器等的叠钢片			混凝土	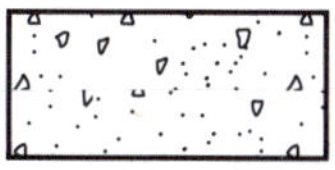
非金属材料(已有规定剖面符号者除外)			钢筋混凝土	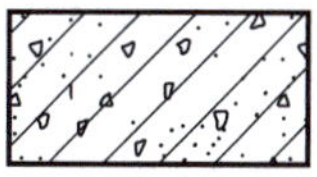
型砂、填砂、粉末冶金、砂轮、陶瓷刀片、硬质合金刀片等			砖	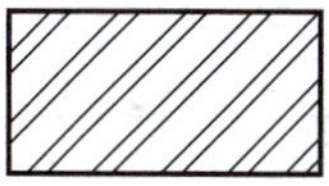
玻璃及供观察用的其他透明材料			格网(筛网、过滤网等)	
木材	纵断面	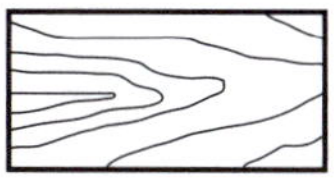	液体	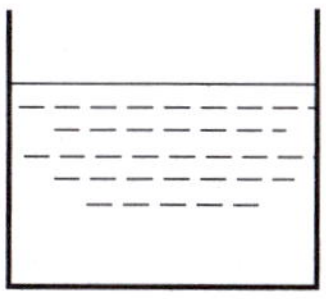
	横断面			

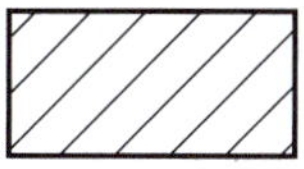

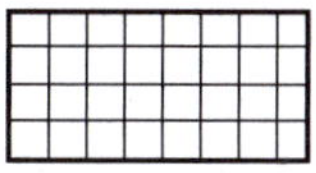

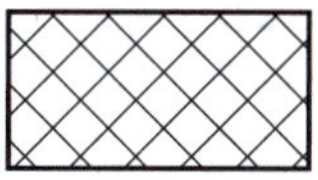

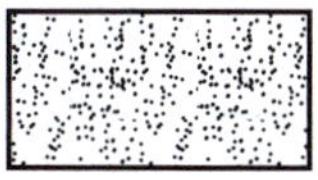

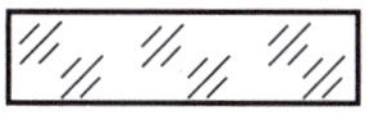

注：剖面符号仅表示材料的类型，材料的名称和代号另行注明。

画剖视图时应注意以下四点。

1）剖视图是假想将机件剖切后画出的视图，其他没有剖切的视图仍按完整的机件绘制。

2）剖视图中的不可见轮廓线一般在其他视图中已表达清楚，故可省略不画；只有尚未表达清楚的结构才用细虚线画出。

3）在剖切面后方的可见轮廓线应全部画出，不能遗漏，如图 6-7 所示。初学者容易漏画这些图线，必须引起重视。

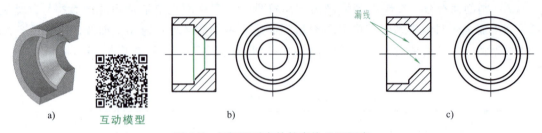

a）　互动模型　　　　　　　　　b）　　　　　　　　　　　　　c）

图 6-7　剖切面后方的轮廓线必须画出

a）剖切后的机件　b）正确画法　c）错误画法

4）同一机件采用几个剖视图表达时，所有剖面线应一致（间距相等、方向相同），如图 6-8 所示；当某个剖视图的主要轮廓线为 45°时，该图的剖面线应画成 30°或 60°，如图 6-9 所示。

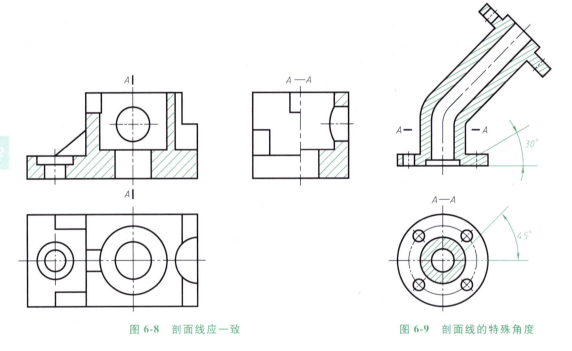

图 6-8　剖面线应一致　　　　　　　　　**图 6-9　剖面线的特殊角度**

3. 剖视图的标注

（1）画剖切符号　剖切面起、讫和转折位置用粗短画（线宽为 d，长度约为 $6d$）或剖切线（即表示剖切面位置的细点画线）表示，投射方向用箭头表示，如图 6-6b 所示。

（2）注写名称　在剖视图的上方用大写拉丁字母标出剖视图的名称"×—×"，在剖切符号附近标注同样的字母"×"，如图 6-6b 所示。

标注剖视图时应注意以下两点。

1）当剖视图按投影关系配置，且与相应视图之间无其他图形隔开时，可省略箭头标注。例如，图 6-8、图 6-9 中的标注省略了箭头。

2）当单一剖切面通过机件的对称面或基本对称面，且剖视图按投影关系配置，与相应视图之间无其他图形隔开时，可省略标注。例如，图 6-6b、图 6-7b 中的所有标注均可省略。

二、剖视图的种类

根据剖切范围的不同，剖视图可分为全剖视图、半剖视图和局部剖视图。

1. 全剖视图

（1）定义　用剖切面将机件完全剖开所得的剖视图称为全剖视图，如图 6-10 所示。

（2）应用　全剖视图用于表达外形比较简单、内部结构比较复杂，且对于投射方向不对称的机件。图 6-10a 所示的机件外形结构简单，而空腔结构较复杂，并且前后对称而上下和左右均不对称，故适合采用全剖的主视图表达空腔结构，相应结构的形状用俯视图来表达清楚。

（3）标注　全剖视图的标注要求同前。图 6-10b 所示的剖视图满足省略标注条件，省略标注。

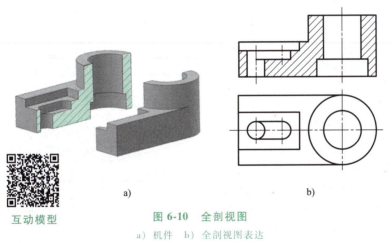

互动模型

图 6-10　全剖视图

a）机件　b）全剖视图表达

2. 半剖视图

（1）定义　当机件具有对称平面时，向垂直于对称平面的投影面上投射所得的图形，并以对称中心由半个视图反映机件的外部形状，半个剖视图表示内部形状，所得图形，称为半剖视图，如图 6-11 所示。

（2）应用　当机件的内、外形状均需表达且具有对称平面，或者机件的形状接近于对称且不对称部分已在其他图形中表达清楚时，均可采用半剖视图，如图 6-12 所示（肋的规定画法见本章第五节）。例如，图 6-11 所示的机件是左右对称且前后对称结构，采用半剖主视图，半个视图反映了整体外形及凸台结构，半个剖视图表示内部的空腔结构；同理，采用半剖俯视图，半个视图反映了上端盖的形状，半个剖视图表达了凸台的孔及中部圆柱的形状。

思考：请读者自己分析一下，对图 6-11a 所示机件若采用全剖主视图和俯视图会产生哪些问题？是否需要画左视图？

（3）标注　半剖视图的标注方法与全剖视图相同。对图 6-11b 所示的半剖俯视图，因机件无上下对称结构，故剖切面的位置必须标注。

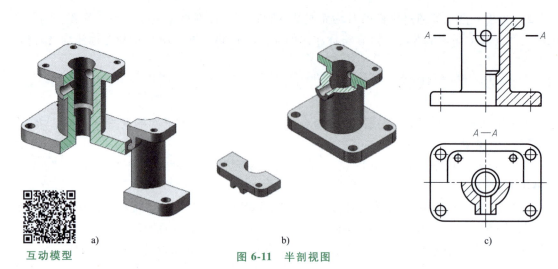

a) b) c)

图 6-11　半剖视图

a）用前后对称面剖开机件　b）用水平面剖开机件　c）半剖视图表达

画半剖视图时应注意以下几种情形。

1）半剖视图中的视图与剖视图的分界线必须画成细点画线，不能用粗实线表示。如果机件的轮廓线与对称中心线重合，则不宜采用半剖视图表达。

2）由于半剖视图同时表达了机件的内、外结构形状，故视图中的细虚线可省略不画。

3）当机件的形状接近于对称，且不对称部分已在其他图形中表达清楚时，也可采用半剖视图。如图 6-12 所示，虽然机件

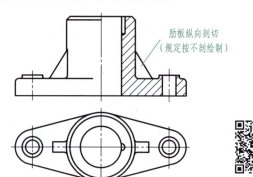

肋板纵向剖切（规定按不剖绘制）

图 6-12　半剖视图表达基本对称的机件

的左、右结构不完全对称，但用半剖视图可以清楚地表达出其外形及内部结构（肋板的纵向剖切按不剖绘制，绘制肋板时应注意左、右的区别）。

3. 局部剖视图

（1）定义　用剖切面局部地剖开机件所得的剖视图称为局部剖视图，如图 6-13 所示。

（2）应用　局部剖视图主要用于内、外形均需表达的不对称机件，这是一种比较灵活的表达方法，其剖切范围可根据实际需要选取，但在一个视图中不能过多地采用局部剖视图，否则会给识图带来困难。

（3）标注　当采用一个剖切面剖切机件且剖切位置明显时，可省略标注。当需要标注时，与全剖视图的标注要求完全相同。

画局部剖视图时应注意以下三点。

1）局部剖视图的剖视图部分与视图部分之间用细波浪线分界，细波浪线应画在机件的实体处，不可超出轮廓线，也不应与轮廓线重合。局部剖视图中的常见错误及正确画法如图 6-14 所示。

2）局部剖视图的被剖结构为回转体时，允许将该结构的轴线作为视图与局部剖视图的分界线，如图 6-15 所示。

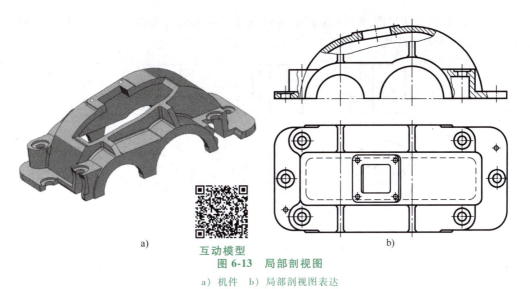

a)

互动模型
图 6-13　局部剖视图

a）机件　b）局部剖视图表达

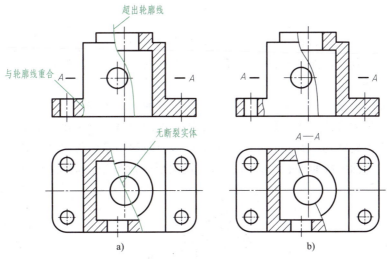

超出轮廓线

与轮廓线重合

无断裂实体

A—A

a)　　　　　　　　　　b)

图 6-14　局部剖视图中的常见错误及正确画法

a）错误画法　b）正确画法

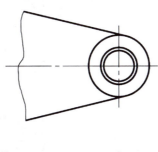

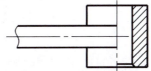

图 6-15　以轴线作为局部剖视图的分界线

3）在不必采用全剖视图或不宜采用半剖视图时，可采用局部剖视图，并尽可能地把机件的内、外轮廓线表达清楚，如图6-16所示。

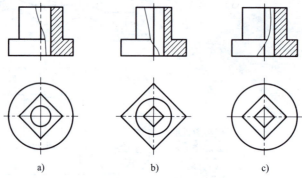

a)　　　　　　　b)　　　　　　　c)

图6-16　不必全剖及不宜半剖的局部剖视图

三、剖切面的种类

国家标准规定的剖切面有单一剖切面、几个平行的剖切平面和几个相交的剖切面三种类型。无论采用哪种剖切面剖开机件，均可获得全剖视图、半剖视图和局部剖视图。

1. 单一剖切面

单一剖切面可以是单一平面或单一柱面。前述各种剖视图均是采用单一剖切平面且平行于基本投影面剖切的方法。当机件上有倾斜结构需要剖切时，可采用一个不平行于任何基本投影面但平行于倾斜结构，且垂直于某一基本投影面的剖切平面将机件剖开，然后将倾斜结构向平行于剖切平面的投影面投射，所得的剖视图反映倾斜结构的实形。例如，图6-17中

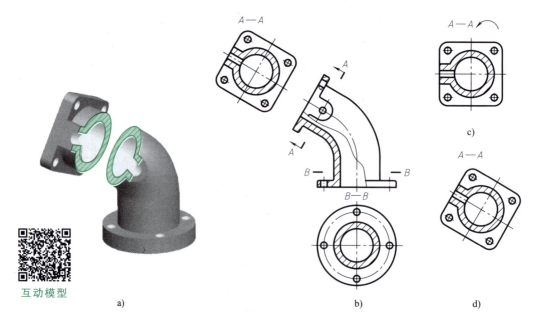

互动模型

a)　　　　　　　　　　　　　b)　　　　　　　　　d)

图6-17　单一剖切平面获得的剖视图

a）机件　b）剖视图　c）剖视图的旋转配置　d）剖视图的其他位置配置

的 A—A 全剖视图就是这样得到的剖视图，它既表达了凸台孔的真实结构，又表达了斜板的实形。

绘制剖视图时应注意以下两点。

1）用单一剖切平面倾斜剖切，剖视图必须标注，且最好配置在箭头所指的方向，并与基本视图保持投影关系，如图 6-17b 所示。为了合理利用图纸空间，也可将其平移到其他适当位置，如配置在图 6-17d 所示位置。

2）在不致引起误解时，也可将图形旋转，并在转正的剖视图上方标注旋转符号，字母应靠近旋转符号的箭头端，如图 6-17c 所示。

2. 几个平行的剖切平面

当机件上有多种内部结构且分布层次不一时，用一个剖切平面不能将这些结构表达清楚，则要采用几个互相平行且均平行于基本投影面的剖切平面依次剖切，如图 6-18 所示。

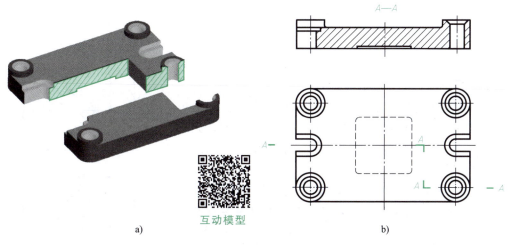

互动模型

a)　　　　　　　　　　　b)

图 6-18　几个平行的剖切平面获得的剖视图
a）机件　b）剖视图

绘制剖视图时应注意以下四点。

1）必须用剖切符号表示出几个剖切平面的起、讫和转折位置，并标注相同字母和剖视图的名称。当剖视图按投影关系配置且中间无其他图形隔开时，可省略箭头，如图 6-18 所示。

2）剖切平面之间必须垂直转折，当转折处空间有限，且不会引起误解时，允许省略字母。需要注意的是，在剖视图中不应画出剖切平面转折处的分界线，如图 6-19a 所示。

3）剖切平面转折处不能与视图中的轮廓线重合，如图 6-19b 所示。

4）剖视图中一般不应出现不完整要素。仅当两个要素在图形上具有公共对称中心线或轴线时，允许以对称中心线或轴线为分界线各画一半，如图 6-20 所示。

3. 几个相交的剖切面

当机件具有公共回转轴线，其上的多种结构分布在几个相交的平面上时，若用一个剖切面或几个平行的剖切平面剖切的剖视图均不能将这些结构表达清楚，则可采用几个相交的剖切面（交线垂直于某个基本投影面）进行剖切，然后将倾斜的剖切面及其剖切结构一起沿

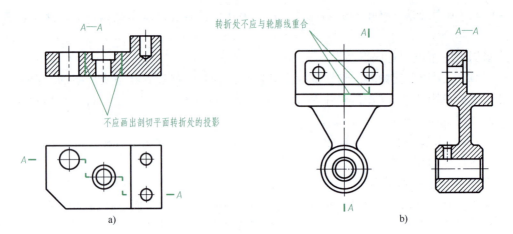

图 6-19　几个平行的剖切平面获得的剖视图的常见错误画法

a）不应画出剖切平面转折处的投影　b）转折处不应与轮廓线重合

轴线旋转到与其他剖切面共面，再绘制剖视图（绘制时需注意旋转后的结构位置变化），如图 6-21 所示。

绘制剖视图时应注意以下四点。

1）必须用剖切符号表示出几个剖切面的起、讫和转折位置，注写相同字母和剖视图的名称，标注投射方向，如图 6-21 所示。当转折处空间有限又不致引起误解时，允许省略转折处的字母。

2）位于剖切面后方的其他结构一般仍按原位置画出投影。例如，图 6-21b 中局部剖视图所表达的小孔在左视图中的投影是椭圆。

3）机件上的结构比较复杂时，可以采用连续几个相交的剖切面进行剖切，但剖视图应按展开画出，并在剖视图上方标注 "×—×展开"，如图 6-22 所示。

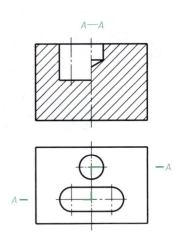

图 6-20　两结构要素具有公共轴线

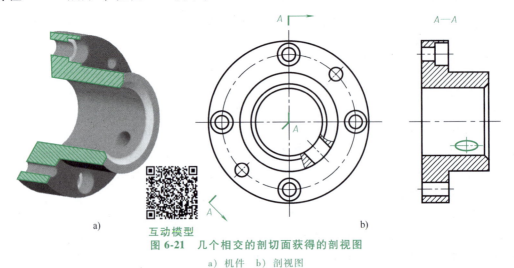

互动模型

图 6-21　几个相交的剖切面获得的剖视图

a）机件　b）剖视图

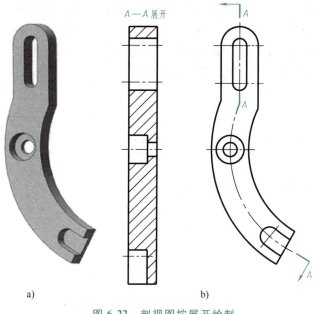

图 6-22　剖视图按展开绘制

a）机件　b）剖视图

4）当剖切后产生不完整要素时，应将此结构要素按不剖绘制，如图 6-23 所示。

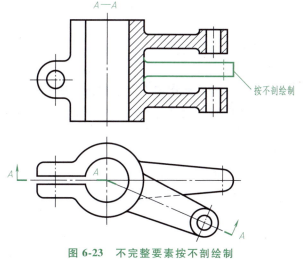

图 6-23　不完整要素按不剖绘制

第三节　断面图

一、断面图的概念

利用假想剖切平面将机件的某处切断，仅画出剖切平面与机件接触部分的图形称为断面图，简称断面。断面图主要用于表达轴上槽或孔的深度以及机件上肋板、轮辐等结构的断面形状。如图 6-24 所示，主视图已表达了轴上的键槽和小孔的形状和位置，但不能表达其深度，此时可假想用两个剖切平面分别将轴切断，仅画出剖切断面的形状，即可完整、清晰地表达出键槽的深度和小孔的通孔结构，如图 6-24b 所示。

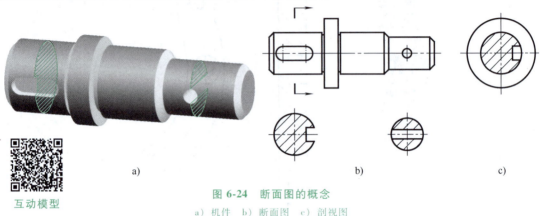

互动模型

a)   b)   c)

图 6-24 断面图的概念

a）机件 b）断面图 c）剖视图

断面图与剖视图的区别在于，断面图是机件上剖切处断面的投影；而剖视图是剖切面后方机件的投影，既要画出断面的投影，还要画出所有的可见轮廓线，如图 6-24c 所示。

二、断面图的种类

断面图可分为移出断面图和重合断面图。

1. 移出断面图

移出断面图应画在视图之外，轮廓线用粗实线绘制，一般配置在剖切线的延长线上或其他位置，剖切线是表示剖切位置的线，用细点画线表示，如图 6-25 所示。

绘制移出断面图时应注意以下五点。

1）移出断面图可按投影关系配置，如图 6-26 中的 *A—A* 断面图；必要时，也可配置在其他适当位置，如图 6-26 中的 *B—B* 断面图。

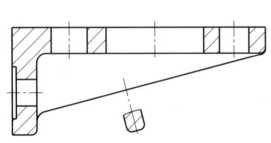

图 6-25 配置在剖切线延长线上的移出断面图

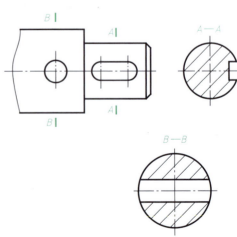

图 6-26 配置在适当位置的移出断面图

2）移出断面图对称时，也可画在视图的中断处，且不必标注，如图 6-27 所示。

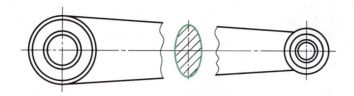

图 6-27　配置在视图中断处的移出断面图

3）由两个或多个相交的平面剖切所得的移出断面图，中间一般应断开，如图 6-28 所示。

4）当剖切平面通过由回转面形成的孔或凹坑的轴线时，这些结构按剖视图的要求绘制，如图 6-29 所示。

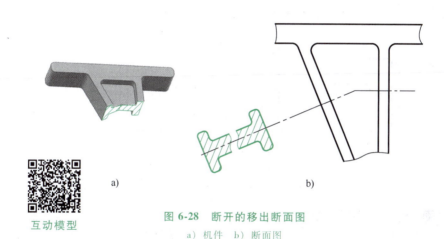

a)　　　　　　　　　　　　　　b)

互动模型

图 6-28　断开的移出断面图
a）机件　b）断面图

5）当剖切平面通过非圆孔而导致出现完全分离的断面时，这些结构应按剖视图的要求绘制，如图 6-30 所示。

移出断面图的标注与剖视图的标注基本相同，完整的标注应包含剖切符号、投射方向、字母及断面图的名称。

标注移出断面图时应注意以下三点。

1）当不对称移出断面图配置在剖切符号延长线上时，可省略字母，如图 6-24b 所示。

2）当对称的移出断面图配置在剖切线的延长线上时，可省略标注，如图 6-25 所示。

3）任何位置的对称移出断面图或按投影关系配置的不对称移出断面图，均可省略箭头，如图 6-26 所示。

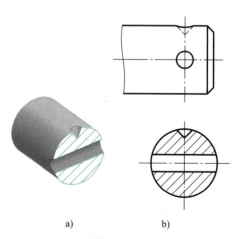

a)　　　　　　b)

图 6-29　按剖视图的要求绘制的
移出断面图（一）
a）机件　b）断面图

互动模型

图 6-30 按剖视图的要求绘制的移出断面图（二）

a）机件 b）断面图

> **提示**：移出断面图的相关规定比较多，读者在画图过程中要理解并遵循这些规定。请读者判断如图 6-31b、c 所示的移出断面图的正误，分析它们在标注和画法上的不同之处。

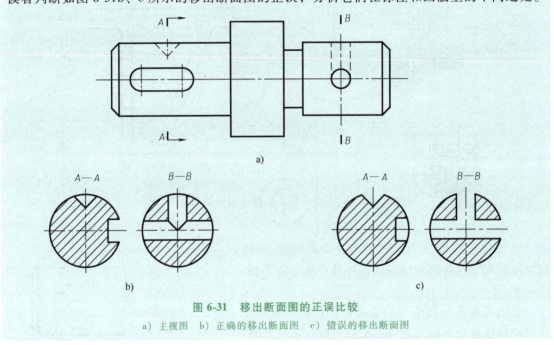

图 6-31 移出断面图的正误比较

a）主视图 b）正确的移出断面图 c）错误的移出断面图

2. 重合断面图

重合断面图画在视图之内，轮廓线用细实线绘制。当断面形状简单且不影响图形清晰程度时，才可用重合断面图表达。对图 6-32a 所示的机件，图 6-32b 所示视图内的四个重合断面图清晰地表达了所在位置结构形状与尺寸的差异。

绘制及标注重合断面图时应注意以下两点。

1）当视图中的可见轮廓线与重合断面图的轮廓线重叠时，视图中的可见轮廓线仍应连续画出，不可间断，如图 6-33 所示。

2）对于不对称的重合断面图，当投射方向明确时，可省略标注，如图 6-33a 中的箭头可省略；对称的重合断面图不必标注，如图 6-33b 所示。

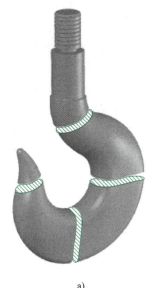
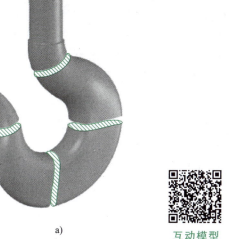
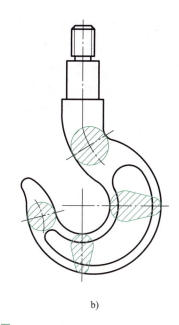

a)

互动模型

b)

图 6-32 重合断面图

a）机件 b）断面图

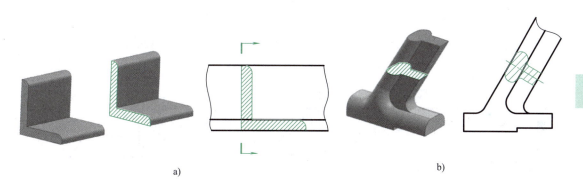

a)

b)

图 6-33 重合断面图可省略标注

a）不对称的重合断面图 b）对称的重合断面图

第四节 规定画法和简化画法

一、局部放大图

局部放大图是将机件某局部结构使用大于原图形所采用的比例画出的图形。

局部放大图可以画成视图，也可以画成剖视图、断面图，它与被放大部分的表示方法无关，如图 6-34 所示为机件上有两处被放大的局部放大图。

局部放大图主要用于机件上的某些细小结构不易表达清楚或不便于标注尺寸的情况。局

153

部放大图应尽量配置在被放大结构的附近。

绘制局部放大图时应注意以下五点。

1）除螺纹牙型、齿轮和链轮的齿形外，应将被放大的结构用细实线圆圈出，并以国家标准规定的放大比例画出该结构的局部放大图。

2）当同一机件上有几个结构需要被放大时，需用罗马数字依次标明被放大的结构，并在局部放大图的上方标出相应的罗马数字和采用的比例，以示区别，如图6-34所示。当机件上只有一处结构被放大时，只需在局部放大图的上方注明所采用的比例。

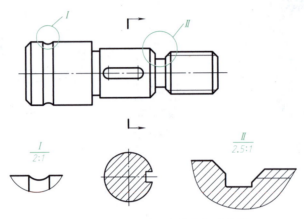

图 6-34　有两处被放大的局部放大图

3）必要时，可用几个图形来表达同一个被放大部位的结构，如图6-35所示。

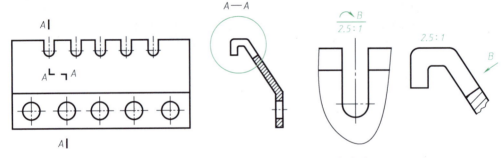

图 6-35　同一部位用几个局部放大图来表达

4）在局部放大图表达完整的前提下，允许在原视图中简化被放大部位的图形，如图6-36所示。

5）局部放大图采用的比例是指该图形尺寸与机件实际尺寸的线性尺寸之比，而与原图形采用的比例无关。

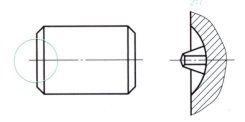

图 6-36　局部放大图的原视图可简化图形

二、剖视图和断面图的简化画法

1）机件上的肋、轮辐及薄壁等结构若按纵向剖切，这些结构都不画剖面符号，而用粗实线将它与其邻接部分分开，如图6-37所示。

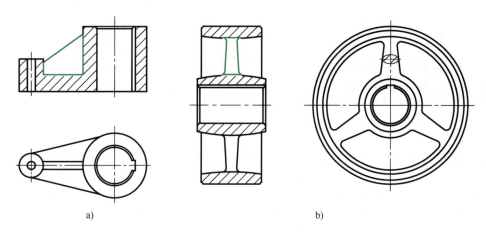

a)   b)

图 6-37　机件上肋、轮辐的纵向剖切画法

a）肋　b）轮辐

2）对带有规则分布结构要素的回转零件绘制剖视图，可以将其结构要素旋转到剖切平面上绘制，如图 6-38 所示。

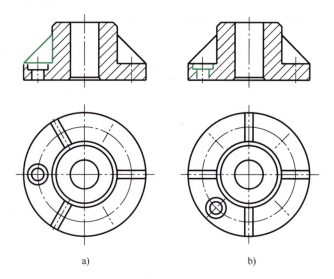

a)   b)

图 6-38　带有规则分布结构要素的回转零件的剖视图

a）将肋旋转到剖切平面上　b）将阶梯孔旋转到剖切平面上

3）在剖视图的剖面区域中，可再做一次局部剖视。采用这种方法表达时，两个剖面区域的剖面线应同方向、同间隔，但要互相错开，并用引出线标注其名称，如图 6-39 所示。

4）在不致引起误解的情况下，剖面符号可以省略，如图 6-40 所示。

三、重复性结构的画法

1）当机件具有若干相同结构（如齿、槽等），并按一定规律分布时，只需画出几个完整的结构，其余用细实线连接，且在零件图中必须注明该结构的总数，如图 6-41 所示。

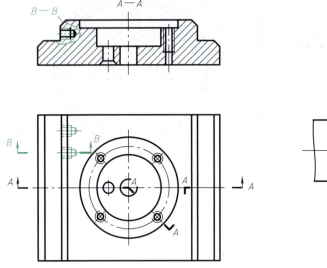

图 6-39 剖面区域再做局部剖视的画法

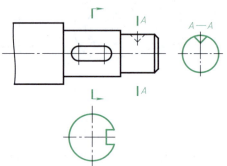

图 6-40 省略剖面符号的画法

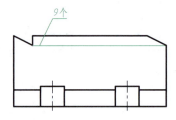

图 6-41 机件上相同结构的画法

2）若干直径相同且成规律分布的孔，可以仅画出一个或少量几个，其余只需用细点画线或 "＋" 表示其中心位置，如图 6-42 所示。

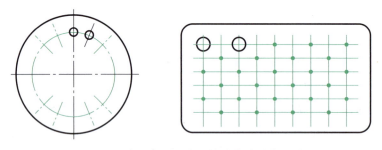

图 6-42 直径相同且成规律分布的孔的画法

四、按圆周分布的孔的画法

圆柱形法兰和类似零件上均匀分布的孔，可以按如图 6-43 所示的方法表示。

五、网状物及滚花表面的画法

网状物、滚花等结构，一般采用在轮廓线附近用粗实线局部画出的方法表示，如图 6-44 所示，也可省略不画。

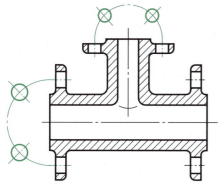

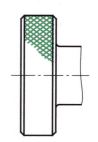

图 6-43　法兰上均匀分布的孔的画法　　　　图 6-44　网状物及滚花表面的画法

六、断裂的画法

较长的机件（如轴、杆、型材、连杆等）沿长度方向的形状一致或按一定规律变化时，可断开后缩短绘制，但必须标注实际尺寸，断裂边界用细波浪线或细双折线绘制，如图 6-45 所示。

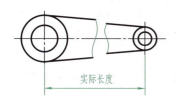

实际长度

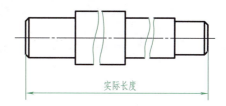

实际长度

图 6-45　连杆、轴的断裂画法

七、对称机件的画法

在不致引起误解时，对称机件的视图可只画一半或四分之一，并在对称中心线的两端画出两条与对称中心线垂直的平行细实线，如图 6-46 所示。

八、一些细部结构的画法

1）当回转体零件上的平面在图形中不能充分表达时，可用两条相交的细实线表示，如图 6-47 所示。

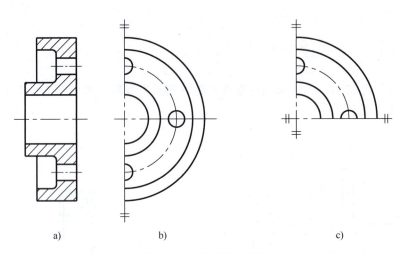

a)　　　　　　　b)　　　　　　　c)

图 6-46　对称机件的画法

a）主视图　b）只画一半的左视图　c）只画四分之一的左视图

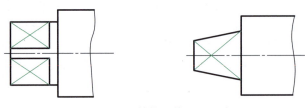

图 6-47　回转体上的平面画法

2）在不致引起误解时，图形中的过渡线、相贯线可以简化，如用圆弧或直线代替非圆曲线，如图 6-48 所示。

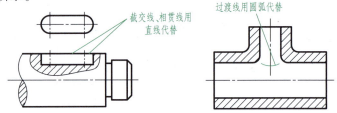

截交线、相贯线用直线代替

过渡线用圆弧代替

图 6-48　相贯线及过渡线的画法

3）与投影面倾斜角度小于或等于 30°的圆或圆弧，手工绘图时，其投影可用圆或圆弧代替，如图 6-49 所示。

4）当机件上较小的结构及斜度等已在一个图形中表达清楚时，其他图形应采用简化画法或省略画法，如图 6-50 所示。

5）在不致引起误解时，机件上的小圆角、小倒圆或 45°小倒角，允许省略不画，但必须注明其尺寸，如图 6-51 所示。

6）机件上具有较小斜度或锥度的结构，当在一个图形中已表达清楚时，其他图形可按较小端画出，如图 6-52 所示。

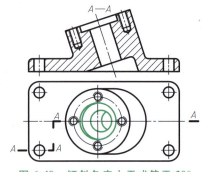

图 6-49　倾斜角度小于或等于 30°的圆或圆弧的画法

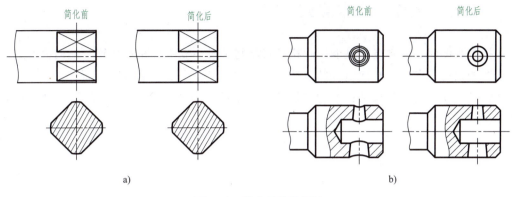

图 6-50 较小结构的画法

a）示例一 b）示例二

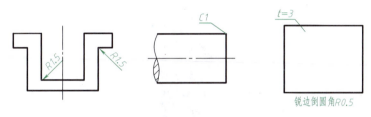

图 6-51 小圆角、45°小倒角的画法

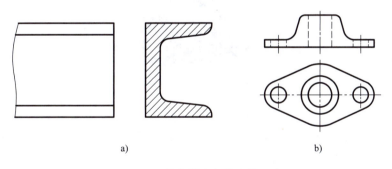

图 6-52 较小斜度和锥度的画法

a）较小斜度 b）较小锥度

第五节 表达方法综合应用举例

由于机件具有结构和形状的多样性，因此用图形表达机件时，应根据机件的结构特点，综合应用视图、剖视图、断面图、规定画法、简化画法等各种表达方法，使零件各部分的结构形状能表达准确且清晰，同时要求图形数量尽量少、投影作图简洁方便。有时，同一零件可能有几种不同的表达方案，此时还应考虑尺寸标注、零件加工等问题。

一、表达方案确定步骤和原则

选择主视图时，通常选择最能反映机件形状特征及主要部分相对位置特征的投射方向作为主视图的投射方向，尽量使机件的主要轴线或主要平面平行于基本投影面。

选择其他视图时，应根据机件的结构特点，尽量做到"少而精"，避免重复画出已表达清楚的结构。

二、表达方案确定示例

【例 6-1】 确定如图 6-53 所示的连杆的表达方案。

图 6-53　连杆立体图

分析：由立体图看出，连杆由四部分构成，即上、下两个圆筒（轴线异面垂直）和凸台（端面与基本投影面不平行）、十字形肋板（连接两圆筒）；连杆在上下、前后方向上均不对称，在左右方向上除凸台之外为对称的。

绘图步骤：

1）选择主视图。根据连杆的结构特点，以下方圆筒轴线侧垂放置作为主视图的投射方向，这样可以将连杆四部分的构成特征、位置特征及形状特征充分表达出来；在主视图中采用局部剖视图，用于表达下方圆筒的内部结构。

2）选择左视图。主要表达上方圆筒与肋板的前后位置关系；在左视图中采用局部剖视图，用两个相交的剖切平面进行剖切，用于表达上方圆筒及凸台上两个孔的内部结构。

3）选择斜视图。主要表达凸台的实形及两孔的位置。

4）选择移出断面图。主要表达十字肋板的断面形状，这样可以更直观地显示两肋板的厚度。

5）确定表达方案。通过对连杆结构及形状的综合分析，最终确定的表达方案如图 6-54 所示。

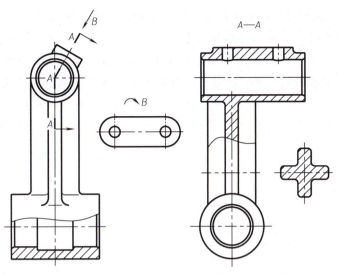

图 6-54　连杆的表达方案

【例 6-2】　确定如图 6-55a 所示的四通管的表达方案。

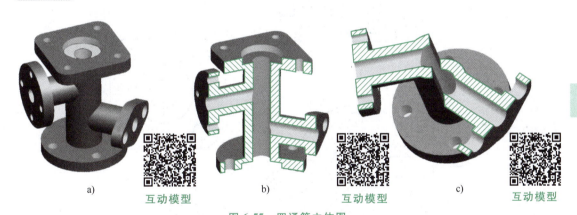

a)　　　　　　　　　互动模型　　　　　　b)　　　　　　　　　互动模型　　　　　　c)　　　　　　　　　互动模型

图 6-55　四通管立体图

a）立体图　b）前后剖切　c）上下剖切

分析：该四通管由主管（上、下带法兰）、上支管（左端带法兰）和下支管（右端带法兰）三部分构成，其内部上、下、左、右贯通。

绘图步骤：

1）确定主视图。由于四通管的主管及上、下支管的轴线不共面，故根据该机件的结构特点，将上支管的轴线侧垂放置作为主视图的投射方向较为合理。主视图采用两个相交的剖切面，得到以全剖视为主的 A—A 剖视图，用于表达四通管内部互通的关系，上端采用局部剖视图用于表达法兰的通孔结构，如图 6-55b 所示。

2）确定俯视图。俯视图采用两个平行的剖切平面，剖切得到 B—B 全剖视图，既表达了底板的形状，又表达了上、下支管的相对位置，同时也表达了主管的内、外径尺寸，如图 6-55c 所示。

3）其他视图。该四通管的主要结构形状已经由主、俯视图表达清楚，故可以省略左视图。但是，除底部法兰的形状已明确外，其余三个法兰的形状在主、左视图中均没有表达清楚，因此，采用 C 向局部视图表达上端法兰的形状及安装孔的位置；采用 D—D 剖视图表达左端法兰的外形及安装孔的位置，同时也充分表达了上支管的内、外径尺寸；采用 E—E 斜剖视图主要表达右端法兰的外形、安装孔的位置及下支管的内、外径尺寸。

4）确定表达方案。通过对四通管结构及形状的综合分析，最终确定的表达方法如图 6-56 所示。

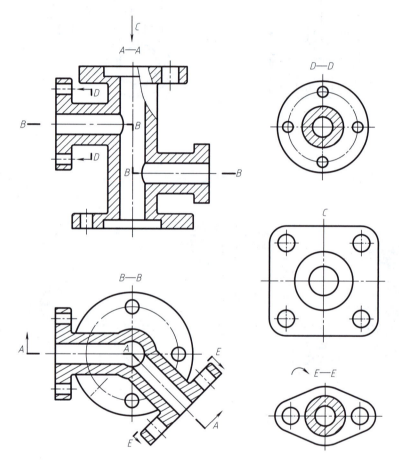

图 6-56　四通管的表达方案

第六节　第三角画法简介

采用多面正投影绘制图形时，国际上通用的两种表示法为第一角画法（第一角投影）和第三角画法（第三角投影），国际标准化组织认定的首选为第一角画法。为了便于国际间的技术交流，本节简单介绍第三角画法。

一、第一角画法与第三角画法的投影区别

三个垂直相交的投影面将空间分为八个分角，如图 6-57 所示。

第一角画法是将物体置于第一分角内，使物体处于观察者与投影面之间进行投射，即保持人-物体-投影面的位置关系。

第三角画法是将物体置于第三分角内，使投影面处于观察者与物体之间进行投射，即保持人-投影面-物体的位置关系（假设投影面是透明的）。

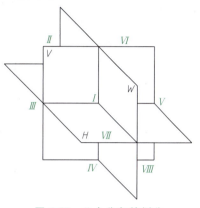

图 6-57　八个分角的划分

二、第三角画法基本视图的配置

第三角画法同第一角画法，也是将物体放在六面投影体系中，向六个基本投影面进行投射，得到六个基本视图，但六个基本投影面的展开方式与第一角画法有所不同，前视图位置不变（相当于第一分角的主视图），其他投影面做旋转，如图 6-58 所示。

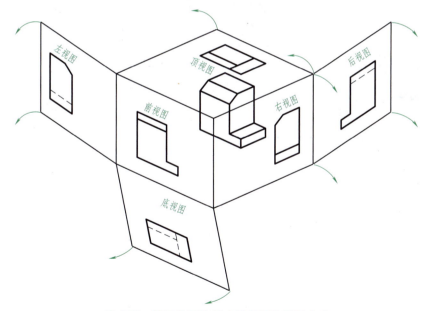

图 6-58　第三角画法基本投影面的展开方式

在同一张图样内，六个基本视图的配置如图 6-59 所示，一律不标注视图名称，其位置关系如图 6-58 所示，各视图间仍然遵循"长对正""高平齐""宽相等"的"三等"规律。第三角画法的三视图为前视图、顶视图和右视图。

注意：第三角画法靠近前视图的一侧表示物体的前面，远离前视图的一侧表示物体的后面，与第一角画法的"外前、里后"恰好相反。

163

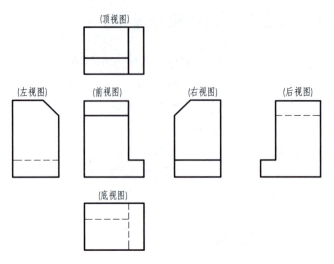

图 6-59 第三角画法基本视图的配置

【例 6-3】 分别用第一角画法和第三角画法绘制如图 6-60a 所示的机件的三视图。

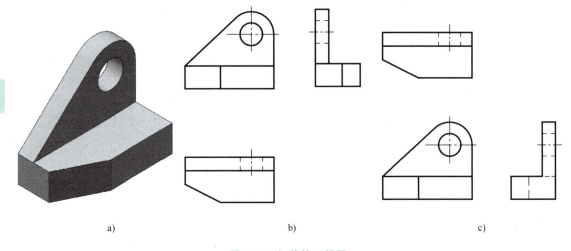

a) b) c)

图 6-60 机件的三视图

a) 机件立体图 b) 第一角画法 c) 第三角画法

绘图步骤:

1) 绘制第一角画法主视图。对机件分别从前方、上方和左方向基本投影面投射,相应得到主视图、俯视图和左视图,如图 6-60b 所示。

2) 绘制第三角画法三视图。对机件分别从前方、上方和右方向基本投影面投射,相应得到前视图、顶视图和右视图,如图 6-60c 所示。

提示: 在图样中采用第三角画法时,必须在标题栏中标注投影符号,第一角投影可省略标注,投影符号的画法见第一章第一节的内容。

【本章归纳】

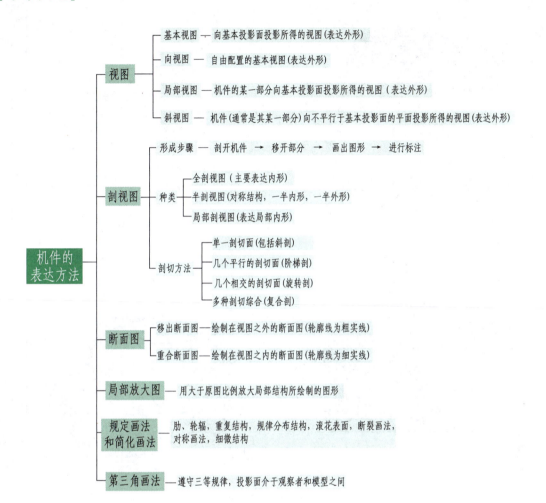

机件的表达方法
- 视图
  - 基本视图 —— 向基本投影面投影所得的视图(表达外形)
  - 向视图 —— 自由配置的基本视图(表达外形)
  - 局部视图 —— 机件的某一部分向基本投影面投影所得的视图(表达外形)
  - 斜视图 —— 机件(通常是其某一部分)向不平行于基本投影面的平面投影所得的视图(表达外形)
- 剖视图
  - 形成步骤 —— 剖开机件 → 移开部分 → 画出图形 → 进行标注
  - 种类
    - 全剖视图(主要表达内形)
    - 半剖视图(对称结构,一半内形,一半外形)
    - 局部剖视图(表达局部内形)
  - 剖切方法
    - 单一剖切面(包括斜剖)
    - 几个平行的剖切面(阶梯剖)
    - 几个相交的剖切面(旋转剖)
    - 多种剖切综合(复合剖)
- 断面图
  - 移出断面图 —— 绘制在视图之外的断面图(轮廓线为粗实线)
  - 重合断面图 —— 绘制在视图之内的断面图(轮廓线为细实线)
- 局部放大图 —— 用大于原图比例放大局部结构所绘制的图形
- 规定画法和简化画法 —— 肋、轮辐、重复结构,规律分布结构,滚花表面,断裂画法,对称画法,细微结构
- 第三角画法 —— 遵守三等规律,投影面介于观察者和模型之间

【拓展阅读】

工程实际中零件的种类繁多,结构也千差万别,我们学习各种表达方法的目的就在于能够根据零件的不同结构合理而灵活地制订表达方案,真正做到学以致用。

图 6-61 为第六届"高教杯"全国大学生先进成图技术与产品信息建模创新大赛机械类试卷第二题,图中是工程实际中一个箱体零件的立体图和尺寸。请你根据要求,合理选择表达方法并完成箱体的表达方案。(答案可扫描二维码查看)

图 6-61 题目答案

第二题 根据给出的"箱体"的轴测图绘制出"箱体"的零件图。

零件图要求如下：

1. 图纸幅面A3，材料HT200，比例自定。
2. 表达清楚，尺寸完全，符合国标要求。
3. 技术要求按国标要求标注。
4. 填写标题栏。

技术要求

1. 铸件不允许有砂眼、缩孔、裂纹等缺陷。
2. 铸件应时效处理。
3. 未注圆角为R3～R5。
4. 非加工外表面应涂防锈漆。

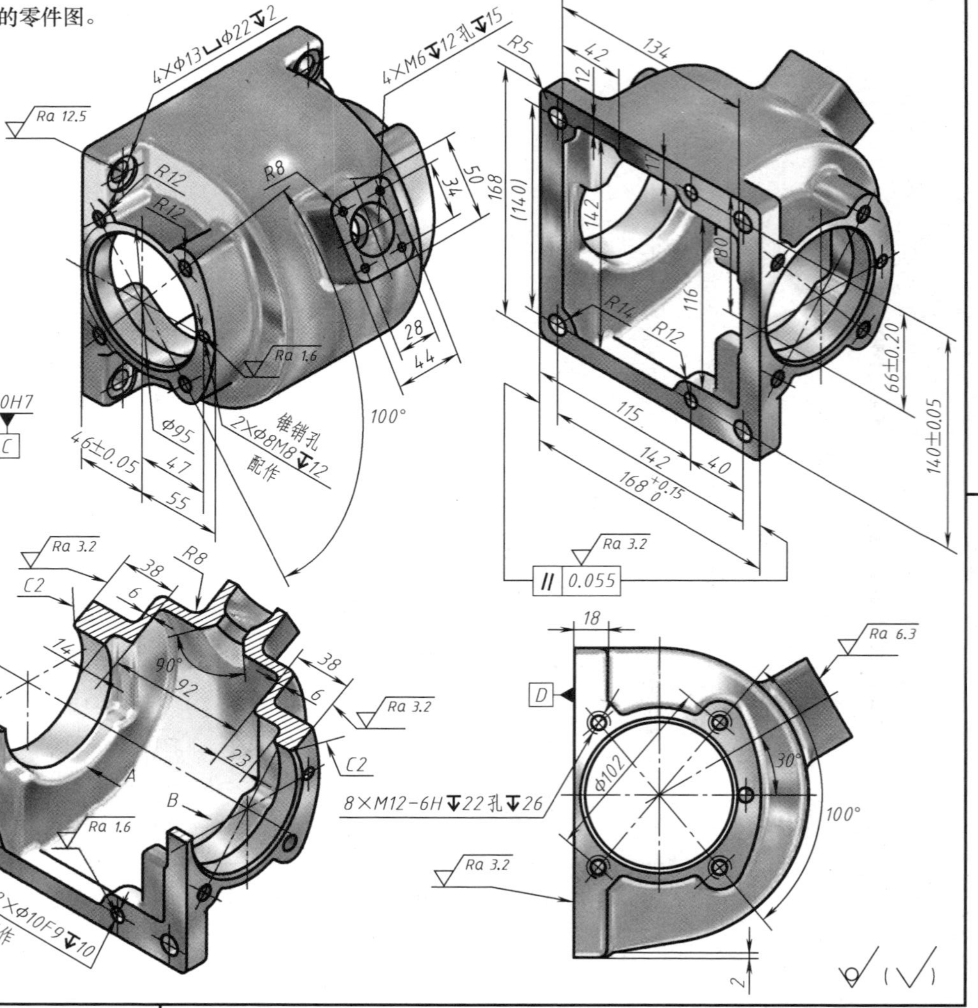

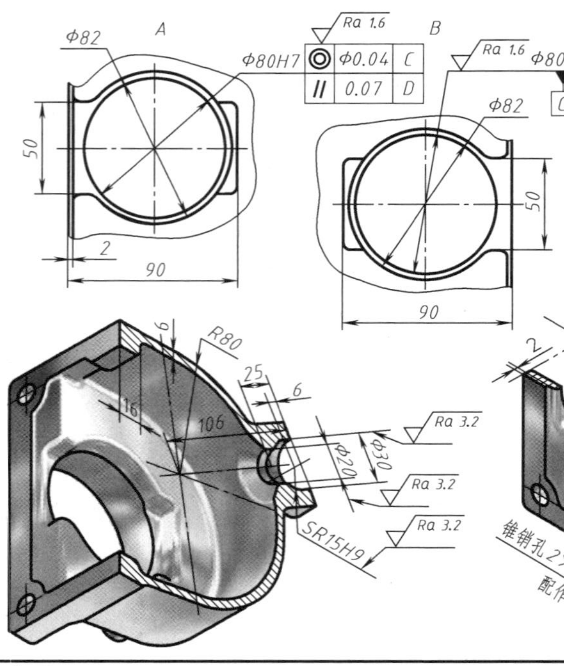

图 6-61 第六届"高教杯"全国大学生先进成图技术与产品信息建模创新大赛机械类试卷第二题

166

共8页

第七章 零件图

任何机器或部件都是由若干零件装配而成的。在机械制造领域，零件分为标准件和非标准件两大类。标准件是指在国家标准中已经确定了尺寸、形状和技术要求的零件，它们的结构参数已系列化，由专业厂家生产，可在不同的机械设备中通用，如螺栓、螺母、轴承等。非标准件没有统一的结构，需要根据零件在机器设备中的作用进行设计和加工生产。本章主要介绍非标准零件的视图表达、尺寸标注、技术要求等内容，既是前面各章知识的综合应用，又增加了与生产实际相关的零件加工知识，如加工方法、工艺结构、毛坯制造等内容。

本章的重点是零件图的视图选择、尺寸标注、技术要求和读图，难点是合理标注尺寸及复杂零件的读图。

第一节 零件图的作用和内容

一、零件图的作用

零件图是表示单个零件结构形状、尺寸大小和技术要求的图样。它是零件设计和生产过程中的重要技术资料，也是零件在加工制造、检验、使用维修、产品优化等过程中的主要依据。

零件材料的选用、毛坯制造、加工工艺的制订等均离不开零件图。

二、零件图的内容

图 7-1 所示为轴承座的立体图，它的零件图如图 7-2 所示。

图 7-1　轴承座立体图

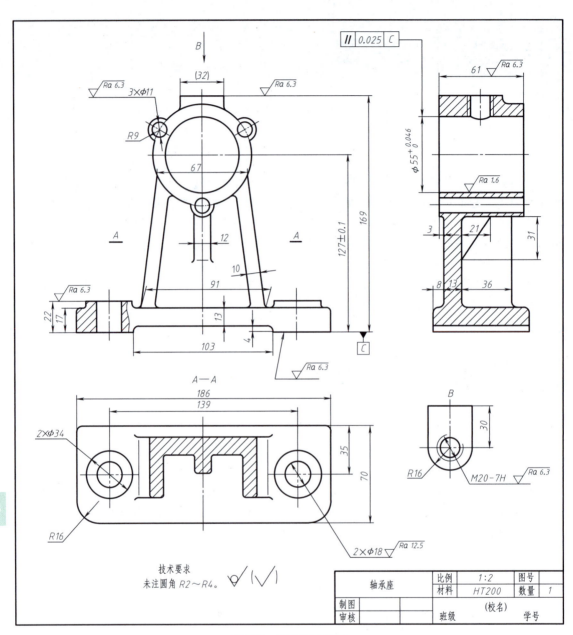

图 7-2　轴承座零件图

由图 7-2 可以看出，一张完整的零件图应包含一组图形、完整的尺寸、技术要求和标题栏四种基本内容，具体见表 7-1。

表 7-1　零件图的基本内容

零件图的基本内容	内容说明
一组图形	根据《技术制图》《机械制图》等相关标准和规定,综合运用机件的各种表达方法,能正确、完整、清晰、简洁地表达出零件内、外部结构和形状的一组图形

168

（续）

零件图的基本内容	内容说明
完整的尺寸	要求正确、完整、清晰、合理地标注出用于制造和检验零件时表达其各部分结构、形状和位置的全部尺寸
技术要求	用规定的符号、代号、文字注解等表示出该零件在制造和检验过程中应达到的技术指标上的要求，主要包括表面结构、尺寸公差与配合、几何公差、热处理及表面处理等方面的技术要求
标题栏	按国家标准规定的标题栏格式，说明零件的名称、图号、材料、数量、绘图比例、必要的签署等

第二节　零件的视图选择

由于零件在生产实际中的结构形状具有多样性，故画图之前，应分析零件的结构特征，针对零件的特点，选择一组合适的图形（如视图、剖视图、断面图等）将零件完整、清晰地表达出来。选用视图时，还要考虑绘图简单、读图方便、尺寸标注等多方面的问题。

一、视图的选择

1. 主视图的选择

一般以反映零件信息和特征最多的那个视图作为主视图，常遵循以下两种原则。

（1）加工位置原则　根据零件在主要加工工序中的装夹位置来选择主视图，这样有利于加工过程中看图操作。一般回转体类零件主要在车床或磨床上加工，故其主视图选择优先考虑加工位置原则，无论其工作位置如何，一般将轴线水平放置。

（2）工作位置原则　根据零件在机器上的工作位置来选择主视图，这样有利于了解该零件在机器中的工作情况，便于安装。一般结构较复杂的零件因需要多种加工方法和加工位置，所以其主视图选择优先考虑工作位置原则。

当零件的位置确定后，主视图应选择最能反映零件的形状、结构特征且各形体之间位置关系明确的方向作为投射方向。

2. 其他视图的选择

主视图确定后，其他视图的选择应有各自的表达重点，主要用于补充表达主视图尚未表达清楚的结构，选择时主要考虑以下两点内容。

1）视图数量不宜过多。以表达清楚为前提，避免烦琐、重复，导致主次不分。

2）优先选用基本视图。习惯上优先选择左视图和俯视图，尽量在基本视图上做剖视。

3. 视图的布置

待所有视图的选择方案确定后，视图的布置应考虑以下两点。

1）尽量按基本视图配置，其他图形尽量配置在相关视图附近，既清晰又便于识图。

2）合理利用图纸空间，并留出标注尺寸及注写技术要求、图形符号的位置。

二、各类典型零件的视图选择

根据零件的结构特点和作用，可分为轴套类、盘盖类、叉架类和箱体类四类零件。下面举例说明各类零件的表达方法。

1. 轴套类零件

【例 7-1】确定如图 7-3 所示的涡轮轴零件的表达方案。

互动模型

图 7-3 涡轮轴立体图

零件分析：以涡轮轴为代表的轴套类零件的综合分析见表 7-2。

表 7-2 轴套类零件的综合分析

分析项目	分析内容
零件种类	一般包括各种轴、丝杠、阀杆、曲轴、套筒、轴套等
零件用途	轴主要用于支承传动件并与带轮、齿轮等相结合来传递动力（转矩）；套一般装在轴上或轴承孔内，用于定位、支承、导向和保护传动件
毛坯加工	毛坯一般采用棒料，主要加工方法为车削、镗削和磨削
结构特点	通常由几段不同直径的同轴回转体组成，长度远大于直径；零件上常有台阶、轴肩、键槽、销孔、螺纹退刀槽、砂轮越程槽、中心孔、倒圆、倒角等结构
主视图选择	一般只用一个基本视图（主视图）表达其主体结构，按加工位置原则将轴线水平放置，键槽尽量在正前方，将先加工的一端放置在右侧；用剖视图或局部剖视图来表达零件的内部结构和局部结构；较长的零件可采用断开画法
其他视图选择	轴上的孔、槽等结构一般采用断面图来表达；退刀槽、砂轮越程槽等其他结构，必要时可以采用局部放大图来表达

表达方案：由表 7-2 所列综合分析内容，结合该涡轮轴的结构特征，最终确定该零件采用一个主视图和两个移出断面图才能表达清楚其结构形状，涡轮轴零件图如图 7-4 所示。

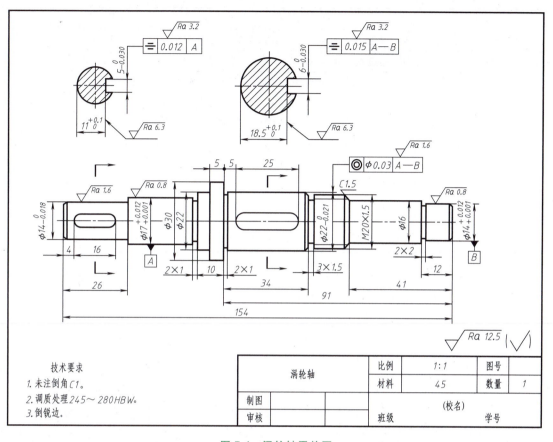

图 7-4　涡轮轴零件图

技术要求
1. 未注倒角C1。
2. 调质处理245~280HBW。
3. 倒锐边。

涡轮轴		比例	1:1	图号	
		材料	45	数量	1
制图			(校名)		
审核		班级		学号	

2. 盘盖类零件

【例7-2】　确定如图7-5所示的轴承盖零件的表达方案。

互动模型

图 7-5　轴承盖立体图

零件分析：以轴承盖为代表的盘盖类零件的综合分析见表7-3。

表 7-3 盘盖类零件的综合分析

分析项目	分析内容
零件种类	一般包括齿轮、手轮、带轮、法兰、端盖、压盖、阀盖等
零件用途	主要用于传递动力、连接、密封等
毛坯加工	毛坯多为铸造件，主要加工方法是车削，零件较薄时则主要是刨削和铣削
结构特点	主体部分常由回转体(或方形柱状体)组成，轴向尺寸小于径向尺寸；零件上常有键槽、轮辐、均布孔、轴孔、凸缘、销孔、肋板、倒角、砂轮越程槽等结构，并且常有一个与其他零件结合的端面
主视图选择	一般按加工位置将轴线水平放置选择主视图，再根据加工方便或工作位置原则确定左、右两端的方向；对于不以车削为主的零件，则按工作位置原则或尽量反映形状特征选择主视图；主视图一般采用全剖视图表达内部结构
其他视图选择	一般采用两个基本视图表达其结构特征；选择左视图或俯视图来表达外形轮廓和其他结构，如孔、肋板、轮辐的分布及位置等；当两个视图不能完全反映出左、右端面的结构形状时，可增加一个右视图；零件上的局部结构可采用局部视图、断面图、局部剖视图、局部放大图、简化画法等表示

表达方案： 由表 7-3 所列综合分析内容，结合该轴承盖的结构特征，最终确定该零件采用主视图和左视图才能表达清楚其结构形状，轴承盖零件图如图 7-6 所示。

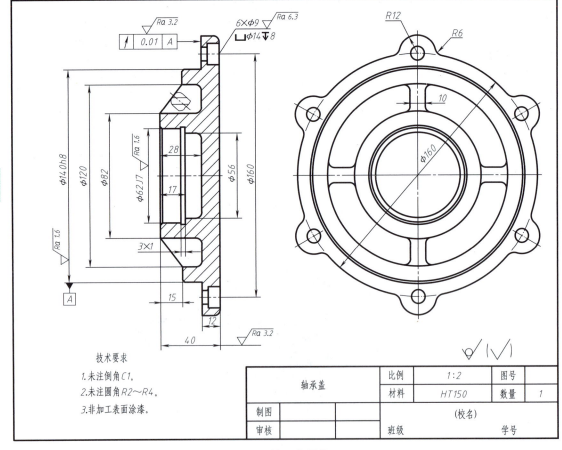

图 7-6 轴承盖零件图

3. 叉架类零件

【例 7-3】 确定如图 7-7 所示的托架零件的表达方案。

互动模型

图 7-7 托架立体图

零件分析：以托架为代表的叉架类零件的综合分析见表 7-4。

表 7-4 叉架类零件的综合分析

分析项目	分析内容
零件种类	一般包括拨叉、连杆、拉杆、支架、支座、摇臂等
零件用途	拨叉主要用于操纵机器、调节速度；支架主要起连接和支承的作用
毛坯加工	毛坯多为铸件或锻件；毛坯形状比较复杂，需要车、铣、刨、钻孔等多种加工方法，加工位置难以分出主次
结构特点	该类零件形状不规则且复杂，通常由工作部分、支承部分和连接部分组成。工作部分常有轴孔、油槽、油孔等结构；支承部分常有肋板、耳板等结构；连接部分常有底板、螺纹孔、沉孔等结构
主视图选择	主视图以突出工作部分和支承部分的结构形状为主，并结合工作位置原则来选择；内部结构常采用局部剖视图来表达
其他视图选择	一般采用两个以上的基本视图来表达主要结构形状。外部结构形状常用局部视图、斜视图等来表达；支承部分和连接部分常用断面图、剖视图等来表达

表达方案：由表 7-4 所列综合分析内容，结合该托架的结构特征，最终确定该零件采用局部剖主视图、局部剖左视图、局部视图和移出断面图才能表达清楚其结构形状，托架零件图如图 7-8 所示。

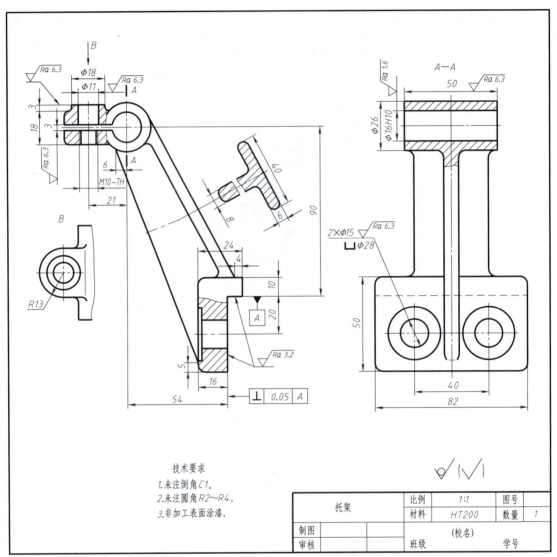

技术要求
1.未注倒角C1。
2.未注圆角R2～R4。
3.非加工表面涂漆。

托架	比例	1:1	图号	
	材料	HT200	数量	1
制图			(校名)	
审核		班级		学号

图 7-8　托架零件图

4. 箱体类零件

【例 7-4】　确定如图 7-9 所示的壳座零件的表达方案。

a)　　　　　　　　　　b)　　　　　　　　　　c)　　　　　　互动模型

图 7-9　壳座立体图

a）零件前面　b）零件后面　c）零件内部

174

零件分析：以壳座为代表的箱体类零件的综合分析见表 7-5。

表 7-5　箱体类零件的综合分析

分析项目	分析内容
零件种类	一般包括各种阀体、泵体、壳体、箱体、缸体、机壳、机座、外壳等
零件用途	主要用于容纳、支承、保护、密封和固定其他零件
毛坯加工	毛坯多为铸件或焊接件,需经过各种机械加工方法,加工位置不尽相同
结构特点	这类零件结构形状最复杂,常有内腔、轴承孔、安装板、肋板、光孔、螺纹孔、凹坑、凸台等结构
主视图选择	主视图主要按工作位置原则确定,并要表达出形状特征;内部结构常采用剖视图来表达
其他视图选择	一般需要至少三个基本视图来表达;其他视图的确定应根据零件的结构特征,选择合适的视图、剖视图、断面图等来表达

表达方案：由表 7-5 所列综合分析内容，结合壳座的结构特征，最终确定该零件的主视图宜采用局部剖视图，左视图采用相交平面的全剖视图，壳座前部结构采用 *B—B* 单一剖切平面局部剖视图，其他结构形状分别采用局部视图和俯视图来表达，壳座零件图如图 7-10 所示。

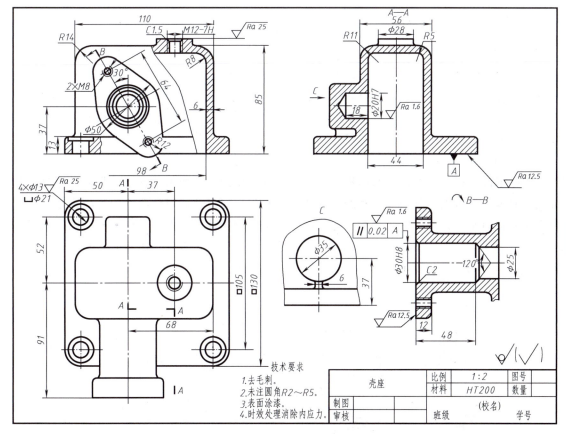

图 7-10　壳座零件图

例 7-1～例 7-4 介绍了四种不同类型零件的表达方法，在实际生产和设计中，遇到的零件千差万别，在选择视图时，应根据零件的具体情况做分析和比较，有时同一个零件也有多种表达方案，因此，需要灵活应用所学知识，多加实践，最终确定一个最佳表达方案。

第三节 零件图的尺寸标注

　　零件图上标注的尺寸是对零件进行加工、测量和检验的主要依据，尺寸标注的正确与否直接影响零件的加工质量，尺寸标注的合理与否直接影响零件测量和检验的准确程度。

　　对零件图进行尺寸标注时，不仅要达到组合体尺寸标注"正确、完整、清晰"的要求，还必须满足"合理"的要求。所谓"合理"，是指标注的尺寸既要符合设计要求，以保证零件在机器或部件中的使用性能；又要符合工艺要求，以保证零件便于加工和测量。能满足上述四个要求，需要具有相关的设计、加工制造、检验等知识以及丰富的生产实践经验。由于篇幅所限，在此仅介绍零件图尺寸标注的基本知识。

一、零件的尺寸基准

1. 主要基准和辅助基准

　　选择尺寸基准是零件图标注尺寸的首要任务。尺寸基准是指尺寸标注和测量的起始位置，通常选择零件的对称中心面（线）、孔的轴线、主要端面、零件底面、安装面等。每个零件均有长、宽、高三个方向的尺寸，因此，在每个方向上至少要有一个标注尺寸的起点，称为主要基准。有时，根据零件的结构需要，在某些方向上还要增加若干个辅助基准，但必须保证主要基准和辅助基准之间有尺寸上的直接联系。

2. 设计基准和工艺基准

　　根据零件在机器中的作用和结构特点，为保证零件的设计要求而选定的基准称为设计基准。轴套类、盘盖类零件的设计基准是其轴线，它是径向尺寸的定位线；轴肩或端面是起定位作用的轴向基准，它是轴向尺寸的定位面。叉架类和箱体类零件的设计基准一般为工作部分的主要轴线、对称面平或与机器部件连接的接触面，它们是零件在机器或部件中起定位作用的线或面。如图 7-11a 所示的轴承架零件中，安装面 I 、II 和对称中心面 III 分别是该零件在长、高、宽三个方向的设计基准。

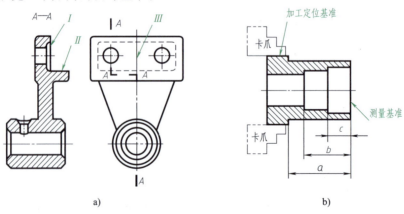

a)   b)

图 7-11　尺寸基准的选择

a）设计基准　b）工艺基准

零件在加工过程中用以进行夹具定位以及在测量、检验尺寸时所选定的基准称为工艺基准。如图 7-11b 所示，加工套筒时，左侧外圆柱面为加工右侧外圆柱面时起定位作用的定位基准，而右端面是测量 a、b、c 三段轴向尺寸的测量基准。

设计基准和工艺基准最好能重合，这样既可以满足设计要求，又便于加工制造。在标注尺寸时，如果不能保证两个基准统一，则以满足设计要求为主。

二、合理标注尺寸的原则

1. 重要尺寸直接注出

重要尺寸是指直接影响零件工作性能的尺寸，如具有配合关系表面的尺寸、零件各结构间的重要相对位置尺寸、零件的安装位置尺寸等。如图 7-12a 所示，轴承座的孔径 $\phi27H8$（与其他零件有装配关系的配合尺寸）、孔的中心高 67（以零件底面为设计基准）及安装孔的中心距 108（以对称中心面为设计基准）均为重要尺寸，直接注出。如图 7-12b 所示的尺寸标注为不合理标注。

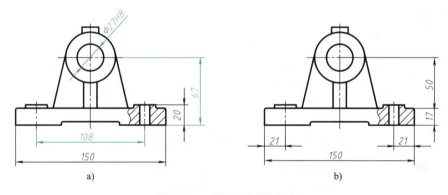

图 7-12　重要尺寸直接注出
a）合理　b）不合理

2. 尺寸标注应便于加工和测量

1）尺寸标注应符合加工顺序。如图 7-13 所示的阶梯轴的长度方向尺寸标注符合加工顺序，按长度方向加工轴的先后顺序为 50 长圆柱、36 长圆柱、20 长圆柱，最后加工 2×1 砂轮越程槽。

2）尺寸标注应便于测量。如图 7-14a 所示的套筒的尺寸 A、B、C 便于在加工过程中进行检测；如图 7-14b 所示的尺寸 A、B 不易测量。

3. 避免出现封闭尺寸链

如图 7-15a 所示，既标注总长度 L，又标注各段长度 A、B、C，即形成了封闭尺寸链，若按这种尺寸标注进行加工保证各段尺寸，则由加工积累的误差会全部集中到总长度上而无法保证尺寸 L。因此，在标注尺寸时，应将次要的那段尺寸空出不标注，这样总长度和主要的各段尺寸均能保证，如图 7-15b 所示。当总长尺寸无须保证时，可将其尺寸注成参考尺寸（尺寸数值加括号）以便于选料，如图 7-15c 所示。

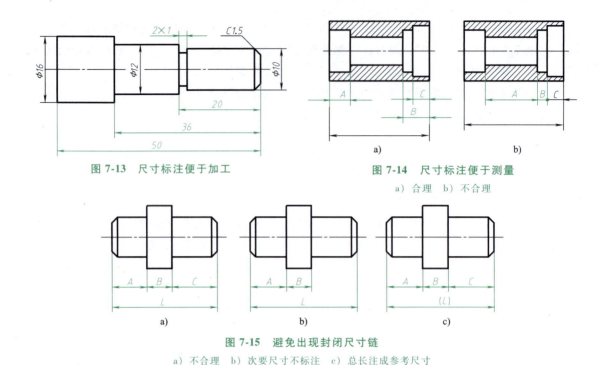

图 7-13　尺寸标注便于加工

图 7-14　尺寸标注便于测量

a）合理　b）不合理

图 7-15　避免出现封闭尺寸链

a）不合理　b）次要尺寸不标注　c）总长注成参考尺寸

4. 相互关联的尺寸不能同时注出

两个尺寸若存在函数关系，则不能同时标注，必要时可将其中一个尺寸注成参考尺寸（尺寸数值加括号），如图 7-16 所示。

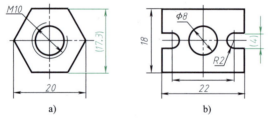

图 7-16　关联尺寸不能同时标注

a）螺母　b）安装孔

三、零件上常见结构的尺寸标注（GB/T 16675.2—2012）

零件上常见结构类型的尺寸标注应符合设计、制造、检验等要求，标注示例见表 7-6。

表 7-6　零件上常见结构类型的尺寸标注

结构类型	标注示例	说明
45°倒角		C 表示倒角角度为 45°，C 后面的数字表示倒角的轴向距离

（续）

结构类型	标注示例	说明
非45°倒角	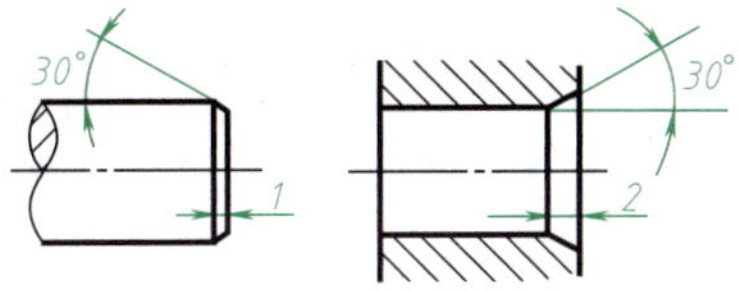 30° 1 30° 2	非45°倒角应分别标注倒角角度和轴向距离
退刀槽及砂轮越程槽	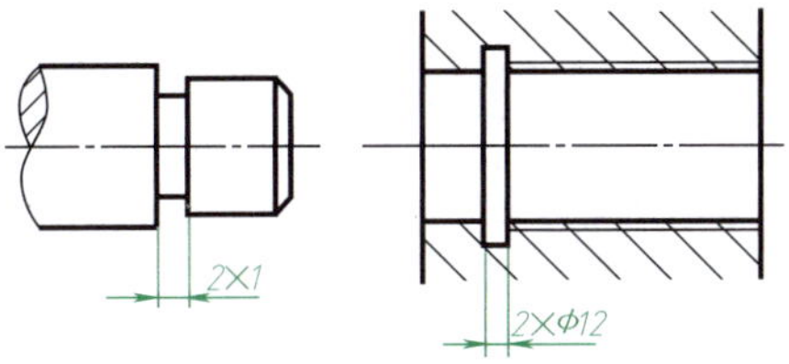 2×1 2×φ12	按"槽宽×直径"或"槽宽×槽深"的形式标注
半圆槽	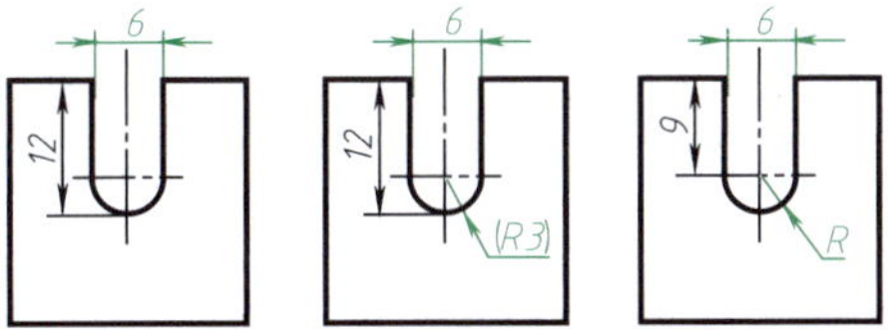 6 12 6 12 (R3) 6 9 R	若半径等于槽宽一半,可不注半径,也可将其作为参考尺寸,或者只注符号 R 而不注尺寸数字
平键键槽	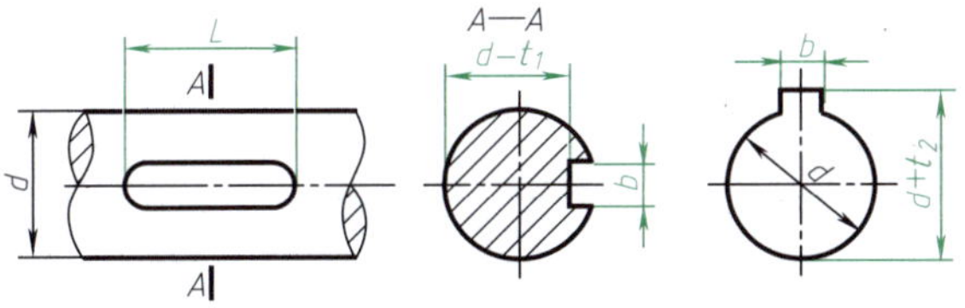 L A A d A—A d−t₁ b b α d+t₂	按示例标注平键键槽长度和深度,便于测量(t_1、t_2 查表确定)
半圆键键槽	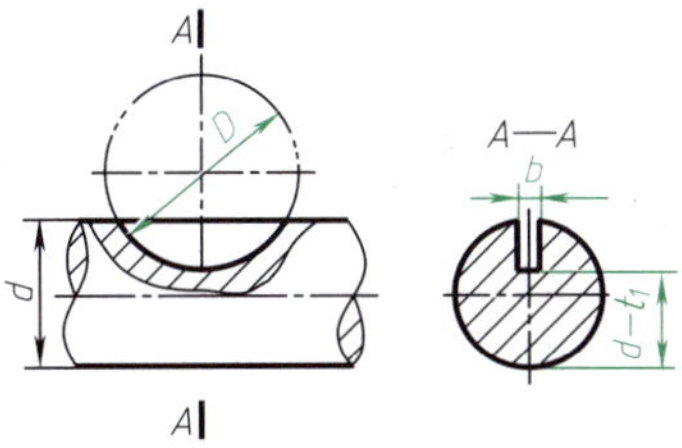 A D d A A—A b d−t₁	按示例标注半圆键键槽直径和深度,便于选择铣刀直径和测量(t_1 查表确定)
圆锥销孔	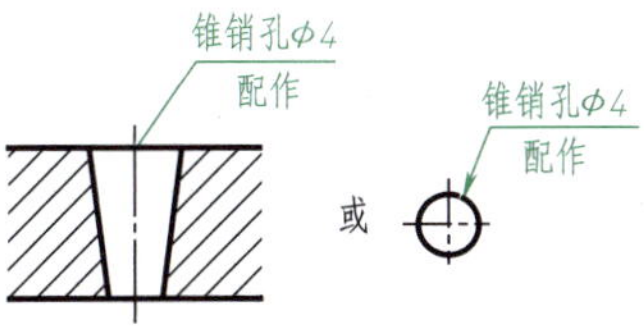 锥销孔φ4 配作 或 锥销孔φ4 配作	按示例标注圆锥销孔(仅注小端直径)
光孔	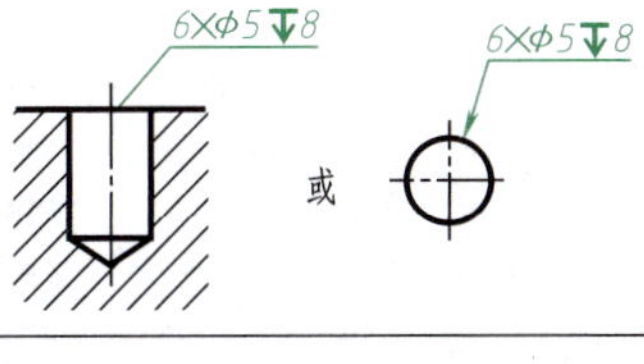 6×φ5▽8 或 6×φ5▽8	共6个孔,直径为5mm,深度(用▽表示)为8mm

179

（续）

结构类型	标注示例	说明
锥形沉孔		共 6 个孔，直径为 7mm，锥形沉孔（用 ⌵ 表示）直径为 13mm，锥角为 90°
柱形沉孔		共 4 个孔，直径为 6mm，圆柱形沉孔（用 ⊔ 表示）直径为 10mm，深度为 3.5mm
锪平孔		共 4 个孔，直径为 7mm，锪平孔（⊔ 为锪平孔的符号）直径为 16mm，锪平深度不需标注，锪去毛面为止
螺纹通孔		共 3 个螺纹孔，公称直径为 M6，精度为 7H，均匀分布
螺纹不通孔		共 6 个螺纹孔，公称直径为 M6，精度为 7H，螺纹深度为 8mm
滚花		模数为 5mm 的直纹滚花
中心孔		采用 B 型中心孔，$D = 2.5$mm，$D_1 = 8$mm，在完工的零件上要求保留
		采用 A 型中心孔，$D = 4$mm，$D_1 = 8.5$mm，在完工的零件上是否保留都可以
		采用 A 型中心孔，$D = 1.6$mm，$D_1 = 3.35$mm，在完工的零件上不允许保留

第四节 零件图的技术要求

在机械图样中，对零件的加工要求是以规定的图形符号、文字、代号等标注在零件图中，用于说明该零件在加工过程中应达到的技术要求。本节主要介绍对零件表面结构（主要为表面粗糙度）、极限与配合、几何公差的基本要求。

一、对表面结构的要求（GB/T 131—2006、GB/T 3505—2009）

表面结构是指零件表面的几何形貌，即零件的表面粗糙度、表面波纹度、纹理方向、表面几何形状、表面缺陷等表面特征的总称。它是出自几何表面的重复或偶然的偏差，这些偏差形成该表面的三维形貌。

1. 表面粗糙度

零件的表面无论怎样精密加工，都会留下许多微观状态下能看到的凹凸不平的加工痕迹，如图 7-17 所示，这种零件加工表面上具有的较小间距和微小峰谷的不平度称为表面粗糙度。表面粗糙度与加工方法、切削工具、工件材料等各种因素有关。表面粗糙度是评定零件表面质量的一项重要技术指标，它对零件的耐磨性、抗腐蚀性、疲劳强度、装配与使用性能等均有重要影响。因此，零件表面粗糙度的选用既要满足零件表面的功能要求，又要考虑加工成本。

2. 表面粗糙度的轮廓参数

国家标准规定了两个评定粗糙度轮廓的高度参数，即轮廓算术平均偏差 Ra 和轮廓最大高度 Rz，如图 7-18 所示。

图 7-17 零件表面的峰谷

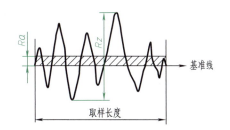

图 7-18 轮廓算术平均偏差 Ra 和轮廓最大高度 Rz

（1）轮廓算术平均偏差 Ra 轮廓算术平均偏差 Ra 是指在一个取样长度内，轮廓偏距绝对值的算术平均值。Ra 用于评定表面微观不平度，在实际生产中，Ra 最常用。Ra 值越小，零件表面越光滑，质量也越高。

（2）轮廓最大高度 Rz 轮廓最大高度 Rz 是指在一个取样长度内，最大轮廓峰顶线与最大轮廓谷底线之间的距离。当零件表面不允许出现较大加工痕迹时，Rz 更实用。

3. 粗糙度参数的选用

不同的加工方法能达到不同的表面粗糙度轮廓 Ra 值，其选用及应用见表 7-7。

表 7-7　表面粗糙度 *Ra* 值的选用及应用

Ra/μm	表面特征	相应的加工方法	应用
25、50	可见明显刀痕	粗车、镗、刨、钻等	粗制后得到的粗加工表面,为表面粗糙度要求最低的加工面,一般很少采用
12.5	微见刀痕	粗车、刨、铣、钻等	比较精确的粗加工表面,非配合的加工表面,如轴端面、倒角、钻孔、齿轮及带轮侧面等
6.3	可见加工痕迹	车、镗、刨、钻、铣、锉、磨、粗铰、铣齿等	半精加工表面,如箱体、支架、端盖、套筒等零件中与其他零件结合但无配合要求的表面,如平键键槽的上下面、螺栓孔的表面等
3.2	微见加工痕迹	车、镗、刨、铣、刮、拉、磨、锉、滚压、铣齿等	半精加工表面、如键槽的工作表面、箱体上用于安装轴承的镗孔表面、齿轮的工作面等
1.6	可辨加工痕迹	车、镗、刨、铣、铰、拉、磨、滚压、铣齿等	接近于精加工表面,要求有配合的固定支承表面,如与衬套、定位销、轴承等配合的表面等
0.8	可辨加工痕迹的方向	车、镗、拉、磨、立铣、铰、滚压等	要求配合性质稳定的配合表面,如与滚动轴承配合的表面、与圆柱销或圆锥销配合的表面等

4. 表面结构表示法的规定

（1）表面结构图形符号的画法　表面结构图形符号的比例画法如图 7-19 所示。

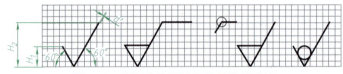

图 7-19　表面结构图形符号的比例画法

表面结构图形符号和附加标注的尺寸见表 7-8。

表 7-8　表面结构图形符号和附加标注的尺寸　　　　　（单位：mm）

尺寸	数值						
数字和字母高度 h	2.5	3.5	5	7	10	14	20
符号线宽 d' 字母线宽 d	0.25	0.35	0.5	0.7	1	1.4	2
高度 H_1	3.5	5	7	10	14	20	28
高度 H_2 取决于标注的内容（最小值）	7.5	10.5	15	21	30	42	60

注：H_2 取决于标注内容；水平线的长度取决于标注内容的长度。

（2）表面结构补充要求的注写位置　表面结构补充要求的注写位置如图 7-20 所示。

补充要求的注写内容有以下五项。

1）位置 a：注写表面结构的单一要求。

2）位置 a 和 b：注写两个或多个表面结构要求。

3）位置 c：注写加工方法、表面处理、涂层或其他加工工

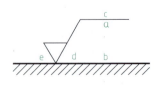

图 7-20　表面结构补充要求的注写位置

艺要求等，如车、磨、镀等加工表面。

4）位置 d：注写所要求的表面纹理和纹理的方向。表面纹理符号含义："="表示平行，"⊥"表示垂直，"X"表示交叉，"M"表示多方向，"C"表示同心圆，"R"表示放射状，"P"表示颗粒、凸起、无方向等。

5）位置 e：注写所要求的加工余量，以 mm 为单位给出数值。

（3）表面结构图形符号及其意义　表面结构图形符号及其意义见表 7-9。

表 7-9　表面结构图形符号及其意义

符号	意义及说明
√	基本符号，仅用于简化代号标注，没有补充说明时不能单独使用
√（加短横）	扩展符号，基本符号上加一短横，表示指定表面是用去除材料的方法获得的，如车、铣、刨、磨、钻、抛光、腐蚀、电火花加工等
√（加圆圈）	扩展符号，基本符号上加一个圆圈，表示指定表面是用不去除材料的方法获得的，如铸、锻、冲压、热轧、冷轧、粉末冶金等；或者是直接使用保持原供应状况的表面（包括保持上道工序的状况）
√ √ √（加横线）	完整符号，在上述三种符号的长边加一横线，用于标注补充信息 在文本中用文字表达时，三种图形符号分别用 APA、MRR、NMR 代替
√ √ √（加圆圈）	当不会引起歧义时，在完整符号上加一圆圈，表示某个视图上构成封闭轮廓的各表面具有相同要求，代号标注在封闭轮廓线上即可

（4）表面粗糙度要求的代号及意义　表面粗糙度要求的代号及意义见表 7-10。

表 7-10　表面粗糙度要求的代号及意义

代号	意义
√ $Ra\ 3.2$	用去除材料的方法获得的表面，单向上限值，表面粗糙度参数 Ra 值为 $3.2\mu m$，16%规则
√ $Ra\ max\ 6.3$	用去除材料的方法获得的表面，单向上限值，表面粗糙度参数 Ra 值为 $6.3\mu m$，最大规则
√ $Rz\ 6.3$	用不去除材料的方法获得的表面，单向上限值，表面粗糙度参数 Rz 值为 $3.2\mu m$，16%规则
√ 铣 $Rz\ 1.6$ $Ra\ 0.8$	用去除材料的方法获得的表面，双向极限值，上极限值 Rz 为 $1.6\mu m$，下极限值 Ra 为 $0.8\mu m$，双向均为 16%规则，加工方法为铣削

（5）表面结构的标注规定

1）表面结构参数值的注写和读取方向与尺寸的注写和读取方向一致。

2）将代号标注在轮廓线或其延长线上，图形符号的尖端必须由材料外指向并接触加工表面。

3）将代号标注在带箭头或黑点的指引线上、尺寸线上、几何公差框格的上方、标题栏附近；当全部或多数表面有相同要求时，图形符号的尖端没有从材料外指向并接触加工表面的要求。

4）在图样中允许使用简化代号标注，但必须以等式形式说明其意义。

5）由两种以上不同的加工工艺方法获得的同一表面，当需要明确每种工艺方法的表面结构要求时，应分别标注出代号。

表面结构在图样中的标注方法见表 7-11。

表 7-11　表面结构在图样中的标注方法

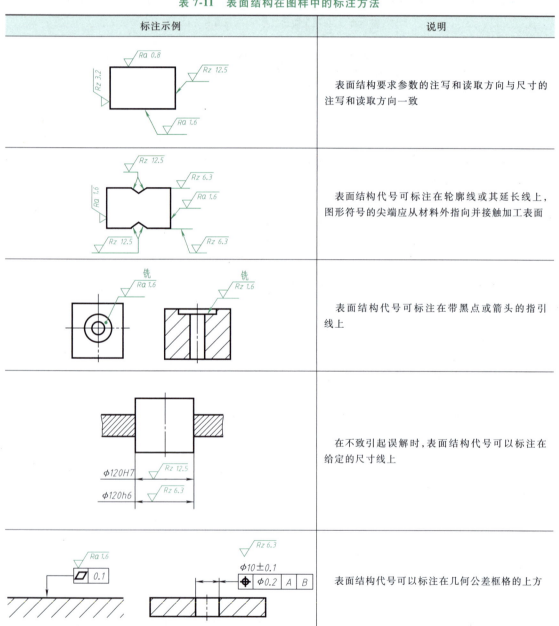

标注示例	说明
	表面结构要求参数的注写和读取方向与尺寸的注写和读取方向一致
	表面结构代号可标注在轮廓线或其延长线上，图形符号的尖端应从材料外指向并接触加工表面
	表面结构代号可标注在带黑点或箭头的指引线上
	在不致引起误解时，表面结构代号可以标注在给定的尺寸线上
	表面结构代号可以标注在几何公差框格的上方

（续）

标注示例	说明
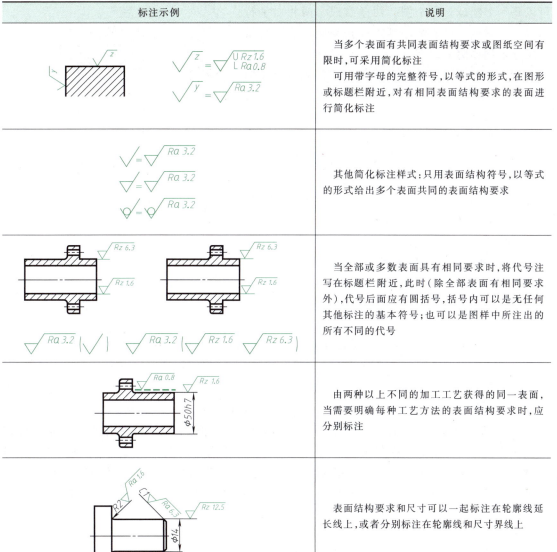	当多个表面有共同表面结构要求或图纸空间有限时，可采用简化标注 可用带字母的完整符号，以等式的形式，在图形或标题栏附近，对有相同表面结构要求的表面进行简化标注
	其他简化标注样式：只用表面结构符号，以等式的形式给出多个表面共同的表面结构要求
	当全部或多数表面具有相同要求时，将代号注写在标题栏附近，此时（除全部表面有相同要求外），代号后面应有圆括号，括号内可以是无任何其他标注的基本符号；也可以是图样中所注出的所有不同的代号
	由两种以上不同的加工工艺获得的同一表面，当需要明确每种工艺方法的表面结构要求时，应分别标注
	表面结构要求和尺寸可以一起标注在轮廓线延长线上，或者分别标注在轮廓线和尺寸界线上

185

二、公差、极限和配合（GB/T 1800.1—2020、GB/T 1800.2—2020）

1. 互换性的概念

互换性是指同一规格零件不经挑选和修配加工就能顺利装配到机器上，并能满足功能要求的特性。在零件加工的过程中，任何加工方法也无法保证其尺寸的零误差，因此，零件具有互换性，能够大大简化零件、部件的制造和装配过程，缩短产品的生产周期，降低生产成本，有利于产品的装配和维修，使产品质量的稳定性得到保证。

2. 公差和偏差的基本术语

公差、偏差和配合的术语和代号体系适用于圆柱面和两相对平行面两种类型的尺寸要素。尺寸要素是线性尺寸要素或角度尺寸要素，它可以是一个圆球、一个圆、两条直线、两相对平行面、一个圆柱、一个圆环等。以孔为例，公差与偏差尺寸示例如图 7-21 所示。

（1）公称尺寸　公称尺寸是由图样规范定义的理想形状要素的尺寸。由公称尺寸和上、下极限偏差可计算出极限尺寸。

（2）实际尺寸　实际尺寸是拟合组成要素的尺寸。组成要素即属于工件的实际表面或表面模型的几何要素，实际尺寸通过测量得到。

（3）极限尺寸　极限尺寸是尺寸要素的尺寸所允许的极限值。为了满足要求，实际尺寸位于上、下极限尺寸之间，含极限尺寸。

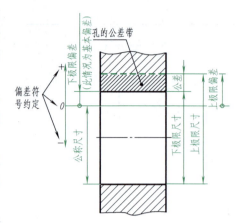

图 7-21　孔的公差与偏差尺寸示例

1）上极限尺寸：尺寸要素允许的最大尺寸。

2）下极限尺寸：尺寸要素允许的最小尺寸。

（4）偏差　偏差是某值与其参考值之差。对于尺寸偏差，即实际尺寸与公称尺寸之差。

（5）极限偏差　极限偏差是相对于公称尺寸的上极限偏差和下极限偏差。

1）上极限偏差：上极限尺寸减其公称尺寸所得的代数差，用 ES 表示内尺寸要素，es 表示外尺寸要素。上极限偏差是一个带符号的值，其可以是负值、零值或正值。

2）下极限偏差：下极限尺寸减其公称尺寸所得的代数差。用 EI 表示内尺寸要素，ei 表示外尺寸要素。下极限偏差是一个带符号的值，其可以是负值、零值或正值。

（6）基本偏差　基本偏差是确定公差带相对公称尺寸位置的那个极限偏差。基本偏差是最接近公称尺寸的那个极限偏差，用字母表示。对于孔，用大写字母（A、…、ZC）；对于轴，用小写字母（a、…、zc）。基本偏差的概念不适用于 JS 和 js，它们的公差极限是相对于公称尺寸线对称分布的。基本偏差（公差带）相对于公称尺寸位置如图 7-22 所示。

（7）公差　公差是上极限尺寸与下极限尺寸之差。公差是一个没有符号的绝对值，公差也可以是上极限偏差与下极限偏差之差。

1）标准公差（IT）：线性尺寸公差 ISO 代号体系中的任一公差。

2）标准公差等级：标准公差等级标示符由 IT 及其之后的数字组成（如 IT7）。同一标准公差等级对所有公称尺寸的一组公差被认为具有同等精确程度。公称尺寸由 3mm 至 3150mm 的标准公差等级分为 IT01~IT18，具体数值可查阅附录中的表 A-1。

3）公差带：公差极限之间（包括公差极限）的尺寸变动值。公差带包含在上极限尺寸和下极限尺寸之间，由公差大小和相对于公称尺寸的位置确定。公差带不是必须包括公称尺寸，公差极限可以是双边的（两个值位于公称尺寸两边）或单边的（两个值位于公称尺寸的一边），当一个公差极限位于一边，而另一个公差极限为零时，这种情况则是单边标示的特例。

4）公差带代号：基本偏差和标准公差等级的组合。对于孔和轴，公差带代号分别由代表孔的基本偏差的大写字母和代表轴的基本偏差的小写字母与代表标准公差等级的数字的组合标示，如 H7（孔）和 h7（轴）。

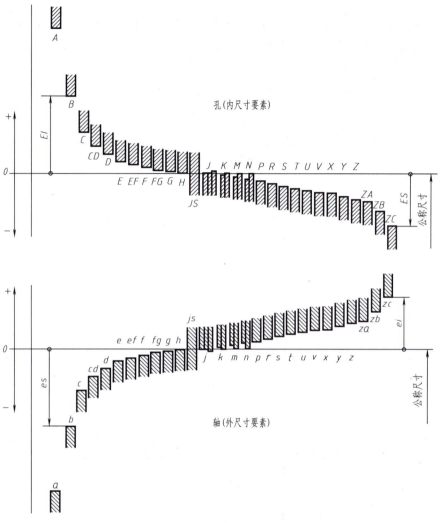

图7-22 基本偏差（公差带）相对于公称尺寸位置

3. 配合的相关术语

（1）孔 孔代表工件的内尺寸要素，包括非圆柱面形的内尺寸要素。

（2）基准孔 基准孔是指在基孔制配合中选作基准的孔，即下极限偏差为零的孔。

（3）轴 轴代表工件的外尺寸要素，包括非圆柱形的外尺寸要素。

（4）基准轴 基准轴是指在基轴制配合中选作基准的轴，即上极限偏差为零的轴。

（5）间隙 间隙是指当轴的直径小于孔的直径时，孔和轴的尺寸之差。

1）最小间隙：在间隙配合中，孔的下极限尺寸与轴的上极限尺寸之差。

2）最大间隙：在间隙配合或过渡配合中，孔的上极限尺寸与轴的下极限尺寸之差。

（6）过盈 过盈是指当轴的直径大于孔的直径时，相配孔和轴的尺寸之差。

1）最小过盈：在过盈配合中，孔的上极限尺寸与轴的下极限尺寸之差。

2）最大过盈：在过盈配合或过渡配合中，孔的下极限尺寸与轴的上极限尺寸之差。

（7）配合 配合是指类型相同且待装配的外尺寸要素（轴）和内尺寸要素（孔）之间

的关系。

1）间隙配合：孔和轴装配时总是存在间隙的配合。此时，孔的下极限尺寸大于或在极端情况下等于轴的上极限尺寸，如图 7-23 所示。

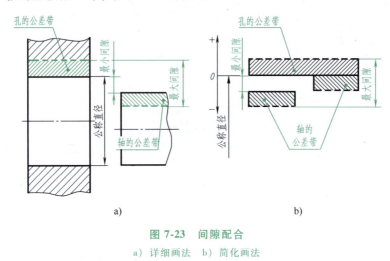

图 7-23　间隙配合

a）详细画法　b）简化画法

2）过盈配合：孔和轴装配时总是存在过盈的配合。此时，孔的上极限尺寸小于或在极端情况下等于轴的下极限尺寸，如图 7-24 所示。

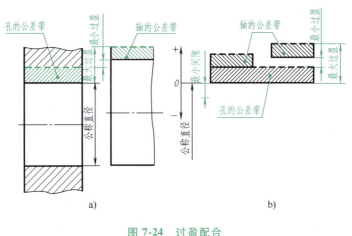

图 7-24　过盈配合

a）详细画法　b）简化画法

3）过渡配合：孔和轴装配时可能具有间隙或过盈的配合。在过渡配合中，孔和轴的公差带或完全重叠或部分重叠，因此，是否形成间隙配合或过盈配合取决于孔和轴的实际尺寸，如图 7-25 所示。

　　注意：在图 7-23～图 7-25 所示三种配合，公称尺寸 = 孔的下极限尺寸。限制公差带的水平粗实线表示基本偏差，限制公差带的虚线代表另一个极限偏差。

（8）配合公差　配合公差是指组成配合的两个尺寸要素的尺寸公差之和。配合公差是一个没有符号的绝对值，其表示配合所允许的变动量。间隙配合公差等于最大间隙与最小间

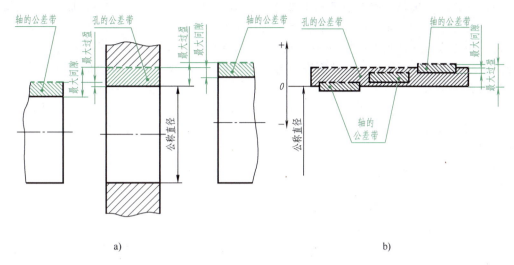

图 7-25　过渡配合

a）详细画法　　b）简化画法

隙之差，过盈配合公差等于最大过盈与最小过盈之差，过渡配合公差等于最大间隙与最大过盈之和。

4. 配合制的相关术语

配合制是确定公差的孔和轴组成的一种配合制度。形成配合的前提条件是孔和轴的公称尺寸相同。

（1）基孔制配合　基孔制配合是孔的基本偏差为零（下极限偏差等于零）的配合，即孔的下极限尺寸与公称尺寸相同的配合制。所要求的间隙或过盈由不同公差带代号的轴与一基本偏差为零的公差带代号的基准孔相配合得到，如图 7-26a 所示。

（2）基轴制配合　基轴制配合是轴的基本偏差为零（上极限偏差等于零）的配合，即轴的上极限尺寸与公称尺寸相同的配合制。所要求的间隙或过盈由不同公差带代号的孔与一基本偏差为零的公差带代号的基准轴相配合得到，如图 7-26b 所示。

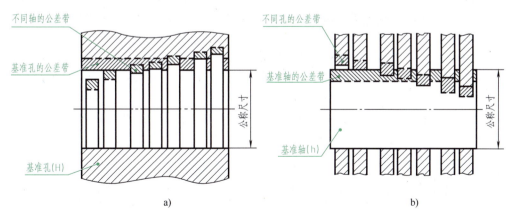

图 7-26　基孔制和基轴制配合

a）基孔制配合　　b）基轴制配合

（3）配合制的选择　基孔制配合和基轴制配合这两种配合制对零件的功能没有技术性的差别，因此应基于经济因素选择配合制。通常情况下，应选择基孔制配合。这种选择可避免工具（如铰刀）和量具不必要的多样性。基轴制配合应仅用于那些可以带来切实经济利益的情况，如需要在没有加工的拉制钢棒的单轴上安装几个具有不同偏差的孔的零件。

5. 配合的标注

（1）零件图的标注　在零件图中，对有配合要求的尺寸，在其公称尺寸后面应加注公差带代号或极限偏差值，也可将两者同时注出，如 32 H7、$32^{+0.025}_{0}$、32H7（$^{+0.025}_{0}$）或 $32^{+0.025}_{0}$（H7）。

（2）在装配图中的标注　相配尺寸要素间的配合标注为公称尺寸后面同时加注孔和轴的公差带代号，如 52 H7/g6 或 $52\dfrac{H7}{g6}$。

6. 极限偏差的确定

孔和轴的上、下极限偏差可通过查附录中的表 A-1 确定标准公差数值，进而计算出极限偏差，也可通过查附录中的表 A-2 和表 A-3 直接获得极限偏差。

【例 7-5】 已知孔与轴的配合尺寸为 ϕ32 H8/g7，解释其含义，并确定孔与轴的极限偏差、公差和配合公差。

含义：

1）孔的公称尺寸为 ϕ32，公差带代号为 H8，基本偏差标识符为 H，标准公差等级为 IT8。

2）轴的公称尺寸为 ϕ32，公差带代号为 g7，基本偏差标识符为 g，标准公差等级为 IT7。

3）孔的基本偏差标识符为 H，因此孔为基准孔，两者的配合制为基孔制配合。由图 7-22 可知，ϕ32H8/g7 属于间隙配合。

查表：

1）查附录中的表 A-1，由公称尺寸 ϕ32mm 所在行（大于 30 至 50mm）对应标准公差等级 IT8 列得到标准公差数值为 0.039mm，IT7 为 0.025mm。

2）查附录中的表 A-2，由公称尺寸 ϕ32mm 所在行对应 H8 列，得到孔的上极限偏差 $ES = +0.039$mm，下极限偏差 $EI = 0$mm，公差 $= ES - EI = 0.039$mm-0mm$= 0.039$mm，结果与查表 A-1 结果一致。

3）查附录中的表 A-3，由公称尺寸 ϕ32mm 所在行对应 H7 列，得到轴的上极限偏差 $es = -0.009$mm，下极限偏差 $ei = -0.034$mm，公差值 $= es - ei = -0.009$mm$-(-0.034$mm$) = 0.025$mm，结果与查表 A-1 结果一致。

4）孔与轴的最大间隙 $= ES - ei = +0.039$mm$-(-0.034$mm$) = 0.073$mm，孔与轴的最小间隙 $= EI - es = 0$mm$-(-0.009$mm$) = 0.009$mm。

三、几何公差（GB/T 1182—2018）

1. 基本概念

几何公差是指零件在加工过程中涉及的形状、方向、位置和跳动相对于理想状态的允许变动量，如图 7-27 所示。对于要求一般的零件来说，只要保证其尺寸公差即可满足使用要求，而对于要求较高的零件，除了保证尺寸公差外，还要保证其几何公差满足设计要求，否则会导致零件的装配过程困难和产品的无法正常使用。

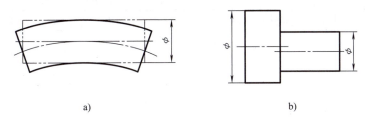

图 7-27 几何公差的类型
a）形状公差 b）位置公差

2. 几何公差符号

（1）几何公差的几何特征符号 几何公差符号的内容有几何公差特征符号、公差框格、公差值、基准符号、附加符号。几何公差类型及几何特征符号见表 7-12。

表 7-12 几何公差类型及几何特征符号

公差类型	几何特征	符号	有无基准	公差类型	几何特征	符号	有无基准
形状公差	直线度	—	无	位置公差	位置度	⊕	有或无
	平面度	▱	无		同心度（用于中心点）	◎	有
	圆度	○	无				
	圆柱度	⌭	无		同轴度（用于轴线）	◎	有
	线轮廓度	⌒	无				
	面轮廓度	⌓	无		对称度	═	有
方向公差	平行度	∥	有		线轮廓度	⌒	有
	垂直度	⊥	有				
	倾斜度	∠	有		面轮廓度	⌓	有
	线轮廓度	⌒	有	跳动公差	圆跳动	∕	有
	面轮廓度	⌓	有		全跳动	⌰	有

注：本表仅摘选标准的一部分，详细内容请查阅 GB/T 1182—2018。

几何公差的公差带是由一个或几个理想的几何线或面所限定的、由线性公差值表示其大小的区域。它的主要形状有一个圆内的区域、两同心圆之间的区域、两等距线或两平行直线之间的区域、一个圆柱面内的区域、两同轴圆柱面之间的区域、两等距面或两平行平面之间的区域、一个圆球面内的区域。

（2）公差框格　用公差框格标注几何公差时，公差要求注写在划分成两格或多格的矩形框格内。各格自左至右顺序标注几何特征符号、公差值和基准，常见样式如图7-28所示。

图 7-28　公差框格的常见样式

a）无基准　b）单个基准　c）公共基准　d）基准体系　e）一个公差用于几个相同要素
f）几个公差用于同一个要素

1）几何特征符号：按照表7-12所列符号进行标注。

2）公差值：以线性尺寸单位表示的量值。如果公差带为圆形或圆柱形，则公差值前应加注符号"ϕ"；如果公差带为圆球形，则公差值前应加注符号"$S\phi$"。

3）基准：用一个字母表示单个基准或用几个字母表示基准体系或公共基准。

（3）几何公差的标注

1）被测要素：用指引线（终端带箭头）连接被测要素和几何公差框格，指引线引自框格的任意一侧，如图7-29所示。

2）基准要素：用一个大写字母表示。字母标注在基准方格内，与一个涂黑的或空白的三角形相连。表示基准的字母还应标注在公差框格内，如图7-30所示。

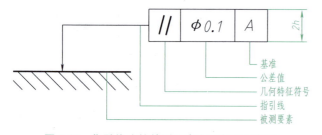

图 7-29　指引线连接被测要素和几何公差框格

图 7-30　基准符号

3. 几何公差的标注示例

几何公差的标注示例及要求见表7-13。

表 7-13　几何公差的标注示例及要求

标注示例	标注要求
	当几何公差涉及轮廓线或轮廓面时，箭头指向该要素的轮廓线或其延长线；且应与尺寸线明显错开；箭头也可指向引出线（引自被测面）的水平线
	当几何公差涉及要素的中心线、对称中心面或中心点时，箭头应位于相应尺寸线的延长线上

（续）

标注示例	标注要求
	当基准要素是轮廓线或轮廓面时,基准三角形放置在要素的轮廓线或其延长线上,且应与尺寸线明显错开;基准三角形也可放置在该轮廓面引出线的水平线上
	当基准要素是尺寸要素确定的轴线、对称中心面或中心点时,基准三角形应放置在该尺寸线的延长线上;如果没有足够的空间标注基准要素尺寸的两个尺寸箭头,则其中一个箭头可用基准三角形代替
A $A—B$ A B C	以单个要素作基准时,用一个大写字母表示;以两个要素建立公共基准时,用中间加连接线的两个大写字母表示;以两个或三个基准建立基准体系,即采用多基准时,表示基准的大写字母按基准的优先顺序自左至右填写在各框格内
$Ra\,1.25$ $GB/T\,4459.5-B2/6.3$ $Ra\,1.25$ A $GB/T\,4459.5-B1/3.15$ A	以中心孔的轴线为基准时,基准三角形可按标注示例标注

【例7-6】 如图7-31所示为气门阀杆的零件图,解释几何公差①~④的含义。

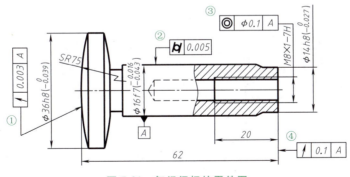

图7-31 气门阀杆的零件图

解释:

① $SR75$ 的球面相对于 $\phi16f7$ 圆柱轴线的圆跳动公差值为 0.003mm。

含义:在任一垂直于基准轴线 A 的横截面内, $SR75$ 的球面应限定在半径差为 0.003mm、球心在基准轴线 A 上的两同心球面之间。

② $\phi16f7$ 圆柱面的圆柱度公差值为 0.005mm。

含义：ϕ16f7 圆柱面应限定在半径差为 0.005mm 的两同轴圆柱面之间。

③ M8×1 螺纹孔的轴线相对于 ϕ16f7 圆柱轴线的同轴度公差值为 ϕ0.1mm。

含义：螺纹孔的轴线应限定在直径间距为 ϕ0.1mm、以基准轴线 A（ϕ16f7 圆柱轴线）为轴线的圆柱面内。当以螺纹轴线为被测要素或基准要素时，默认为螺纹中径的轴线，否则应另有说明，如用 "MD" 表示大径，用 "LD" 表示小径。

④ ϕ14h8 右端面相对于 ϕ16f7 圆柱轴线的圆跳动公差值为 0.1mm。

含义：在与基准轴线 A（ϕ16f7 圆柱轴线）同轴的任一圆柱形截面上，右端面应限定在轴向距离等于 0.1mm 的两个等圆之间。

第五节 零件的典型工艺结构

本节主要介绍零件毛坯在铸造成型和机械加工过程中的典型工艺结构。

一、铸造工艺结构

铸件常见工艺结构见表 7-14。

表 7-14　铸件常见工艺结构

类别	图例	说明
铸造圆角	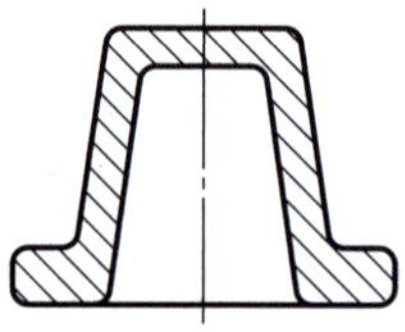	为了防止砂型在尖角处脱落，避免金属液体在尖角处冷却时产生裂纹和缩孔，在铸件各表面相交处均以圆角过渡，这种圆角称为铸造圆角；圆角半径一般在技术要求中统一说明
起模斜度	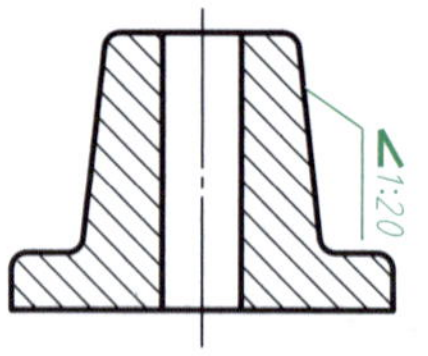	为了便于从砂型中取出模样，通常在铸件沿起模方向的内、外壁上均设计出约 1∶20 的斜度，这种斜度称为起模斜度；起模斜度一般不画出，也不标注
铸件壁厚	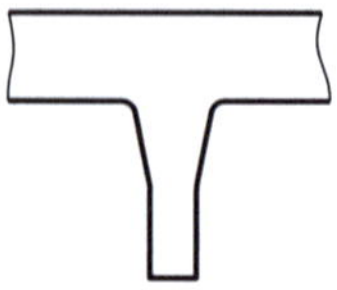	为了避免浇注铸件时，各部分厚度不同导致冷却速度不均而产生缩孔和裂纹，尽量使铸件的壁厚均匀或逐渐变化一致
过渡线	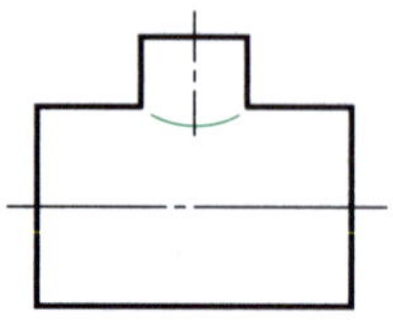	在铸造零件上，两表面相交存在过渡圆角，致使零件表面之间的交线不明显，这条交线称为过渡线；零件图中用细实线按无圆角过渡画出该交线，但两端与轮廓线断开

（续）

类别	图例	说明
凸台、凹坑、凹槽	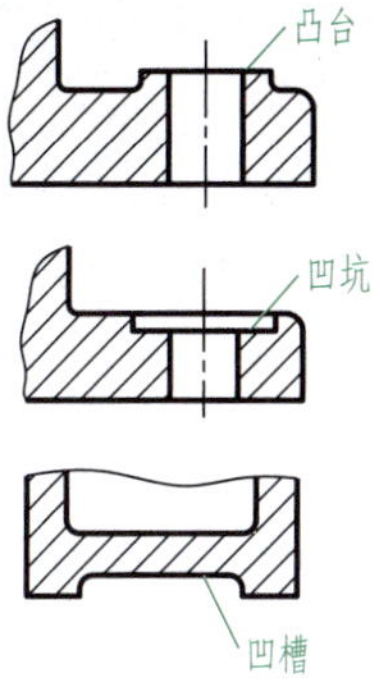	为了保证加工表面的质量,节省材料,减少加工面,且能保证接触良好,零件常设计出凸台、凹坑、凹槽等

二、机械加工工艺结构

机械加工工艺结构见表 7-15。

表 7-15　机械加工工艺结构

类型	图例	说明
倒角和倒圆	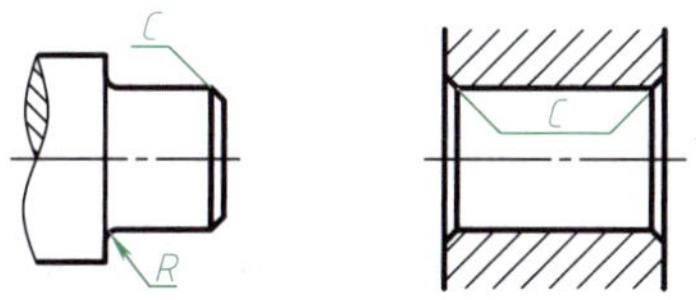	为了去除毛刺、锐边和便于装配,在轴和孔的端部一般都加工出倒角 　　为了避免零件因应力集中而产生裂纹,将轴肩、孔肩处加工成圆角过渡,即倒圆;倒圆可以不画,但需注出半径尺寸
退刀槽	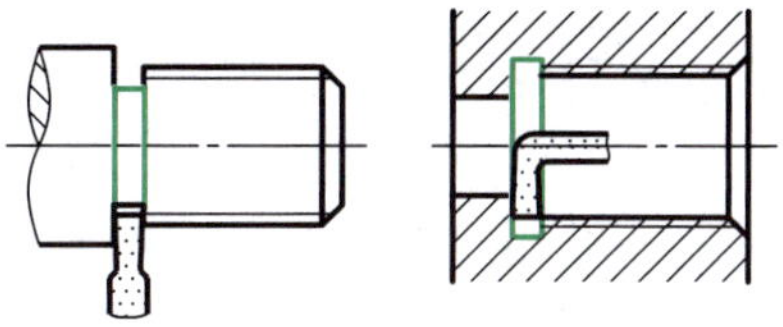	为了便于车削加工内、外螺纹时的进刀和退刀,常在零件根部预先加工出退刀槽
砂轮越程槽	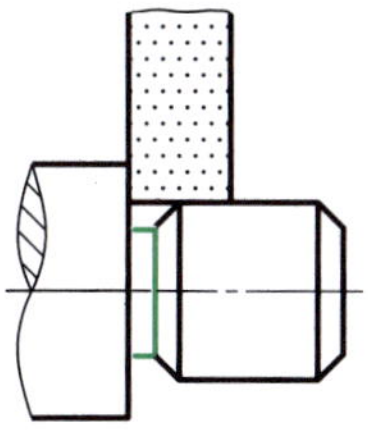	为了便于在磨削加工时砂轮超越加工面,保证加工质量,常在零件根部预先加工出砂轮越程槽
钻孔结构	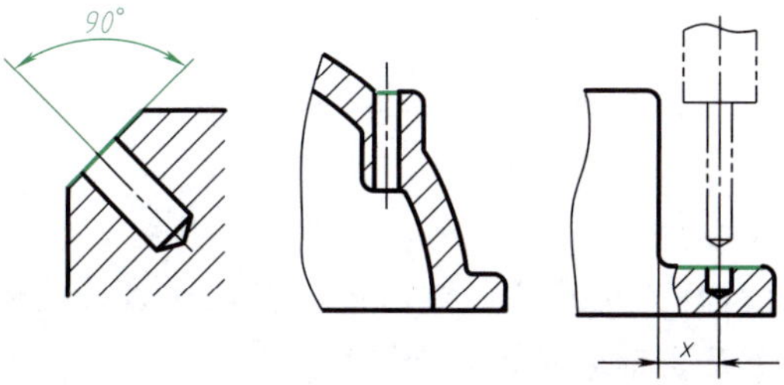	为了保证钻孔的准确定位,防止钻头歪斜、折断,应尽量使钻头与孔的端面垂直;钻孔的部位应留有足够的钻头工作空间

第六节 读零件图

在实际生产中，工程技术人员不仅需要绘制零件图的能力，还应具备读零件图的能力。通过阅读零件图，了解零件的结构形状、尺寸大小、功能特点及加工时所需达到的技术要求等内容，便于制订合理的加工工艺方案。

一、读零件图的要求

读零件图的具体要求有以下三个方面。

1）了解零件的名称、材料和用途。

2）分析零件的视图表达，读懂零件各部分的结构形状。

3）分析零件图的尺寸标注和技术要求，理解零件的设计意图和加工过程。

二、读零件图的方法和步骤

因零件的结构类型和功能不同，零件图的内容差异较大，但对于不同内容的零件图，读图的方法基本相同，可按如下步骤进行。

1）看标题栏。了解零件名称、材料、绘图比例，分析零件类型、功用、毛坯的加工方式等。

2）视图分析。分析各图形的表达意义、剖切的位置、投影的方向等，构思零件各个部分的结构形状。

3）尺寸分析。找出长、宽、高三个方向的尺寸基准，分析定形尺寸、定位尺寸和总体尺寸。

4）技术要求分析。由标注了解对零件表面结构、尺寸公差、几何公差等各项不同的具体加工和精度要求；由文字了解对零件材料的处理、检验、加工等要求。

5）综合归纳。对零件图做全面分析，归纳零件的制造要求，构思零件的整体形状和大小，必要时还应参考装配图或其他技术资料。

以上步骤可根据实际情况简化或增加。

三、读零件图举例

【例7-7】 根据如图7-32所示的零件图，分析并构思出零件立体。

读图过程：

1）看标题栏。由标题栏可知，该零件的名称为壳体，它是一种起支承、连接其他零件和承受载荷的箱体类零件。该零件的材料为灰铸铁，可以确定其毛坯经铸造加工而成；由比例1:2可知，该零件图中的图形大小是实际零件大小的1/2。

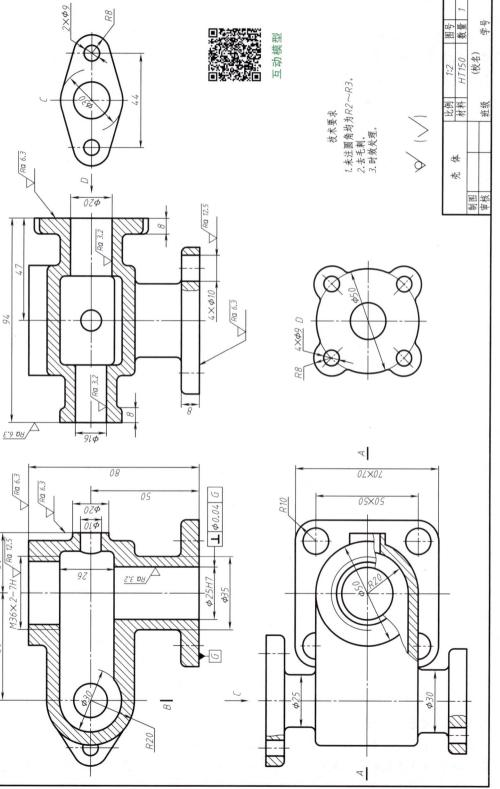

图 7-32　壳体零件图

互动模型

技术要求
1.未注圆角均为R2~R3。
2.去毛刺。
3.时效处理。

壳　体

$\sqrt{}$ ($\sqrt{}$)

制图		比例	1:2	图号	
审核		材料	HT150	数量	1
		班级	(校名)	学号	

197

2）功能分析。该零件通过前、后法兰与管道或其他零件连接，通过壳体的孔进行流体的传输。

3）视图分析。由主、俯视图可以看出，该零件的主体为右侧附带凸台的直立筒体与左侧筒体垂直相交而成；前、后法兰及底板的形状分别由俯视图和两个局部视图表达；内部空腔结构及形状由三个采用剖视图的基本视图表达。

4）尺寸分析。长、宽、高三个方向的尺寸基准分别为 $\phi25H7$ 圆柱孔的轴线、前后近似对称面和底板底面；底板共有 4 个供安装用的通孔，定形尺寸是 $4\times\phi10$，定位尺寸是 50×50；前法兰有 4 个供连接用的通孔，定形尺寸是 $4\times\phi9$，定位尺寸是 $\phi50$；后法兰有 2 个供连接用的通孔，定形尺寸是 $2\times\phi9$，定位尺寸是 44；零件的总宽、总高尺寸分别为 94、80，总长尺寸未标注，其值由法兰的定形和定位尺寸、底板的定形尺寸共同决定。

5）技术要求分析。零件的表面粗糙度有四种，最光滑面的表面粗糙度 Ra 值为 $3.2\mu m$，最粗糙的面为铸造毛坯面；零件有一处几何公差要求，即 $\phi25H7$ 孔的轴线相对于底板底面的垂直度公差值为 $\phi0.04$；孔的尺寸 $\phi25H7$ 表示其公称尺寸为 $\phi25$，孔的公差带代号为 H7，基本偏差代号为 H，标准公称等级代号为 7，它可以与轴形成基孔制配合；螺纹孔的尺寸 $M36\times2-7H$ 表示其公称尺寸为 M36，细牙普通螺纹，螺距为 2，右旋，中径顶径的公差带代号为 7H，旋合长度为中等。

6）综合归纳。经上述几方面的分析可知，该零件的结构属于中等复杂程度，其整体结构、外形及内腔的形体构思请扫描图 7-32 所示零件图中二维码查看。

第七节　零件测绘

零件测绘是根据已有的零件实物，借助工具测量出它的尺寸，绘制出零件草图，再通过分析制订出技术要求，最后完成零件图。零件测绘可以提高仿制速度、缩短设计周期、及时响应市场需求、减少设计错误，也可为自主设计或修配损坏的零件提供技术资料。

一、零件测绘的一般步骤

测绘的过程是先测量，再绘制草图，然后进行整理，最后用计算机绘制正规零件图。

1. 了解并分析零件

在测绘前，首先要了解零件的名称、材料、用途及其在机器中的位置和装配要求。分析零件各表面与其他零件之间的关系；然后对零件的结构进行分析，设想出加工该零件的方法，从而为确定视图表达方案、选择尺寸基准、合理标注尺寸、正确制订技术要求等奠定良好的基础。

2. 确定视图表达方案

根据零件分析的结果，按照视图选择原则，首先确定主视图的投射方向，再根据零件的复杂程度来选择其他视图、剖视图、断面图等表达方法，把零件的内、外结构形状完整、清晰、简洁地表达出来。

3. 画零件草图

测绘工作常在生产现场进行，通常不便使用绘图工具，而主要以徒手的形式绘制草图。根据实物依靠目测确定比例和尺寸，在白纸或方格纸上画出零件的各个视图。在画草图的过程中，应尽量保持零件各部分的作图比例大致相同，切不可量一下画一笔，会导致画图效率太低。

零件草图是画零件图的依据，必要时可根据草图直接加工零件。因此，零件草图的内容必须完整。

4. 画零件图

审查零件草图的视图表达、尺寸标注等是否完整、清晰、合理，技术要求是否齐全，必要时进行补充和修改，然后才能画零件图。

以上步骤可根据现场工作条件和个人习惯，进行调整。

二、测绘过程常见问题的处理

1. 工艺结构问题

零件上的工艺结构在草图中均应画出，不能省略。

2. 零件缺陷问题

零件因制造产生的缺陷或由使用造成的缺陷，在草图中均不画出。

3. 尺寸问题

1）有配合关系的尺寸，只测量出它们的公称尺寸，其配合性质及公差带应根据零件在机器中的作用进行分析、查阅相关资料后确定。

2）不重要的尺寸在测量后应适当进行圆整或取整数。

3）对于标准结构的尺寸，应将测量结果与标准值核对，一般采用标准结构的标准值。

4. 材料问题

可以根据测绘零件在机器中的作用或在设计中零件常用的材料来确定材料，也可采用类比的方法，对照同类产品来确定材料。

三、常用的测量工具及其使用

零件测绘的关键是测量零件的尺寸，因此应正确选择和使用测量工具。常用的测量工具有钢直尺、游标卡尺、内外卡钳、千分尺等，测量工具的用途见表 7-16。

表 7-16　测量工具的用途

名称	图示	用途
钢直尺		用于测量要求不高的长度尺寸

199

（续）

名称	图示	用途
游标卡尺	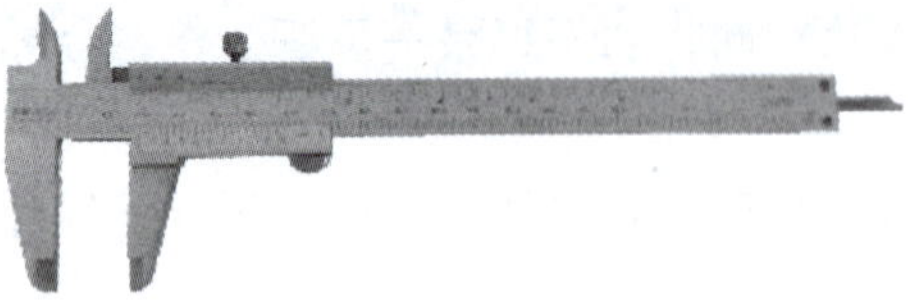	用于测量对精度要求比较高的长度、内径、外径及深度尺寸
内外卡钳	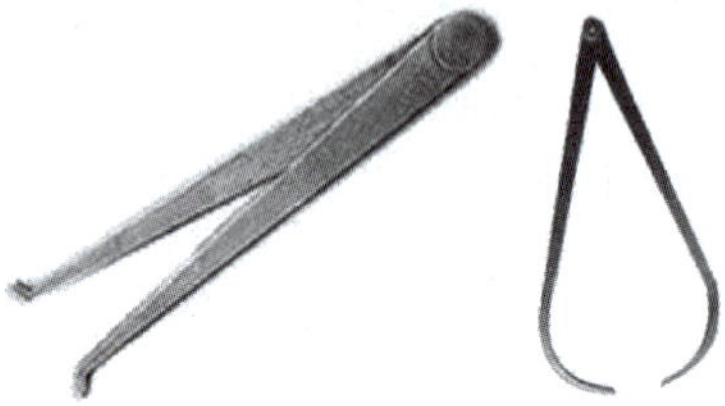	用于要求不高的零件尺寸的测量：内卡钳用于测量内径和凹槽；外卡钳用于测量外径和平面，需要将测量的长度尺寸在钢直尺上进行读数
千分尺	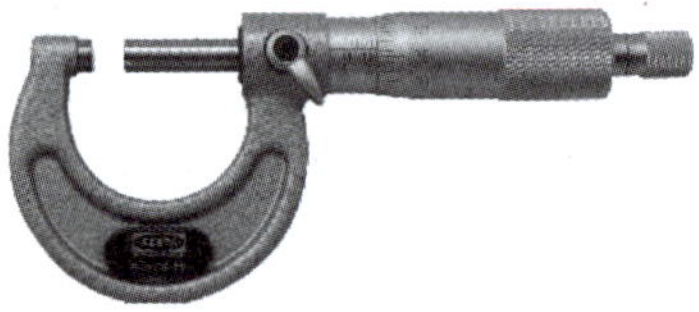	用于精密测量外径尺寸
螺距规		用于测量螺纹的螺距；当钢片上的牙型与被测螺纹牙型吻合时，钢片上的读数即为其螺距大小
圆角规	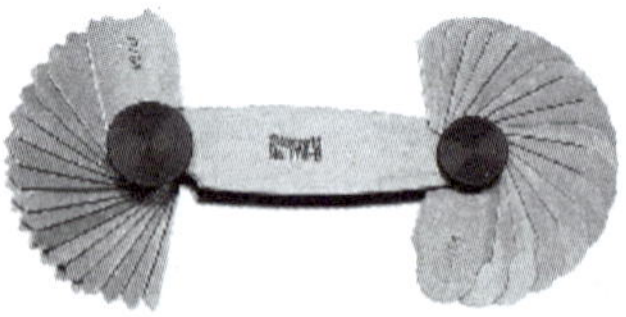	用于测量圆角半径尺寸；当钢片上的圆角与被测圆角面吻合时，钢片上的读数即为其半径大小

四、零件草图的绘制

草图并非"潦草的图"，由于是徒手画的图形，因此其精确度及效果会差一些，但零件草图仍要求做到图形正确、比例匀称、表达清晰、线型分明、尺寸完整、标注合理。

【例 7-8】　根据图 7-33 所示的轴承盖的立体图，绘制其零件草图。

绘图步骤：

1）选择合适图幅，布置视图，画出各视图的基准线及标题栏外框，留出标注尺寸的位置，如图 7-34a 所示。

2）目测比例，徒手画图，区分线型和线宽。根据盘盖类的表达方法，将主视图画为全剖视，采用相交平面剖切的方法，两个视图如图 7-34b 所示。

3）测量并标注所有尺寸，如图 7-34c 所示。

4）注写技术要求，填写标题栏，对草图进行检查、修改，完成草图的绘制，如图 7-34d 所示。

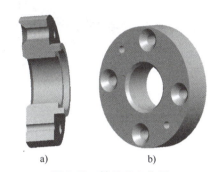

a)　　　　　b)

图 7-33　轴承盖立体图

a）主视剖面视角　b）左视外观视角

201

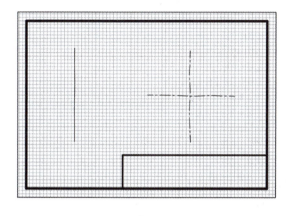

a)

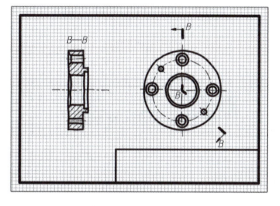

b)

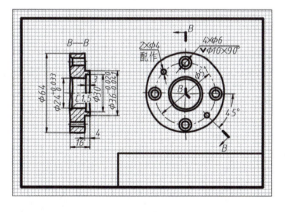

c)

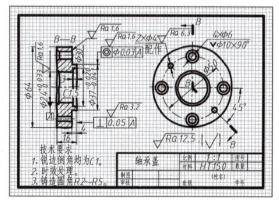

d)

图 7-34　轴承盖零件草图的绘图过程

【本章归纳】

零件图

- 零件图的作用和内容
- 零件的视图选择
  - 视图的选择
    - 主视图的选择 —— 加工位置原则、工作位置原则
    - 其他视图的选择
    - 视图的布置
  - 各类典型零件的视图选择
    - 轴套类零件 —— 主视图+移出断面图
    - 盘盖类零件 —— 主视图+左视图+其他视图
    - 叉架类零件 —— 主视图+左视图+断面图+局部视图
    - 箱体类零件 —— 主视图+左视图+俯视图+局部视图
- 零件图的尺寸标注
  - 零件的尺寸基准
    - 主要基准和辅助基准
    - 设计基准
    - 工艺基准
  - 合理标注尺寸的原则
    - 重要尺寸直接注出
    - 尺寸标注应便于加工和测量
    - 避免出现封闭尺寸链
    - 相互关联的尺寸不能同时注出
  - 常见结构的尺寸标注 —— 倒角、退刀槽、砂轮越程槽、键槽、销孔、沉孔、中心孔等
- 零件图的技术要求
  - 对表面结构的要求
    - 表面粗糙度
    - 表面粗糙度的轮廓参数
    - 粗糙度参数的选用
    - 表面结构表示法的规定
  - 公差、极限和配合
    - 互换性的概念
    - 公差和偏差的基本术语
    - 配合的相关术语
    - 配合制的相关术语
    - 配合的标注
    - 极限偏差的确定
  - 几何公差
    - 基本概念
    - 几何公差符号
    - 几何公差的标注示例
- 零件的典型工艺结构
  - 铸造工艺结构——圆角、起模斜度、壁厚均匀、凸台、凹坑等
  - 机械加工工艺结构 —— 倒角、倒圆、退刀槽、砂轮越程槽、钻孔结构等
- 读零件图
  - 零件图读图要求
  - 零件图读图步骤 —— 看标题栏 → 视图分析 → 尺寸分析 → 技术要求分析 → 归纳总结
- 零件测绘
  - 零件测绘的一般步骤
    - 了解并分析零件
    - 确定视图表达方案
    - 画零件草图
    - 画零件工作图
  - 测绘过程常见问题的处理
    - 工艺结构问题
    - 零件缺陷问题
    - 尺寸问题
    - 材料问题
  - 常用的测量工具及使用 —— 钢直尺、游标卡尺等
  - 绘制零件草图
    - 选择图幅,目测比例
    - 区分线型,徒手画图
    - 测量尺寸,标注尺寸
    - 技术要求,正确注写
    - 填标题栏,检查完成

【拓展阅读】

图 7-35 摘自某汽车制造企业生产的一款新能源汽车电驱中减速器中间轴的零件图（仅为主视图，省略了其他视图）。中间轴上从左到右依次有倒角、螺纹孔、花键（长度为 44 部分）、齿轮（长度为 40±0.1 部分）等结构。该零件图中，标注 ▽ 处为该零件的关键尺寸和技术要求。

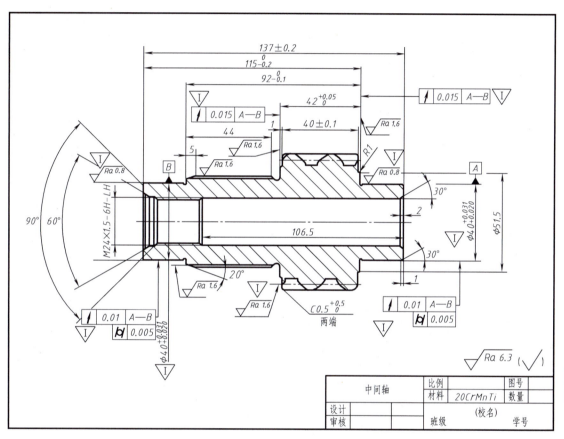

图 7-35　中间轴零件图

零件图设计完成之后，在加工之前有专人负责编写控制计划，控制计划包含加工工艺、先期风险分析、风险预防等内容。这款中间轴控制计划中的加工工艺见表 7-17。

表 7-17　中间轴控制计划中的加工工艺

工艺序号	加工内容	加工设备
OP10	钻中心孔	立式钻床
OP20	加工中心孔两端倒角	数控车床
OP30	粗车 A 端外圆及端面	数控车床
OP40	粗车 B 端外圆及端面	数控车床
OP50	钻 M24 螺纹底孔、车 M24 螺纹	数控车床
OP60	精车 A 端外圆及端面	数控车床

（续）

工艺序号	加工内容	加工设备
OP70	精车 B 端外圆及端面	数控车床
OP80	滚齿及倒棱,干式切削	滚齿倒棱一体机
OP90	插花键	插齿机
OP100	热处理:清洗-风干-加热-渗碳-保温-淬火-清洗-漂洗-回火	连续热处理炉
OP110	抛丸处理	强力抛丸机
OP120	打追溯二维码标记	激光打标机
OP130	精车端面-磨外圆	车磨复合机床
OP140	珩齿	珩齿机
OP150	清洗-漂洗-干燥	—

第八章 标准件和常用件

标准件和常用件在机器中使用量非常大，为便于生产和使用，它们的结构和尺寸已全部或部分标准化。在画图时，标准结构不需要画出真实结构的投影，只需按照国家标准规定的画法画出，并按国家标准规定的代号或标记方法进行标注即可。它们的结构和尺寸可按其规定标记，查阅相应的国家标准或机械零件手册得出。

本章的重点是标准件、常用件的规定画法和标记，在画图过程中需要严格按照国家标准要求绘制。作为初学者要注意以下两点：一是在螺纹、螺纹紧固件和齿轮的画法中有粗实线和细实线的区别；二是标准件和常用件在装配图中的画法。

第一节 螺纹

螺纹结构属于标准结构，其结构形状及尺寸均已标准化。

一、螺纹的形成及螺纹要素

1. 螺纹的形成

螺纹是在圆柱或圆锥表面上沿着螺旋线扫掠形成的，具有规定牙型断面的连续凸起和沟槽。凸起部分称为螺纹的牙，其顶端称为牙顶，沟槽底部称为牙底。在圆柱表面上加工的螺纹称为圆柱螺纹；在圆锥表面上加工的螺纹称为圆锥螺纹。在圆柱（或圆锥）外表面形成的螺纹称为外螺纹，在圆柱（或圆锥）内表面形成的螺纹称为内螺纹。

2. 螺纹的加工方法和工艺结构

（1）螺纹的加工方法

常用的螺纹加工方法分为切削加工和挤压加工两类。

图 8-1 所示为用车刀切削加工螺纹，将零件装夹在车床的卡盘上，卡盘带动零件做匀速旋转，同时，螺纹车刀沿零件轴线做匀速直线运动，当螺纹车刀给零件一个适当的背吃刀量时，在零件表面即可形成螺纹。

图 8-2 所示为用丝锥攻内螺纹，先用钻头钻出光孔（孔的锥顶角规定画成 120°），再用丝锥攻螺纹制成内螺纹。

（2）螺纹的工艺结构

1）螺纹端部：为了便于装配，内、外螺纹的端部一般都加工出倒角、倒圆，如图 8-3 所示。

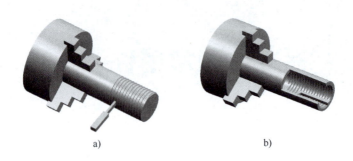

a)   b)

图 8-1　车刀切削加工螺纹

a）车外螺纹　b）车内螺纹

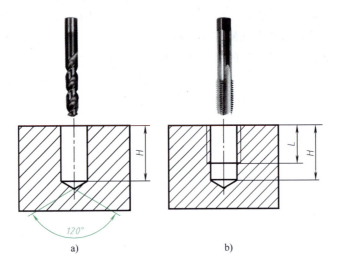

a)   b)

图 8-2　丝锥攻内螺纹

a）钻孔　b）攻螺纹

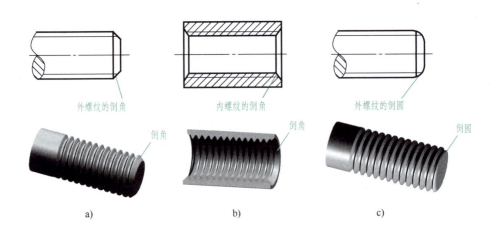

外螺纹的倒角　　　内螺纹的倒角　　　外螺纹的倒圆

倒角　　　　倒角　　　　倒圆

a)   b)   c)

图 8-3　螺纹的端部

a）外螺纹的倒角　b）内螺纹的倒角　c）外螺纹的倒圆

2）螺尾和退刀槽：加工螺纹时，车刀的退出和丝锥本身的结构都会造成螺纹的最末端几个牙型不完整，这一段螺纹称为螺纹的收尾，简称螺尾。螺尾为非正常工作部分。车削螺纹时，为了便于退刀，可在螺纹的终止处预先加工出一小槽，称为退刀槽，如图8-4所示。

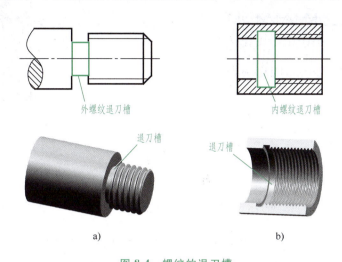

图 8-4　螺纹的退刀槽

a）外螺纹退刀槽　b）内螺纹退刀槽

（3）螺纹的结构要素

1）牙型：在通过螺纹轴线的断面上，螺纹轮廓的形状称为螺纹的牙型，常见的有三角形、梯形、锯齿形等，如图8-5所示。螺纹牙型标志着螺纹特征，它以不同的代号来表示，称为螺纹特征代号，如"M""Tr""B"等。在螺纹牙型上，相邻两牙的相邻两侧面间的夹角称为牙型角，不同种类螺纹的牙型角各不相同。

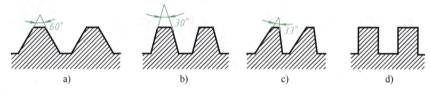

图 8-5　螺纹的牙型

a）普通螺纹（M）　b）梯形螺纹（Tr）　c）锯齿形螺纹（B）　d）矩形螺纹

2）直径：螺纹的直径分为大径（d 或 D）、小径（d_1 或 D_1）和中径（d_2 或 D_2），如图8-6所示。

大径（公称直径）：与外螺纹牙顶或内螺纹牙底相切的假想圆柱面的直径，称为螺纹的大径，也称公称直径。外螺纹的大径用 d 表示，内螺纹的大径用 D 表示。

小径：与外螺纹牙底或内螺纹牙顶相切的假想圆柱面的直径，称为螺纹的小径。外螺纹的小径用 d_1 表示，内螺纹的小径用 D_1 表示。

中径：假想在大径和小径之间有一圆柱面，其母线上螺纹牙型的凸起宽度与沟槽宽度相等，这一圆柱面的直径称为螺纹中径。外螺纹的中径用 d_2 表示，内螺纹的中径用 D_2 表示。中径是反映螺纹精度的主要参数。

3）线数 n：形成螺纹时，螺旋线的条数称为线数。螺纹有单线和多线之分，沿同一条

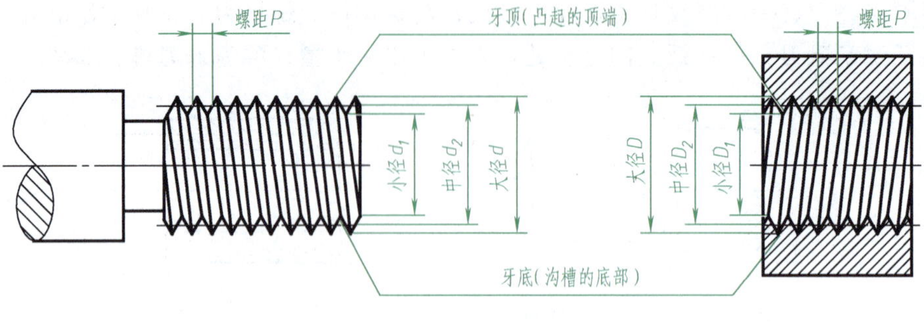

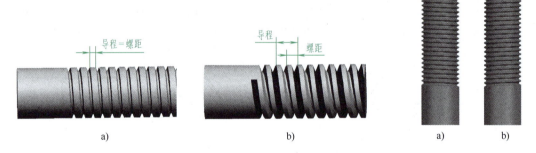

图 8-6 螺纹的直径

a）外螺纹 b）内螺纹

螺旋线形成的螺纹称为单线螺纹，沿两条以上螺旋线形成的螺纹称为多线螺纹，如图 8-7 所示。

4）导程 P_h 和螺距 P：螺纹相邻两牙在中径线上对应两点间的距离，称为螺距，用 P 表示；同一条螺旋线上相邻两牙在中径线上对应两点间的距离，称为导程，用 P_h 表示。单线螺纹的导程等于螺距，多线螺纹的螺距 P、导程 P_h 和线数 n 之间的关系为 $P_h = nP$，如图 8-7 所示。

5）旋向：螺纹旋向有左旋和右旋之分，内、外螺纹旋合时，顺时针旋入的螺纹称为右旋螺纹，逆时针旋入的螺纹称为左旋螺纹，如图 8-8 所示。判断螺纹旋向时，可将其沿轴线竖起，螺纹可见部分由左向右上升为右旋，反之为左旋。工程上常用右旋螺纹。

图 8-7 螺纹的线数、螺距和导程

a）单线螺纹 b）双线螺纹

图 8-8 螺纹的旋向

a）左旋螺纹 b）右旋螺纹

内、外螺纹须配合使用，只有螺纹要素完全相同的内、外螺纹才能旋合。

在螺纹的各要素中，牙型、大径和螺距为基本要素，这三个基本要素都符合国家标准的螺纹称为标准螺纹；牙型符合国家标准，而大径或螺距不符合国家标准的螺纹称为特殊螺纹；牙型不符合国家标准的螺纹称为非标准螺纹（如矩形螺纹等）。

二、螺纹的表示法

1. 螺纹的规定画法

GB/T 4459.1—1995 规定了螺纹在图样中的特殊表示法，见表 8-1。

表 8-1　螺纹的规定画法

螺纹	规定画法	说明
外螺纹	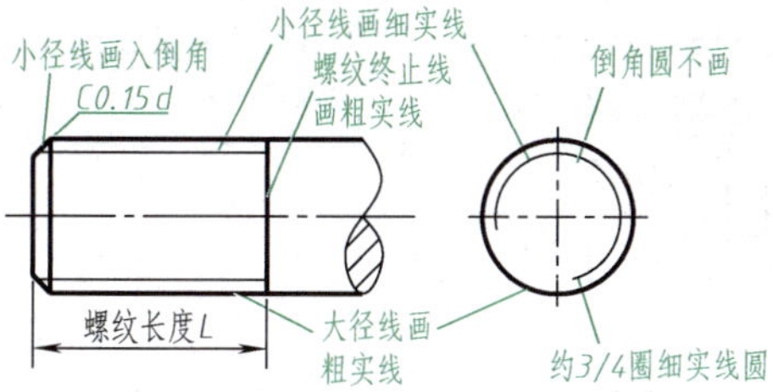	1)外螺纹大径用粗实线表示,小径用细实线表示并画入倒角内;螺纹终止线用粗实线表示 2)螺纹小径尺寸为约 0.85d(d 为外螺纹大径),倒角尺寸为约 0.15d 3)在投影为圆的视图中省略倒角圆,小径画成约 3/4 圈细实线圆
		采用剖视图或断面图时,剖面线应画到表示大径的粗实线为止
		在画带有内孔的外螺纹时,为了表示孔的结构,可以采用半剖视图或局部剖视图,被剖切部分的螺纹终止线仅画出表示螺纹牙高度的一段
内螺纹	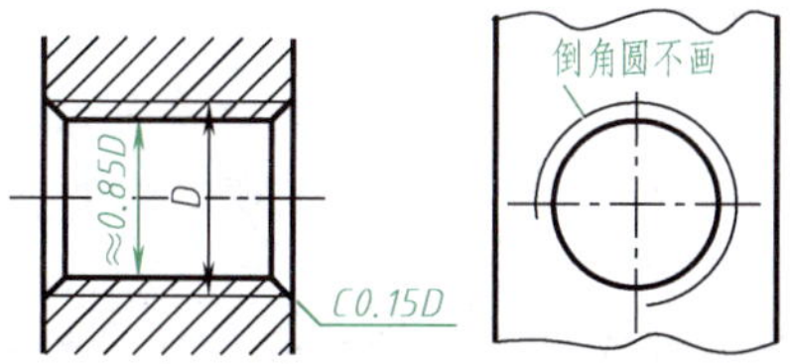	1)内螺纹小径用粗实线表示,大径用细实线表示,螺纹终止线用粗实线表示 2)螺纹小径尺寸为约 0.85D(D 为内螺纹大径),倒角尺寸为约 0.15D 3)在投影为圆的视图中省略倒角圆,大径画成约 3/4 圈细实线圆
		采用剖视图或断面图时,剖面线应画到小径的粗实线为止
		1)不通孔(盲孔)螺纹的钻孔深度比螺纹孔深度多 0.5D 2)钻孔底部圆锥角画成 120°

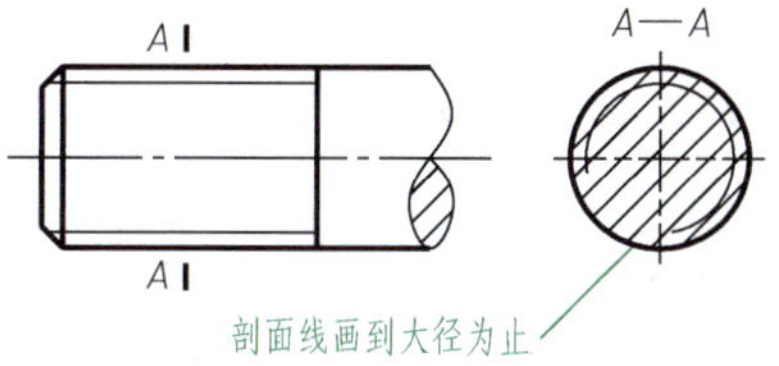

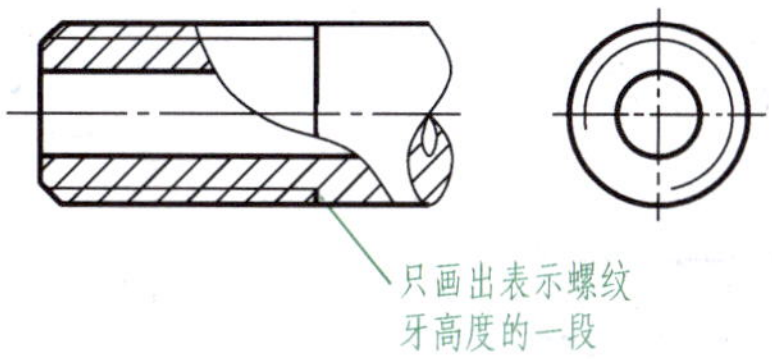

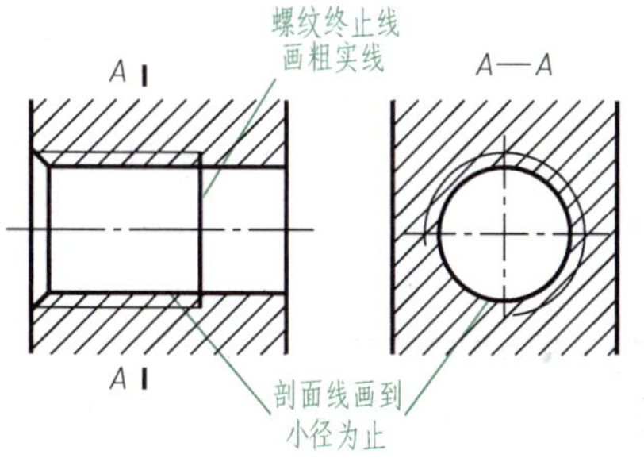

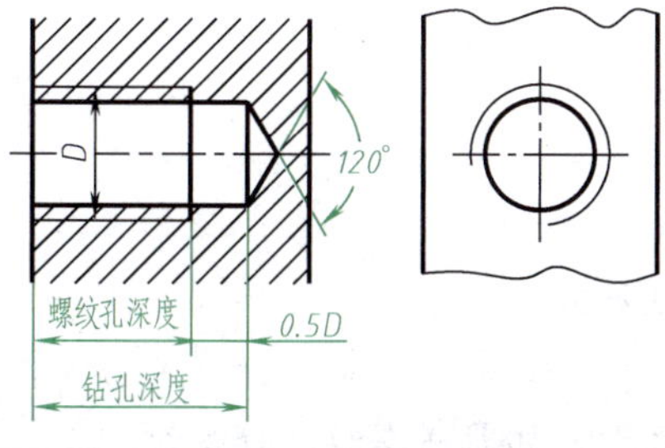

（续）

螺纹	规定画法	说明
内、外螺纹旋合	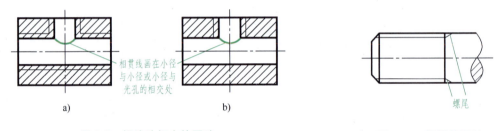	1）内、外螺纹旋合一般画成剖视图，旋合部分按外螺纹绘制，其余部分按各自的规定画法绘制 2）表示内、外螺纹大、小径的粗、细实线应分别对齐 3）剖视图或断面图中的剖面线应画到粗实线为止；剖切平面通过螺纹轴线时，外螺纹按不剖绘制

2. 螺纹孔相交的画法

螺纹孔相交时，只需画出钻孔的交线，如图 8-9 所示。

3. 螺尾的画法

螺尾部分一般不必画出，当需要表示螺尾时，该部分的牙底用与轴线成 30° 的细线绘制，如图 8-10 所示。

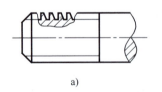

图 8-9 螺纹孔相交的画法
a）两内螺纹孔相交 b）螺纹孔和光孔相交

图 8-10 螺尾的画法

注意：GB/T 4459.1—1995 规定，凡是图样中所标注的螺纹长度，均指不包括螺尾在内的有效螺纹的长度。

4. 螺纹牙型的表示法

在需要表示螺纹牙型，并注出所画的尺寸及要求时，可按图 8-11 所示表示法画成局部剖视图或局部放大图。

三、螺纹的种类

1. 按螺纹要素是否标准分类

标准螺纹：牙型、大径和螺距符合国家标准的螺纹。

特殊螺纹：牙型符合国家标准，大径或螺距不符合国家标准的螺纹。

非标准螺纹：牙型不符合国家标准的螺纹。

2. 按螺纹的用途分类

连接螺纹：用于连接、紧固两零件的螺纹，如普通螺纹、管螺纹。

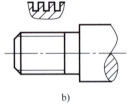

图 8-11 螺纹牙型的表示法
a）局部剖视图 b）局部放大图

210

传动螺纹：用于传递单向或双向动力的螺纹，如梯形螺纹、锯齿形螺纹。

3. 按螺纹的牙型分类

1）普通螺纹：牙型为三角形，牙型角为 60°。同一种大径的普通螺纹，一般有多种螺距，螺距最大的一种称为粗牙普通螺纹，其余的称为细牙普通螺纹。粗牙普通螺纹是最常用的连接螺纹，细牙普通螺纹主要用于细小的精密零件或薄壁零件。

2）梯形螺纹：牙型为等腰梯形，牙型角为 30°。梯形螺纹是最常用的传动螺纹，主要用于各种机床的丝杠上传递双向动力。

3）锯齿形螺纹：牙型为不等腰梯形，牙型角为 33°。锯齿形螺纹主要用于螺旋压力机的传动丝杠上传递单向动力。

4）矩形螺纹：牙型为正方形，牙型角为 0°。矩形螺纹是非标准螺纹，必须选用时，其直径和螺距可以按照梯形螺纹的直径和螺距选择。

5）55°密封管螺纹：牙型为三角形，牙型角为 55°。55°密封管螺纹旋合后有密封能力，常用于压力在 1.57MPa 以下的管道，如日常生活中用的水管、煤气管、润滑油管等。

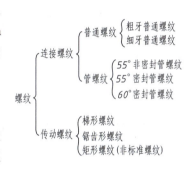

图 8-12　常用的螺纹分类

6）55°非密封管螺纹：牙型为三角形，牙型角为 55°，常用于电线管等不需要密封的管路系统中的连接。

7）60°密封管螺纹：牙型为三角形。60°密封管螺纹适用于管子、阀门、管接头、旋塞及其他管路附件的密封螺纹连接。

常用的螺纹分类如图 8-12 所示。

四、螺纹的图样标注

图样中的螺纹采用规定画法，国家标准规定以不同的螺纹标记来表达其结构要素。完整的螺纹标记由特征代号、尺寸代号、公差带代号和其他信息组成。

1. 普通螺纹的标记

根据 GB/T 197—2018，普通螺纹标记的内容和格式为

| 螺纹特征代号 | 尺寸代号 |-| 公差带代号 |-| 旋合长度代号 |-| 旋向代号 |

1）螺纹特征代号：普通螺纹以字母"M"表示。

2）尺寸代号：单线螺纹尺寸代号为"公称直径×螺距"，多线螺纹尺寸代号为"公称直径×Ph 导程 P 螺距"。同一大径的粗牙普通螺纹只有一种螺距，不需标注；细牙普通螺纹有多种螺距，必须标注。

3）公差带代号：由中径和顶径公差带代号组成，两个代号相同时只注写一个。

注意： 公差带代号中，外螺纹用小写字母、内螺纹用大写字母表示基本偏差代号。

4）旋合长度代号：普通螺纹的旋合长度分为短、中、长三组，分别用代号 S、N、L 表示，常用螺纹的旋合长度可查阅 GB/T 197—2018 确定。中等旋合长度"N"不标注。

5）旋向代号：左旋螺纹应标注旋向代号"LH"，右旋螺纹不标注。

211

螺纹副的标记采用斜线将其公差带代号分开,左边为内螺纹,右边为外螺纹,如 M18-6H/5g6g。

2. 梯形螺纹的标记

根据 GB/T 5796.4—2022,梯形螺纹标记的内容和格式为

$$\boxed{\text{螺纹特征代号}}\ \boxed{\text{尺寸代号}}\text{-}\boxed{\text{公差带代号}}\text{-}\boxed{\text{旋合长度代号}}\text{-}\boxed{\text{旋向代号}}$$

1)螺纹特征代号:梯形螺纹以字母"Tr"表示。

2)尺寸代号:单线螺纹尺寸代号为"公称直径×螺距",多线螺纹尺寸代号为"公称直径×导程 P 螺距"。

3)公差带代号:只标注中径公差带代号。

4)旋合长度代号:只有中、长两组旋合长度。长旋合长度代号为"L",中等旋合长度"N"不标注。

5)旋向代号:左旋螺纹应标注旋向代号"LH",右旋螺纹不标注。

3. 锯齿形螺纹的标记

根据 GB/T 13576.4—2008,锯齿形螺纹标记的内容和格式为

$$\boxed{\text{螺纹特征代号}}\ \boxed{\text{尺寸代号}}\ \boxed{\text{旋向代号}}\text{-}\boxed{\text{公差带代号}}\text{-}\boxed{\text{旋合长度代号}}$$

1)螺纹特征代号:锯齿形螺纹以字母"B"表示。

2)尺寸代号:单线螺纹尺寸代号为"公称直径×螺距",多线螺纹尺寸代号为"公称直径×导程(P 螺距)"。

3)旋向代号:左旋螺纹应标注旋向代号"LH",右旋螺纹不标注。

4)公差带代号:只标注中径公差带代号。

5)旋合长度代号:只有中、长两组旋合长度。长旋合长度代号为"L",中等旋合长度"N"不标注。

4. 管螺纹的标记

55°非密封管螺纹标记的内容和格式为

$$\boxed{\text{螺纹特征代号}}\ \boxed{\text{尺寸代号}}\ \boxed{\text{公差带代号}}\text{-}\boxed{\text{旋向代号}}$$

55°密封管螺纹标记的内容和格式为

$$\boxed{\text{螺纹特征代号}}\ \boxed{\text{尺寸代号}}\ \boxed{\text{旋向代号}}$$

1)螺纹特征代号:55°非密封管螺纹以字母"G"表示;55°密封圆柱内螺纹以字母"Rp"表示,与圆柱内螺纹 Rp 相配合的圆锥外螺纹以字母"R_1"表示,55°密封圆锥内螺纹以字母"Rc"表示,与圆锥内螺纹 Rc 相配合的圆锥外螺纹以字母"R_2"表示。

2)尺寸代号:管螺纹的尺寸代号通常以英寸为单位,表示成整数或分数形式。

3)公差带代号:非密封圆柱内螺纹的中径公差带代号仅有一种,可不标注;非密封圆柱外螺纹中径公差带代号分为 A、B 两种,必须标注。

4)旋向代号:左旋螺纹应标注旋向代号"LH",右旋螺纹不标注。

密封管螺纹副的标记采用斜线将其特征代号分开,左边为内螺纹,右边为外螺纹,如 Rp/R_1 3LH。非密封管螺纹副只标注外螺纹的标记代号。

5. 常用螺纹标注示例

普通螺纹、管螺纹、梯形螺纹和锯齿形螺纹的规定标注示例,见表8-2。

表 8-2 常用螺纹规定标注示例

螺纹种类		螺纹代号	标记图例	标记形式	标记说明
连接螺纹	普通螺纹	粗牙	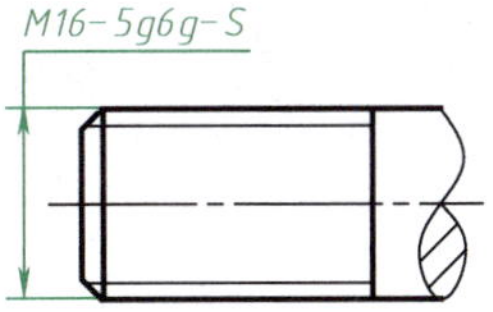 M16-5g6g-S	M16-5g6g-S	粗牙普通螺纹,公称直径为16mm,单线,右旋,中径和顶径公差带代号分别为5g和6g,短旋合长度 由于为粗牙普通螺纹,故螺距不标注
			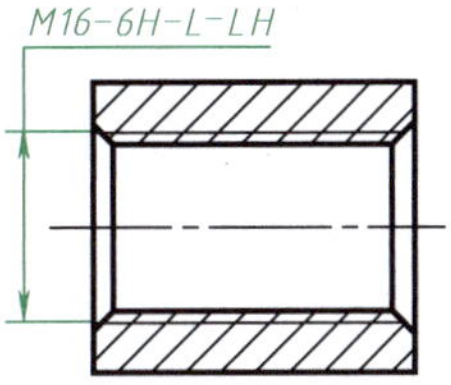 M16-6H-L-LH	M16-6H-L-LH	粗牙普通螺纹,公称直径为16mm,单线,左旋,中径和顶径公差带代号均为6H,长旋合长度
		细牙	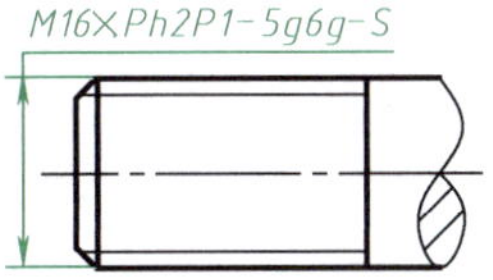 M16×Ph2P1-5g6g-S	M16×Ph2P1-5g6g-S	细牙普通螺纹,公称直径为16mm,螺距为1mm,导程为2mm,双线,右旋,中径和顶径公差带代号分别为5g和6g,短旋合长度
	管螺纹	55°非密封管螺纹	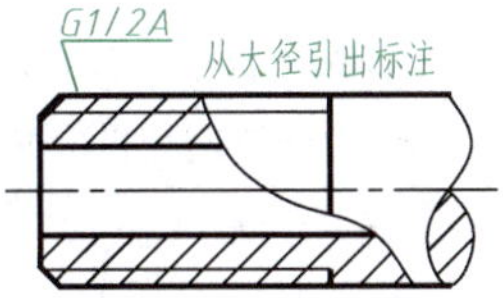 G1/2A 从大径引出标注	G1/2 A	55°非密封外管螺纹,尺寸代号为1/2,公差等级为A级,右旋 外管螺纹的公差等级分为A级和B级,需标注
			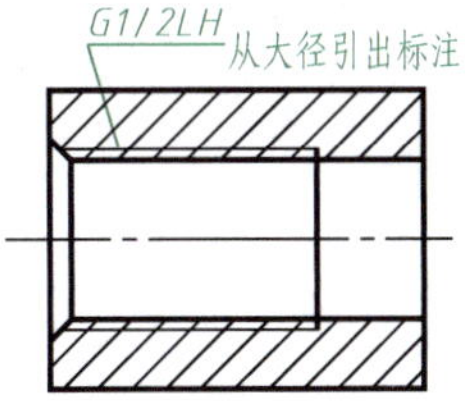 G1/2LH 从大径引出标注	G1/2 LH	55°非密封内管螺纹,尺寸代号为1/2,公差等级为A级,左旋 内管螺纹的公差等级只有一种,不需标注
		55°密封管螺纹	Rp Rc R₁ R₂	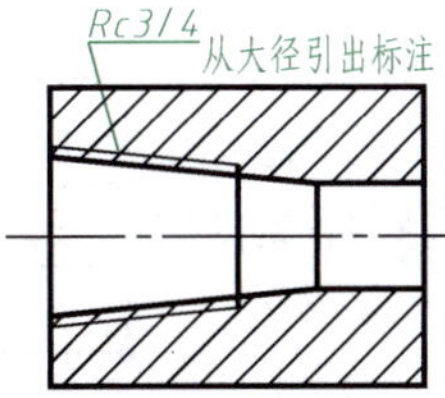 Rc3/4 从大径引出标注	Rc3/4	55°密封圆锥内管螺纹,尺寸代号为3/4,右旋

213

（续）

螺纹种类			螺纹代号	标记图例	标记形式	标记说明
传动螺纹	梯形螺纹	单线	Tr	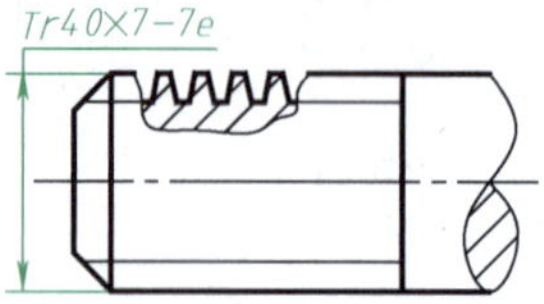 *Tr40×7-7e*	Tr40×7-7e	梯形螺纹，公称直径为 40mm，螺距为 7mm，单线，右旋，中径公差带为 7e，中等旋合长度
		多线		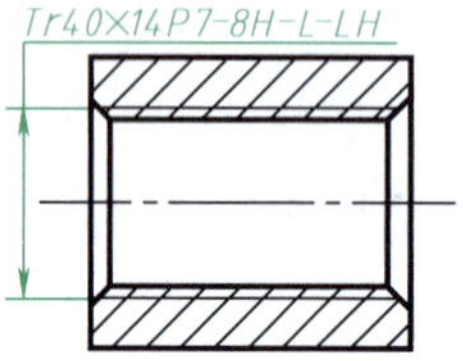 *Tr40×14P7-8H-L-LH*	Tr40×14P7-8H-L-LH	梯形螺纹，公称直径为 40mm，导程为 14mm，螺距为 7mm，双线中径公差带代号为 8H，长旋合长度，左旋
	锯齿形螺纹	单线	B	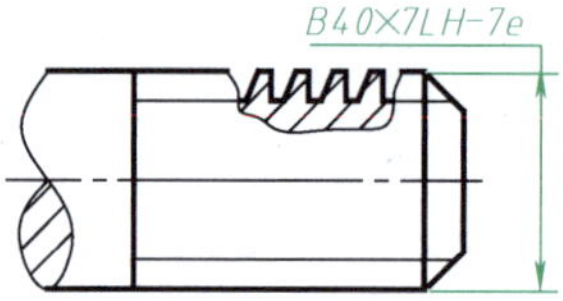 *B40×7LH-7e*	B40×7LH-7e	锯齿形螺纹，公称直径为 40mm，螺距为 7mm，左旋，中径公差带代号为 7e，中等旋合长度
		多线		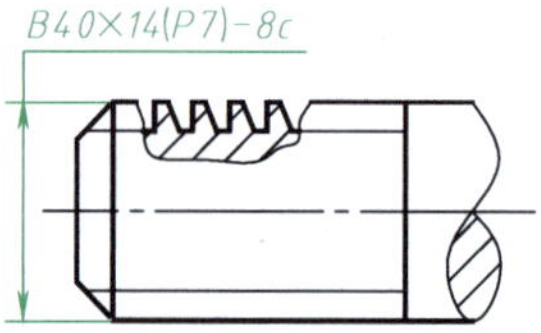 *B40×14(P7)-8c*	B40×14(P7)-8c	锯齿形螺纹，公称直径为 40mm，导程为 14mm，螺距为 7mm，双线，右旋，中径公差带代号为 8c，中等旋合长度

第二节　螺纹紧固件

一、常用螺纹紧固件及其规定标记

1. 螺纹紧固件

螺纹紧固件通过螺纹实现零件之间的连接和紧固。常用的螺纹紧固件有螺栓、双头螺柱、螺钉、螺母、垫圈等，如图 8-13 所示，并由专门的企业大批量生产，使用单位可按生产要求根据相关标准选用。在机械设计中，选用这些标准件时，不需要画出其零件图，但要在明细栏中列写出其规定标记，以便于外购。

2. 规定标记

常用螺纹紧固件的规定标记示例见表 8-3。

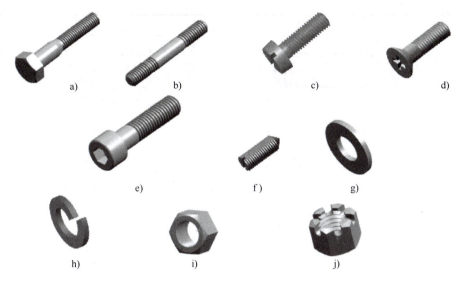

图 8-13　常见螺纹紧固件

a）六角头螺栓　b）双头螺柱　c）开槽圆柱头螺钉　d）开槽沉头螺钉　e）内六角圆柱头螺钉

f）紧定螺钉　g）平垫圈　h）弹簧垫圈　i）六角螺母　j）六角开槽螺母

表 8-3　常用螺纹紧固件的规定标记示例

名称	图例	规定标记及说明
六角头螺栓		规定标记:螺栓　GB/T 5782　M8×30 名称:螺栓 国标代号:GB/T 5782 螺纹规格:M8 公称长度:30mm
双头螺柱 （$b_m = 1d$）		规定标记:螺柱　GB/T 897　M10×40 名称:螺柱 国标代号:GB/T 897 螺纹规格:M10 公称长度:40mm
开槽圆柱头螺钉		规定标记:螺钉　GB/T 65　M10×45 名称:螺钉 国标代号:GB/T 65 螺纹规格:M10 公称长度:45mm
开槽沉头螺钉		规定标记:螺钉　GB/T 68　M10×50 名称:螺钉 国标代号:GB/T 68 螺纹规格:M10 公称长度:50mm

（续）

名称	图例	规定标记及说明
开槽锥端紧定螺钉	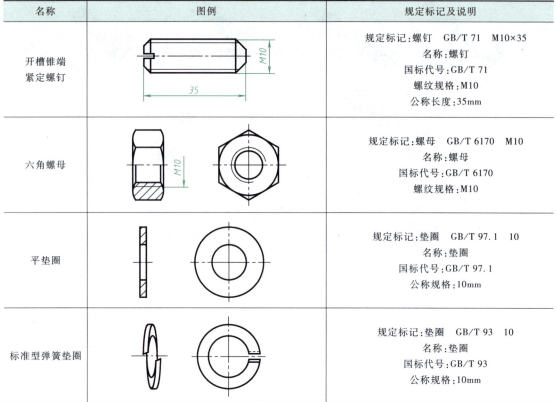	规定标记:螺钉 GB/T 71 M10×35 名称:螺钉 国标代号:GB/T 71 螺纹规格:M10 公称长度:35mm
六角螺母		规定标记:螺母 GB/T 6170 M10 名称:螺母 国标代号:GB/T 6170 螺纹规格:M10
平垫圈		规定标记:垫圈 GB/T 97.1 10 名称:垫圈 国标代号:GB/T 97.1 公称规格:10mm
标准型弹簧垫圈		规定标记:垫圈 GB/T 93 10 名称:垫圈 国标代号:GB/T 93 公称规格:10mm

二、螺纹紧固件及其连接画法

1. 螺纹紧固件的规定画法

根据螺纹紧固件的规定标记，可从附录 C 或有关国家标准中查出它们的结构形式和全部尺寸。绘图时一般不按实际尺寸画出，而是采用比例画法，即螺纹紧固件的各部分尺寸（除公称长度 l 外）均按与螺纹规格（d 或 D）成一定比例关系来确定。

2. 螺纹紧固件在装配图中的画法

在装配图中绘制螺纹紧固件连接时，应遵循下列基本规定。

1）两零件接触表面画一条线，非接触表面画两条线。

2）在剖视图中，相邻两个零件的剖面线方向相反，或者方向一致而间隔不相等；同一个零件在不同剖视图中的剖面线方向和间隔必须一致。

3）在装配图中，当剖切平面通过螺杆的轴线时，螺柱、螺栓、螺钉、螺母及垫圈等均按未剖切绘制。

4）在装配图中，螺纹紧固件的工艺结构，如倒角、退刀槽、缩颈、凸肩等均可省略不画。

5）在装配图中，不穿通的螺纹孔可不画出钻孔深度，仅按有效螺纹部分的深度（不包括螺尾）画出。

6）在装配图中，常用螺栓、螺钉的头部及螺母等可采用简化画法画出。

3. 螺纹紧固件的连接类型

螺纹紧固件连接主要有如下类型。

（1）螺栓连接　螺栓连接用于两个零件不太厚并允许钻成通孔的场合。螺栓连接的规定画法（比例画法）如图 8-14 所示。

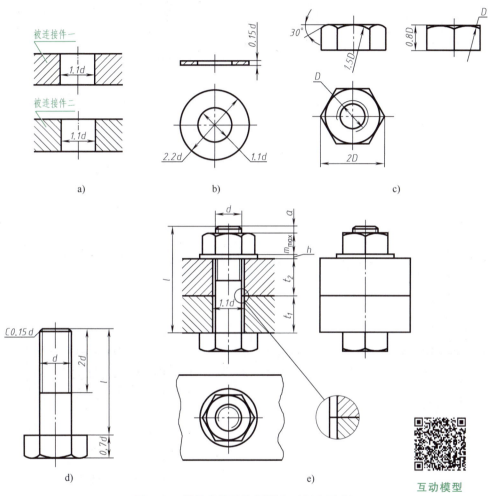

被连接件一
1.1d
被连接件二
1.1d
a)

0.15d
2.2d   1.1d
b)

30° 1.5D
D
0.8D D
2D
c)

C0.15d
2d d
l
0.7d
d)

d a
m_max h
t_2
1.1d
t_1
l
e)

互动模型

图 8-14 螺栓连接的比例画法（规定画法）

a）被连接件　b）平垫圈　c）螺母　d）螺栓　e）螺栓连接

螺栓的公称长度

$$l \geq t_1 + t_2 + h + m + a$$

式中，t_1、t_2 是两个被连接件的厚度；h 是平垫圈的厚度；m 是螺母的厚度；a 是螺栓伸出端的长度，一般取 $a = (0.3 \sim 0.4)\, d$，d 为螺栓的公称直径。计算出 l 值后，再从螺栓长度标准系列值中选取相近的标准长度。

螺栓连接的简化画法如图 8-15 所示。

（2）双头螺柱连接　双头螺柱连接用于被连接件之一较厚且不宜钻成通孔的场合。螺柱的两端均制有螺纹，一端为旋入端，全部旋入螺纹孔内；另一端为紧固端。较厚的被连接

217

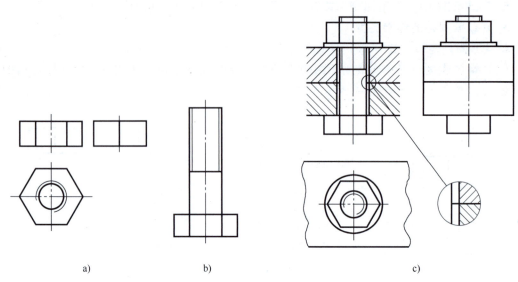

图 8-15　螺栓连接的简化画法
a）螺母　b）螺栓　c）螺栓连接

件加工出螺纹孔，另一被连接件加工出通孔。

螺柱连接的规定画法（比例画法）如图 8-16 所示。旋入端的螺纹终止线应与螺纹孔的端面平齐，螺纹孔底部为 120°锥角。

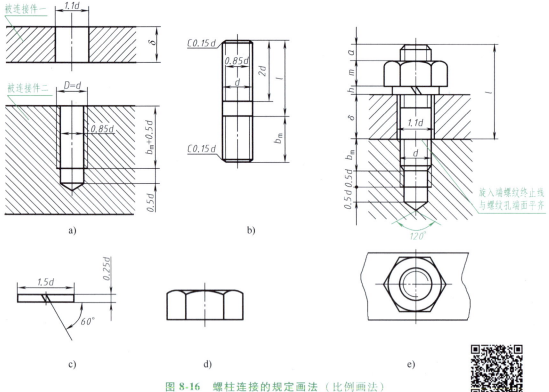

图 8-16　螺柱连接的规定画法（比例画法）
a）被连接件　b）双头螺柱　c）弹簧垫圈　d）螺母　e）双头螺柱连接

互动模型

螺柱的公称长度 l 为

$$l \geqslant \delta + h + m + a$$

式中，δ 是钻有通孔的较薄被连接件的厚度；h 是弹簧垫圈的厚度；m 是螺母的厚度；a 是螺柱的伸出端长度，一般可取 $a = (0.3 \sim 0.4)d$，d 是螺栓的公称直径。计算出的 l 值的选用方法与螺栓连接相同。

双头螺柱的旋入端长度 b_m 根据被旋入零件的材料不同而不同：当被旋入零件的材料为钢和青铜时，$b_m = d$（GB/T 897—1988）；当被旋入零件的材料为铸铁时，$b_m = 1.25d$（GB/T 898—1988）或 $b_m = 1.5d$（GB/T 899—1988）；当被旋入零件的材料为铝时，$b_m = 2d$（GB/T 900—1988）。

双头螺柱连接的简化画法如图 8-17 所示。

（3）螺钉连接　螺钉按用途可分为连接螺钉和紧定螺钉两类。

1）连接螺钉：连接螺钉一般用于受力不大且不需经常拆卸的场合。常见的两种螺钉连接的画法如图 8-18 所示。旋入螺纹孔一端的画法与双头螺柱相似，但螺纹终止线必须高于螺纹孔孔口，以使连接可靠。在俯视图中，螺钉头部的螺钉旋具槽按规定应画成与水平线呈45°。

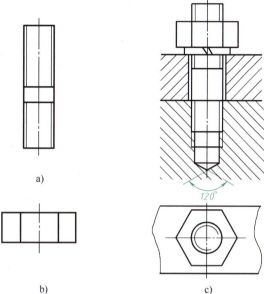

图 8-17　双头螺柱连接的简化画法

a）双头螺柱　b）螺母　c）双头螺柱连接

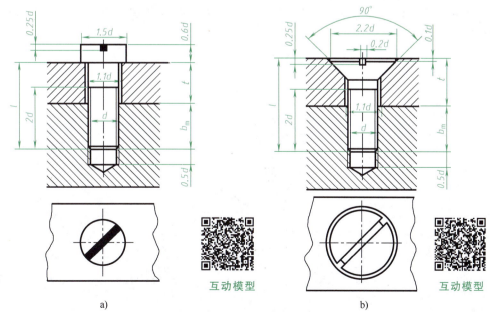

图 8-18　螺钉连接的画法

a）开槽圆柱头螺钉连接　b）开槽沉头螺钉连接

219

螺钉的公称长度 l 为

$$l \geqslant t + b_{\mathrm{m}}$$

式中，t 是钻有通孔的较薄零件的厚度；b_{m} 是旋入长度，其选用原则与双头螺柱连接相同。

2）紧定螺钉：用来固定两零件的相对位置，使其不产生相对运动。使用时，螺钉拧入一个零件的螺纹孔中，将其尾端压入另一零件的凹坑或插入另一零件的小孔中。紧定螺钉连接的画法如图 8-19 所示。

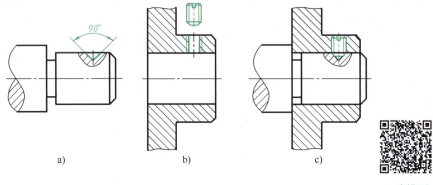

a)   b)   c)   互动模型

图 8-19 紧定螺钉连接的画法

a) 带凹坑的被连接件　b) 带螺纹孔的被连接件　c) 紧定螺钉连接

第三节 齿轮

齿轮是机器或部件中广泛使用的传动零件，可以用来传递动力、改变转速和回转方向。齿轮属于常用件，其参数中模数和压力角已标准化。

齿轮的种类很多，常见的三种齿轮传动形式如图 8-20 所示。

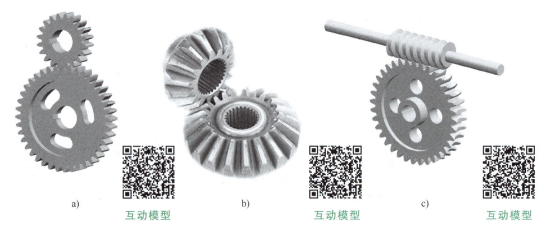

a)   互动模型   b)   互动模型   c)   互动模型

图 8-20 常见的齿轮传动

a) 圆柱齿轮传动　b) 锥齿轮传动　c) 蜗轮蜗杆传动

圆柱齿轮传动用于两平行轴之间的传动，锥齿轮传动用于两相交轴之间的传动，蜗轮蜗杆传动用于两交叉轴之间的传动。

一、直齿圆柱齿轮主要参数

圆柱齿轮按其齿形方向可分为直齿、斜齿和人字齿，以直齿圆柱齿轮为例，齿轮参数如图 8-21 所示。

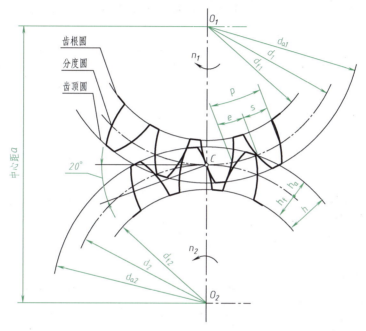

图 8-21　直齿圆柱齿轮参数

1）齿顶圆（直径 d_a）：通过轮齿顶部的圆称为齿顶圆。

2）齿根圆（直径 d_f）：通过轮齿根部的圆称为齿根圆。

3）分度圆（直径 d）：标准齿轮上通过齿厚等于齿槽宽所在位置的圆称为分度圆。分度圆是设计和制造齿轮时计算尺寸的依据。

4）齿高 h、齿顶高 h_a、齿根高 h_f：齿顶圆和齿根圆之间的径向距离称为齿高；齿顶圆和分度圆之间的径向距离称为齿顶高；齿根圆和分度圆之间的径向距离称为齿根高；$h = h_a + h_f$。

5）齿距 p：分度圆上相邻两齿间对应点的弧称为齿距。齿距 p = 齿槽宽 e + 齿厚 s。

6）齿数 z：齿轮的轮齿个数称为齿数。

7）模数 m：齿轮的重要参数之一，$m = p/\pi$。因此，当齿数一定时，模数 m 越大，则齿距 p 越大，齿轮的承载能力就越强。模数的数值已标准化，见表 8-4。

表 8-4　齿轮模数系列　　　　　　　　（单位：mm）

第一系列	1　1.25　1.5　2　2.5　3　4　5　6　8　10　12　16　20　25　32　40　50
第二系列	1.125　1.375　1.75　2.25　2.75　3.5　4.5　5.5　(6.5)　7　9　11　14　18　22　28　36　45

注：选用模数时，应优先选用第一系列，括号里的模数尽可能不用。

221

8）压力角 α：一对啮合齿轮的轮齿齿廓在接触点 C 处的公法线与两分度圆的内公切线之间的夹角称为压力角。渐开线齿轮分度圆上压力角为 $20°$。

9）中心距 a：一对啮合齿轮轴线之间的距离称为中心距。

一对正确啮合的齿轮，它们的模数和压力角都必须相等。

二、直齿圆柱齿轮各部分的尺寸计算

齿轮各部分的尺寸均根据基本参数，即模数 m 和齿数 z 计算，见表 8-5。

表 8-5 标准直齿圆柱齿轮几何要素的尺寸计算

名称	代号	计算公式
分度圆直径	d	$d = mz$
齿顶圆直径	d_a	$d_a = m(z+2)$
齿根圆直径	d_f	$d_f = m(z-2.5)$
齿顶高	h_a	$h_a = m$
齿根高	h_f	$h_f = 1.25m$
齿高	h	$h = h_a + h_f = 2.25m$
齿距	p	$p = \pi m$
齿厚	s	$s = p/2$
中心距	a	$a = m(z_1 + z_2)/2 = (d_1 + d_2)/2$

三、圆柱齿轮表示法

1. 单个齿轮的规定画法

单个齿轮的规定画法如图 8-22 所示。

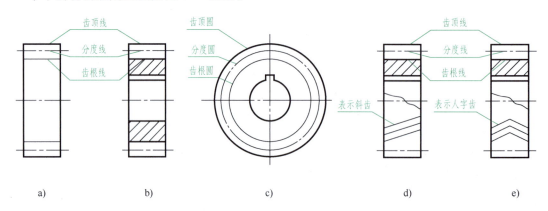

齿顶线　分度线　齿根线　齿顶圆　分度圆　齿根圆　齿顶线　分度线　齿根线　表示斜齿　表示人字齿

a)　　　b)　　　c)　　　d)　　　e)

图 8-22 单个圆柱齿轮的画法
a）主视图外形图 b）主视图全剖视图 c）左视图 d）斜齿 e）人字齿

1）用粗实线画出齿顶圆和齿顶线。

2）用细点画线画出分度圆和分度线。

3）在全剖的主视图（图 8-22b）中，当剖切平面通过齿轮的轴线时，轮齿按不剖画，齿根线用粗实线画出。

4）不剖时，用细实线画出齿根圆和齿根线，如图 8-22a、c 所示，也可省略不画。

5）斜齿与人字齿的齿线形状，可用三条与齿线方向一致的细实线表示，如图 8-22d、e 所示。

6）其他部分根据实际情况，按投影关系绘制。

2. 啮合齿轮的规定画法

一对标准齿轮正确啮合时，它们的分度圆相切，此时分度圆又称为节圆，在非圆视图中，分度线又称为节线。啮合齿轮的规定画法如图 8-23 所示。

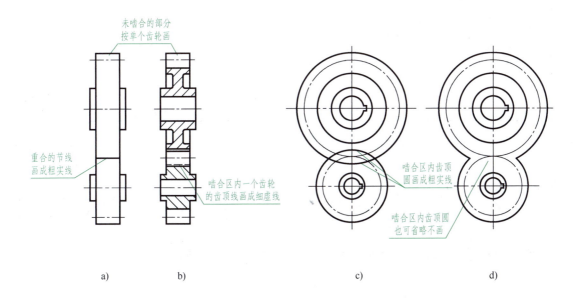

图 8-23 圆柱齿轮的啮合画法

a）主视图外形图 b）主视图全剖视图 c）左视图表达方法一 d）左视图表达方法二

1）非啮合区按单个齿轮的画法绘制。

2）啮合区主视图采用全剖视图时，两齿轮的分度线重合，用细点画线表示，一般将主动齿轮的齿顶线画成粗实线，从动齿轮的齿顶线画成细虚线，两个齿轮的齿根线均画成粗实线，如图 8-23b 所示；主视图画外形图时，啮合区两齿轮重合的节线画成粗实线，两齿轮的齿顶线和齿根线可省略不画，如图 8-23a 所示。左视图在啮合区有两种画法，一种在啮合区画出齿顶圆，一种在啮合区不画齿顶圆，如图 8-23c、d 所示。

3）斜齿和人字齿可以在主视图的外形图上用细实线表示齿轮的方向，画法同单个齿轮。

齿轮的零件图如图 8-24 所示，图样右上角的齿轮参数表应列出模数、齿数、齿形角等基本参数，其他参数可根据需要列出。

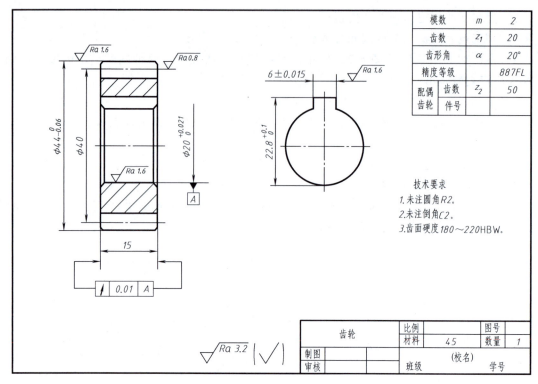

模数	m	2
齿数	z_1	20
齿形角	α	20°
精度等级		887FL
配偶 齿数	z_2	50
齿轮 件号		

技术要求
1.未注圆角R2。
2.未注倒角C2。
3.齿面硬度180～220HBW。

齿轮	比例		图号	
	材料	45	数量	1
制图			(校名)	
审核		班级		学号

图 8-24　直齿圆柱齿轮零件图

第四节　键和销

键和销属于标准件，其结构形式和尺寸均可从相关标准中查阅。

一、键及键连接

1. 键和键槽

键用于连接轴和安装在轴上的零件（如齿轮、带轮等），使它们一起转动，起传递转矩的作用。常用的键有普通平键、半圆键和钩头型楔键，如图 8-25 所示。常用键的形式和规定标记见表 8-6。

a)　　　　　　　　b)　　　　　　　　c)

图 8-25　常用的键
a）普通平键　b）半圆键　c）钩头型楔键

表 8-6 常用键的形式和规定标记

名称和国标	图例	规定标记
普通平键 GB/T 1096—2003		GB/T 1096 键 $b \times h \times L$
半圆键 GB/T 1099.1—2003		GB/T 1099.1 键 $b \times h \times D$
钩头型楔键 GB/T 1565—2003		GB/T 1564 键 $b \times L$

使用键连接时，需要在轴和轮毂上加工键槽。绘制键连接图时，应根据轴径查阅附录中的表 D-1、表 D-2 或相关国家标准，确定轴和轮毂的键槽尺寸及极限偏差。采用普通平键连接时，键槽的结构和尺寸如图 8-26 所示。

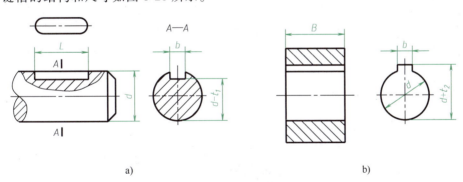

a) b)

图 8-26 键槽的结构和尺寸
a）轴上键槽 b）轮毂上键槽

2. 键连接的规定画法

（1）普通平键连接 键的两侧面是工作面，连接时与轴和轮毂的键槽侧面接触；键的底面也与轴的键槽底面接触，绘制键连接图时，这些接触的表面均应画成一条线。键的顶面为非工作面，与轮毂的键槽顶面不接触，应画两条粗实线表示其间隙，如图 8-27a 所示。

（2）半圆键连接 半圆键与普通平键连接的情况基本相同，其画法如图 8-27b 所示。

（3）钩头型楔键连接 钩头型楔键的顶面有 1∶100 的斜度，键的顶面和底面是工作面，分别与轮毂的键槽顶面和轴的键槽底面接触，这些接触的表面均应画成一条线。键的两侧面为非工作面，连接时与键槽的侧面不接触，应画两条粗实线表示其间隙，如图 8-27c 所示。

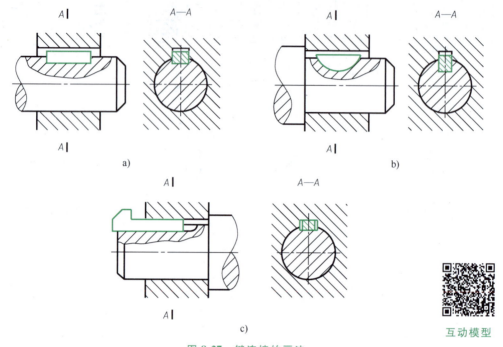

a)

b)

c)

互动模型

图 8-27 键连接的画法

a) 普通平键连接 b) 半圆键连接 c) 钩头型楔键连接

二、销及销连接

常用的销有圆柱销、圆锥销和开口销，如图 8-28 所示。圆柱销和圆锥销主要用于零件间的连接或固定，也可作为安全装置中的过载剪断元件；开口销与槽型螺母配合使用可以起防松的作用。

a)   b)   c)

图 8-28 常用的销

a) 圆柱销 b) 圆锥销 c) 开口销

常用销的形式及规定标记示例见表 8-7。

圆柱销和圆锥销的连接画法，如图 8-29 所示。

当剖切平面沿销的轴线剖切时，销按不剖绘制。用销连接和定位的两个零件上的销孔通常一起加工，因此在零件图上注写"装配时作"或"与××件配作"。

表 8-7 常用销的形式及规定标记示例

名称和国标	形式	规定标记及说明
圆柱销 GB/T 119.1—2000	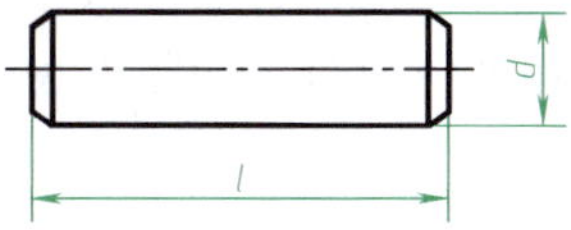	公称直径 $d = 8mm$、公差为 m6、公称长度 $l = 30mm$、材料为钢、不经淬火、不经表面处理的圆柱销的规定标记为 销 GB/T 119.1 8m6×30
圆锥销 GB/T 117—2000	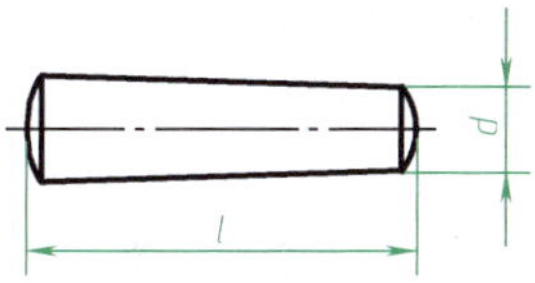	公称直径 $d = 10mm$、公称长度 $l = 60mm$、材料为 35 钢、热处理硬度为 28～38HRC、表面氧化处理的 A 型圆锥销的规定标记为 销 GB/T 117 10×60
开口销 GB/T 91—2000	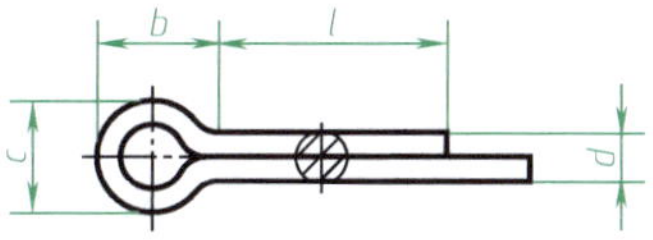	公称规格为 5mm、公称长度 $l = 50mm$、材料为 Q215 或 Q235 不经表面处理的开口销的规定标记为 销 GB/T 91 5×50

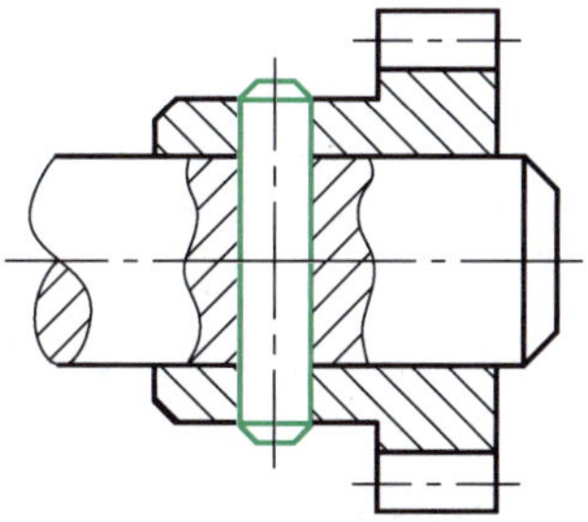

互动模型 a)   互动模型 b)

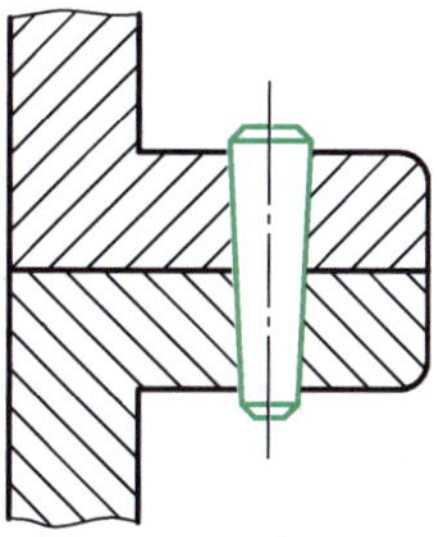

图 8-29 圆柱销和圆锥销的连接画法
a）圆柱销连接 b）圆锥销连接

227

第五节 滚动轴承

滚动轴承是一种支承旋转轴的标准件，因其具有结构紧凑、摩擦阻力小、转动灵活、使用寿命长等特点，在机械设备中被广泛应用。

一、滚动轴承的结构和类型

滚动轴承通常由外圈、内圈、滚动体及保持架组成。一般外圈装在机座的轴承座孔内，固定不动；内圈安装在轴上，随轴一起转动；保持架将滚动体隔开，使其均匀分布在圆周方向。滚动轴承的分类方法主要有两种。

1. 按所承受载荷方向分类

1）向心轴承：主要用于承受径向载荷，如深沟球轴承，如图 8-30a 所示。

2）推力轴承：主要用于承受轴向载荷，如推力球轴承，如图 8-30c 所示。

3）向心推力轴承：用于承受径向和轴向载荷，如圆锥滚子轴承，如图 8-30b 所示。

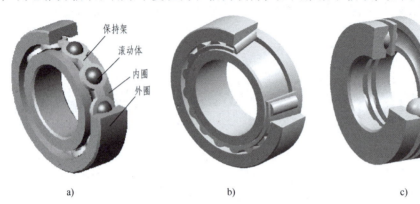

保持架
滚动体
内圈
外圈

a)　　　　　　　　　　b)　　　　　　　　　　c)

互动模型

图 8-30　滚动轴承的结构

a）深沟球轴承　b）圆锥滚子轴承　c）推力球轴承

2. 按滚动体分类

1）球轴承：滚动体为球的轴承。

2）滚子轴承：滚动体为滚子的轴承，又分为圆柱滚子轴承、圆锥滚子轴承等。

二、滚动轴承的代号和标记

根据 GB/T 272—2017，滚动轴承的代号组成和排列顺序为

| 前置代号 | 基本代号 | 后置代号 |

滚动轴承的基本代号表示轴承的基本类型、结构和尺寸，是轴承代号的基础。前置和后置代号是轴承在结构形状、尺寸、公差、技术性能等有改变时，在基本代号前、后添加的补充代号。一般情况下只标记轴承的基本代号，因此下面仅对基本代号的相关内容进行介绍，其他内容可查阅 GB/T 272—2017 的相关规定。

1. 滚动轴承的基本代号

滚动轴承的基本代号组成和排列顺序为

| 类型代号 | 尺寸系列代号 | 内径代号 |

1）类型代号：用阿拉伯数字或大写拉丁字母表示，见表 8-8。

2）尺寸系列代号：由两位数字组成，前者表示宽（高）度系列代号，后者表示直径系列代号。

3）内径代号：由两位数字组成，表示轴承的公称直径（轴承内圈孔径）。内径代号为 00、01、02、03 时，轴承的公称直径分别是 10mm、12mm、15mm、17mm；内径代号大于或等于 4 时，公称直径 = 内径代号×5mm，此时公称直径在 20 ~ 480mm 范围内，22mm、28mm、32mm 除外。

表 8-8　滚动轴承类型代号

表 8-8　滚动轴承类型代号

代号	轴承类型	代号	轴承类型
0	双列角接触球轴承	7	角接触球轴承
1	调心球轴承	8	推力圆柱滚子轴承
2	调心滚子轴承和推力调心滚子轴承	N	圆柱滚子轴承 （双列或多列用 NN 表示）
3	圆锥滚子轴承		
4	双列深沟球轴承	U	外球面球轴承
5	推力球轴承	QJ	四点接触球轴承
6	深沟球轴承	C	长弧面滚子轴承（圆环轴承）

分析代号"轴承　6208"的含义。

6——类型代号，表示深沟球轴承；

2——尺寸系列代号，为 02 系列，对深沟球轴承首位为 0 时可省略；

08——内径代号，公称直径 $d = 8 \times 5$ mm $= 40$ mm。

2. 滚动轴承的标记

滚动轴承的完整标记应包括名称、代号和国家标准号。

轴承标记示例：滚动轴承　6208　GB/T 276—2013；滚动轴承　30308　GB/T 297—2015。

三、滚动轴承表示法

在装配图中画滚动轴承时，先根据附录 E 或相关国家标准查出其外径 D、内径 d 和宽度 B 或 T 等主要尺寸，再采用简化画法或规定画法进行绘制；简化画法分为通用画法和特征画法，在同一图样中一般只采用其中一种画法。几种常用滚动轴承的画法及基本代号见表 8-9。

表 8-9　常用滚动轴承的画法及基本代号

轴承名称、类型及标准号	规定画法和通用画法 （上侧为规定画法，下侧为通用画法）	特征画法	类型代号	尺寸系列代号	基本代号
深沟球轴承 60000 型 GB/T 276 —2013	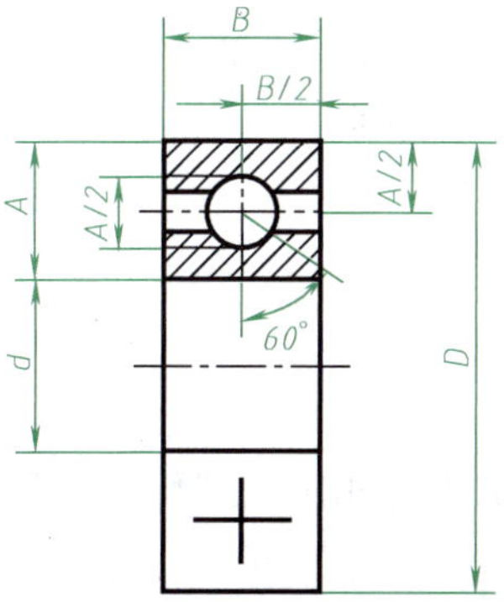	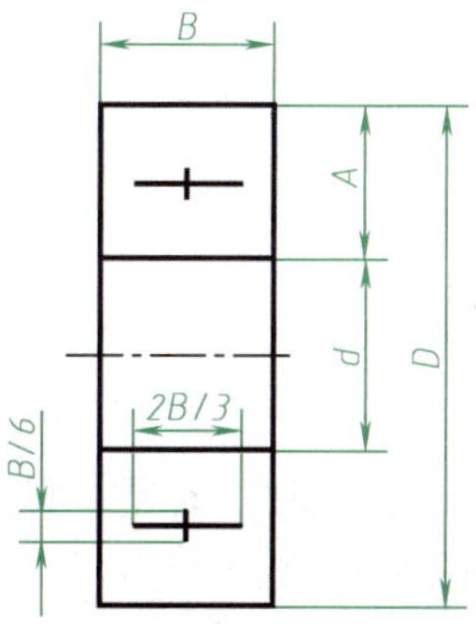	6	（1）0 （0）2 （0）3 （0）4 17 37 18	6000 6200 6300 6400 61700 63700 61800

（续）

轴承名称、类型及标准号	规定画法和通用画法（上侧为规定画法，下侧为通用画法）	特征画法	类型代号	尺寸系列代号	基本代号
圆锥滚子轴承30000 型GB/T 297—2015			3	29	32900
				20	32000
				30	33000
				31	33100
				02	30200
				22	32200
				32	33200
推力球轴承50000 型GB/T 301—2015			5	11	51100
				12	51200
				13	51300
				14	51400

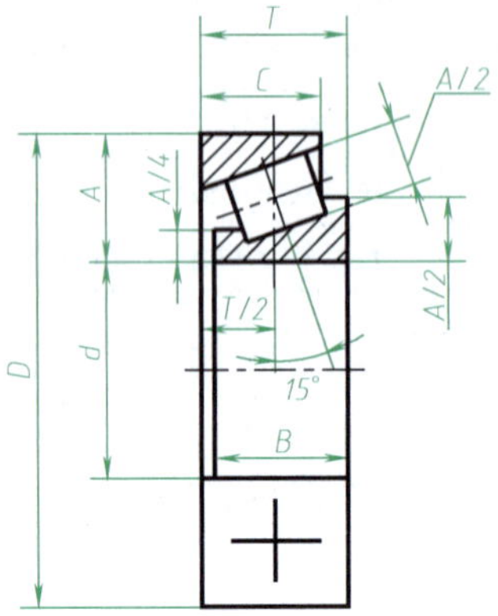

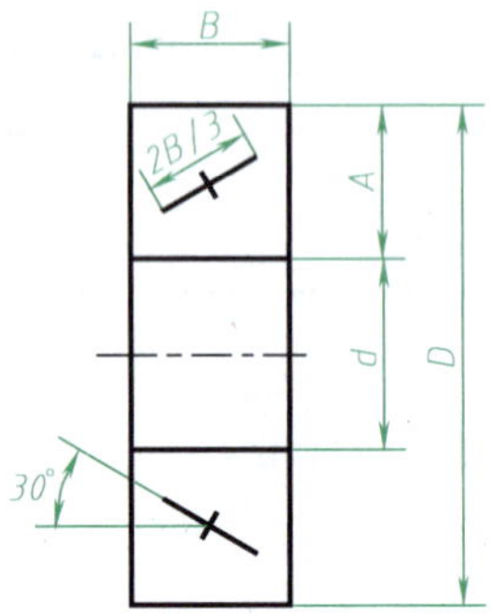

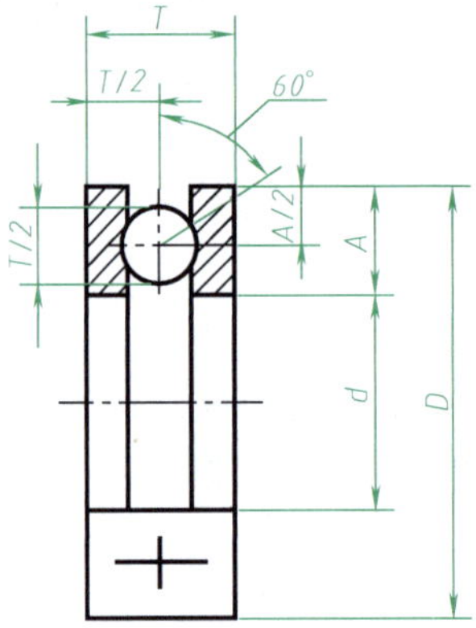

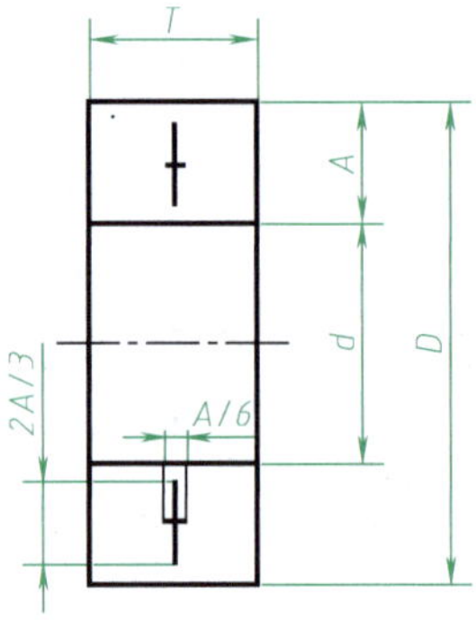

注意：在规定画法的剖视图中，滚动体不画剖面线；内、外圈的剖面区域内可画成方向和间隔相同的剖面线，在不致引起误解时，允许省略不画。

第六节 弹簧

弹簧是一种常用件，主要起减振、夹紧、储能、测力等作用。其特点是受力后产生弹性变形，当外力去除后能立即恢复原状。

弹簧的种类很多，常见的有螺旋弹簧、平面涡卷弹簧等，如图 8-31 所示。本节将介绍圆柱螺旋压缩弹簧的有关知识。

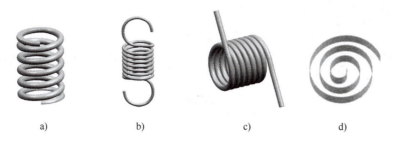

图 8-31　常见的弹簧

a）圆柱螺旋压缩弹簧　b）圆柱螺旋拉伸弹簧　c）圆柱螺旋扭转弹簧　d）平面涡卷弹簧

一、圆柱螺旋压缩弹簧主要参数及计算

圆柱螺旋压缩弹簧（两端圈并紧磨平或制扁）的基本尺寸如图 8-32 所示。

根据 GB/T 1805—2001，圆柱螺旋压缩弹簧主要参数及计算如下。

1. 材料直径 d

材料直径 d 是指弹簧丝的直径，其规格根据 GB/T 1358—2009 选取。

2. 弹簧直径

1）弹簧中径 D：指弹簧内、外径的平均值，$D = (D_1 + D_2)/2$。系列值查 GB/T 1358—2009。

2）弹簧内径 D_1：指弹簧内圈直径，$D_1 = D - d$。

3）弹簧外径 D_2：指弹簧外圈直径，$D_2 = D + d$。

3. 圈数

1）有效圈数 n：指用于计算弹簧总变形量的簧圈数量。系列值按 GB/T 1358—2009 选取。

2）支承圈数 n_z：指弹簧端部用于支承或固定的圈数，与端圈结构形式有关，$n_z \geq 1.5$ 圈，通常取 2.5 圈。

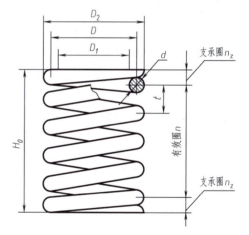

图 8-32　圆柱螺旋压缩弹簧基本尺寸

3）总圈数 n_1：指沿螺旋线两端之间的螺旋圈数，$n_1 = n + n_z$。例如，两端圈磨平时，$n_1 = n + 2$。

4. 自由高度（长度）H_0

自由高度（长度）H_0 是指弹簧无负荷作用时的高度（长度），其近似值计算式为 $H_0 = nt + 1.5d$（$n_z = 2$ 时），再按 GB/T 1358—2009 取值。

5. 工作高度（长度）H

工作高度（长度）H 是指弹簧承受工作负荷作用时的高度（长度）。

6. 节距 t

节距 t 是指两相邻有效圈截面中心线的轴向距离。计算式为 $t = (H_0 - 1.5d)/n$（$n_z = 2$ 时）。

二、圆柱螺旋压缩弹簧画法

根据 GB/T 4459.4—2003，圆柱螺旋压缩弹簧可按图 8-33 所示规定画法绘制，注意事项如下。

1）在平行于螺旋弹簧轴线的投影面的视图中，其各圈的轮廓线应画成直线。

2）螺旋弹簧有左旋和右旋之分，它们均可画成右旋，对必须保证的旋向（左旋）要求，应在"技术要求"中注明。

3）对于螺旋压缩弹簧，当要求两端并紧且磨平时，不论支承圈的圈数多少和末端贴紧情况如何，均按规定画法绘制。

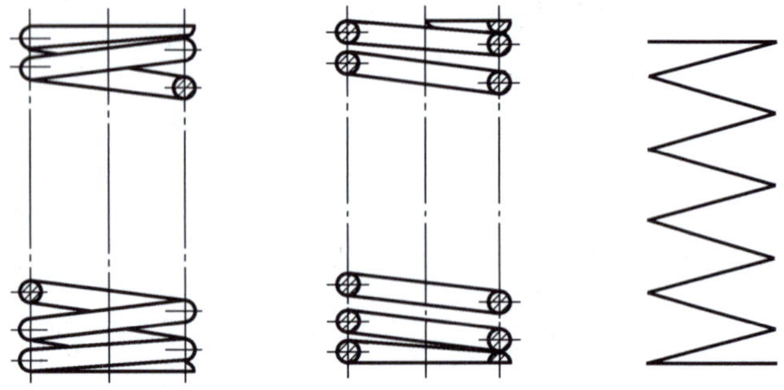

4）有效圈数 $n>4$ 时，中间各圈可省略不画，圆柱螺旋弹簧的中间部分允许适当缩短图形的长度。

5）在装配图中，被弹簧挡住的结构按不可见处理，可见部分应从弹簧的外轮廓线或从弹簧钢丝断面的中心线画起，如图 8-34a 所示；当弹簧钢丝直径在图形上 $d \leq 2\text{mm}$ 时，其断面允许涂黑表示，如图 8-34b 所示；当材料尺寸较小时，允许采用示意图表示，如图 8-34c 所示。

图 8-33　弹簧的规定画法
a）视图　b）剖视图　c）示意图

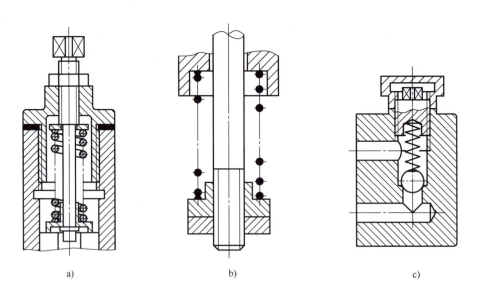

a) 　　　　　　　　　b) 　　　　　　　　　c)

图 8-34　装配图中弹簧的画法
a）被弹簧挡住结构　b）簧丝断面涂黑　c）弹簧示意图表示

三、圆柱螺旋压缩弹簧的标记

圆柱螺旋压缩弹簧的标记应符合 GB/T 2089—2009 的规定。例如，圆柱螺旋压缩弹簧的标记为

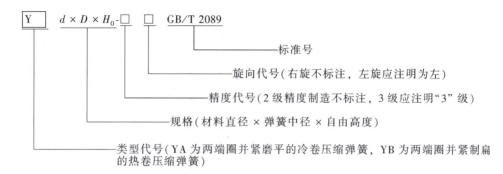

- 标准号
- 旋向代号（右旋不标注，左旋应注明为左）
- 精度代号（2 级精度制造不标注，3 级应注明"3"级）
- 规格（材料直径 × 弹簧中径 × 自由高度）
- 类型代号（YA 为两端圈并紧磨平的冷卷压缩弹簧，YB 为两端圈并紧制扁的热卷压缩弹簧）

【例 8-1】 解释弹簧标记并绘制弹簧，其标记为 YA 1.2×8×40 左 GB/T 2089。

解释：YA 型弹簧，材料直径为 1.2mm，弹簧中径为 8mm，自由高度为 40mm，精度等级为 2 级，左旋，两端圈并紧磨平的冷卷压缩弹簧。

确定参数：由 GB/T 2089—2009 查表获得有效圈数 $n = 12.5$；取支承圈数 $n_z = 2$，由节距计算式计算得 $t = (H_0 - 1.5d)/n = (40 - 1.5 \times 1.2)/12.5 \, \text{mm} = 3 \, \text{mm}$。

绘图步骤：

1）以 $D = 8 \, \text{mm}$ 和 $H_0 = 40 \, \text{mm}$ 为边长，画出矩形，如图 8-35a 所示。

2）根据材料直径 $d = 1.2 \, \text{mm}$，画出两端支承部分的圆和半圆，如图 8-35b 所示。

3）根据节距 $t = 3 \, \text{mm}$，画有效圈部分的圈数（省略中间各圈），如图 8-35c 所示。

4）按右旋画弹簧钢丝断面圆的切线，并画出剖面线，如图 8-35d 所示。

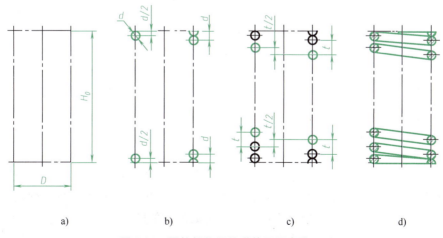

a) 　　　　　b) 　　　　　c) 　　　　　d)

图 8-35　圆柱螺旋压缩弹簧画图步骤

a）画矩形　b）画支承圈部分　c）画有效圈部分　d）按右旋连切线，画剖面线

【本章归纳】

标准件和常用件
- 螺纹
  - 螺纹五要素 — 牙型、直径、导程、线数、旋向
  - 螺纹标注
  - 螺纹规定画法
    - 外螺纹 — 线型外粗里细
    - 内螺纹 — 线型里粗外细
    - 螺纹旋合 — 旋合部分按外螺纹画
- 螺纹连接
  - 规定画法 — 均采用规定画法
  - 螺栓连接 — 适用于两个较薄零件连接的场合
  - 双头螺柱连接 — 适用于一个零件较厚、不宜钻成通孔的场合
  - 螺钉连接 — 适用于受力不大和不经常拆卸的场合
  - 紧定螺钉 — 固定两零件的相对位置，使其不产生相对运动
- 齿轮
  - 种类
    - 圆柱齿轮 — 用于平行轴之间的传动
    - 锥齿轮 — 用于相交轴之间的传动
    - 蜗轮蜗杆 — 用于交叉轴之间的传动
  - 圆柱直齿齿轮
    - 基本参数 — 模数、齿数、压力角
    - 尺寸计算
    - 规定画法
      - 单个齿轮
      - 啮合齿轮
- 键和销
  - 键连接
    - 作用 — 连接轴和轴上的零件
    - 种类和标记
      - 普通平键
      - 半圆键
      - 钩头楔键
    - 画法
  - 销连接
    - 作用 — 连接轴和轴上的零件，定位
    - 种类和标记
      - 圆柱销
      - 圆锥销
    - 画法
- 滚动轴承
  - 结构和种类
  - 画法 — 规定画法、简化画法
- 弹簧 — 结构、种类和画法

【拓展阅读】

锥齿轮用于两根相交轴之间的传动，一般情况下，两轴相交成 90°。

1. 锥齿轮主要术语

锥齿轮加工时，被切齿轮与刀具节平面作纯滚动的锥面称为分度圆锥面。锥齿轮的轮齿分布在圆锥面上，大、小两端分别在与分度圆锥素线垂直的两个锥面上，称为背锥面和前锥面。锥齿轮各参数均由背锥面度量，如图 8-36 所示。分度圆锥素线与齿轮轴线间的夹角称为分度圆锥角。锥齿轮模数规定以大端为准，模数的数值已标准化。

2. 直齿锥齿轮各部分的尺寸计算

模数 m、齿数 z 和分度圆锥角 δ 是直齿锥齿轮的基本参数，也是计算其他尺寸的依据。表 8-10 列出了锥齿轮几何要素的尺寸计算，两锥齿轮啮合时两轴交角为 90°。

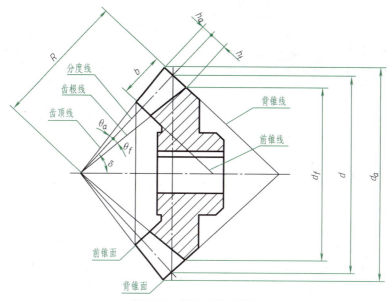

图 8-36　锥齿轮术语图解

表 8-10　直齿锥齿轮几何要素的尺寸计算

名称	代号	计算公式	名称	代号	计算公式
分度圆直径	d	$d = mz$	齿根高	h_f	$h_f = 1.2m$
齿顶圆直径	d_a	$d_a = m(z + 2\cos\delta)$	外锥距	R	$R = \pi z / (2\sin\delta)$
齿根圆直径	d_f	$d_f = m(z - 2.4\cos\delta)$	分度圆锥角 1	δ_1	$\tan\delta_1 = z_1 / z_2$
齿顶高	h_a	$h_a = m$	分度圆锥角 2	δ_2	$\tan\delta_2 = z_2 / z_1,\ \delta_2 = 90° - \delta_1$

3. 锥齿轮表示法

（1）单个锥齿轮　锥齿轮的画法与圆柱齿轮的画法基本相同。主视图多采用全剖视图。左视图中大端、小端齿顶圆用粗实线画出，大端分度圆用细点画线画出，齿根圆和小端分度圆不画。单个锥齿轮的画法如图 8-37 所示。

（2）齿轮啮合　一对直齿锥齿轮正确啮合，模数和齿形角必须分别相等，且两齿轮分度圆锥角之和等于两轴线间夹角。啮合时分度圆锥面相切，锥顶交于一点，轴线夹角常见的为 90°。主视图一般取全剖视图，啮合部分规定画法和圆柱齿轮一致，锥齿轮啮合画法如图 8-38 所示。

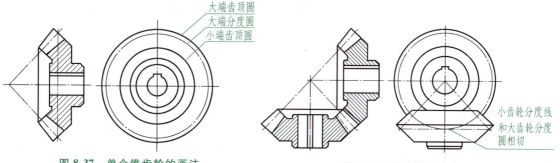

图 8-37　单个锥齿轮的画法

图 8-38　锥齿轮啮合画法

第九章 装配图

与零件图一样，装配图也是工程实践中不可或缺的工程图样。通过本章的学习，应掌握装配图的特殊画法、规定画法和简化画法，了解装配工艺结构，能够顺利完成中等复杂程度完整装配图的绘制和阅读。

本章的重点是读装配图和拆画零件图。其中，读装配图是本章的难点，建议在学习过程中，可以先找一些简单的装配体进行拆、装练习，只有对装配体有充分的了解，才能理解清楚零件之间的装配关系；然后通过画装配图进一步体会零件之间的配合关系，以画图带动看图，逐渐提高阅读装配图的能力。拆画零件图需要较强的综合运用能力和空间思维能力，可以先从拆画简单的零件入手，掌握了基本方法后，再逐步提高拆画零件的复杂程度。

第一节 装配图的作用和内容

一、装配图的作用

装配图是表达产品及其组成部分的连接、装配关系及其技术要求的图样，它是设计、装配、检验、安装、调试、使用、维护机器或部件的重要技术文件。

在设计产品时，一般先根据产品的功能要求，确定其工作原理、结构形式和主要零件的结构特征，画出装配草图，并由装配草图整理成装配图；然后根据装配图进行零件设计，并画出零件图。在制造产品时，通常先根据零件图加工出合格的零件，然后依据装配图组装成产品。在使用产品时，也是根据装配图进行安装、调试、使用和维护。

下面以滑动轴承为例，进一步说明装配图的作用。滑动轴承主要由轴承座、轴承盖、上轴瓦、下轴瓦、方头螺栓、螺母等零件组成，如图9-1所示。滑动轴承各零件之间的连接和装配关系如图9-2所示。滑动轴承的主要作用是支承旋转轴，轴置于上、下轴瓦之间，并可在上、下轴瓦形成的圆孔中旋转，轴承座和轴承盖通过螺栓连接装配在一起。

二、装配图的内容

一张完整的装配图应包括表9-1所列四项内容，滑动轴承装配图如图9-3所示。

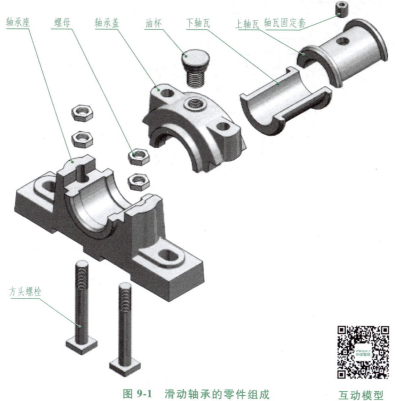

轴承座　螺母　轴承盖　油杯　下轴瓦　上轴瓦　轴瓦固定套

方头螺栓

图 9-1　滑动轴承的零件组成　　　　　互动模型

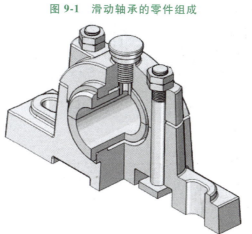

图 9-2　滑动轴承各零件之间的连接和装配关系

237

表 9-1　装配图的基本内容

基本内容	内容说明
一组图形	用各种常用的表达方法和特殊画法,选用一组适当的图形,正确、完整、清晰和简洁地表达出机器或部件的工作原理、关键零件的主要结构形状、零件之间的装配和连接关系等
必要的尺寸	装配图中的尺寸包括与机器或部件的规格(性能)、外形、装配和安装有关的尺寸,以及经过设计计算确定的重要尺寸等
技术要求	用文字或符号说明机器或部件性能、装配、安装、检验、调试、使用等方面的要求
零件序号、明细栏和标题栏	在装配图中将各零件按照一定的格式、顺序进行编号;在明细栏中依次填写零件的序号、名称、数量、材料、重量、规格、标准编号等;在标题栏中填写机器或部件名称、比例、图号、相关人员的签名等

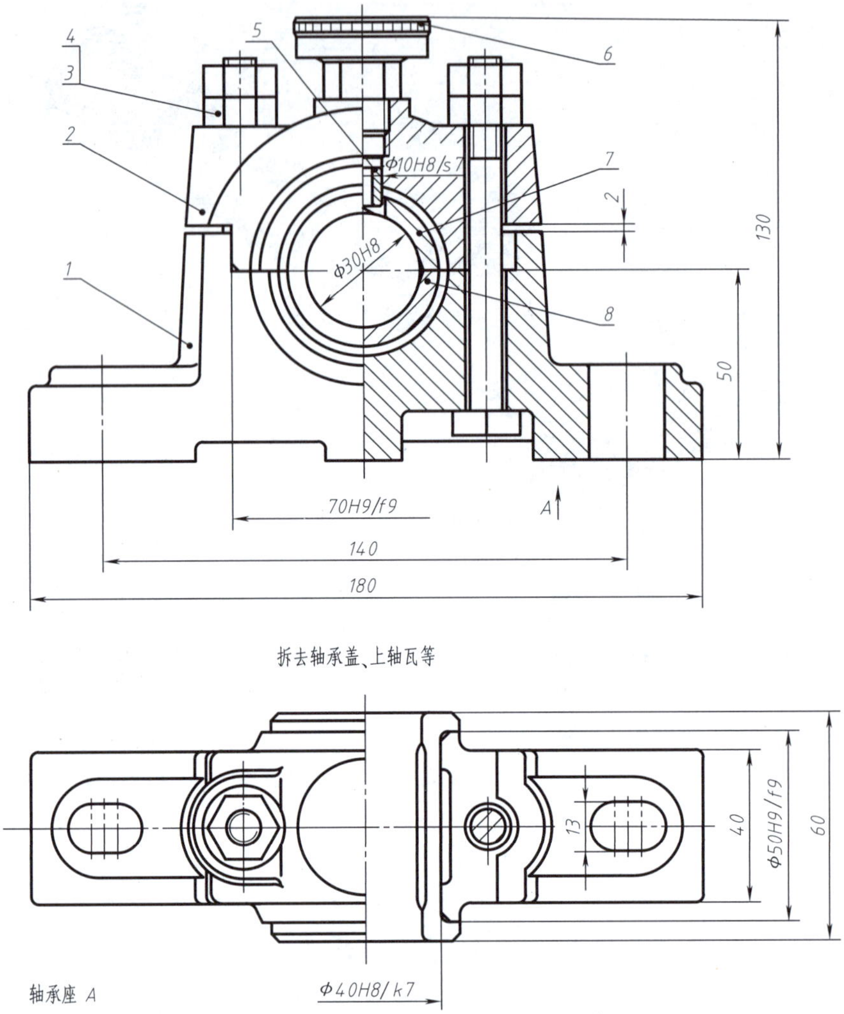

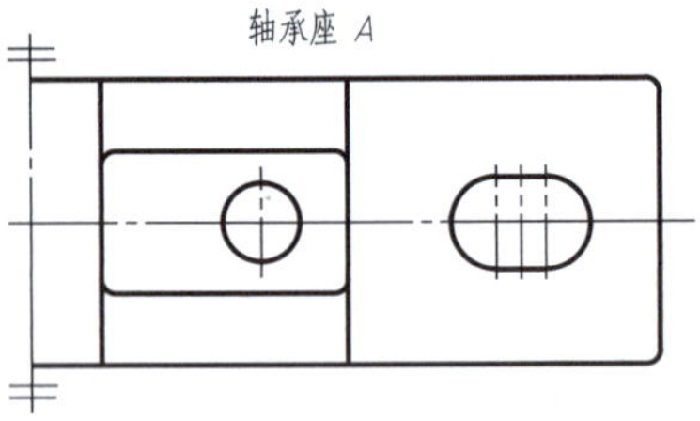

拆去轴承盖、上轴瓦等

轴承座 A

技术要求

轴瓦与轴承座用着色法检查接触情况,下轴瓦与轴承座接触面积不小于整个面积的50%,上轴瓦与轴承盖接触面积不小于整个面积的40%。

8	下轴瓦	1	ZCuAl10Fe3	
7	上轴瓦	1	ZCuAl10Fe3	
6	油杯A12	1		JB/T 7940.3—1995
5	轴瓦固定套	1	Q235	
4	螺栓M10×90	2		GB/T 8—2021
3	螺母M10	4		GB/T 6170—2015
2	轴承盖	1	HT150	
1	轴承座	1	HT150	
制图	名称	数量	材料	备注
滑动轴承		比例		共　张
		图号		第　张
制图			(校名)	
审核		班级		学号

图 9-3　滑动轴承装配图

第二节 装配图的表达方法

与零件图相比，装配图所表达的是由一定数量的零件所组成的机器或部件。两种图的内容和作用不同，侧重点也各不相同。装配图是以表达机器或部件的工作原理和主要装配关系为中心，把机器或部件的内部构造、外部形状和关键零件的主要结构形状表达清楚，不要求把每个零件的形状完全表达清楚。零件图的各种表达方法和选用原则基本适用于装配图，此外，装配图又有其特殊的表达方法。

一、规定画法

1. 接触表面与非接触表面的画法

两零件接触表面画一条线；非接触表面画两条线，即使间隙再小，也必须画两条线。例如，图 9-3 所示的轴瓦固定套与轴承盖的接触面画一条线；而轴瓦固定套与上轴瓦表面不接触，画两条线。如图 9-4 所示的 A—A 断面图中，键的底面及两侧面分别与轴及轮毂接触，故画一条线；键的顶面与轮毂不接触，故画两条线；轴与孔有配合要求，即使是间隙配合也画一条线。

2. 剖面线的画法

相互邻接的金属零件的剖面线，其方向应相反，或者方向一致而间隔不同。同一零件无论用几个图形表达，其剖面线方向、间隔必须相同。

例如，如图 9-3 所示的装配图中，相邻零件的剖面线均不相同；如图 9-4 所示的装配图中，同一零件的剖面线在两个视图中保持一致，三个零件用三种剖面线画出，以示区别。

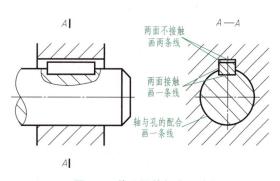

图 9-4　装配图的规定画法

3. 标准件和实心零件的画法

对于螺纹紧固件等标准件以及轴、连杆、拉杆、手柄、钩子、键、销等实心零件，若按纵向剖切，且剖切平面通过其对称平面或轴线时，则这些零件均按不剖绘制。如果需要特别表明零件的凹槽、键槽、销孔等构造，则可采用局部剖视图表达。

例如，图 9-3 所示的油杯、螺栓、螺母均按不剖绘制；如图 9-4 所示的主视图中，键和轴被纵向剖切，均按不剖绘制，但为了表达轴上键槽的结构，采用了局部剖视图。

二、特殊画法

1. 拆卸画法

在装配图中，当某些零件遮住了需要表达的其他结构或装配关系，可将该零件假想地拆

239

卸掉，画出所要表达的部分，并在该视图上方加注"拆去××"等，如图9-3所示的俯视图。

2. 沿结合面剖切画法

为了清楚表达装配图的内部结构，可采用沿某些零件结合面剖切的画法。结合面不画剖面线，被剖切到的螺栓等实心件被横向剖切时，必须画出剖面线。它与拆卸画法的区别在于，它是剖切而非拆卸。例如，图9-3所示装配图中的俯视图就是沿轴承座和轴承盖的结合面剖切后画出的半剖视图。

3. 假想画法

在装配图中，如果要表达运动零件的极限位置与运动范围，可用细双点画线画出其外形轮廓；另外，若要表达与相关零部件的安装连接关系，也可采用细双点画线画出其轮廓。如图9-5所示，用细双点画线画出螺杆的轮廓，以表达其运动轨迹。

4. 夸大画法

对于装配图上的薄垫片、小间隙、细金属丝，以及斜度、锥度很小的表面，当它们难以按实际尺寸表达清楚时，允许采用夸大画法进行表达，如薄片加厚、间隙加大、细丝断面涂黑、斜度或锥度表示出更明显的程度等。

5. 单独零件的画法

在装配图中，为了表达某个零件的形状，可以单独画出该零件

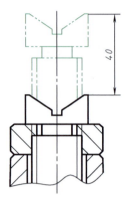

图 9-5　装配图的
假想画法

的某一视图，但必须在所画视图的上方注出该零件的名称，在相应视图的附近用箭头指明投射方向，并注上同样的字母。例如，图9-3所示装配图中轴承座的 *A* 向视图仅表达轴承座的形状，需标注"轴承座 *A*"。

三、简化画法

1）在装配图中，零件的倒角、圆角、退刀槽等工艺结构允许省略不画。

2）在装配图中，对于若干相同的零、部件组，可仅详细地画出一组，其余只用细点画线表示出其位置，并给出零、部件组的总数，如"共3组"。

3）在装配图中，可省略螺栓、螺母、销等紧固件的投影，而用细点画线和指引线指明它们的位置。表示紧固件组的公共指引线应根据其类型从被连接的某一端引出，例如，螺钉、螺柱、销连接从其装入端引出，螺栓连接从其有螺母一端引出。例如，图9-3所示的螺栓连接的公共指引线从螺母引出。

4）不贯通的螺纹孔允许不画出钻孔深度，仅画出螺纹深度。

5）在装配图中，对于宽度小于或等于2mm的狭小面积的剖面区域，可用涂黑代替剖面符号。

6）在装配图中，当剖切平面通过的某些部件为标准产品或该部件已由其他图形表示清楚时，可按不剖绘制，如图9-3所示的油杯。

7）在装配图的剖视图中，螺旋弹簧仅需画出其断面，被弹簧挡住的结构一律不画出。

8）当仅需画出被剖切后的一部分图形，其边界又不画断裂边界线时，应将剖面线边界处绘制整齐。

第三节 装配图的尺寸标注和技术要求

在第七章中已介绍过零件图中标注尺寸和编写技术要求的方法，但装配图与零件图的表达重点、使用场合等方面的不同决定了装配图的尺寸标注和技术要求与零件图相比有所区别。

一、装配图的尺寸标注

装配图用以说明机器或部件的规格（性能）、工作原理、装配关系、安装等要求，故装配图中要标注的尺寸类型见表 9-2。

表 9-2　装配图中的尺寸标注类型

尺寸类型	尺寸说明	尺寸示例
性能或规格尺寸	表示机器或部件的工作性能或规格大小的尺寸,这类尺寸在设计时就已确定,是设计、了解和选用机器或部件的依据	图 9-3 中,滑动轴承的规格尺寸 $\phi30H8$
装配尺寸	表示机器或部件中有关零件间装配关系的尺寸,一般有下列几种 1)配合尺寸。表示两零件间配合性质的尺寸,一般在公称尺寸数字后注明配合代号。配合尺寸是装配和拆画零件时确定零件尺寸偏差的依据 2)相对位置尺寸。表示设计或装配机器时需要保证的零件间较重要的相对位置、距离、间隙等的尺寸,也是装配、调整和校图时所需要的尺寸 3)装配时需加工的尺寸。有些零件需装配后再进行加工,此时在装配图中要标注加工尺寸	1)图 9-3 中,轴承座与轴瓦的配合尺寸 $\phi40H8/k7$ 等 2)图 9-3 中,轴承座与轴承盖之间的距离尺寸 2、中心高尺寸 50 3)如标注"××装配时加工",其中,"××"为零件上的具体尺寸
安装尺寸	表示机器或部件安装在地基上或与其他部件相连接所涉及的尺寸	图 9-3 中,轴承底部安装孔的中心距尺寸 140、长圆孔宽度尺寸 13 等
外形尺寸	表示机器或部件外形的总长、总宽和总高尺寸,这类尺寸是进行包装、运输和安装设计的依据	图 9-3 中,轴承的总长尺寸 180、总宽尺寸 60 和总高尺寸 130
其他重要尺寸	是设计过程中经过计算确定或选定的尺寸,以及其他必须保证的尺寸,但又不包含在上述几类尺寸中的重要尺寸,如运动零件的位移尺寸、关键零件的重要结构尺寸等	图 9-5 中,螺杆的运动范围位移尺寸 40

表 9-2 所列五类尺寸并非每张装配图都缺一不可，有时同一尺寸可能具有几种含义，同时属于几类尺寸。在标注尺寸时，必须明确每个尺寸的作用，对装配图没有意义的结构尺寸不必注出。

二、装配图的技术要求

装配图中的技术要求是用文字或符号来说明对机器或部件的性能、装配、调试、使用等方面的具体要求和条件，见表 9-3。

表 9-3 装配图中的技术要求

要求类型	要求内容
性能要求	指机器或部件的规格、参数、性能指标等
装配要求	指装配方法和顺序、装配时加工的有关说明、装配时应保证的精确度和密封性等要求
调试要求	指装配后进行试运转的方法和步骤、应达到的技术指标和注意事项等
使用要求	指对机器或部件的操作、维护和保养等的有关要求
其他要求	对机器或部件的涂饰、包装、运输、检验等方面的要求,以及对机器或部件的通用性、互换性的要求等

编写装配图中的技术要求时,并非每张装配图都必须包含表 9-3 所列各项内容。技术要求中的文字注写应准确、简练,一般写在明细栏的上方或图样下方的空白处,也可另写成技术要求文件作为图样的附件。

第四节 装配图的零、部件序号和明细栏

在生产中,为便于进行图样管理、生产准备、机器装配和看懂装配图,对装配图上的各零、部件都要编注序号,并相应地填写明细栏。

一、零、部件序号的编写

为便于统计和看图,将装配图中的零、部件按顺序进行编号并标注在图样上。

1. 零、部件序号编写的基本要求

1)装配图中所有的零、部件均应编号。

2)装配图中一个部件可以只编写一个序号;同一装配图中相同的零、部件用一个序号,一般只标注一次;多处出现的相同的零、部件,必要时也可重复标注。

3)装配图中零、部件的序号应与明细栏(表)中的序号一致。

2. 序号的编排方法

1)零、部件序号的表示方法有三种:在水平的基准(细实线)上注写序号、在圆(细实线)内注写序号和在指引线的非零件端的附近注写序号,序号字号比该装配图中所注尺寸数字的字号大一号或两号,如图 9-6a 所示。

2)同一装配图中编排序号的形式应一致。

3)序号应按水平或竖直方向排列整齐,并按顺时针或逆时针方向顺序排列,如图 9-3 所示。

3. 指引线的画法

1)指引线用细实线绘制。

2)指引线应自所指部分的可见轮廓内引出,并在末端画一圆点。若所指部分为很薄的零件或涂黑的断面,区域内不便画圆点,则可在指引线的末端画出箭头,并指向该部分的轮廓,如图 9-6b 所示。

3)指引线不能相交,当指引线通过有剖面线的区域时,它不应与剖面线平行。

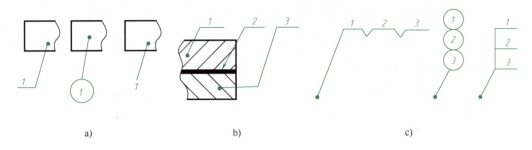

图 9-6 零、部件序号

a) 序号的注写方法　b) 单个指引线的画法　c) 公共指引线的画法

4) 指引线可以画成折线，但只可曲折一次。

5) 一组紧固件及装配关系清楚的零件组，可以采用公共指引线，如图 9-6c 所示。

为确保无遗漏地按顺序编写零、部件序号，可先画出指引线和末端的水平基准线或小圆，并在图形的外围整齐排列，待检查确认无遗漏、无重复后，再统一编写序号，填写明细栏。

二、明细栏

1. 明细栏的基本要求

装配图中一般应有明细栏，其配置应注意以下几点。

1) 明细栏一般配置在标题栏的上方，按由下而上的顺序填写。当由下而上延伸空间不够时，可紧靠在标题栏的左边自下而上延续。

2) 明细栏中的序号应与图形中的零件序号一致。

3) 当装配图中不能在标题栏的上方配置明细栏时，可作为装配图的续页按 A4 幅面单独给出，其顺序是由上而下延伸，还可连续加页，但应在明细栏的下方配置标题栏。

4) 当有两张或两张以上同一图样代号的装配图，明细栏应放在第一张装配图上。

2. 明细栏的组成

明细栏一般由序号、代号、名称、数量、材料、质量（单件、总计）、备注等组成，也可按实际需要增加或减少。装配图中明细栏的尺寸与格式如图 9-7 所示。

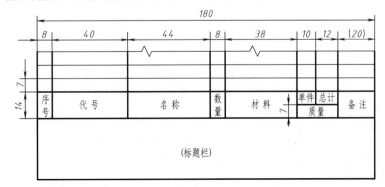

图 9-7 明细栏的尺寸与格式

对于学校使用的装配图标题栏及明细栏，可采用如图 9-8 所示的简化格式。

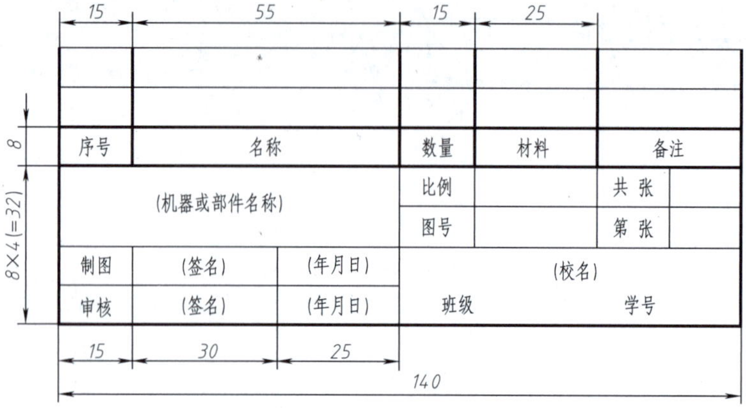

图 9-8　装配图标题栏及明细栏的简化格式

3. 明细栏的填写

1）序号：填写图样中相应组成部分的序号，应按图形中的编号顺序填写。

2）名称：填写图样中相应组成部分的名称，必要时，也可写出其形式与尺寸。

3）数量：填写图样中相应组成部分在装配中所需要的数量。

4）材料：填写图样中相应组成部分的材料标记。

5）备注：填写图样中相应组成部分的图样代号或标准编号，以及该项的附加说明或其他有关的内容，如对于外购件填写"外购"字样等。

第五节　装配工艺结构

在设计和绘制装配图的过程中，应考虑到装配工艺结构的合理性，以保证机器和部件性能良好，且便于零件的装配和拆卸。常见的装配工艺结构及画法见表 9-4。

表 9-4　常见的装配工艺结构及画法

结构类型		图例	说明
接触面及配合面	平面接触	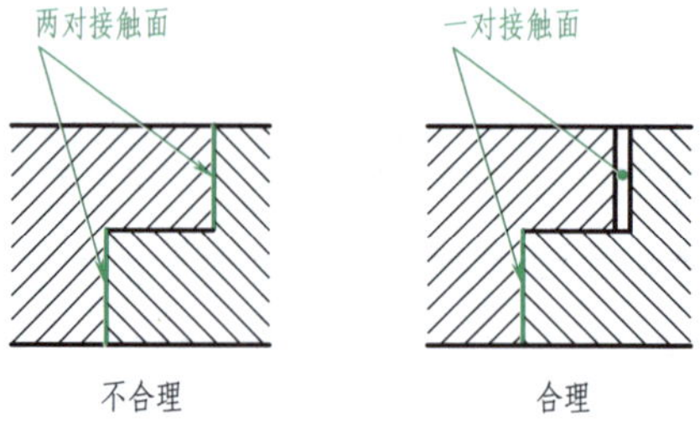	两零件以平面相接触时，在同一方向上只能有一对接触面，这样既可以保证零件间接触良好，又便于加工制造、降低成本

（续）

结构类型		图例	说明
接触面及配合面	圆柱面接触	两处配合面　　　一处配合面 不合理　　　合理	两零件以圆柱面相接触时,在径向上只能有一处配合面,这样才能保证两零件间接触良好
	圆锥面接触	无空隙　　　有空隙 不合理　　　合理	两零件以圆锥面相接触时,圆锥体的端面与锥孔之间必须留有间隙,这样才能保证圆锥面之间接触良好
	轴孔端面接触	安装不到位　　孔加工出倒角　轴加工出越程槽 不合理　　　合理	轴肩端面与孔端面相接触时,应在孔的端部加工出倒角或在轴肩根部切槽,以保证两零件间接触良好
拆装空间		空间合适 空间过小 空间过小　　空间合适 不合理　　　合理	为了便于拆装零件,必须留出拆卸工具的活动空间和螺纹紧固件所需的拆装空间

（续）

结构类型	图例	说明
孔（轴）肩定位	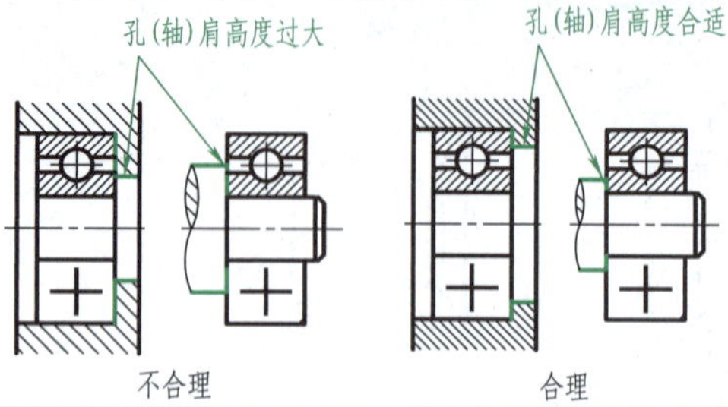 孔(轴)肩高度过大　孔(轴)肩高度合适　不合理　合理	滚动轴承以孔肩或轴肩定位时，孔肩或轴肩的高度应小于轴承外圈或内圈的厚度，以保证维修时拆卸方便
沉孔与凸台	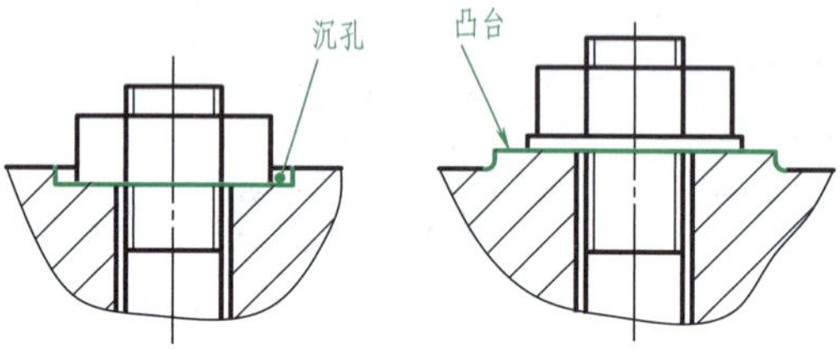 沉孔　凸台	为了保证紧固件与被连接件之间接触良好，常在被连接件表面制出沉孔或凸台等结构，这样既能减小加工面积，又能改善接触情况
密封结构	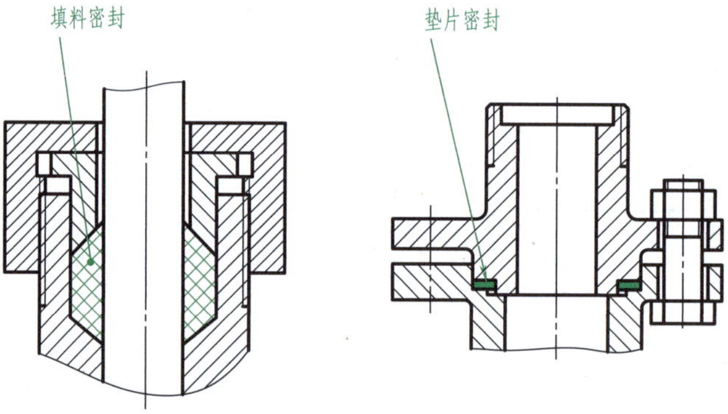 填料密封　垫片密封	将填料充满填料腔，用压盖和圆螺母压紧，以防止流体向外渗漏。压盖与壳体端面和轴颈之间均有间隙 将垫片置于两零件端面之间，再利用紧固件连接两零件并压紧以保证密封
防松结构	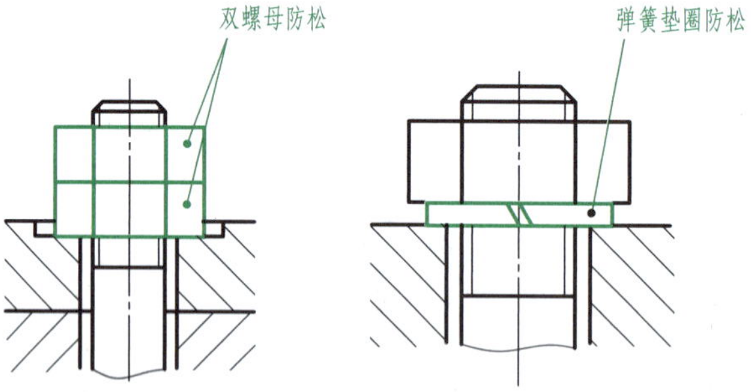 双螺母防松　弹簧垫圈防松	采用双螺母防松的原理是依靠拧紧后增加的摩擦力防止螺母自动松脱 采用弹簧垫圈防松的原理是利用弹簧垫圈被压平后产生的弹力使摩擦力增大，从而防止螺母自动松脱

246

第六节　部件测绘和绘制装配图

部件测绘是指根据现有的装配体进行拆卸、测量、画出零件草图，经整理后画出装配图和零件图的过程。部件测绘对学习先进技术、改进设备、产品仿制等有很重要的作用，因此，是工程技术人员必须掌握的一项必备技能。

由于装配图是以表达工作原理、零件的装配关系为主的，因此，绘制装配图应根据零件图或零件草图和装配示意图（以单线条示意性地画出部件或机器的图样）来完成。

一、部件测绘的方法和步骤

1. 了解和分析测绘对象

测绘之前应对部件进行分析研究，阅读相关的说明书、资料，参阅同类产品图样，全面了解该部件的用途、工作原理、结构特点、零件间的装配关系、相对位置、拆卸方法等。例如，图 9-2 所示的滑动轴承主要用于支承轴类零件，具有工作平稳可靠、能承受较大冲击载荷等性能特点；其分体式结构是为了拆装方便，轴承盖与轴承座之间以凹凸面结合是为了保证这两个零件上下对中并防止横向移动；上轴瓦开有导油孔并设有导油槽，通过油杯进行润滑；上、下轴瓦采用耐磨、耐腐蚀的材料以延长工作寿命；轴承座与轴承盖的螺栓连接采用双螺母用于防松。

2. 拆卸零、部件，画装配示意图

拆卸零、部件是进一步了解工作原理、零件结构及装配关系的过程。拆卸前，应测量一些重要的装配尺寸，如零件间的相对位置尺寸、极限位置尺寸、装配间隙尺寸等，过盈配合的零件不必拆卸。拆卸应按顺序进行，为了避免遗忘，可及时记录并画出示意图。滑动轴承的装配示意图如图 9-9 所示，其零件序号与图 9-3 所示的装配图一致。

3. 画零件草图

除了标准件和外购件外，其余零件均应画出零件草图，它们是画零件图和装配图的依据，零件草图与零件图的内容应一致。此外，零件的倒角、退刀槽、中心孔等工艺结构要表达清楚，并且按照零件图的表达方案徒手绘制。

画零件草图时，应注意有配合关系的零件，其公称尺寸要一致，有些尺寸要通过计算确定，如齿轮的几何参数、中心距等；标准件的规格尺寸要查阅标准后确定，同时还应注写技术要求和标题栏（参照第七章的零件测绘相关内容）。

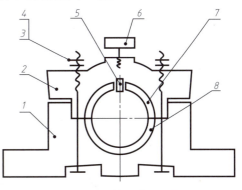

图 9-9　滑动轴承装配示意图

4. 绘制装配图和零件图

根据零件草图和装配示意图画出装配图，画图过程是一个虚拟的部件装配过程，也是对零件草图发现错误、给予纠正的过程。最后根据装配图和零件草图画出零件图。

二、由零件图绘制装配图的方法和步骤

下面以球阀为例，介绍绘制装配图的一般方法和步骤。球阀轴测图及主要零件的零件图分别如图 9-10 ~ 图 9-16 所示。

247

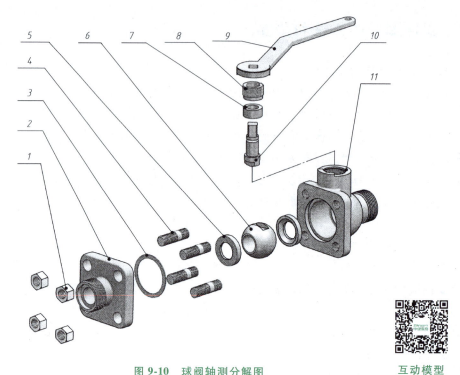

图 9-10 球阀轴测分解图

1—螺母 2—阀盖 3—调整垫片 4—螺柱 5—密封圈 6—阀芯

7—填料 8—压紧套 9—手柄 10—阀杆 11—阀体

互动模型

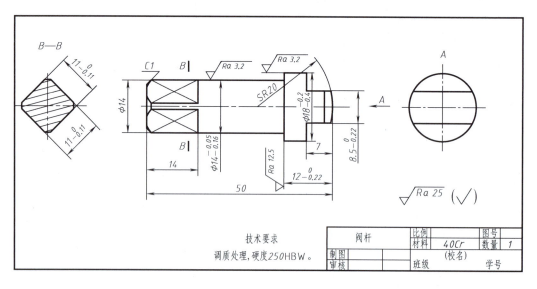

技术要求

调质处理,硬度250HBW。

		阀杆	比例		图号	
			材料	40Cr	数量	1
制图				(校名)		
审核			班级		学号	

图 9-11 阀杆零件图

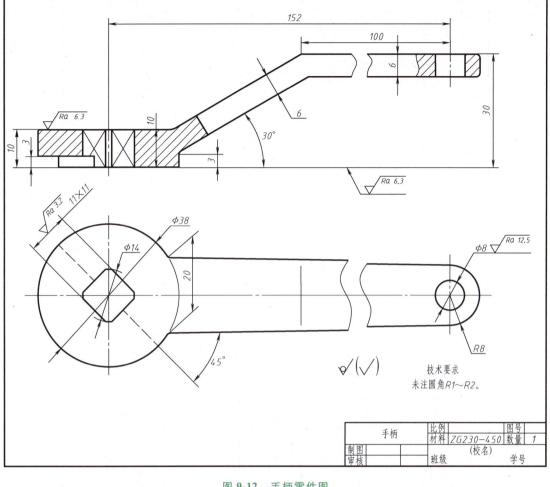

图 9-12　手柄零件图

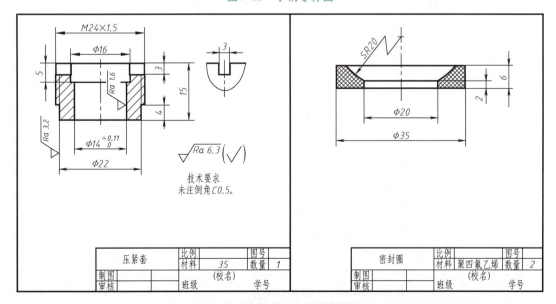

图 9-13　压紧套和密封圈零件图

249

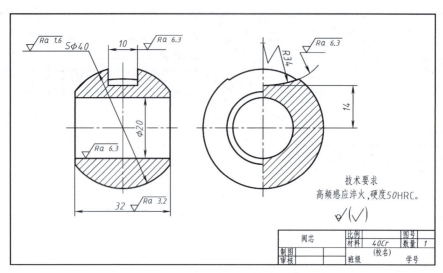

图 9-14　阀芯零件图

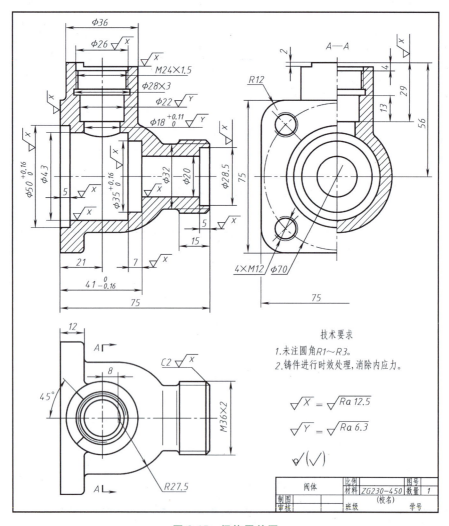

图 9-15　阀体零件图

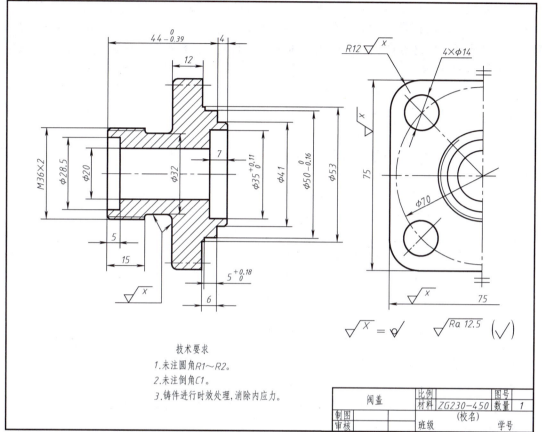

技术要求

1.未注圆角R1~R2。

2.未注倒角C1。

3.铸件进行时效处理,消除内应力。

阀盖		比例		图号	
		材料	ZG230-450	数量	1
制图			(校名)		
审核		班级		学号	

图 9-16　阀盖零件图

1. 了解装配关系和工作原理

对要绘制的机器或部件的工作原理、装配关系及主要零件的形状、零件与零件之间的相对位置、定位方式等进行深入细致的分析。

图 9-17 所示为球阀的剖视立体图。阀是用于管道系统中启闭和调节流体流量的一类部件,球阀是其中的一种。球阀阀芯为球形,故称为球阀。工作时,顺时针扳动手柄,手柄转动阀杆进而带动阀芯旋转,从而控制和调节管道中流体的流量。

球阀主要有水平、竖直两条装配线,水平装配线主要包括阀盖、调整垫片、阀芯、阀体等零件,竖直装配线主要包

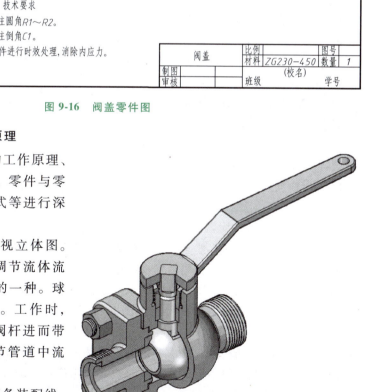

图 9-17　球阀剖视立体图

251

括手柄、阀杆、阀芯等零件，如图 9-10 所示。水平装配线自左向右：阀体、阀盖均带有方形凸缘，靠四组螺柱及螺母连接装配在一起；中间的调整垫片用于调节阀盖与阀体之间空腔的大小，保证阀芯的正常转动和阀体的密封。竖直装配线由上而下：手柄方孔套入阀杆方头，阀杆榫头插入阀芯的槽口，阀杆四周靠压紧套的旋入压紧填料达到密封要求。

2. 拟订表达方案

装配图的视图选择原则是在便于读图的前提下，正确、完整、清晰地表达出机器或部件的工作原理、传动路线、零件间的装配连接关系及关键零件的主要结构形状，并力求绘图简单。

（1）确定主视图 主视图的选择应能清晰地表达部件的结构特点、工作原理和主要装配关系，并尽可能按工作位置原则确定，使主要装配线处于水平或竖直方向。

（2）确定其他视图 选用其他视图是为了更清楚、完整地表达装配关系和主要零件的结构形状，可采用剖视图、断面图、拆去某些零件等多种表达方法。

球阀的工作位置多变，但一般使其通路水平，手柄在上方。主视图可以沿球阀的前后对称面作全剖视图，这样可清楚地反映出两条装配线上主要零件的装配关系和球阀的工作原理；左视图可以采用半剖视图，并采用拆卸画法，这样既可表达外部形状及螺柱的安装位置，又能够反映内部零件的结构；俯视图可以采用局部剖视图来表达手柄底部凹槽和阀体顶部定位凸块的位置关系。

确定表达方案时可以多设计几套，通过分析对比各种方案，选用最佳表达方案。

3. 确定比例、图幅，画出图框

根据部件的大小、图形数量，先确定绘图比例和图幅大小，然后画出图框，再画出标题栏和明细栏大致轮廓。该球阀装配图采用 1∶1 的绘图比例，选用 A3 幅面图纸。

4. 布置视图

画出各视图的主要基准线和中心线，并在各视图之间留有适当间隔，以便于标注尺寸和进行零件编号，如图 9-18a 所示。

5. 画出各个视图

画各个视图一般采用两种方法。

（1）由内向外画 以装配线上的核心零件开始，按装配关系逐层扩展画出各个零件，再画壳体等包容、支撑件。这种方法多用于新产品设计。

（2）由外向内画 从壳体、机座、支架等起包容、支撑作用的主要零件画起，再按装配线或装配关系逐步画出其他零件。这种方法多用于对机器或部件的测绘。

无论采用哪种方法，一般先画主视图或能清楚反映装配关系的视图，再画其他视图。画图过程中，尽量做到几个视图按投影关系一起绘制。

本例采用第二种方法，依据给出的图 9-11～图 9-16 所示零件图，以主视图为中心，同步画出每个零件的各个视图。注意在装配图中逐步添加零件时，应按照第 1 步中对各零件之间的相对位置、定位和连接方式的分析确定零件位置。

先画水平装配线上的零件阀体，此时被其他零件挡住的线可不画，如图 9-18b 所示；再画阀盖，注意和阀体之间留出调整垫片的位置，如图 9-18c 所示；再沿竖直装配线画出阀杆、阀芯等其他零件；最后画出手柄的极限位置、螺栓连接等次要的零件，如图 9-18d 所示。

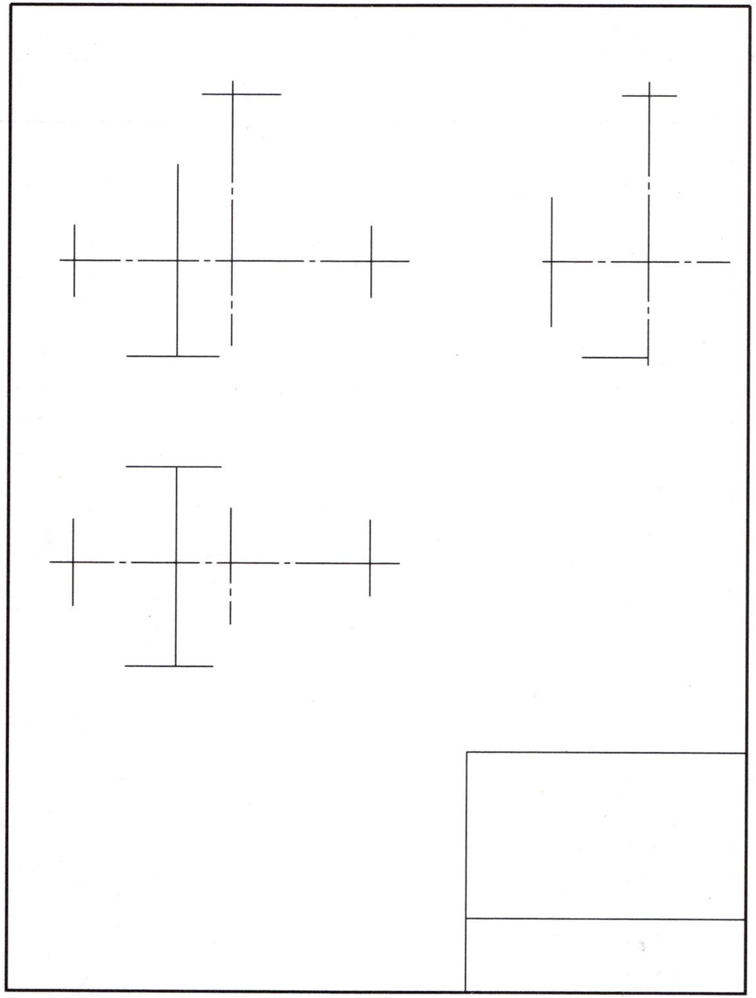

a)

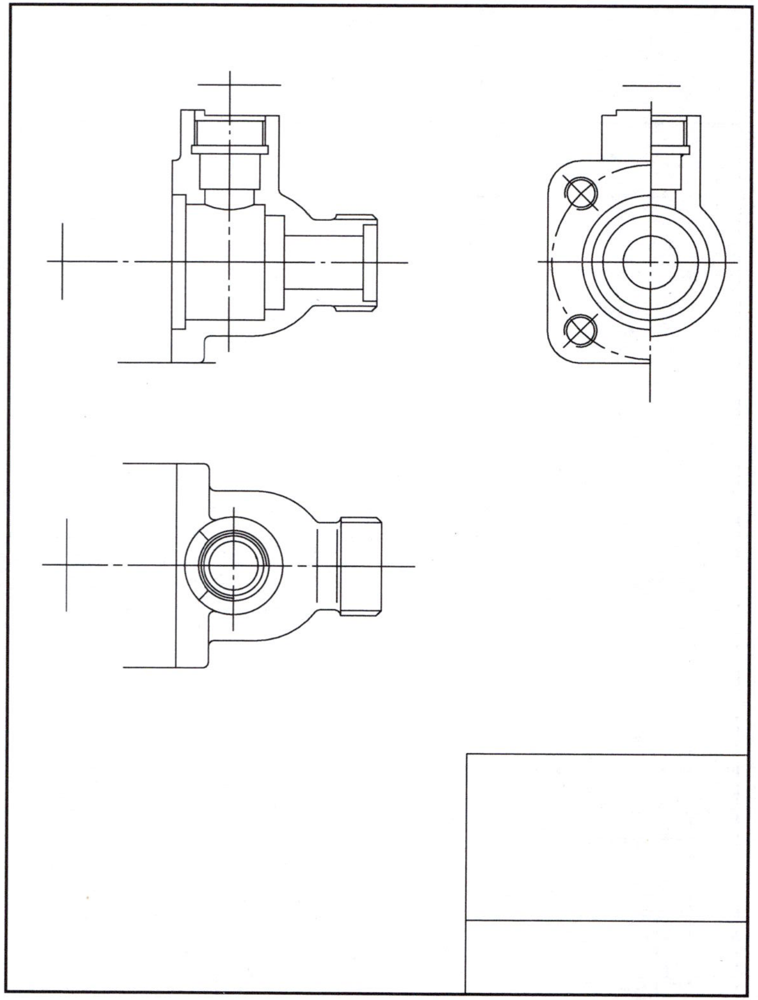

b)

图 9-18　球阀装配图的绘图步骤和球阀装配图

a）画出标题栏和明细栏大致轮廓，定位各视图的主要基准线及中心线　b）三个视图联系起来，画主要零件阀体的轮廓线

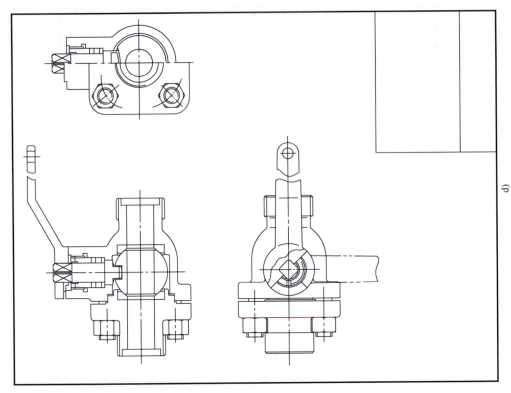

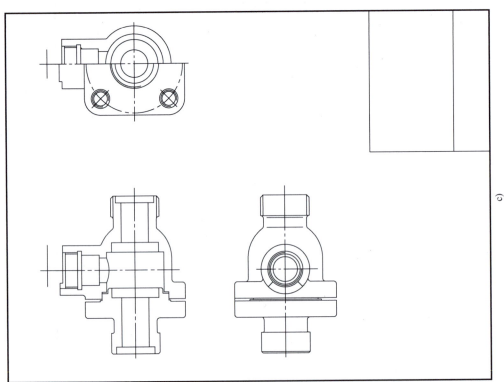

d) 沿装配关系画出其他零件，最后画出手柄的极限位置

c) 根据阀体与阀盖相对位置画出阀盖的三视图

图 9-18 球阀装配图的绘图步骤和球阀装配图（续）

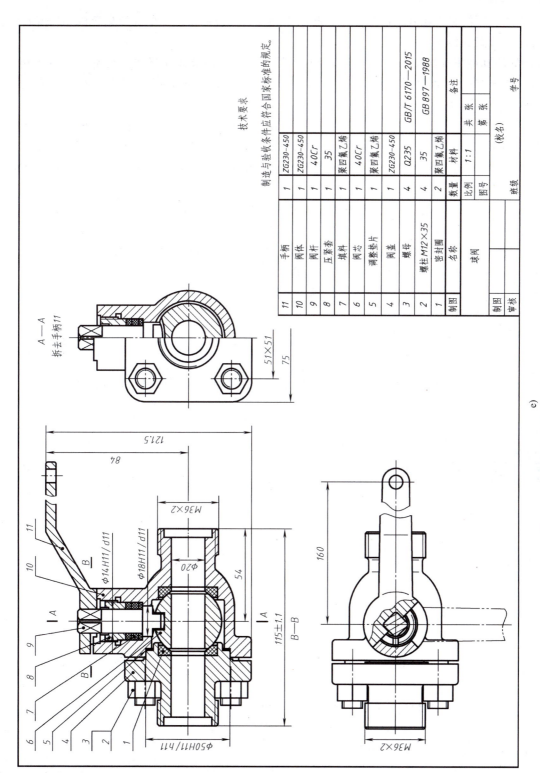

图 9-18 球阀装配图的绘图步骤和球阀装配图（续）

e）加粗、画剖面线、标尺寸、对零件编号、编写技术要求、填写明细栏、栏题栏等

11	手柄	1	ZG230-450	
10	阀体	1	ZG230-450	
9	阀杆	1	40Cr	
8	压紧套	1	35	
7	填料	1	聚四氟乙烯	
6	阀芯	1	40Cr	
5	调整垫片	1	聚四氟乙烯	
4	阀盖	1	ZG230-450	
3	螺母	4	Q235	
2	螺柱M12×35	4	35	GB/T 6170—2015 GB 897—1988
1	密封圈	2	聚四氟乙烯	
序号	名称	数量	材料	备注

技术要求

制造与验收条件应符合国家标准的规定。

球阀			比例	1:1		共 张		
			图号			第 张		
制图				班级		(校名)		
制图						学号		
审核								

A—A
拆去手柄11

51×51

75

M36×2

Φ14H11/d11
Φ18H11/d11

Φ20

54

115±1.1

B—B

Φ50H11/h11

121.5

84

160

M36×2

6. 标注尺寸

装配图底稿绘制完成后，还要标注装配图中的尺寸。按照第三节中介绍的装配图尺寸标注内容标注球阀的各类尺寸。

1）标注其性能规格尺寸。球阀是安装在管路中用于控制液体流量的一种部件。对于阀类零件，体现其流量的尺寸即为其性能规格尺寸。因此，阀芯的孔径，即管道通径 $\phi20$ 是球阀的性能规格尺寸。

2）标注球阀的装配尺寸，包括零件间的配合尺寸和相对位置尺寸。标注阀体与阀盖的配合尺寸 $\phi50H11/h11$、阀杆与压紧套的配合尺寸 $\phi14H11/d11$、阀杆与阀体的配合尺寸 $\phi18H11/d11$ 等，这些配合尺寸都是间隙配合。标注螺柱连接的定位尺寸 51×51，螺柱的规格写在明细栏中。

3）标注球阀的安装尺寸。球阀安装在管路中，左、右两侧通过螺纹与管路相连，其接口尺寸 $M36\times2$ 为安装尺寸。此外，还有 84、160 和 54 与外在环境空间有关，也需要注出。

4）标注球阀的外形尺寸，即长、宽、高方向的总体尺寸 115、75 和 121.5。

5）检查是否还有其他重要尺寸，若有也需要标注。

这样，按照装配图的五大类尺寸逐一标注完整。

7. 完成装配图

检查无误后加深图线，编写技术要求，编写零件序号，填写明细栏、标题栏等，球阀装配图如图 9-18e 所示。

> **注意：** 同一零件的剖面线在各个视图中的间隔和方向必须完全一致，而相邻两零件的剖面线必须不同。

第七节 读装配图

在工程实际中，生产、使用和维修机械设备的过程往往都涉及读装配图。不同部门的技术人员读图的目的各不相同，如了解机器或部件的用途和工作原理、了解零件的连接方法和拆卸顺序、了解某个零件的结构特点以便拆画零件图等。因此，读装配图是工程技术人员应具备的基本技能。

一、读装配图的基本要求

1）能够结合产品说明书等资料，了解机器或部件的用途、性能、结构和工作原理。

2）分清各零件的名称、数量、材料、主要结构形状和用途。

3）掌握各零件间的相对位置、装配关系和装拆顺序等。

二、读装配图的方法和步骤

下面以图 9-19 所示台虎钳装配图为例，说明读装配图的方法和步骤。

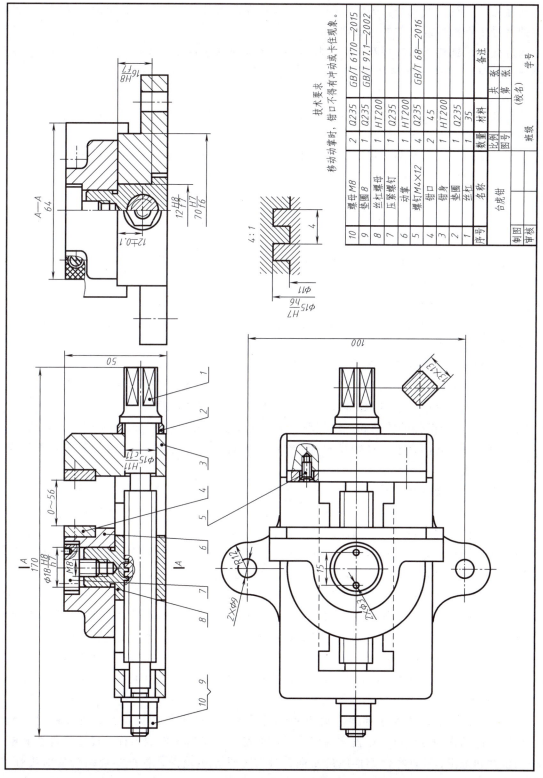

图 9-19 台虎钳

10	螺母 M8	2	Q235	GB/T 6170—2015
9	垫圈 8	1	Q235	GB/T 97.1—2002
8	丝杆螺母	1	HT200	
7	压紧螺钉	1	Q235	
6	动掌	1	HT200	
5	螺钉 M4×12	4	Q235	GB/T 68—2016
4	钳口	2	45	
3	钳身	1	HT200	
2	垫圈	1	Q235	
1	丝杆	1	35	
序号	名称	数量	材料	备注

1. 概括了解

从标题栏、技术要求和有关的说明书中了解机器或部件的名称和大致用途；从明细栏和图中的序号了解机器或部件的组成情况。

通过阅读标题栏、明细栏和查阅资料可知，台虎钳是装置在工作台上，用来夹持工件的一种通用夹具，它由 10 种零件组成，包含螺钉、垫圈和螺母三种标准件。

2. 视图分析

分析装配图中采用了哪些表达方法、各视图间的投影关系和剖视图的剖切位置，明确每个视图所表达的重点内容。

该装配图采用了三个基本视图、一个移出断面图和一个局部放大图。主视图采用了全剖视图，表达了丝杠 1、钳身 3、丝杠螺母 8、压紧螺钉 7、动掌 6 和钳口 4 之间的装配关系，并较好地反映了台虎钳的形状特征。

俯视图主要表达钳身 3 和动掌 6 的外形，并通过局部剖视图反映了钳口 4 与钳身 3 的连接方法。

左视图采用了通过丝杠螺母 8 轴线剖切的半剖视图，表达了钳身 3、动掌 6 左端的形状以及钳身 3、动掌 6 和丝杠螺母 8 之间的装配连接关系；另有一处局部剖视图表达了钳口 3 工作面上制有交叉的网纹。

此外，移出断面图反映了与手柄配合的丝杠 1 右端的形状，局部放大图表达了丝杠 1 的螺纹牙型。

3. 分析零件之间的装配关系和工作原理

1）从主视图开始，联系其他视图，并对照各个零件的投影关系，了解装配干线。

2）分析各条装配干线，明确零件间的配合要求、定位和连接方式等。

3）分析机器或部件的传动和运动情况，从而了解机器或部件的工作原理和传动路线。

由主视图可以看出，沿丝杠轴线方向，螺母、垫圈、丝杠螺母、钳身和丝杠等零件组成了一条装配干线。

丝杠中间部分旋合在丝杠螺母中，采用矩形螺纹连接实现传动，右端装在钳身的孔中，并采用间隙配合（$\phi 15H11/c11$），保证丝杠转动灵活。为了阻止转动时丝杠向左或向右移动，分别在丝杠左端用双螺母和垫圈旋紧，右端设计了轴肩结构。

沿压紧螺钉轴线方向，压紧螺钉、动掌、丝杠螺母和丝杠组成了另一条装配线。压紧螺钉安装在动掌的凹台内，和丝杠螺母以螺纹旋合的方式连接。

动掌与钳身之间采用间隙配合（$70H7/f6$）构成导轨，使动掌只能沿着导轨方向移动；从局部剖视图中可以看出，钳口工作面的交叉网纹使工件夹紧后不易产生滑动。在钳身和动掌相对应位置装有钢制钳口，分别用两个开槽沉头螺钉和钳身、动掌固定连接在一起。

台虎钳的工作原理：将手柄（图上未画出）套在丝杠右端的方头上，摇动手柄带动丝杠转动时，丝杠螺母带动动掌沿着导轨方向左右滑动，以夹紧或松开装在两个钳口之间的工件。

4. 零件分析

根据常见结构的表达方法和规定画法来识别零件，了解零件的定位、调整和密封等情况。识别零件的常用方法有：根据零件序号对照明细栏，了解零件的名称，确定零件在装配图中的位置和范围；根据零件剖面线的不同，分清零件轮廓范围；根据零件结构的对称性、两零件接触面大致相同等特点，构思零件的结构形状。

以钳身零件为例，由俯视图可以看出钳身中部有一个从上到下贯通的通孔，通孔上部分为 H 形，虚线表明通孔下部分为方形，以便于清除铁屑；钳身下部前、后各有一个 $\phi9$ 的安装孔，是在工作台上安装台虎钳所用。由主视图可以看出，钳身整体可视为由左侧带通孔的平板与右侧主板组合而成，平板上的通孔用于容纳丝杠、丝杠螺母等零件；立板上有两个螺纹孔，用于用螺钉安装钳口。

5. 尺寸分析

分析装配图上标注的尺寸，明确部件的尺寸规格、零件间的配合性质和外形大小等。

$0 \sim 56$、64 是台虎钳的规格尺寸，170、50 是外形尺寸，$2 \times \phi9$、$R12$、100 是安装尺寸，13×13、$\phi11$ 和 4 是其他重要尺寸，其余都是装配尺寸。

6. 归纳总结

对装配图进行上述分析后，还要对技术要求、拆装顺序等进行分析，最后对机器或部件形成一个完整的认识，为下一步拆画零件图打下基础。台虎钳立体图如图 9-20 所示。

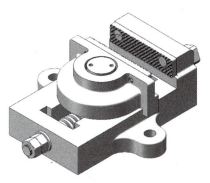

图 9-20　台虎钳立体图　　　互动模型

注意： 上述读装配图的方法和步骤仅是一个概括说明，实际读图过程中几个步骤往往是交替进行的，需要通过不断实践掌握读图的规律和提高读图的能力。

第八节　由装配图拆画零件图

由装配图拆画零件图需要在读懂装配图的基础上进行，是工程技术人员必须掌握的技能之一。下面介绍由装配图拆画零件图的方法和步骤。

一、读装配图

拆画零件图的首要任务是读懂装配图，在按照本章第七节介绍的方法和步骤读装配图的基础上，重点分析被拆画零件在装配图中的作用及其与其他零件的连接关系。

二、分离零件

根据装配图中的零件编号、剖面线的方向和间距等信息，从装配图中分离出所要拆画零件的投影轮廓，再根据该零件的作用和工作情况构思出它的结构形状，然后将被遮挡和遗漏的图线补画完整。

三、确定表达方案

拆画零件图时，不能简单地照搬装配图的表达方法，应根据零件的结构形状、工作位置等综合考虑以确定视图表达方案（可参照第七章零件图视图选择的相关内容）。有些零件（如箱体类零件）的表达方案只需对装配图做适当调整，也有很多零件需要重新确定表达方案。

四、还原工艺结构

倒角、铸造圆角、斜度、螺纹、退刀槽、砂轮越程槽等零件工艺结构在装配图中通常被省略，在拆画零件图时，应结合设计要求和加工装配工艺要求，补画出这些结构，这样才能使零件的结构形状更加完整。

五、标注尺寸

装配图中只有一些重要尺寸，而拆画出的零件图的尺寸应符合零件的尺寸标注要求。一般情况下，拆画零件的尺寸标注由以下几方面确定。

1）抄写：装配图中已注出的尺寸可以直接抄写到零件图中。例如，图 9-19 中的 $2×\phi9$、R12 和 100 等尺寸可直接抄写到钳身零件图中。

2）查阅：与标准件相连接的尺寸（如螺纹孔、键槽、销孔等的尺寸）可通过查阅标准确定，且不得圆整；凡是配合尺寸，应查表注出上、下极限偏差；还原的工艺结构尺寸也应查表获取。

3）计算：某些尺寸可通过计算确定，如齿轮、弹簧等常用件的结构尺寸，应由给定的参数通过计算确定。

4）测量：零件上的一般结构尺寸可按装配图的比例从图中量取，经圆整后标注。无法量取的尺寸可根据部件的性能要求自行确定。

六、注写技术要求和标题栏

零件的尺寸公差、表面粗糙度、几何公差等技术要求的标注需要较丰富的专业知识和生产经验。在此仅做简单介绍。表面粗糙度 Ra 值是根据零件表面的作用和要求确定的，凡配合表面均要选择恰当的公差等级和基本偏差。其他技术要求可通过查阅相关手册或参考同类产品的图样来确定。

标题栏填写的内容应与装配图明细栏中的内容一致。

【例 9-1】 根据如图 9-21 所示的机油泵装配图，拆画泵体（零件 2）零件图。

拆画步骤：

1）读装配图。泵的作用是加压，机油泵是给机油加压后循环输送机油到润滑系统的一个部件。由图形及明细栏可知，机油泵由 17 种零件组成，其中螺栓、销等为标准件。机油泵由四个图形表达，包括局部剖的主视图和俯视图、全剖的左视图及表达单独零件的断面图；主视图主要表达了机油泵的外形及内部两个齿轮轴系的装配关系，左视图表达了机油的进、出油路及安全装置，俯视图表达了泵体和泵盖的外形及安装孔的位置，断面图表达了泵体上下连接部分的结构形状。

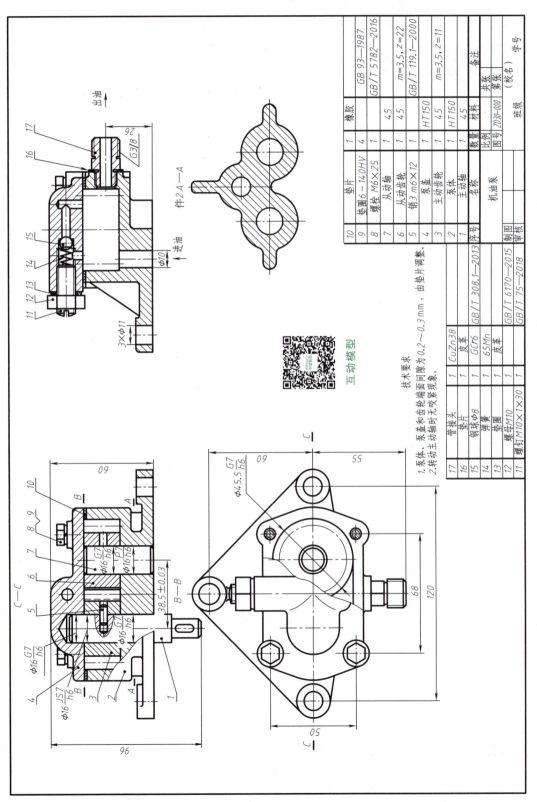

出油

G3/8
26
17
16
件2 A—A
15
14
进油
Φ10
12 13
11

3×Φ11

互动模型

技术要求

1.泵体、泵盖和齿轮端面间隙为0.2～0.3mm，由垫片调整。
2.转动主动轴时无咬紧现象。

17	管接头	1	CuZn38		
16	垫片	1	皮革		
15	钢球Φ8	1	GCr6	GB/T 308.1—2013	
14	弹簧	1	65Mn		
13	垫圈	1	皮革		
12	螺钉M10×1×30	1		GB/T 6170—2015	
11	螺母M10	1		GB/T 75—2018	

10	垫片	1	橡胶		GB 93—1987
9	垫圈6—140HV	4			GB/T 5782—2016
8	螺栓 M6×25	1	45		
7	从动轴	1	45		m=3.5, z=22
6	从动齿轮	1			GB/T 119.1—2000
5	销3 m6×12	1			
4	泵盖	1	HT150		
3	主动齿轮	1	45		m=3.5, z=11
2	泵体	1	HT150		
1	主动轴	1	45		
序号	名称	数量	材料		备注

	机油泵				
制图		比例		共 张	
审核		图号 ZD30-000		第 张	
班级			(校名)		学号

C—C
09
10
8 9
7
Φ16 G7/h6
P7
Φ16 h6
6
5
B—B
38.5±0.03
4
Φ16 G7/h6
3
Φ16 JS7/h6
2
1
B
A
96

09
Φ45.5 G7/h6
55
68
120
50
C
C

261

图 9-21　机油泵装配图

2）分离泵体。根据装配图的投影关系及剖面线的特征，找出泵体的轮廓将其分离出来，如图9-22a所示。在泵体内装有一对啮合齿轮，并有间隙配合的要求；主、从动轴与泵体轴孔的配合分别为间隙配合和过盈配合；进油孔位于泵体底部后侧；出油孔位于泵体前面；泵体上方通过螺栓与泵盖连接。由此构思出该零件的结构形状，如图9-23所示。

3）确定表达方案。泵体属于箱体类零件，主视图以工作位置原则确定，采用局部剖视图，主要表达腔体、轴孔、外形等结构；左视图采用全剖视图，主要表达进、出油孔的位置及肋板的形状；俯视图采用局部剖视图，主要表达箱体和底板的外形及肋板、轴孔和上、下安装孔的位置；移出断面图表达箱体连接部分的形状和三个竖直孔的位置。该泵体的视图表达方法与装配图基本一致，故只需补画出分离图形中被遮挡或缺漏的图线，如图9-22b所示。

4）完善图形。调整主视图局部剖视图的范围，注写剖切符号，还原零件的工艺结构，加深轮廓线，如图9-22c所示。

5）标注已知尺寸。装配图中已标注的一些尺寸可以直接标注到零件图中，如图9-22d所示。

6）标注全部尺寸。根据查表、测量、计算等方法标注零件图的其他尺寸，如图9-22e所示。

7）注写技术要求。根据泵体的工作要求，注写表面粗糙度代号、几何公差符号等，如图9-22f所示。

8）填写标题栏，完成零件图。注写其他技术要求，填写标题栏，完成泵体零件图，如图9-22g所示。泵体立体效果图如图9-23所示。

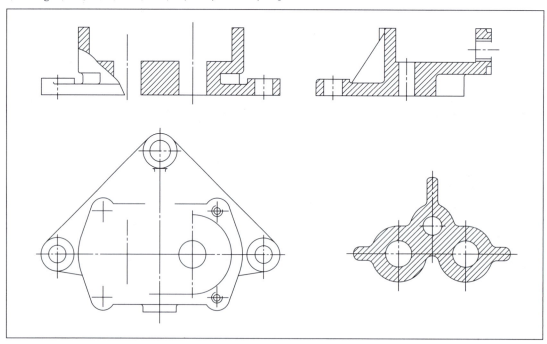

a)

图 9-22 拆画泵体零件图

a）分离泵体图线

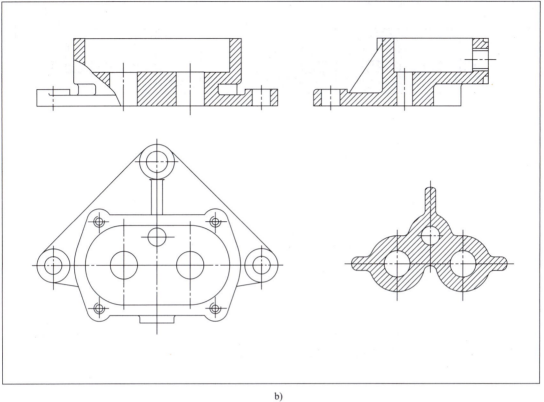

b)

263

c)

图 9-22 拆画泵体零件图（续）
b）补画漏线 c）完善图形

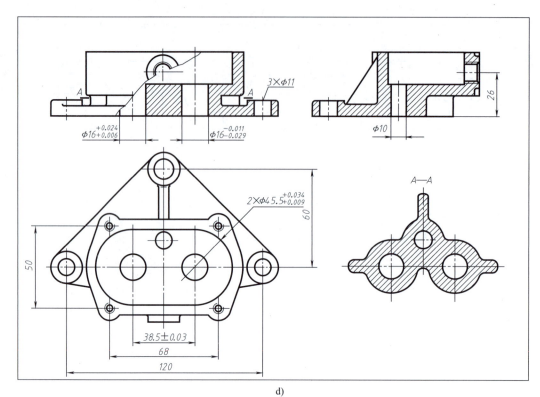

d)

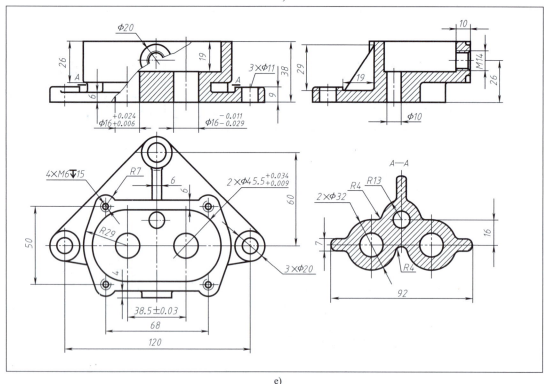

e)

图 9-22　拆画泵体零件图（续）

d）标注已知尺寸　　e）标注全部尺寸

264

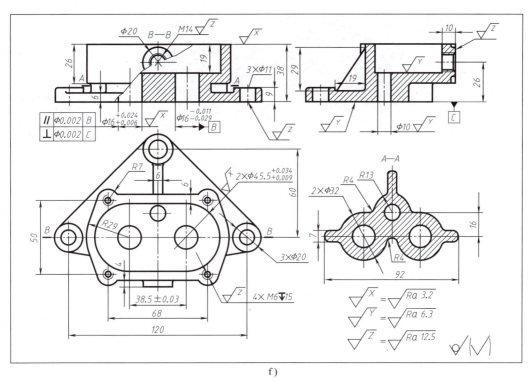

f)

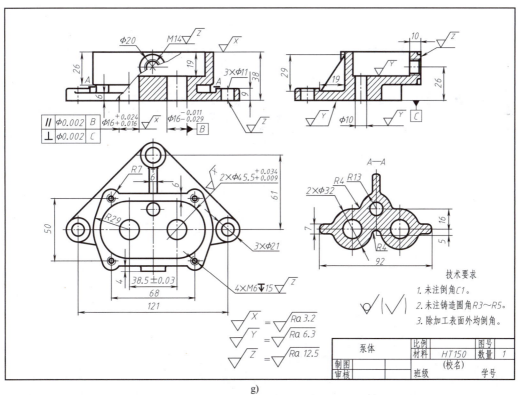

g)

图 9-22　拆画泵体零件图（续）

f）注写技术要求　g）完成泵体零件图

265

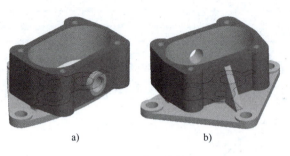

a)   b)

图 9-23　泵体立体效果图

a）泵体的前面　b）泵体的后面

互动模型

【本章归纳】

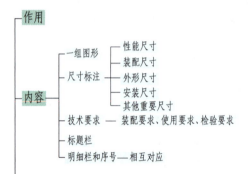

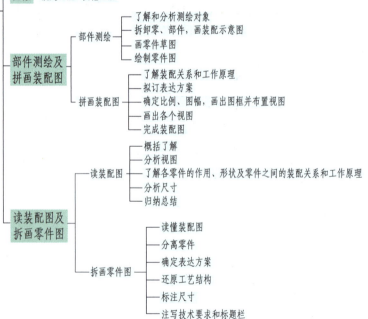

【拓展阅读】

　　现代机械中应用最广泛的传动机构之一——齿轮机构已有跨越千年的历史。在我国发现的最早的齿轮机构是一处考古发掘于粮食窖藏中的齿轮制动机构；据史书记载，三国时期发明的指南车中，其齿轮机构能够保证无论木轮如何指向，木人始终指向南方；记里鼓车内部的齿轮机构能够记录车辆的行驶距离，车辆每行驶一里路，齿轮机构驱动小木人击鼓一次。

　　第一次工业革命以来，大工业生产开始取代手工业，齿轮也开始广泛应用于各类机械传动中，齿轮的精妙之处，在于其原理实质上是一个旋转的杠杆，将架起来的一个杠杆撬动另一个杠杆，如果想要连续的运动，就需要加入更多的杠杆，也就是齿轮臂，便会得到齿轮。扫描下方二维码观看微课视频，了解齿轮的前世今生，以及齿轮的原理、种类、加工方式和各种应用。

齿轮机构

第十章 计算机绘图

随着计算机软件技术的迅猛发展，工程图样绘制方法经历了从手工绘图，到采用计算机技术的二维 CAD 绘图，再到三维 CAD 视图生成结合编辑标注实现成图的三个阶段，计算机绘图已在机械、建筑、航天、电气、轻工等众多工程领域得到广泛应用，也已成为工程技术人员必不可少的一项技能。

本章第一节至第七节以 AutoCAD 2024 版本为例，为初学者有针对性地介绍软件的主要功能和绘图方法，并结合工程实例，介绍绘制机械工程图的方法和技巧。第八节以 SOLIDWORKS 2021 版本为例，讲解常规三维建模的主要方法和工程图的创建及导出方法。计算机绘图学习过程中最重要的是学练结合，通过上机训练熟悉软件和提高操作技巧。

第一节 机械工程 CAD 制图的基本规定

AutoCAD 软件由美国 Autodesk 公司出品，自 1982 年第 1 版问世以来，受到广泛关注，已成为国际上广泛使用的计算机绘图工具。用 AutoCAD 软件绘制机械工程图时，应遵守关于 CAD 的国家标准《机械工程 CAD 制图规则》（GB/T 14665—2012）。

一、CAD 机械工程图的图线表示

1. 图线的分组
国家标准规定了 CAD 机械工程图中的线型分为 5 组，见表 10-1。

表 10-1　CAD 图线的分组

组别	1	2	3	4	5	一般用途
线宽/mm	2.0	1.4	1.0	0.7	0.5	粗实线、粗点画线、粗虚线
	1.0	0.7	0.5	0.35	0.25	细实线、波浪线、双折线、细虚线、细点画线、细双点画线

注：CAD 绘图一般采用第 5 组的线宽。

2. 图线的颜色
机械 CAD 工程图在屏幕上显示的图线应按表 10-2 中的规定颜色显示，并要求相同类型的图线采用同样的颜色。

表 10-2　基本图线的显示颜色

图线线型	示例	显示颜色
粗实线		白色
细实线		绿色
波浪线		绿色
双折线		绿色
细虚线		黄色
粗虚线		白色
细点画线		红色
粗点画线		棕色
双点画线		粉红色

二、CAD 机械工程图的线型分层

CAD 机械工程图的各种线型在软件中的分层标识可参照表 10-3 进行设置。

表 10-3　CAD 机械工程图中的各种线型分层标识

标识号	描述	示例
01	粗实线	
02	细实线 波浪线 双折线	
03	粗虚线	
04	细虚线	
05	细点画线	
06	粗点画线	
07	细双点画线	
08	尺寸线、投影连线、尺寸终端与符号细实线、尺寸和公差	423±1
09	参考圆,包括引出线及其终端(如箭头)	
10	剖面符号	

（续）

标识号	描述	示例
11	文本（细实线）	ABCD
12	文本（粗实线）	KLMN
13、14、15	用户选用	

三、CAD 机械工程图的字体

CAD 机械工程图所使用的汉字、数字及字母（除表示变量外），一般应以正体输出。字体高度与图幅之间的选用关系见表 10-4。

表 10-4　图幅选用的字体高度

图幅		A0	A1	A2	A3	A4
字体高度 h	字母与数字	5			3.5	
	汉字	7			5	

字体的最小字（词）距、行距以及间隔线或基准线与书写字体之间的最小间距见表 10-5。

表 10-5　最小间距　　　　　　　（单位：mm）

字体	最小间距	
汉字	字距	1.5
	行距	2
	间隔线或基准线与汉字的间距	1
数字和字母	字符	0.5
	词距	1.5
	行距	1
	间隔线或基准线与字母、数字的间距	1

注：当汉字与字母、数字混合使用时，字体的最小间距、行距等应根据汉字的规定使用。

第二节　AutoCAD 2024 的基础知识

一、AutoCAD 2024 的启动及工作界面

双击计算机桌面（已安装 AutoCAD 2024）上的快捷图标（见图 10-1），软件经加载后进入启动界面，如图 10-2 所示。选择界面左侧"快速入门"选项组的"开始绘制"选项，软件自动创建一个图形文件名为"Drawing1.dwg"的初始绘图界面，如图 10-3 所示。

图 10-1　快捷图标

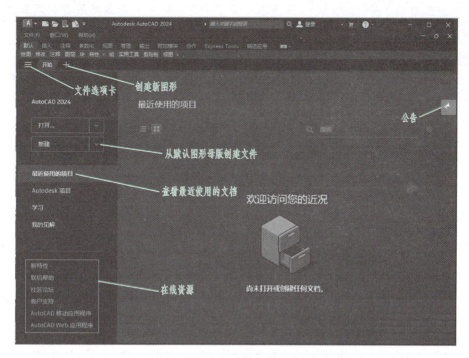

图 10-2 启动界面

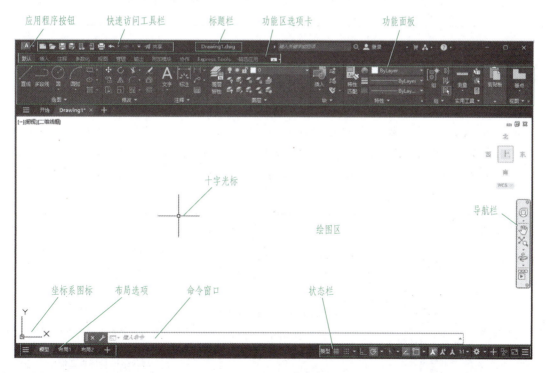

图 10-3 初始绘图界面

初始界面主要功能及操作见表 10-6。

表 10-6　初始界面主要功能及操作

名称	用途及调用方法
应用程序按钮	用于新建、打开、保存、另存为、输出、打印、关闭文件等
快速访问工具栏	显示常用命令工具,如新建、打开、保存、另存为、打印、放弃等,可根据需求自定义该工具栏。例如,单击该工具栏右端下拉按钮▼,从下拉列表中选择"显示菜单栏"选项,即可将菜单栏调出而显示于快速访问工具栏下方
标题栏	显示文件名称、文件格式、存盘路径
功能区选项卡	共有 12 个选项卡,每一个选项卡均有对应的功能面板
功能面板	每个面板都集中了相应的绘图命令,并以图标与预览图相结合的方式表达该命令的内容,并且有提示该命令的帮助功能
十字光标	用于绘图时指定点或定位点;编辑图形时光标变为小方框以用于选择对象
导航栏	用于选择以不同的方式查看图形,例如,单击 🖐 可以平移图形,单击 🔍 可以缩放图形,此外,单击图标下方小三角可以对图形进行更多的操作,如窗口缩放、全部缩放、中心缩放等
坐标系图标	提供两个坐标系:固定的世界坐标系 WCS(默认状态)和可定义的用户坐标系 UCS
命令窗口	用于显示已执行的命令、接收的用户新命令和与命令相关的提示信息。在菜单或工具栏中执行的命令也在此显示
布局选项	用于进行设计对象在模型空间还是在图纸空间的切换,默认在模型空间
状态栏	显示常用的辅助绘图工具,亮显为启动状态。具体见本节"五、状态栏的辅助功能"的相关讲解
绘图区	屏幕上的空白区域,背景默认为黑色。改变背景颜色的具体操作方法见本节"四、绘图环境设置"的相关讲解

二、图形文件管理

AutoCAD 的图形文件与 Windows 环境下的其他应用程序的文件管理及操作方法基本相同,但 AutoCAD 提供了多种类型的文件,如 ".dwg"图形文件、".dwt"样板文件、".dws"图形标准和 ".dxf"图形交换。绘制机械工程图时,应均以 ".dwg"格式保存文件,并在保存时适当降低版本。图形文件管理的常用命令及操作方法见表 10-7。

表 10-7　图形文件管理的常用命令及操作方法

功能	命令调用方式	操作方法	说明
新建文件	单击快速访问工具栏"新建"按钮 🗋	在系统弹出的"选择样板"对话框中单击"打开"按钮,新建图形文件名为"Drawing1.dwg"	用户可以选择自己设置的样板图
打开文件	单击快速访问工具栏"打开"按钮 📂	在系统弹出的"选择文件"对话框中找到已经存在的图形文件并打开	单击文件名可预览图形
保存文件	单击快速访问工具栏"保存"按钮 💾	在系统弹出的"图形另存为"对话框中设置路径,命名文件名,选择文件类型	".dwg"文件和".dwt"文件分别为图形和样板文件
另存为	单击快速访问工具栏"另存为"按钮	与保存文件操作相同	与保存文件相同

三、命令输入方式

AutoCAD 提供的是一种交互式的操作方式，当系统提示用户输入命令时，可以采用鼠标与键盘相结合的操作方式予以响应。

1）鼠标：主要用于选择功能选项、单击命令按钮、选择对象、控制图形显示、调出快捷菜单等，鼠标键和滚轮的功能见表 10-8。

表 10-8　鼠标键和滚轮的功能

键和滚轮	功能
鼠标左键	用于指定屏幕上的点；选择功能选项，单击命令按钮；编辑图形时，用于选择对象
鼠标右键	在绘图区空白处单击鼠标右键调出快捷菜单；编辑图形时，用于确认修改 鼠标右键功能的重新定义可以在"选项"对话框（图 10-4）中的"用户系统配置"选项卡进行设置
鼠标滚轮	按住滚轮拖动鼠标便可即时平移图形；双击滚轮可全屏显示图形；滚动滚轮便可即时放大或缩小图形的显示

2）键盘：主要用于对数字、字母、汉字、参数、快捷命令等的输入，键盘的常用功能键及其功能见表 10-9。

表 10-9　键盘的常用功能键及其功能

功能键	功能	功能键	功能
F1	获得帮助	F7	开启和关闭栅格显示
F2	实现图形显示窗口与文本窗口的转换	F8	开启和关闭正交模式
F3	开启和关闭对象捕捉功能	F9	开启和关闭栅格捕捉模式
F4	开启和关闭三维对象捕捉功能	F10	开启和关闭极轴追踪模式
F5	切换等轴测模式的平面	F11	开启和关闭对象捕捉追踪模式
F6	开启和关闭动态 UCS	F12	开启和关闭动态输入模式
Esc	终止正在执行的命令	空格	重复执行最近一次调用的命令或结束当前执行的命令
		Enter	

四、绘图环境设置

1. 基本环境设置

绘图基本环境是指背景的颜色、十字光标的大小、拾取框和自动捕捉靶框的大小、鼠标右键功能等。

在空白区域单击鼠标右键，在弹出的快捷菜单中选择"选项"选项，系统弹出的"选项"对话框如图 10-4 所示，可以在"显示""用户系统配置""绘图""选择集"的选项卡中分别进行设置。

"选项"对话框中常用选项卡的功能及操作方法见表 10-10。

273

图 10-4 "选项"对话框

表 10-10 "选项"对话框中常用选项卡的功能及操作方法

选项卡名称	主要用途	操作过程
显示	更改背景颜色、显示精度和光标大小等	改颜色:单击"颜色"按钮,系统弹出"图形窗口颜色"对话框,从颜色列表中选取颜色(建议选择黑色或白色),单击"应用与关闭"按钮结束操作
		改光标大小:在"十字光标大小"选项组移动滑块
用户系统配置	主要用于自定义鼠标右键的功能	在"用户系统配置"选项卡中单击"自定义右键单击"按钮,系统弹出"自定义右键单击"对话框,选择所需功能后单击"应用与关闭"按钮结束操作
		鼠标功能根据个人的操作习惯而设置,无好坏之分
绘图	更改自动捕捉标记大小、靶框大小、颜色等	改标记和靶框大小:在"绘图"选项卡中,移动"自动捕捉标记大小"和"靶框大小"的滑块即可相应改变自动捕捉标记大小和靶框大小
		改颜色:单击"颜色"按钮设置,与改背景颜色操作相同
选择集	更改拾取框大小、夹点尺寸和夹点颜色等	在"选择集"选项卡中,移动"拾取框大小"和"夹点尺寸"选项组滑块即可相应改变拾取框和夹点的大小,也可单击"夹点颜色"按钮更改夹点的颜色等

2. 绘图单位设置

在菜单栏中依次选择"格式"→"单位"菜单命令,系统弹出"图形单位"对话框,如图 10-5 所示。可以根据图纸的要求,分别设置长度和角度的单位及精度。

3. 图纸幅面设置

在菜单栏中依次选择"格式"→"图形界限"菜单命令,根据命令窗口提示进行设置。

绘图窗口可视为一个可变的矩形区域,无论设置为几号图纸,图形界限的原点,即坐标为(0,0)的点,始终为栅格显示区域中绿色栅格线与红色栅格线的交点,如图 10-6 所示。命令提示的右上角点坐标按表 1-1 所列图纸大小进行设置,公制默认为

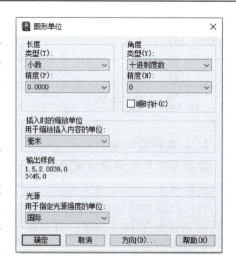

图 10-5 "图形单位"对话框

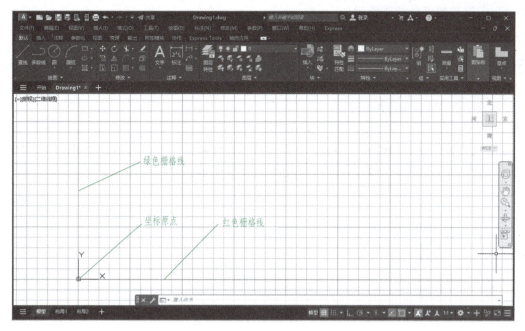

图 10-6　栅格显示界面

A3 图幅，即右上角点坐标为（420，297）。

4. 图层设置

图层可以理解为透明图纸，各层之间完全精准对齐。使用 AutoCAD 绘图，应将图样中的线型和内容进行分类，并置于不同的图层上，每个图层都具有颜色、线型、线宽等特征，并可通过一组控制开关对其进行开启与关闭、冻结与解冻、锁定与解锁等操作。

在功能区"图层"面板中，单击"图层特性"按钮 ，系统弹出"图层特性管理器"对话框，如图 10-7 所示，可进行图层的名称、颜色、线型、线宽等内容的设置。

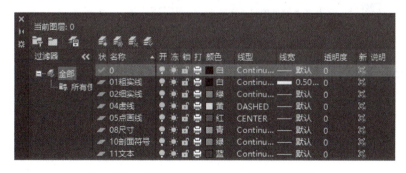

演示视频

图 10-7　"图层特性管理器"对话框及设置

在图层操作中需要注意以下几点。

1）0 层是系统默认图层，既不能删除，也不能重新命名。该层对象的特性随图层改变而改变。

2）不能删除 0 层、当前图层和包含图形对象的图层。

3）系统的默认线宽是 0.25。

4）图层数量可根据需要增减。

注意：图层的颜色、标识号分别见表 10-2 和 10-3，多数企业和公司都有自己的图层管理方式，在工程实际中，应根据具体要求进行设置。

五、状态栏的辅助功能

状态栏提供帮助进行精准、快速绘图的辅助功能按钮，功能的启用或关闭，不会中断其他命令，按钮亮显表明该功能已开启。状态栏的主要功能见表 10-11。

表 10-11 状态栏的主要功能

按钮名称	按钮图标	功能
栅格显示		用于显示图幅界限,作用类似于方格纸,在按钮图标上单击鼠标右键可设置栅格间距
捕捉模式		单击右侧小三角,可在弹出的下拉列表中选择三种不同的捕捉模式
动态输入		用于在光标附近显示命令提示及相关信息
正交		用于约束光标,随着光标移动只能绘制水平或竖直直线
极轴追踪		用于按设置的增量角显示极轴追踪矢量,它与"正交"模式不能同时启用。单击右侧小三角,可在弹出的下拉列表中选择不同的增量角
对象捕捉追踪		它是"对象捕捉"与"极轴追踪"功能的组合,能显示捕捉特殊点的参照线
对象捕捉		用于自动捕捉图形上的特殊点,单击右侧小三角,可在弹出的下拉列表中选择不同的捕捉点类型
线宽显示		用于显示或隐藏线宽
工作空间		用于切换绘图工作空间,主要有草图与注释、三维基础、三维建模、自定义等
全屏显示		可隐藏功能选项卡和功能面板,最大化显示图形
自定义		用于设置状态栏的功能项目

六、对象选择和特性修改

1. 对象选择的方式

编辑图形时，命令窗口会提示"选择对象"，此时应能快速、准确地选定某些图形对象（被选中的对象由实变虚，构成选择集）。在操作过程中应根据不同的选择需求来选择对象，常用方式及操作要领见表 10-12。

表 10-12　选择图形对象的常用方式及操作要领

选择方式	操作要领
单选	单击要选择的对象,主要用于少量对象的选择
窗选	从左向右指定对角点,位于矩形窗口内的对象被选中
窗交	从右向左指定对角点,位于矩形窗口内的对象以及与窗口相交的对象均被选中
围选	与窗选相似,在"选择对象"提示下输入"WP",采用点定义方式任意定义多边形,完全位于多边形内的对象被选中
交选	在"选择对象"提示下输入"CP",采用点定义方式任意定义多边形,完全位于多边形内以及与多边形相交的对象均被选中
栏选	利用开放的折线选择对象,在"选择对象"提示下输入"F",凡是与选择线段相交的对象均被选中
删除	删除选择集中的某对象时,在"选择对象"提示下,输入"R"后进行选择,选中的对象被移出

2. 对象特性的修改

1）在"特性"功能面板中单击"特性匹配"按钮，其功能类似于 Word 中的格式刷，使源对象所具有的常规特性（如颜色、图层、样式、线型等）完全赋予目标对象。

2）在"特性"功能面板中单击展开按钮，在弹出的"特性"对话框中对已选对象做修改，可修改常规的各种特性、打印样式等；如果选中的是多个对象，则只能修改其公共特性。

七、夹点功能的使用

当需要对某些图元对象进行编辑时，先选择对象，则被选中的对象将显示出多个蓝色小方框夹点，如图 10-8 所示。将光标置于某个夹点上，夹点颜色显示为红色即被激活，单击鼠标左键或右键即可进行编辑操作，夹点编辑是提高绘图效率的常用方法。

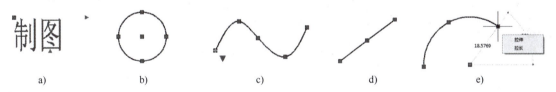

图 10-8　各种图元对象的夹点位置

进行夹点操作时需要注意以下几点。

1）被锁定图层上的图元对象不显示夹点。

2）激活夹点的位置不同会导致不同的编辑结果；在激活夹点处单击鼠标右键，利用弹出的快捷菜单可进行多种效果的编辑。

3）圆的象限夹点所显示的数值是该圆半径。在"拉伸"模式下，选择象限夹点后输入参数为新圆的半径；选择圆心夹点可以移动该圆的位置。

第三节　二维图形的绘制与编辑

二维图形由一些基本几何对象组成，如点、直线、圆、圆弧、矩形、正多边形等。本节主要介绍常用的绘图命令和编辑命令。

一、常用的绘图命令

二维图形的常用绘图命令集中在"绘图"功能面板中，单击命令图标右侧或下方的小三角可展开该命令的下拉列表，可从中根据给定的绘图条件选择合适的命令方式。

常用绘图命令的名称、按钮、快捷键及操作见表 10-13，其中，操作中的"↙"是指按键盘上的<Enter>键、空格键或者单击鼠标右键。

表 10-13　常用绘图命令的名称、按钮、快捷键及操作

命令名称 按钮 快捷键	图例	操作
直线 L		命令:_line 　指定第一个点:　//在任意位置确定点 A 　指定下一点或 [放弃(U)]:70↙　//在"正交"模式下向左拖动光标并输入"70"，确认点 B 　指定下一点或 [放弃(U)]:@ 48<35 ↙　//用相对极坐标输入方式确认点 C 　指定下一点或 [闭合(C)/放弃(U)]:24↙　//向右拖动光标并输入"24"，确认点 D 　指定下一点或 [闭合(C)/放弃(U)]:　//拖动光标捕捉端点 A,确认后按<Enter>键完成图形绘制
多段线 PL		命令:_pline 　指定起点:　//在任意位置确定点 A 　当前线宽为 0.00　//显示当前线宽 　指定下一个点或 [圆弧(A)/半宽(H)/长度(L)/放弃(U)/宽度(W)]:W↙　//输入"W"选择"宽度(W)"选项 　指定起点宽度<0.00>:　//直接确认当前默认宽度，即确定箭头点 A 的宽度为 0 　指定端点宽度<0.00>:3↙　//输入"3"确定箭头点 B 的宽度为 3 　指定下一个点或 [圆弧(A)/半宽(H)/长度(L)/放弃(U)/宽度(W)]:5↙　//向左上方拖动光标后输入距离"5",确定点 B 位置 　指定下一点或 [圆弧(A)/闭合(C)/半宽(H)/长度(L)/放弃(U)/宽度(W)]:A↙　//输入"A"选择"圆弧(A)"选项,转换成画圆弧模式 　指定圆弧的端点(按住 Ctrl 键以切换方向)或 [角度(A)/圆心(CE)/闭合(CL)/方向(D)/半宽(H)/直线(L)/半径(R)/第二个点(S)/放弃(U)/宽度(W)]:W↙ 　指定起点宽度<3.00>:1↙　//输入"1"确定圆弧起点 B 的宽度为 1 　指定端点宽度<1.00>:0↙　//输入"0"确定圆弧端点 C 的宽度为 0 　指定圆弧的端点(按住 Ctrl 键以切换方向)或 [角度(A)/圆心(CE)/闭合(CL)/方向(D)/半宽(H)/直线(L)/半径(R)/第二个点(S)/放弃(U)/宽度(W)]:　//拖动光标至点 C 位置,确认后按<Enter>键完成图形绘制
圆 C		命令:_circle 　指定圆的圆心或 [三点(3P)/两点(2P)/切点、切点、半径(T)]:_ttr　//从功能区选择"相切、相切、半径"方式画圆 　指定对象与圆的第一个切点:　//选择一条边(自动捕捉该线切点) 　指定对象与圆的第二切点个:　//选择另一条边(自动捕捉该线切点) 　指定圆的半径<30.00>:7.5↙　//输入"7.5"确认半径值 注意:CAD 画圆有 6 种方式,可从功能区图标的下拉列表中选择相应的画圆方式,若系统提示该圆不存在,则说明绘制的圆无法满足条件

（续）

命令名称 按钮 快捷键	图例	操作
圆弧 A		命令:_arc　//选择"三点"方式画弧 指定圆弧的起点或 [圆心(C)]：　//在状态栏启用"对象捕捉"功能,选择点 A 指定圆弧的第二个点或 [圆心(C)/端点(E)]：　//选择点 B 指定圆弧的端　//选择点 C 注意:CAD 画弧有 9 种方式,可从功能区图标的下拉列表中选择相应的画弧方式
矩形 REC		命令:_rectang 指定第一个角点或 [倒角(C)/标高(E)/圆角(F)/厚度(T)/宽度(W)]:F ↙　//选择带圆角的绘图方式 指定矩形的圆角半径<0.00>:3 ↙　//输入"3"确认圆角半径 指定第一个角点或 [倒角(C)/标高(E)/圆角(F)/厚度(T)/宽度(W)]:　//指定任意一点作为矩形起始点 指定另一个角点或 [面积(A)/尺寸(D)/旋转(R)]:@ 18,12 ↙　//输入相对坐标确定矩形的对角点
正多边形 POL		命令:_polygon 输入侧面数<4>:6 ↙　//输入多边形的边数 指定正多边形的中心点或 [边(E)]：　//在状态栏启用"对象捕捉"功能,选择中心点 输入选项 [内接于圆(I)/外切于圆(C)]<I>:↙　//按<Enter>键确认内接于圆的默认生成方式 指定圆的半径:22 ↙　//输入"22"确认内接圆的半径
椭圆 EL		命令:_ellipse 指定椭圆的轴端点或 [圆弧(A)/中心点(C)]:C ↙　//选择中心点方式绘制椭圆 指定椭圆的中心点：　//选择两条画线的交点 指定轴的端点:15 ↙　//输入长轴一个端点到中心点的距离 指定另一条半轴长度或 [旋转(R)]:12 ↙　//输入短轴一个端点到中心点的距离 注意:CAD 画椭圆有 3 种方式,可从功能区图标的下拉按钮列表中选择相应的画图方式

图案填充
HAT
		命令:_hatch 功能区弹出"图案填充创建"选项卡
		
		拾取内部点或 [选择对象(S)/放弃(U)/设置(T)]:正在选择所有对象…
		//在欲填充的封闭边界内任意位置单击
		正在选择所有可见对象…
		正在分析所选数据…
		正在分析内部孤岛…
		拾取内部点或 [选择对象(S)/放弃(U)/设置(T)]:'_hatchedit_pANSI31
		//系统提供的默认填充图案
		命令:_-hatchedit
		输入图案填充选项 [解除关联(DI)/样式(S)/特性(P)/绘图次序(DR)/添加边界(AD)/删除边界(R)/重新创建边界(B)/关联(AS)/独立的图案填充(H)/原点(O)/注释性(AN)/图案填充颜色(CO)/图层(LA)/透明度(T)]<特性>:_p　//重新选择合适的填充图(如剖面线)
		输入图案名称或 [? /实体(S)/用户定义(U)/渐变色(G)]<ANGLE>:ANSI31 //更改后的图案
		指定图案缩放比例<1.0000>：　//修改比例值可改变剖面线的间距
		指定图案角度值<0>：　//修改角度值可改变剖面线的倾斜方向
		注意:剖面线的相关参数可在"图案"下拉列表中选择"用户定义"进行设置

279

（续）

命令名称 按钮 快捷键	图例	操作
样条曲线 SPL		命令:_spline 当前设置:方式=拟合　节点=弦 指定第一个点或 [方式(M)/节点(K)/对象(O)]:_M 输入样条曲线创建方式 [拟合(F)/控制点(CV)] <拟合>:_FIT 当前设置:方式=拟合　节点=弦 指定第一个点或 [方式(M)/节点(K)/对象(O)]:　//在任意位置确定曲线点 A 输入下一个点或 [起点切向(T)/公差(L)]:　// 在合适位置确定曲线点 B 输入下一个点或 [端点相切(T)/公差(L)/放弃(U)]:　//在合适位置确定曲线点 C 输入下一个点或 [端点相切(T)/公差(L)/放弃(U)/闭合(C)]:　//在合适位置确定曲线点 D 输入下一个点或 [端点相切(T)/公差(L)/放弃(U)/闭合(C)]:↙　//按 <Enter> 键结束曲线绘制

二、常用的编辑命令

　　二维图的常用编辑命令集中在"修改"功能面板中，单击命令图标右侧小三角可展开该编辑命令的下拉列表，用户可根据图形选择合适的编辑命令。

　　常用编辑命令的名称、按钮、快捷键及操作，见表 10-14。

表 10-14　常用编辑命令的名称、按钮、快捷键及操作

命令名称 按钮 快捷键	图例	操作
移动 MO		命令:_move 选择对象:找到 1 个　//选择小圆 选择对象:　//按 <Enter> 键,结束对象选择 指定基点或 [位移(D)] <位移>:　//选中小圆的圆心 指定第二个点或 <使用第一个点作为位移>:　//选中六边形的中点
复制 CO		命令:_copy 选择对象:找到 1 个　//选择小圆 选择对象:　//按 <Enter> 键结束对象选择 当前设置:复制模式=多个 指定基点或 [位移(D)/模式(O)] <位移>:　//选中小圆的圆心 指定第二个点或 [阵列(A)] <使用第一个点作为位移>:　//选择其中一个中心点 指定第二个点或 [阵列(A)/退出(E)/放弃(U)] <退出>:　//选择第二个中心点 指定第二个点或 [阵列(A)/退出(E)/放弃(U)] <退出>:　//选择第三个中心点 指定第二个点或 [阵列(A)/退出(E)/放弃(U)] <退出>:　//按 <Enter> 键结束命令

（续）

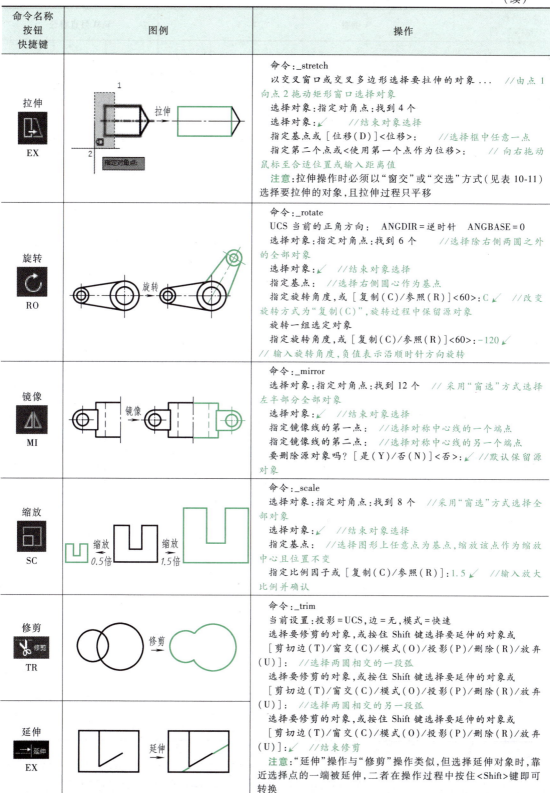

命令名称 按钮 快捷键	图例	操作
拉伸 EX		命令:_stretch 以交叉窗口或交叉多边形选择要拉伸的对象...　　//由点1向点2拖动矩形窗口选择对象 选择对象:指定对角点:找到4个 选择对象:✓　　//结束对象选择 指定基点或［位移(D)］<位移>:　　//选择框中任意一点 指定第二个点或<使用第一个点作为位移>:　　//向右拖动鼠标至合适位置或输入距离值 注意:拉伸操作时必须以"窗交"或"交选"方式(见表10-11)选择要拉伸的对象,且拉伸过程只平移
旋转 RO		命令:_rotate UCS当前的正角方向:　ANGDIR=逆时针　ANGBASE=0 选择对象:指定对角点:找到6个　　//选择除右侧两圆之外的全部对象 选择对象:✓　//结束对象选择 指定基点:　//选择右侧圆心作为基点 指定旋转角度,或［复制(C)/参照(R)］<60>:C✓　　//改变旋转方式为"复制(C)",旋转过程中保留源对象 旋转一组选定对象 指定旋转角度,或［复制(C)/参照(R)］<60>:-120✓ //输入旋转角度,负值表示沿顺时针方向旋转
镜像 MI		命令:_mirror 选择对象:指定对角点:找到12个　　//采用"窗选"方式选择左半部分全部对象 选择对象:✓　//结束对象选择 指定镜像线的第一点:　　//选择对称中心线的一个端点 指定镜像线的第二点:　　//选择对称中心线的另一个端点 要删除源对象吗?［是(Y)/否(N)］<否>:✓　//默认保留源对象
缩放 SC		命令:_scale 选择对象:指定对角点:找到8个　　//采用"窗选"方式选择全部对象 选择对象:✓　//结束对象选择 指定基点:　//选择图形上任意点为基点,缩放该点作为缩放中心且位置不变 指定比例因子或［复制(C)/参照(R)］:1.5✓　//输入放大比例并确认
修剪 TR		命令:_trim 当前设置:投影=UCS,边=无,模式=快速 选择要修剪的对象,或按住Shift键选择要延伸的对象或 ［剪切边(T)/窗交(C)/模式(O)/投影(P)/删除(R)/放弃(U)］:　//选择两圆相交的一段弧 选择要修剪的对象,或按住Shift键选择要延伸的对象或 ［剪切边(T)/窗交(C)/模式(O)/投影(P)/删除(R)/放弃(U)］:　//选择两圆相交的另一段弧
延伸 EX		选择要修剪的对象,或按住Shift键选择要延伸的对象或 ［剪切边(T)/窗交(C)/模式(O)/投影(P)/删除(R)/放弃(U)］:✓　//结束修剪 注意:"延伸"操作与"修剪"操作类似,但选择延伸对象时,靠近选择点的一端被延伸,二者在操作过程中按住<Shift>键即可转换

281

（续）

命令名称 按钮 快捷键	图例	操作
倒角 [倒角] CHA		命令:_chamfer （"修剪"模式）当前倒角距离 1 = 0.00,距离 2 = 0.00　//显示当前倒角距离 　选择第一条直线或［放弃(U)/多段线(P)/距离(D)/角度(A)/修剪(T)/方式(E)/多个(M)]:D↙　//选择距离方式 　指定 第一个 倒角距离 <0.00>:2↙　//输入倒角直角边的长度 　指定 第二个 倒角距离 <2.00>:↙　//默认第 2 条直角边与第 1 条直角边的长度相同
圆角 [圆角] F		选择第一条直线或［放弃(U)/多段线(P)/距离(D)/角度(A)/修剪(T)/方式(E)/多个(M)]:　//选择直角的一条边 　选择第二条直线,或按住 Shift 键选择直线以应用角点或［距离(D)/角度(A)/方法(M)]:　//选择另一条直角边 注意:"圆角"操作与"倒角"操作类似,首先设置圆角半径,再进行倒圆角
阵列 [矩形阵列 路径阵列 环形阵列] AR		命令:_arraypolar　//启用"环形阵列"方式 　选择对象:找到 1 个　//选择小圆 　选择对象:↙　//结束对象选择 类型＝极轴 关联＝否 指定阵列的中心点或［基点(B)/旋转轴(A)]:　//选择大圆的圆心 　选择夹点以编辑阵列或［关联(AS)/基点(B)/项目(I)/项目间角度(A)/填充角度(F)/行(ROW)/层(L)/旋转项目(ROT)/退出(X)]<退出>:I↙　//以项目方式生成阵列 　输入阵列中的项目数或［表达式(E)]<6>:5↙　//输入阵列数目 　选择夹点以编辑阵列或［关联(AS)/基点(B)/项目(I)/项目间角度(A)/填充角度(F)/行(ROW)/层(L)/旋转项目(ROT)/退出(X)]<退出>:↙//按<Enter>键 注意:阵列有"矩形阵列""路径阵列""环形阵列"三种方式,应重点掌握"环形阵列"和"矩形阵列"的操作要领
删除 E		命令:_erase 　选择对象:找到 1 个　//选择小圆 　选择对象:↙　//按<Enter>键
分解 EX		命令:_explode 　选择对象:找到 1 个　//选择五边形 　选择对象:↙　//按<Enter>键 注意:分解命令是将复合对象(如正多边形、尺寸、剖面线等)分解为若干个独立的对象

（续）

命令名称 按钮 快捷键	图例	操作
偏移 OF	偏移直线 偏移圆	命令:_offset 当前设置:删除源=否　图层=源　OFFSETGAPTYPE=0 指定偏移距离或［通过(T)/删除(E)/图层(L)］<2.00>:10 ✓ //输入直线要偏移的距离 选择要偏移的对象,或［退出(E)/放弃(U)］<退出>:　//选 择竖直中心线 指定要偏移的那一侧上的点,或［退出(E)/多个(M)/放弃 (U)］<退出>:　//将鼠标放在右侧任意位置单击 选择要偏移的对象,或［退出(E)/放弃(U)］<退出>:✓ //按<Enter>键 注意:若偏移对象是圆或样条曲线等,则偏移结果是同心圆或 等距曲线
打断 BR	打断 1 × 2 × → 1 2	命令:_break 选择对象:　//选择圆弧第1点的位置 指定第二个打断点或［第一点(F)］:　//选择圆弧第2点的 位置 注意:打断圆弧时,系统按逆时针方向将第1点与第2点之间 的圆弧删除

第四节　文字注写及尺寸和引线的标注

文字、标注和引线的相关命令集中在功能区"注释"选项卡的面板中,如图10-9所示。

图10-9　功能区"注释"选项卡

一、文字样式设置与注写

AutoCAD 2024提供的默认字体"txt.shx"不符合我国对工程图样的要求,因此需要创建符合国家标准的文字样式。

1. 创建文字样式

在功能区"注释"选项卡的"文字"功能面板中单击展开按钮 ，或者在命令窗口输入"style"命令,系统弹出"文字样式"对话框,如图10-10a所示;单击"新建"按钮,系统弹出"新建文字样式"对话框,如图10-10b所示,输入样式名称"工程图"（用于工程图样的绘制）,单击"确定"按钮返回"文字样式"对话框,勾选"使用大字体"复选框，分别从"SHX 字体"和"大字体"下拉列表中选择符合国家标准的字体样式，如图 10-10c 所示。

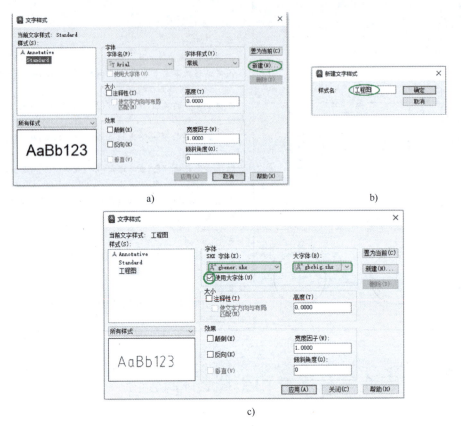

图 10-10　创建文字样式

a)"文字样式"对话框　b)"新建文字样式"对话框　c)"工程图"文字样式的的设置

创建文字样式需要注意以下几点。

1）字体选项中的"gbenor. shx"是直体，"gbeitc. shx"是斜体。

2）勾选"使用大字体"复选框，既可以注写汉字、数字和字母，又可以插入一些特殊符号。

2. 注写文字与编辑文字

AutoCAD 2024 提供了单行文字 **A** 和多行文字 **A** 两种文字注写方式，单行文字主要用于注写简短的文字，按<Enter>键实现换行，且每行文字均为独立对象。

注写多行文字的操作要领如下。

命令：mtext //或单击"文字"功能面板上的"单行文字"按钮 **A**

当前文字样式："工程图"　文字高度： 2.5　注释性： 否

指定第一角点：//用鼠标指定文本框的一个角点

指定对角点或［高度（H）/对正（J）/行距（L）/旋转（R）/样式（S）/宽度（W）/栏（C）］：//用鼠标指定文本框的另一角点，系统弹出"文字编辑器"功能面板，如图 10-11 所示，后续操作类似于 Word

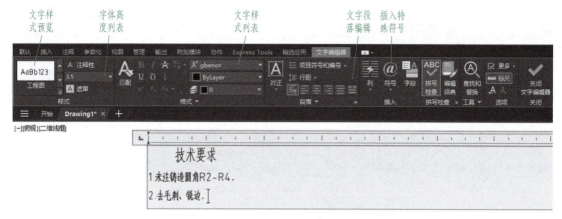

文字样
式预览　　字体高
度列表　　　　　　文字样
式列表　　　文字段
落编辑　插入特
殊符号

图 10-11　"文字编辑器"功能面板及文本框

若要修改文字内容、字体大小、对正方式等，可双击已注写的文字，便可打开"在位文字编辑器"窗口，在其中进行编辑即可。

二、标注样式设置与尺寸标注

AutoCAD 2024 提供的默认标注样式"ISO-25"不符合我国《机械制图》国家标准，因此需要创建符合国家标准的标注样式。

1. 创建标注样式及其子样式

在功能区"注释"选项卡的"标注"功能面板中单击展开按钮 ，或者在命令窗口输入"dimstyle"命令，系统弹出"标注样式管理器"对话框，如图 10-12a 所示；单击"新建"按钮，系统弹出"创建新标注样式"对话框，如图 10-12b 所示；输入样式名称，如"GB-35"（适于 A3-A5 图幅）；单击"继续"按钮，然后分别对"线""符号和箭头""文字"选项卡做相应设置，如图 10-12c～e 所示。

在已创建的"GB-35"样式下，还需继续创建"角度""直径""半径"的子样式。

（1）角度子样式　在如图 10-13a 所示的对话框中，单击"新建"按钮，系统弹出"创

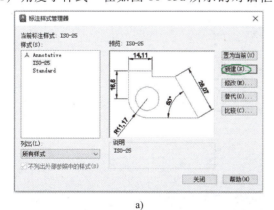

a)　　　　　　　　　　　　　　b)

图 10-12　创建标注样式

a）"标注样式管理器"对话框　b）"创建新标注样式"对话框

c)   d)   e)

图 10-12 创建标注样式（续）

c）"GB-35"样式"线"的设置 d）"GB-35"样式"符号和箭头"的设置 e）"GB-35"样式"文字"的设置

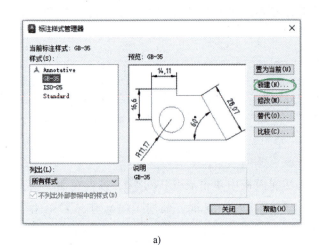

a)

b)

c)

图 10-13 "角度"子样式的设置

a）"标注样式管理器"对话框 b）"创建新标注样式"对话框

c）"新建标注样式：GB-35：角度"对话框

建新标注样式"对话框。在"创建标注样式"对话框中从"用于"下拉列表框中选择"角度标注"选项，如图10-13b所示，单击"继续"按钮。系统弹出"创建标注样式：GB-35：角度"对话框，在"文字"选项卡中选择"水平"的文字对齐方式，如图10-13c所示。

（2）"直径"子样式　设置"直径"子样式的操作过程与"角度"子样式类似。在如图10-13a所示的对话框中，单击"新建"按钮。系统弹出"创建新标注样式"对话框。在"创建标注样式"对话框中从"用于"列表中选择"直径标注"选项，如图10-14a所示，单击"继续"按钮。系统弹出"新建标注样式：GB-35：直径"对话框，分别在"文字"和"调整"选项卡中进行设置，如图10-14b、c所示。

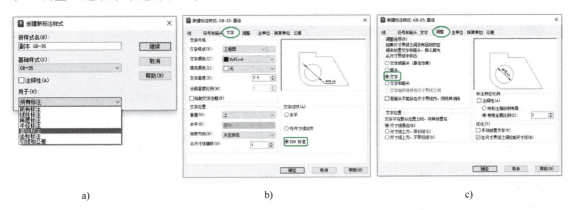

a)　　　　　　　　　　　　b)　　　　　　　　　　　　c)

图 10-14　"直径"子样式的设置

a)"创建新标注样式"对话框　b)"新建标注样式：GB-35：直径"对话框"文字"选项卡
c)"新建标注样式：GB-35：直径"对话框"调整"选项卡

（3）"半径"子样式　设置"半径"子样式与设置"直径"子样式的操作步骤基本相同，唯一不同的是在"创建新标注样式"对话框中从"用于"列表中选择"半径标注"选项，其余相同，不再赘述。

2. 常用的标注命令

常用尺寸标注命令的名称、按钮、快捷键及操作见表10-15所示。

表 10-15　常用尺寸标注命令的名称、按钮、快捷键及操作

命令名称 按钮 快捷键	图例	操作
线性 ⊢⊣ DLI	50	命令：_dimlinear 指定第一条尺寸界线原点或<选择对象>：//选择矩形左下角端点 指定第二条尺寸界线原点：//选择矩形右下角端点 指定尺寸线位置或[多行文字(M)/文字(T)/角度(A)/水平(H)/垂直(V)/旋转(R)]： 标注文字=50　//拖动鼠标至合适位置后单击鼠标左键确认
对齐 ⟍ DAL	38	命令：_dimaligned 指定第一条尺寸界线原点或<选择对象>：//选择斜边一个端点 指定第二条尺寸界线原点：//选择斜边另一个端点 指定尺寸线位置或[多行文字(M)/文字(T)/角度(A)]： 标注文字=38　//拖动鼠标至合适位置后单击鼠标左键确认

（续）

命令名称 按钮 快捷键	图例	操作
半径 [按钮] DRA	*(图例)*	命令:_dimradius 选择圆弧或圆：　//选择圆弧 标注文字 = 5 指定尺寸线位置或［多行文字(M)/文字(T)/角度(A)］：　//拖动鼠标 至合适位置后单击鼠标左键确认
直径 [按钮] DDI	*(图例)*	命令:_dimdiameter 选择圆弧或圆：　//选择圆 标注文字 = 24 指定尺寸线位置或［多行文字(M)/文字(T)/角度(A)］：　//拖动鼠标 至合适位置后单击鼠标左键确认
角度 [按钮] DNA	*(图例)*	命令:_dimangular 选择圆弧、圆、直线或<指定顶点>：　//选择所要标注的角的一条边 选择第二条直线：　//选择另一条边 指定标注弧线位置或［多行文字(M)/文字(T)/角度(A)/象限点(Q)］： 标注文字 = 35　//拖动鼠标至合适位置后单击鼠标左键确认
基线 [按钮] DBA	*(图例)*	//先启用"线性"命令标注尺寸18,再继续下面操作 命令:_dimbaseline 指定第二个尺寸界线原点或［选择(S)/放弃(U)]<选择>： 标注文字 = 30　//选择端点A按鼠标左键确认
连续 [按钮] DCO	*(图例)*	//先启用"线性"命令标注尺寸18,再继续下面操作 命令:_dimcontinue 选择连续标注：　//选择18的尺寸线 指定第二个尺寸界线原点或［选择(S)/放弃(U)]<选择>：　//选择端 点A 标注文字 = 12 指定第二个尺寸界线原点或［选择(S)/放弃(U)]<选择>：　//按<Enter>键
倾斜 [按钮] DED	*(图例)*	命令:_dimedit 输入标注编辑类型［默认(H)/新建(N)/旋转(R)/倾斜(O)]<默认>:O ✓//选择"倾斜"选项 选择对象:找到 1 个　//选择已标注的线性尺寸 选择对象:✓　//结束对象选择 输入倾斜角度（按 ENTER 表示无):60✓　//输入尺寸界线的倾斜角度 注意:该命令位于"标注"下拉列表中
公差 [按钮] TOL	*(图例)*	命令:_tolerance　//系统弹出"形位公差"对话框,单击"符号"下方的黑方 框,系统弹出"特征符号"对话框,从中单击选择所需项目符号;单击"公差 1"下方的黑方框则显示直径符号;在"公差1"文本框中输入公差值,单击其 右侧黑方框,系统弹出"附加符号"对话框,从中选择所需符号;在"基准"文 本框中输入基准符号,单击"确定"按钮 输入公差位置：　//将几何公差框格放置合适位置 *(形位公差对话框图例)*

（续）

命令名称 按钮 快捷键	图例	操作
编辑 标注 TEXTEDIT	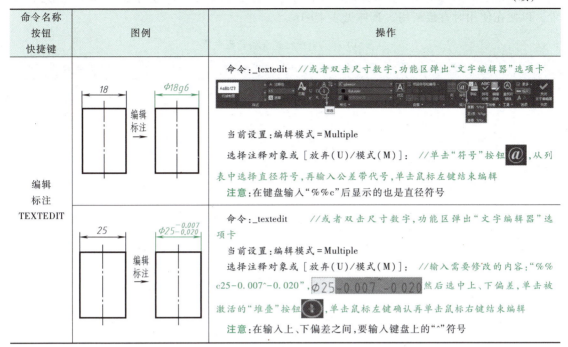	命令:_textedit　//或者双击尺寸数字,功能区弹出"文字编辑器"选项卡 当前设置:编辑模式=Multiple 选择注释对象或 [放弃(U)/模式(M)]: //单击"符号"按钮 @,从列表中选择直径符号,再输入公差带代号,单击鼠标左键结束编辑 注意:在键盘输入"%%c"后显示的也是直径符号
		命令:_textedit　　　　//或者双击尺寸数字,功能区弹出"文字编辑器"选项卡 当前设置:编辑模式=Multiple 选择注释对象或 [放弃(U)/模式(M)]: //输入需要修改的内容:"%%c25-0.007^-0.020", φ25 -0.007 -0.020 然后选中上、下偏差,单击被激活的"堆叠"按钮,单击鼠标左键确认再单击鼠标右键结束编辑 注意:在输入上、下偏差之间,要输入键盘上的"^"符号

三、多重引线样式设置与引线标注

1. 创建引线样式

在"引线"功能面板中单击展开按钮 ⤵ 或者在命令窗口输入"mleaderstyle"命令，系统弹出"多重引线样式管理器"对话框，如图 10-15a 所示；单击"新建"按钮，系统弹出"创建新多重引线样式"对话框，如图 10-15b 所示；输入样式名称，如"倒角标注"（用于标注倒角）。单击"继续"按钮，分别对"引线格式""引线结构""内容"选项卡做相应设置。

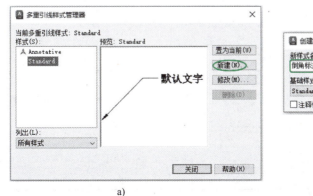

a)

b)

图 10-15　创建引线样式
a)"多重引线样式管理器"对话框　b)"创建新多重引线样式"对话框

对于常用的倒角标注、箭头标注、零件序号标注和基准符号，可创建引线样式并进行设置，以便在使用时直接调用，具体见表 10-16。

表 10-16 引线样式及对话框设置

样式	"引线格式"选项卡	"引线结构"选项卡	"内容"选项卡
倒角标注	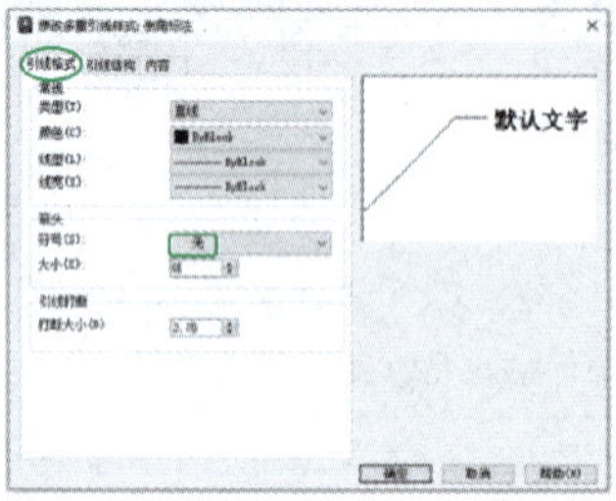	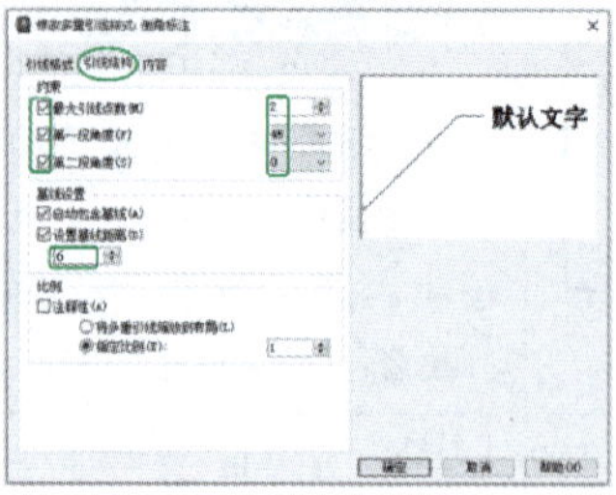	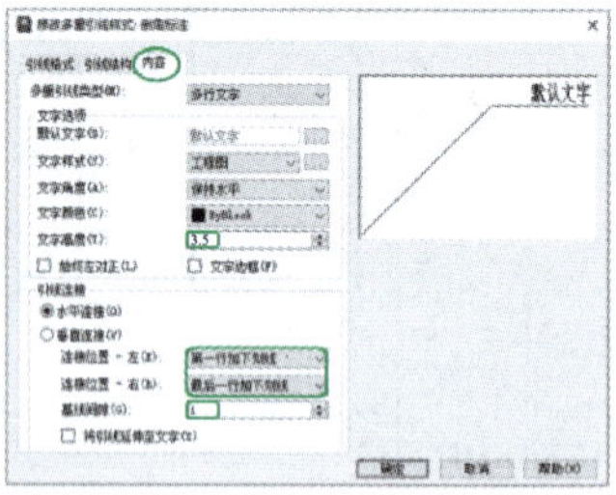
箭头标注	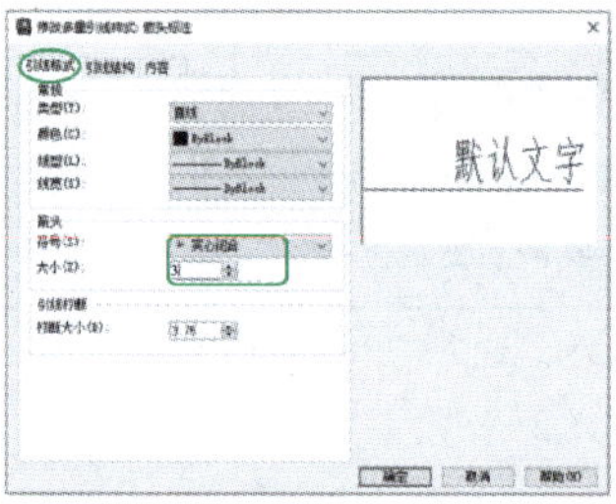	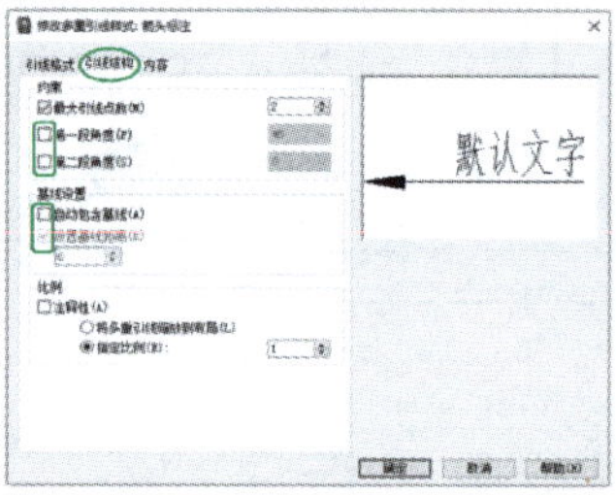	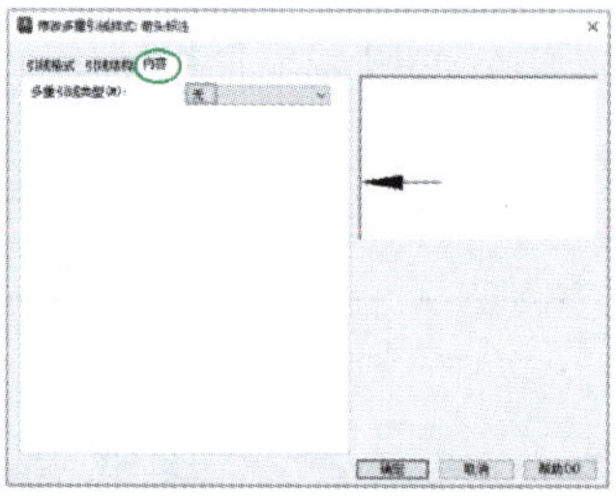
零件序号标注	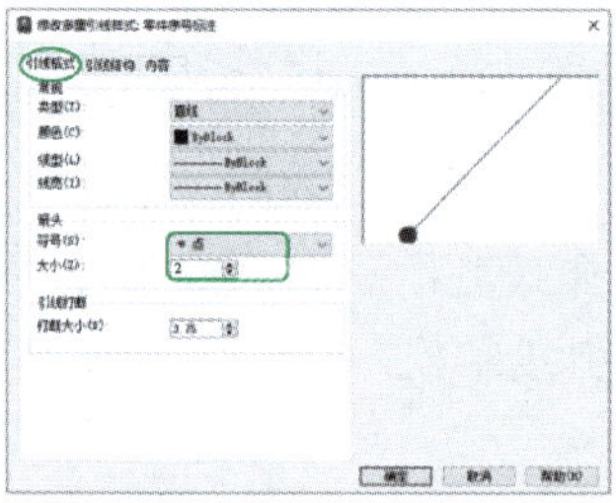	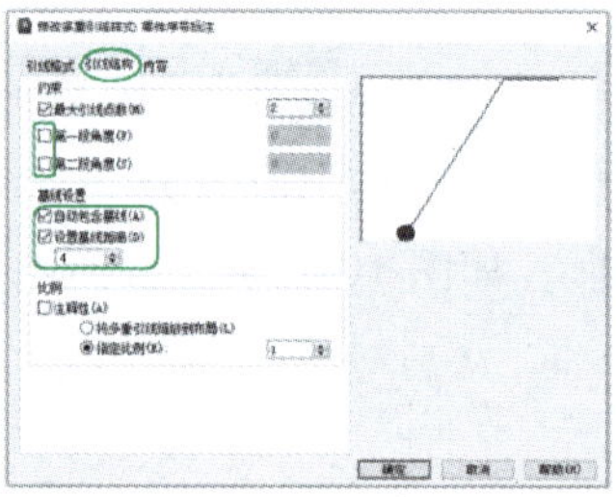	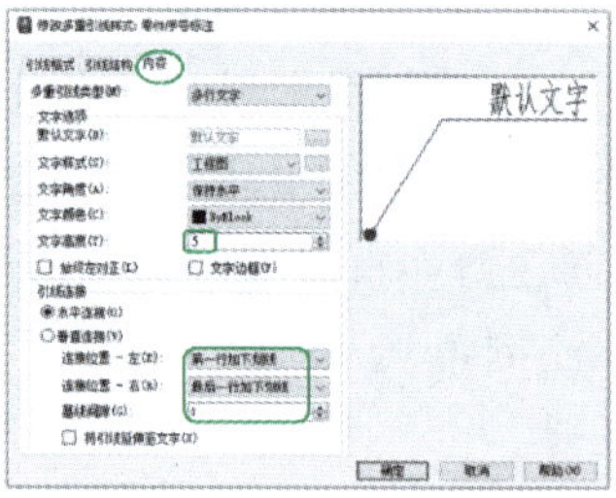
基准符号	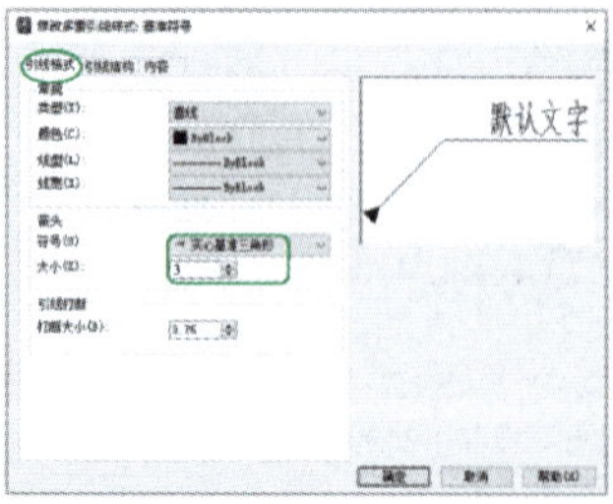	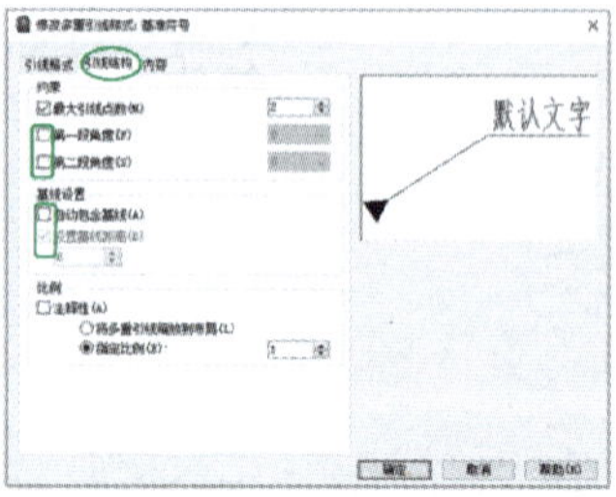	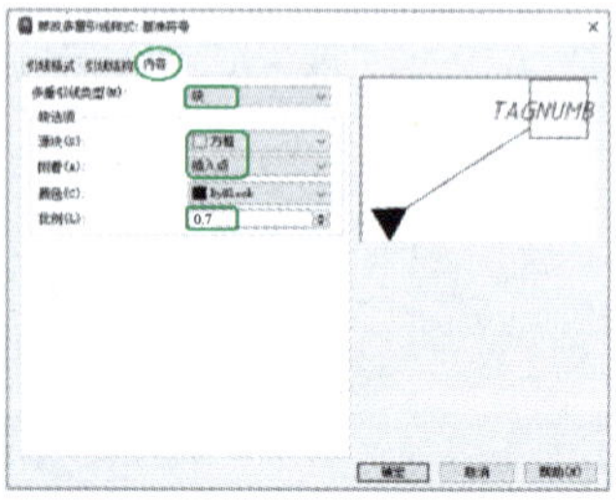

2. 引线标注及编辑

常用引线标注及编辑命令的名称、按钮及操作见表 10-17。

表 10-17　常用引线标注及编辑命令的名称、按钮及操作

命令名称 按钮	图例	操作
倒角 标注 	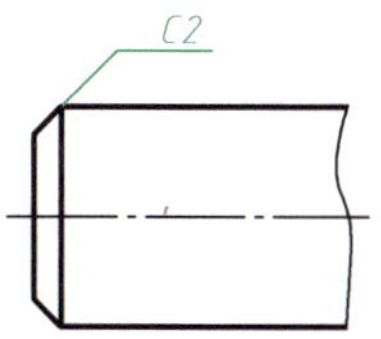	//首先将"倒角引线"样式置为当前标注样式 命令:_mleader 指定引线箭头的位置或 [引线基线优先(L)/内容优先(C)/选项(O)]<选项>: //选择倒角端点,拖动鼠标至合适位置,单击鼠标左键,系统弹出"在位文字编辑器"窗口 指定引线基线的位置: //输入倒角参数,关闭"在位文字编辑器"窗口
箭头 标注 		//首先将"箭头引线"样式置为当前标注样式 命令:_mleader 指定引线箭头的位置或 [引线基线优先(L)/内容优先(C)/选项(O)]<选项>: //选择图中任意一点 指定引线基线的位置: //拖动鼠标至引线达到合适长度(必须大于箭头长度),单击鼠标左键确认

零件
序号
标注 
	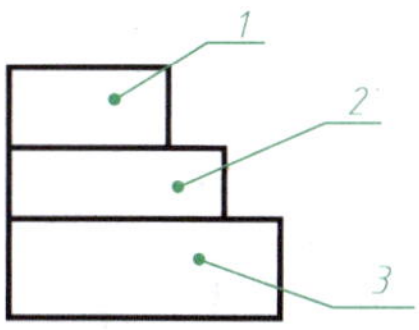	//首先将"序号引线"样式置为当前标注样式
		命令:_mleader
		指定引线箭头的位置或 [引线基线优先(L)/内容优先(C)/选项(O)]<选项>: //在图中指定序号1的末端,拖动鼠标至合适位置,单击鼠标左键,系统弹出"在位文字编辑器"窗口
		指定引线基线的位置: //输入序号参数,关闭"在位文字编辑器"窗口
		//重复上述步骤完成序号2与序号3的标注

基准 标注 	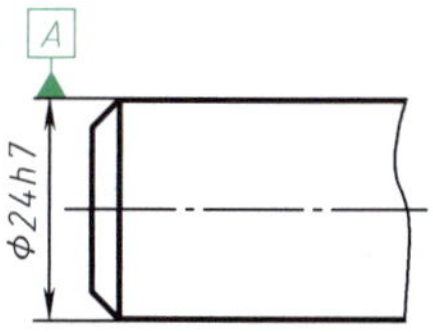	//首先将"基准引线"样式置为当前标注样式 命令:_mleader 指定引线箭头的位置或 [引线基线优先(L)/内容优先(C)/选项(O)]<选项>: //选择箭头端点 指定引线基线的位置: //拖动鼠标至合适位置,直至出现实心三角形,单击鼠标左键,系统弹出"属性编辑"对话框,输入字母"A",单击"确定"按钮
引线 对齐 	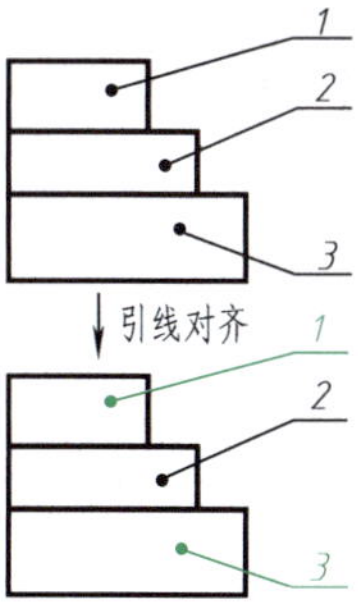	命令:_mleaderalign 选择多重引线:找到1个　//选择序号1 选择多重引线:找到1个,总计2个　//选择序号2 选择多重引线:找到1个,总计3个　//选择序号1 选择多重引线: //按<Enter>键结束对象选择 当前模式:使用当前间距 选择要对齐到的多重引线或 [选项(O)]: //选择序号2,以序号2为对齐基准 指定方向: //在"正交"模式开启条件下,拖动鼠标至合适位置,单击鼠标左键确认

第五节　图块的创建与应用

在绘制机械工程图时，表面结构图形符号、标题栏等图形符号会频繁使用，每次使用都重新绘制效率很低。在 AutoCAD 中，可以将这些图形符号定义为图块，图块就是将一组对象组合起来形成单个对象，可在需要的位置随时插入图块并任意进行缩放和旋转。此外，可

以将粗糙度 Ra 值、标题栏中的相关信息等可变更的内容定义为属性，再与图形创建成一个整体，即可形成属性块。图块和属性功能是 AutoCAD 的高级应用，能显著提高绘图效率、节省存储空间。

一、创建图块

使用图块之前必须先定义一个图块，然后将图块插入到图形中。图块分为内部块和外部块两种形式。内部块是存储在当前图形中的，只能在当前图形中使用。外部块可以理解为是一个新的独立的图形，可以被任何图形调用，当修改外部块时，调用该图块的图形与其同步更新。

1. 定义内部块

下面举例说明定义图块的操作过程。

【例 10-1】 将如图 10-16 所示的六角螺母图形创建为图块。

分析： 因六角螺母有不同的规格尺寸，其图形若按 M1 规格采用比例画法绘制，则将它作为图块插入时可根据选用的螺母规格进行放大和旋转，从而避免重复绘制六角螺母图形的绘图工作。

操作步骤：

1）调用"圆"命令，绘制细实线圆（按直径为 1 绘制），调用"偏移"命令绘制粗实线圆，调用"正多边形"命令绘制六边形（按"内接于圆"模式、半径为 1 绘制），调用"打断"命令去掉 1/4 圆弧。

图 10-16　六角螺母图形

2）在命令窗口输入快捷命令"BL"，或者在功能区"插入"选项卡的"块定义"功能面板中单击"创建块"按钮。

3）系统弹出"块定义"对话框，如图 10-17 所示，在"块定义"对话框中输入块的名称，如"六角螺母图形"。

图 10-17　"块定义"对话框

4）单击"拾取点"按钮，系统返回图形界面，选择图形中心点作为图块的插入点。

5）单击"选择对象"按钮，系统返回图形界面，选择完整的图形。

6）单击"确定"按钮结束操作。

2. 定义外部块

仍例 10-1 六角螺母图形为例，说明定义外部图块的操作过程。

图 10-18　"写块"对话框

1）绘制六角螺母图形后，在命令窗口输入快捷命令"WBL"，系统弹出"写块"对话框，如图 10-18 所示。

2）单击"拾取点"按钮，系统返回图形界面，选择六边形的中心点作为图块后续被调用、插入的基点。

3）单击"选择对象"按钮，系统返回图形界面，选择全部图形。

4）在"文件名和路径"的文本框中指定存储位置和图块名称。

5）单击"确定"按钮结束操作。

二、插入图块

完成创建图块后，可将其插入到当前图形文件中，同时还可以改变图块的比例因子和旋转角度。

下面以六角螺母的内部块为例，说明插入块的操作过程。

1）在命令窗口输入快捷命令"INS"，或者在功能区"插入"选项卡的"块定义"功能面板中单击"插入块"按钮，选择"六角螺母"的图块名称，六角螺母的图形便会附着在十字光标上随光标任意移动。

2）在命令窗口提示：

-INSERT 指定插入点或[基点(B)/比例(S)/X/Y/Z 旋转(R)/分解(E)/重复(RE)]：

用光标确定当前图形中需要插入六角螺母图形的位置；或者选择"比例""旋转"等选项改变比例因子、旋转角度，再确定插入点的位置。

三、图块的属性

属性是从属于图块的文本信息，是图块的一个组成部分。当属性与图形构成一个整体，即属性块后，再插入块时，属性便会随图形一起插入到当前图形中。定义图块的属性不仅能显著提高绘图速度，还能节省存储空间。

1. 定义属性

下面举例说明定义属性的操作过程。

【例 10-2】 将如图 10-19a 所示的表面结构图形符号定义为属性。

分析：在一张零件图中，一般对粗糙度 Ra 值有多种加工要求，故可以将 Ra 值定义为属性。本例以常用的 A3 图幅为例，先绘制表面结构图形符号，其大小应符合国标规定（详见第七章表 7-8），然后再进行定义属性的操作。

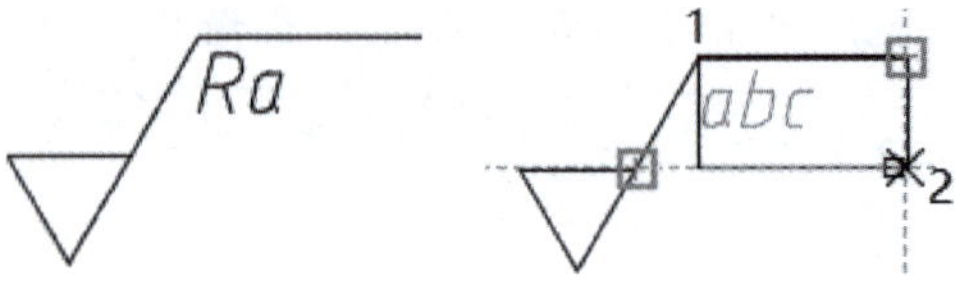

操作步骤：

1）调用"直线"命令绘制图形符号，调用"多行文字"命令注写"Ra"，矩形文本框大小按图 10-19b 所示的对角点 1、2 确定，文本对正方式为默认的"左上"。

图 10-19　表面结构图形符号
a）图形符号　b）属性输入选择框

2）在命令窗口输入快捷命令"ATT"，或者在功能区"插入"选项卡的"块定义"功能面板中单击"块定义"按钮。

3）系统弹出如图 10-20 所示的"属性定义"对话框，按图 10-20a 设置参数。

4）单击"确定"按钮系统返回到图形界面，将带有 $Ra3.2$ 的十字光标捕捉到横线右端点，如图 10-20b 所示

5）单击鼠标左键确认，结果如图 10-20c 所示。

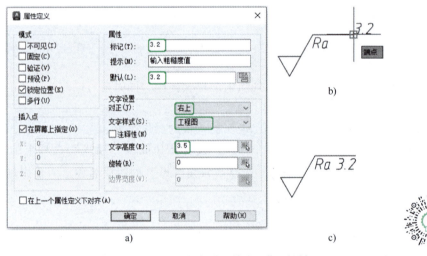

图 10-20　粗糙度 Ra 值的"属性定义"对话框
a）"属性定义"对话框　b）属性值的位置选择　c）属性定义结果

演示视频

注意："属性定义"对话框中的"标记"内容可以设定为其他参数，"提示"的内容和"默认"的内容也可空白。

2. 创建属性块

【例 10-3】 将已定义属性的表面结构图形符号（图 10-20c）创建为属性块。

操作步骤：

1）在命令窗口输入快捷命令"BL"或者在功能区"插入"选项卡的"块定义"功能

面板中，单击"创建块"按钮 。

2）系统弹出"块定义"对话框，如图 10-21a 所示，输入块的名称，如"粗糙度符号"。

3）单击"拾取点"按钮，系统返回图形界面，选择三角形底部端点作为图块的插入点。

4）单击"选择对象"按钮，系统返回图形界面，选择图 10-20c 所示的已定义属性的块。

5）单击"确定"按钮，系统弹出"编辑属性"对话框，如图 10-21b 所示，参数值默认为 3.2，单击"确定"按钮结束操作。

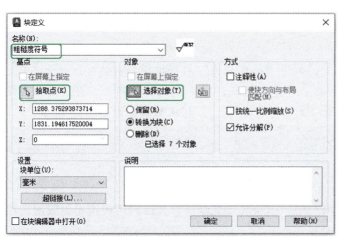
a)

b)

图 10-21　创建内部属性块

a)"块定义"对话框　b)"编辑属性"对话框

演示视频

3. 插入属性块

【例 10-4】　标注如图 10-22a 所示图形的上、下、左、右四个表面的表面结构要求，粗糙度 Ra 值分别为 $Ra1.6$、$Ra12.5$、$Ra6.3$、$Ra3.2$。

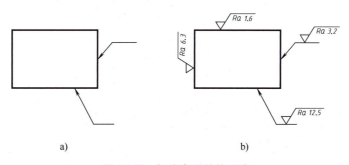
a)　　　　　　　　　b)

图 10-22　标注表面结构要求

a）给定图形　b）标注结果

分析： 因图形中的四个表面要求不同的表面粗糙度 Ra 值，因此调用例 10-3 创建的属性块最为方便快捷。

操作步骤：

1）绘制矩形（不限制大小），调用"多重引线""直线"命令绘制箭头及横线。

2）标注上表面的表面结构要求。在命令窗口输入快捷命令"INS"，或者在功能区"插入"选项卡的"块定义"功能面板中单击"插入块"按钮，选择"粗糙度符号"。

3）在命令窗口提示下，启用"对象捕捉"功能的"最近点"捕捉模式将粗糙度符号置于上表面横线上。

4）在"编辑属性"对话框中输入粗糙度值 1.6。

5）标注左表面的表面结构要求。重复步骤 2），命令窗口提示：

指定插入点或［基点（B）/比例（S）/X/Y/Z/旋转（R）/分解（E）/重复（RE）］：R ✓
//选择"旋转"选项

-INSERT 指定旋转角度<0>：90 ✓

将粗糙度符号置于左表面直线上，再将"编辑属性"对话框中的粗糙度值改为 6.3。

6）标注右、下表面的表面结构要求。重复步骤 2）~步骤 4），不同之处是能将粗糙度符号置于箭头的横线上，且对应的参数分别为 3.2 和 12.5。标注结果如图 10-22b 所示。

四、编辑图块与属性

当创建的图块已大量地插入到图形中，图块又需要修改时，可利用块编辑器对源图块进行编辑，则插入的所有该图块同步改变。

1. 编辑图块

下面以六角螺母图形块为例，介绍图块的编辑功能。

在功能区"插入"选项卡的"块定义"功能面板中单击"块编辑器"按钮，系统弹出"编辑块定义"对话框，如图 10-23a 所示。从列表中选择要编辑的图块名称，单击"确定"按钮，在打开的"块编辑器"界面中补画中心线，如图 10-23b 所示，然后单击"关闭

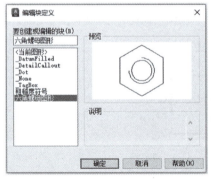

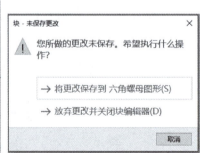

a)　　　　　　　　　　b)　　　　　　　　c)

图 10-23　图块编辑

a）"编辑块定义"对话框　　b）对块进行修改　c）"块-未保存更改"提示对话框

块编辑器"按钮 ✅。系统弹出的提示对话框如图 10-23c 所示，单击"将更改保存到六角螺母"，结束编辑该图块的操作。

2. 编辑属性

利用属性编辑功能，可以对当前图形中已插入的属性块进行编辑，如文字内容、文字位置及其他特性，而源属性保持不变。

下面以图 10-22b 所示图形上右表面的属性块为例，介绍属性的编辑功能。

双击右表面粗糙度符号的属性值，系统弹出"增强属性编辑器"对话框，如图 10-24 所示，将"属性"选项卡的源属性值 3.2 改为 6.3，"文字选项"和"特性"选项卡暂不需编辑，单击"应用"按钮，然后单击"确定"按钮结束操作，则标注结果由 3.2 更改为 6.3。

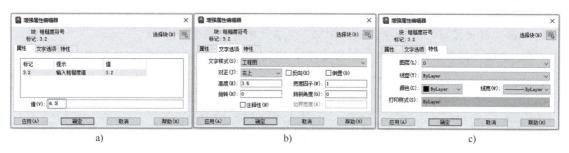

a)　　　　　　　　　　　　　　b)　　　　　　　　　　　　　　c)

图 10-24　"增强属性编辑器"对话框

a)"属性"选项卡　b)"文字选项"选项卡　c)"特性"选项卡

第六节　CAD 二维绘图综合实践

一、创建样板文件

样板文件（".dwt"文件）可以理解为是一个设置好的绘图模板，它保存于指定的文件夹（Template）中，绘图时直接调用并自动转换为图形文件（".dwg"文件）。当团队工作时，使用样板文件可使协作人员保持图样的一致性，既能提高工作效率，又便于同组之间的相互交流。在工程实际中，样板文件的内容通常根据行业要求和规定而做相应设置。

【例 10-5】　创建一个名为"A3.dwt"的机械工程样板文件，要求采用 A3 图幅，设置常用图层，创建常用图块和属性块，设置标注样式及其子样式，设置文字样式，设置多重引线样式。

操作步骤：

1）单击快速访问工具栏的"新建"按钮 ⬛，系统弹出"选择样板"对话框，如图 10-25 所示，从"打开"下拉列表中选择"无样板打开-公制"选项，进入绘图界面。

2）分别设置图幅（420，297）、图形单位（长度及角度均为整数）、图层（线型、线宽、颜色等参照图 10-7 设置）、文字样式（参照图 10-10 分别设置直体和斜体）、标注样式（参照图 10-12~图 10-14 设置）、多重引线样式（参照表 10-15 设置）等。

3）分别将表面结构图形符号（参照例 10-2 操作）创建为属性块，将零件图简化标题栏（图 1-5）中带括号的文字定义为属性，再将其创建为属性块。

4）单击快速访问工具栏的"保存" 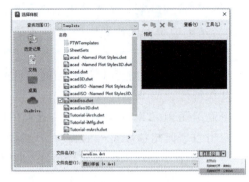 按钮，系统弹出"图形另存为"对话框，如图 10-26 所示。从"文件类型"下拉列表中选择"Auto-CAD 图形样板（＊.dwt）"，系统默认文件保存于"Template"文件夹中，命名样板文件名称为"A3"（扩展名自动加入），单击"保存"按钮，

图 10-25 "选择样板"对话框

系统弹出"样板选项"对话框，如图 10-27 所示，单击"确定"按钮。

5）系统关闭当前图形窗口，样板文件"A3"保存于"Template"文件夹中。

图 10-26 "图形另存为"对话框

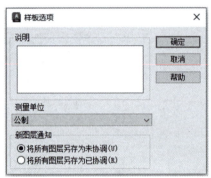

图 10-27 "样板选项"对话框

注意：后续绘制新图时，单击"新建"按钮，在打开的"选择样板"对话框列表中选择"A3.dwt"，如图 10-28 所示，单击"打开"按钮，系统会将"＊.dwt"样板文件自动转换为"＊.dwg"图形文件。

图 10-28 "选择样板"对话框

二、平面图形的绘制

【例10-6】 绘制如图10-29所示的平面图形。

操作步骤：

1）打开"A3.dwt"样板文件，系统图形文件名为"Drawing1.dwg"，然后按1：1比例绘制图形。

2）调用"圆"命令，分别绘制 $\phi64$、$\phi56$、$\phi28$、$R9$ 圆，如图10-30a所示。

3）调用"直线""偏移""圆弧（起点、端点、半径）"命令绘制槽和 $R10$ 圆弧，如图10-30b所示。

4）调用"修剪"和"删除"命令去掉多余图线，如图10-30c所示。

5）调用"直线""环形阵列""修剪"命令，绘制中心线和均布结构，如图10-30d所示。

6）调整线型比例，显示线宽，标注尺寸，完成图形绘制。

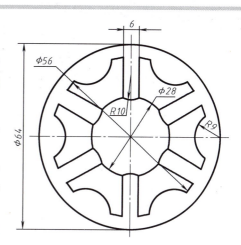

图10-29　平面图形

演示视频

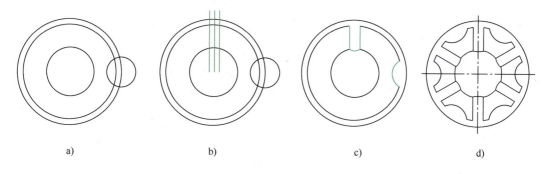

a)　　　　　　　　　b)　　　　　　　　　c)　　　　　　　　　d)

图10-30　平面图形的绘图步骤

a）绘制圆　b）绘制圆弧和槽　c）修剪多余图线　d）阵列图形，绘制中心线

三、零件图的绘制

【例10-7】 使用AutoCAD绘制如图10-31所示的主动轴零件图。

操作步骤：

1）单击"新建"按钮，从样板文件列表中选择"A3.dwt"并打开，系统图形文件名为"Drawing2.dwg"，单击"保存"按钮，选择存盘路径并命名文件名，如"主动轴

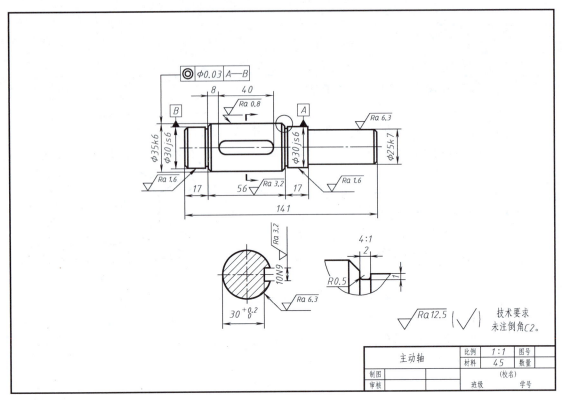

图 10-31　主动轴零件图

零件图 . dwg"。

2）在 A3 绘图环境下按 1∶1 比例绘制图框（距图幅四周边界 10mm），插入标题栏，调用"直线"命令绘制基准线（基本居中位置），如图 10-32a 所示。

3）调用"直线"命令绘制最大轴径左端线，并以该线和轴线为偏移对象多次调用"偏移"命令完成各段轴及键槽的绘制，如图 10-32b 所示。

4）调用"直线""倒角""圆角"命令绘制砂轮越程槽、轴端倒角、键槽圆角等；调用"删除""修剪"命令将多余图线去掉，如图 10-32c 所示。

5）调用"镜像"命令完成另一半图形；调用"圆""直线""修剪""图案填充"等命令绘移出断面图；调用"复制"命令将砂轮越程槽局部结构复制；调用"多重引线"命令绘制剖切符号的箭头，如图 10-32d 所示。

6）调用"缩放""样条曲线""修剪"命令完成局部放大图；调用"打断"命令调整轴线长度。

7）调用"标注"命令标注所有尺寸，标注局部放大图时，用"替代"方式，将选项卡"主单位"的比例因子改为 0.25；调用"插入块"命令对全部表面结构要求进行标注；调用"多重引线"命令的"基准符号"子样式标注 A、B 两个基准；调用"公差"命令标注几何公差；调用"文字"命令注写放大比例和技术要求，最后处理细节完成零件图的绘制。

注意： 在绘图过程中应多次进行"保存"文件的操作，以防断电、死机等事故发生。

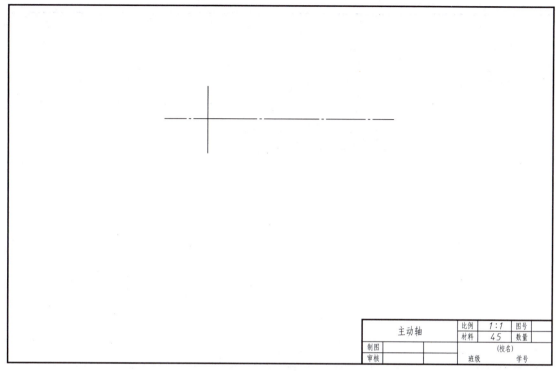

a)

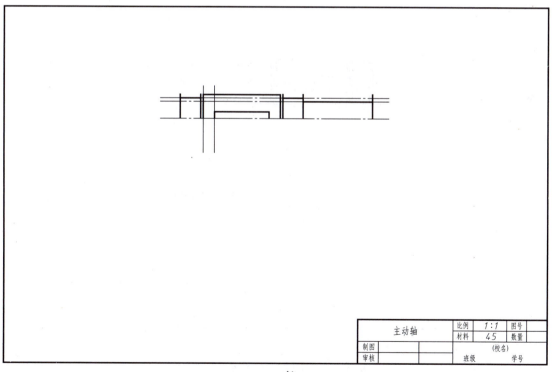

b)

图 10-32　零件图的绘图步骤

a）绘制图框、标题栏、基准线　b）绘制轴的上半部

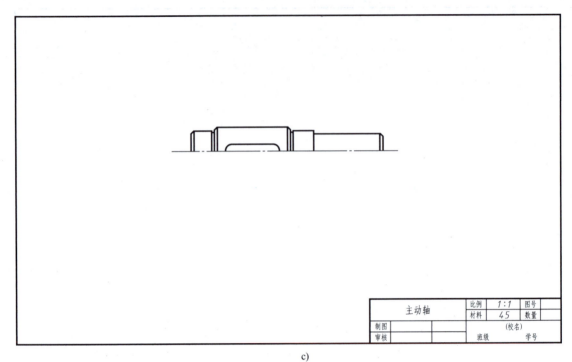

主动轴		比例	*1:1*	图号	
		材料	*45*	数量	
制图				(校名)	
审核			班级	学号	

c)

主动轴		比例	*1:1*	图号	
		材料	*45*	数量	
制图				(校名)	
审核			班级	学号	

d)

图 10-32　零件图的绘图步骤（续）

c）绘制键槽、倒角等　　d）绘制移出断面图、剖切符号等

第七节　图形输出与打印

图形绘制完成之后，需要将图形以文件的形式输出或直接打印出图，本节简要介绍图形输出和打印的设置和操作方法。

一、图形输出

下面以绘制的主动轴零件图 10-31 为例，介绍图形输出的操作过程。

1. 以 PDF 格式输出文件

1）打开主动轴零件图的绘图界面，在快速访问工具栏单击"打印"按钮 🖶，系统弹出"打印-模型"对话框，按图 10-33 所示内容进行设置：①在"打印机/绘图仪"的"名称"下拉列表中选择"DWG To PDF.pc3"即以 PDF 文件格式输出图形；②在"图纸尺寸"下拉列表中根据图形大小选择合适的图纸规格；③在"打印范围"下拉列表中选择"窗口"选项，右侧即出现"窗口"按钮；④在"打印比例"下拉列表中选择合适的比例，若勾选"布满图纸"复选框，则打印比例列表为冻结状态；⑤在"打印样式表"选择"monochrome.ctb"，用于黑白显示；⑥"图形方向"根据图样而选择为"横向"；单击"应用到布局"按钮，将各项设置保存于当前图形中。此外，单击折叠控制开关 ⓒ 可使对话框收缩。"特性""窗口""预览"按钮的功能及操作见后续步骤。

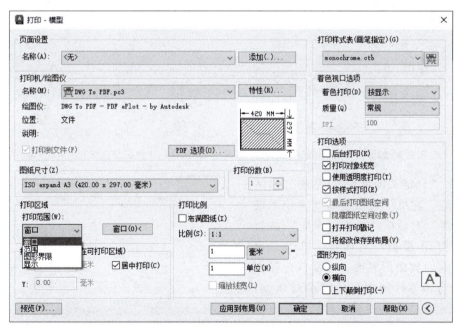

图 10-33　主动轴零件图"打印-模型"对话框的设置

2）单击"打印-模型"对话框中的"特性"按钮，系统弹出"绘图仪配置编辑器"对话框，在"设备和文档设置"选项卡选择"修改标准图纸尺寸（可打印区域）"选项，从

"修改标准图纸尺寸"列表框中选择
"ISO expend A3（420.00x297.00 毫米）"
选项，如图 10-34 所示。需要注意的是，
这里选择的图纸尺寸必须与在"打印-模
型"对话框中选择的图纸尺寸一致。

3）在"绘图仪配置编辑器"对话框
中，单击"修改"按钮，系统弹出"自定
义图纸尺寸-可打印区域"对话框，将"上"
"下""左""右"四个文本框的数值全部改
为 10（不留装订边），如图 10-35 所示。

4）在"自定义图纸尺寸-可打印区
域"对话框中，单击"下一页"按钮，
系统弹出"自定义图纸尺寸-文件名"对
话框，如图 10-36 所示。

5）在"自定义图纸尺寸-文件名"对
话框中输入文件名，单击"下一页"按
钮，系统弹出"自定义图纸尺寸-完成"
对话框，如图 10-37 所示。

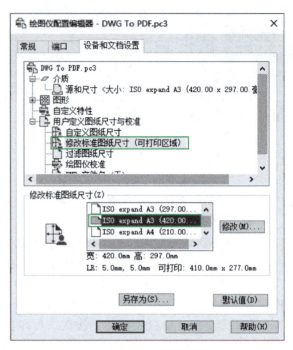

图 10-34 "绘图仪配置编辑器"对话框

图 10-35 "自定义图纸尺寸-可打印区域"对话框

图 10-36 "自定义图纸尺寸-文件名"对话框

6）在"自定义图纸尺寸-完成"对话
框中，单击"完成"按钮返回到"绘图仪
配置编辑器"对话框，单击"确定"按钮
返回到"打印-模型"对话框，单击"窗
口"按钮返回到图形界面，以窗口选择方
式选择主动轴零件图图框的两个对角点，
再一次返回到"打印-模型"对话框，单击
"预览"按钮，显示的主动轴零件图预览
界面如图 10-38 所示。

7）在预览界面单击鼠标右键，从弹
出的快捷菜单中选择"打印"选项，或者

图 10-37 "自定义图纸尺寸-完成"对话框

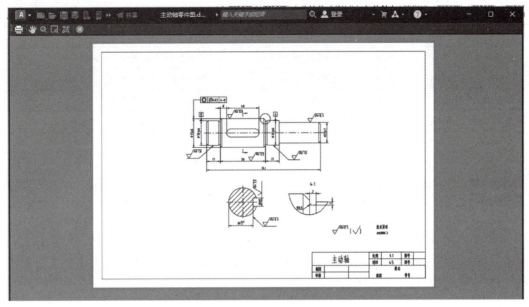

图 10-38　主动轴零件图预览界面

选择"退出"选项返回到"打印-模型"对话框，单击"确定"按钮。系统弹出"浏览打印文件"对话框，以 PDF 文件格式输出，如图 10-39 所示，指定存盘路径，完成图形输出的操作。

2. 以 DWF 格式输出文件

图形的 DWF 格式文件属于矢量图形，且是压缩格式，便于在 Web 上传输和使用 Internet 查看和打印。操作步骤与输出 PDF 格式文件唯一不同的是在"打印-模型"对话框中的"打印机/绘图仪"的"名称"下拉列表中选择

图 10-39　"浏览打印文件"对话框

"DWF6 ePlot. pc3"，从而生成具有白色背景的电子图形，并且能对其进行平移和缩放操作。

二、打印图纸

AutoCAD 允许使用 Autodesk 打印机管理器中推荐的专用绘图仪以及 Windows 的系统打印机。打印图形之前，必须将打印设备添加到 AutoCAD 中，然后打开需要打印的图形，单击"打印"按钮 🖶，在"打印-模型"对话框中的"打印机/绘图仪"的"名称"下拉列表中选择已添加的打印机设备型号，后续操作与上述图形输出的操作步骤相同。

表 10-18 列出了打印图纸的常见问题及解决方法，在完成课程设计或毕业设计过程中打印图纸时，若出现设置问题，则可按表 10-18 给出的原因和解决办法修改设置。此外，应注意在打印出图之前一定要通过预览的方式仔细检查图中的错误，以避免浪费图纸。

表 10-18　打印图纸的常见问题及解决方法

主要问题	产生原因	解决办法
各线型颜色深浅不一	各图层设置为不同的颜色	设置黑白打印,选择"monochrome. ctb"选项
粗、细线宽没有区分	各图层没有设置对应的线宽	粗、细线宽分别设置为 0.5、0.25
图形在图纸中位置欠佳	没有选择居中打印	勾选"居中打印"复选框
图形与图纸大小不符	图幅或打印比例选择得不合适	综合考虑选择图纸和比例大小

第八节　SOLIDWORKS 三维建模简介

目前常用的工业类三维建模软件主要有中望 3D、浩辰 3D、CATIA、UG NX、Proe (Creo)、SOLIDWORKS 等,本节以 SOLIDWORKS 2021 为例讲解三维建模的主要方法和工程图的创建及导出方法。

一、SOLIDWORKS 2021 界面简介

SOLIDWORKS 可以创建零件、装配体及工程图三种文件,其界面略有不同,此处以零件界面介绍其内容和基本操作,另两种界面后续使用过程中介绍。

启动 SOLIDWORKS,打开零件文件(如"组合体")后,显示的界面如图 10-40 所示。界面的最上部是菜单栏和快速访问工具条,菜单栏在鼠标驻留时滑出。

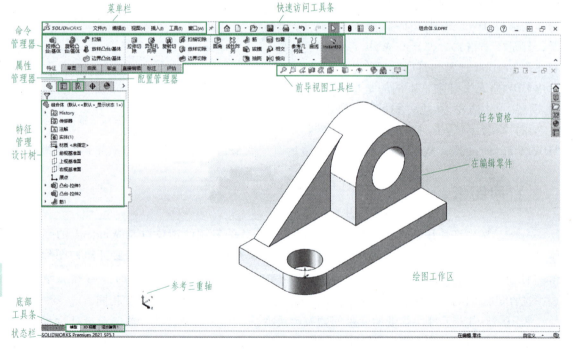

图 10-40　SOLIDWORKS 2021 界面

　　SOLIDWORKS 的操作命令可以通过菜单栏的下拉菜单进行选择，也可以在命令管理器中单击命令按钮调用命令。界面主要栏目简介见表 10-19。

表 10-19　初始界面主要栏目

栏目	内容及用途
命令管理器	包括"特征""草图"等选项卡，集中显示命令按钮
特征管理设计树	真实记录设计操作的每一个步骤，可以在此对设计特征进行编辑、修改
前导视图工具栏	集中显示对在编辑零件进行改变视图方向、放大、剖切观察、外观编辑等操作的最常用命令的按钮
任务窗格	包括"SOLIDWORKS 资源""设计库""文件探索器""视图调色板""外观、布景和贴图""自定义属性"按钮
状态栏	显示目前操作的状态

二、SOLIDWORKS 2021 的系统设置

　　设计者需要进行通用性设置以符合国家标准和图样表达规范，还可以依据个人操作习惯对 SOLIDWORKS 的设置进行调整。

1. "系统选项"选项卡设置

　　在依次选择"工具"→"选项"菜单命令，或者单击快速访问工具条中的"选项"按钮。弹出的对话框有两个选项卡，默认打开"系统选项"选项卡，如图 10-41 所示。

图 10-41　"系统选项"选项卡

　　"系统选项"选项卡中的选项常采用如下修改方式进行设置，以提高绘图出图效率。

　　1）选择"普通"选项，取消"每选择一个命令仅一次有效"勾选。若该复选框处于选中状态，则每次使用"草图绘制"或"尺寸标注"命令后，系统会自动取消其选择状态，导致连续操作很不方便。

2）选择"工程图"选项下的"显示类型"子选项，可以进行工程图中相切边的显示设置。而选择"显示"选项，则可以进行三维实体的相切边的显示设置。

3）选择"导出"选项，可以根据导出不同格式文件的具体需求进行设置。例如，可以设置导出 PDF 格式文件时是否需要嵌入字体，以保证在使用非常规字体时导出的 PDF 文件的字体显示正确。

> **注意**：在"系统选项"选项卡中设置的内容会保存在 Windows 系统的注册表中，更改设置会影响 SOLIDWORKS 当前和未来的所有文件与操作。

2. "文档属性"选项卡设置

"文档属性"选项卡如图 10-42 所示。

图 10-42　"文档属性"选项卡

SOLIDWORKS 2021 中文版文档属性默认的绘图标准是"GB"，因此大多数默认设置符合我国标准，只有少数设置需要进行调整。

1）选择"尺寸"选项，将尺寸精度调整为"无"或"1"，偏差精度调整为".123"，如图 10-43a 所示。将"直径""孔标注""半径""角度"等尺寸文本位置设置为水平，如图 10-43b 所示，并勾选"显示第二向外箭头"复选框。

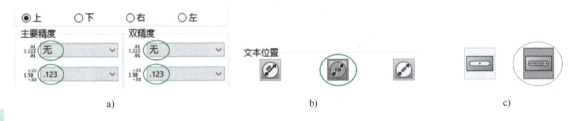

a)　　　　　　　　　　　　b)　　　　　　　　　　　　c)

图 10-43　调整"文档属性"选项卡

a）尺寸精度设置　b）尺寸文本位置设置为水平　c）"中心线/中心符号线"设置

2）选择"出详图"选项，在"中心线/中心符号线"项目中，把腰形槽中心符号调整为"置于两圆弧中心"，如图 10-43c 所示。

> **注意**："文档属性"选项卡仅在文件打开时可用，每次设置的内容只应用于当前文件。

三、实体观测

在建模的过程中，设计者需要观察所建实体的各个方位。SOLIDWORKS 2021 中最便捷的实体观察方法是按住鼠标滚轮移动鼠标，屏幕上的实体即可随之旋转至不同方位。

若要精确定位，可以单击前导视图工具栏中的"视图定向"按钮 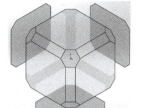。也可以直接按空格键打开"方向"对话框，如图 10-44 所示，鼠标移动到对话框的不同位置，系统会弹出提示告知定向的精确位置。

图 10-44　"方向"对话框

四、零件建模

SOLIDWORKS 2021 的零件建模过程是将零件视为由不同特征经过并、交、差运算后组合而成，因此需要先对零件进行形体分析，再进行建模。下面以轴承座为例说明零件建模的过程。

【例 10-8】 根据图 10-45 所示轴承座的两视图，创建三维实体。

分析：对图 10-45 所示轴承座进行形体分析可知，轴承座由底板、凸台和肋板三部分组成，如图 10-46 所示底板和凸台可采用"拉伸"命令建模，肋板可采用"拉伸"或"筋"命令建模。

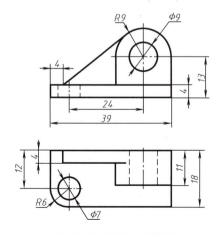

图 10-45　轴承座两视图

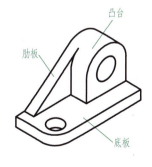

图 10-46　轴承座立体图

操作步骤：

1. 进入新零件设计界面

启动 SOLIDWORKS 2021，系统弹出"欢迎"对话框，默认打开"主页"选项卡，如图

10-47 所示,单击"零件"按钮进入新零件编辑界面。也可以关闭"欢迎"对话框,单击快速访问工具条"新建"按钮,在弹出的"新建 SOLIDWORKS 文件"对话框中选择"零件"选项,再单击"确定"按钮进入新零件设计界面,如图 10-48 所示。此时采用的是默认模板。

新零件绘制界面如图 10-49 所示。

图 10-47 "欢迎"对话框中的"主页"选项卡

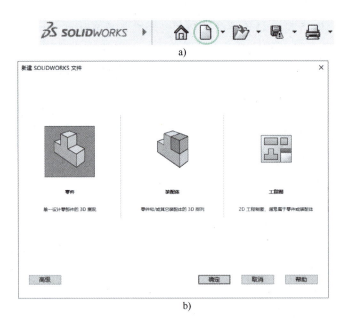

图 10-48 打开"新建 SOLIDWORKS 文件"对话框
a)单击快速访问工具条"新建"按钮 b)"新建 SOLIDWORKS 文件"对话框

2. 绘制底板

选择上视基准面后进入草图绘制状态。"草图"工具栏如图 10-50 所示。

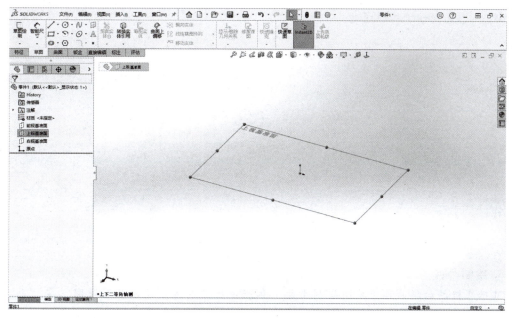

图 10-49　新零件绘制界面

图 10-50　"草图"工具栏

单击"草图"工具栏中"圆"按钮 ⊙ 绘制圆,单击"边角矩形"按钮 ▭ 绘制矩形,单击"圆角"按钮 ⌐ 绘制 R6 圆角,单击"智能尺寸"按钮 智能尺 标注尺寸。绘制完成的底板草图如图 10-51 所示。草图完成后退出草图环境,此时图线全部变为黑色,表示草图已经完全定义。

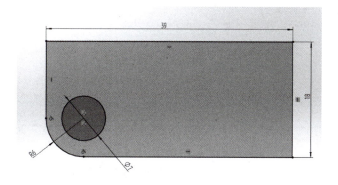

图 10-51　底板草图

单击"特征"工具栏中"拉伸"按钮 📄 ,在"凸台-拉伸"属性管理器中设置"拉伸距离"为"4.00mm",单击"确认"按钮 ✓ ,完成底板的绘制,如图 10-52 所示。

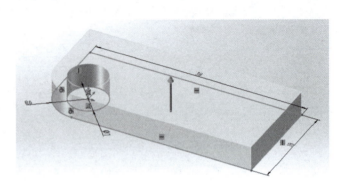

图 10-52　拉伸完成底板绘制

3. 绘制凸台

选择底板的后端面作为草图绘制平面，参照步骤 2 的方法绘制凸台草图，在"凸台-拉伸"属性管理器中设置"拉伸距离"为"11.00mm"，同时勾选"合并结果"复选框，单击"确认"按钮✔，生成凸台并和底板合并为一个整体，如图 10-53 所示。

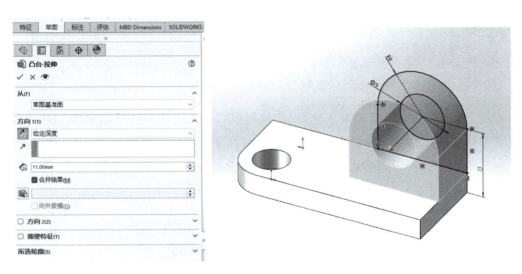

图 10-53　拉伸完成凸台绘制

4. 绘制肋板

肋板属于筋特征，可以用"拉伸"或"筋"命令来实现。若采用"筋"命令绘制肋板，则选择零件后端面作为草图绘制平面，绘制筋直线，完成后退出草图绘制环境，回到"筋"命令的设置状态。依次选择"插入"→"特征"→"筋"菜单命令，在"筋"属性管理器中设置筋的"厚度"为"4.00mm"，"拉伸方向"保持默认，单击"确认"按钮✔，完成肋板的绘制，如图 10-54 所示。

"筋"命令执行后可以看到特征管理设计树中出现了"凸台-拉伸 1""凸台-拉伸 2""筋 1"三个特征，如图 10-55a 所示。轴承座的三维模型如图 10-55b 所示。

图 10-54 "筋"命令的设置

a)

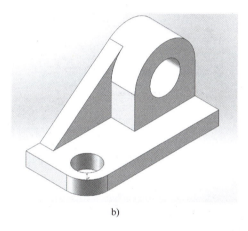

b)

图 10-55 轴承座的建模结果

a）特征管理设计树 b）三维模型

五、装配体建模

以图 10-56 所示的转动机构为例，介绍所有零件建模完成后装配体的建模过程。

分析：转动机构由底板、支架、衬套、旋转轴、转轮和内六角圆柱头螺钉组成。其中，前五种零件已完成建模，按相对位置装配即可。内六角圆柱头螺钉为标准件，可从 SOLIDWORKS 2021 提供的设计库中直接调用。

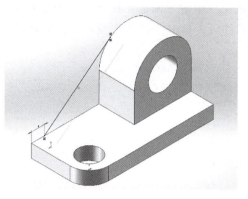

图 10-56 转动机构

313

操作步骤：

1. 进入装配体界面

单击快速访问工具条"新建"按钮，在"新建 SOLIDWORKS 文件"对话框中选择"装配体"选项,单击"确定"按钮,进入装配体界面。在弹出的"打开"对话框中选择需要装配的零件后,单击"打开"按钮,将零件插入到当前界面。如图10-57所示。

图10-57 "打开"对话框

插入所有零件后的特征管理设计树和绘图工作区如图10-58所示。

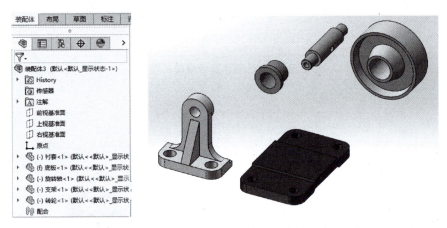

图10-58 插入所有零件后的特征管理设计树和绘图工作区

2. 确定零件之间的相对位置

单击"装配体"工具栏"配合"按钮,选择合适的配合类型确定零件之间的相对位置。可选择的配合类型如图10-59所示。

首先确定支架和底板的相对位置。依次单击选中支架底面和与之配合的底板左端上表面,如图10-60所示,此时系统默认两平面配合类型为"重合"。依次单击选中支架上的通孔和与之配合的底板螺纹孔,此时系统默认二者轴线配合类型为"同轴心",支架与底板装配完成后如图10-61所示。

图10-59 配合类型

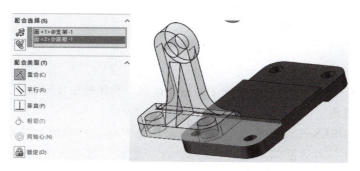

图 10-60　支架底面和底板左端上表面配合类型

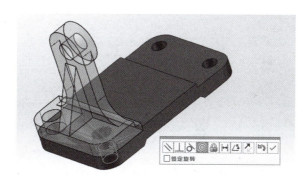

图 10-61　支架与底板装配完成

然后按照设计要求的相对位置关系，逐一完成转动机构所有已建模零件的装配。

3. 插入标准件

转动机构中包含一种内六角圆柱头螺钉标准件。SOLIDWORKS 2021 提供的设计库包含标准件，可以直接调用。

单击展开装配界面右侧任务窗格中的"设计库"按钮，在展开的"设计库"中选择"内六角圆柱头螺钉 GB/T 70.1-2000"，如图 10-62 所示。在所选螺钉上单击鼠标右键，在弹出的快捷菜单中选择"插入到装配体"选项，选择螺钉规格后，单击"配合"按钮进行约束并安装，如图 10-63 所示。重复该过程完成 4 个螺钉的装配。

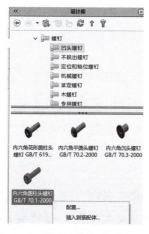

图 10-62　"设计库"中选择螺钉

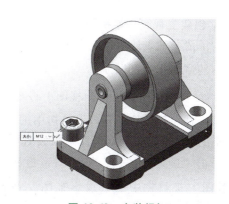

图 10-63　安装螺钉

315

六、创建工程图

下面以转动机构底板为例说明工程图的创建过程。具体操作步骤如下。

1. 创建新工程图

启动 SOLIDWORKS 2021 后，在"欢迎"对话框中单击"高级"按钮，弹出的"新建 SOLIDWORKS 文件"对话框如图 10-64 所示。在"模板"选项卡中选择"gb_ a3"模板，单击"确定"按钮进入新工程图创建界面。

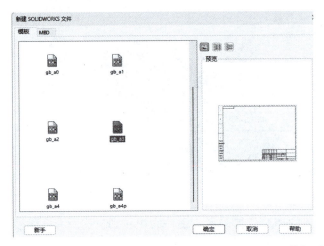

图 10-64　单击"高级"按钮后的"新建 SOLIDWORKS 文件"对话框

2. 创建俯视图

已打开的装配体，便会在工程图界面的特征管理设计树面板中显示，若未显示，则可单击界面右侧任务窗格中的"视图调色板"按钮 ![icon] 展开视图调色板，如图 10-65 所示。单击展开装配体选择下拉列表框 转动机构装配.SLDASM ∨ ，选择"浏览以选取零件/装配体"选项，找到并单击选择转动机构装配体，视图调色板下方区域会出现视图预览，选择合适的视图拖入绘图工作区即可。自动生成的转动机构俯视图如图 10-65 所示，图框为 SOLIDWORKS 自带的格式，也可以进行修改。

3. 创建主视图和左视图

为了清楚地表达零件之间的装配关系，主视图采用全剖视图表达。单击"工程图"工具栏中的"剖面视图"命令 ![icon] ，在"剖面视图"属性管理器中单击"水平切割线"按钮 ![icon] ，然后在绘图工作区的俯视图上将水平切割线放在要剖切的位置。系统弹出"剖面视图"对话框，在左侧的特征管理设计树中选择"筋"和"旋转轴"特征，则所选特征会显示在"剖面范围"选项卡的列表框中，如图 10-66 所示。

单击"确定"按钮，将视图拖放到俯视图上方，完成主视图。主视图创建后，单击"工程图"工具栏中的"投影视图"按钮 ![icon] ，系统自动创建左视图。创建好的三视图如图 10-67 所示。

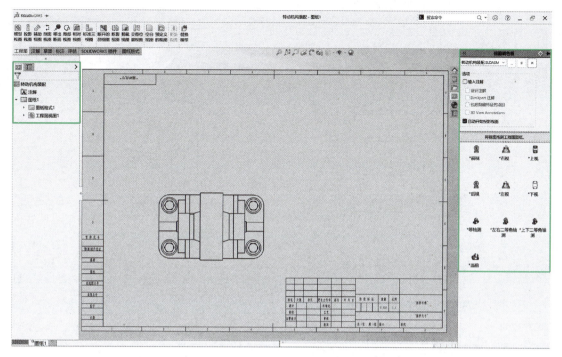

图 10-65 视图调色板

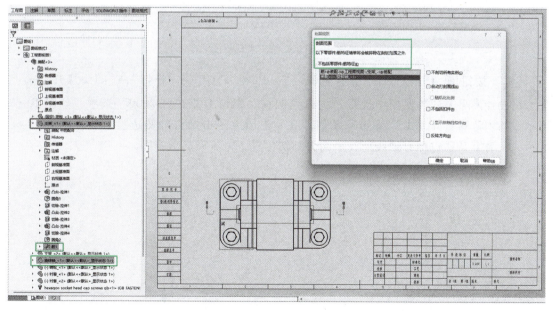

图 10-66 "剖面视图"对话框

　　螺钉处的装配关系可以在左视图中采用局部剖视图表达。单击单击"工程图"工具栏中的"断开的剖视图"按钮 后，系统自动切换到激活"样条曲线"命令状态，利用样条曲线进行草图绘制，在需要剖切的位置画出一个封闭区域。在系统弹出的"剖面视图"对话框的"剖面范围"选项卡中勾选"不包括扣件"复选框，单击界面右侧任务窗格中的

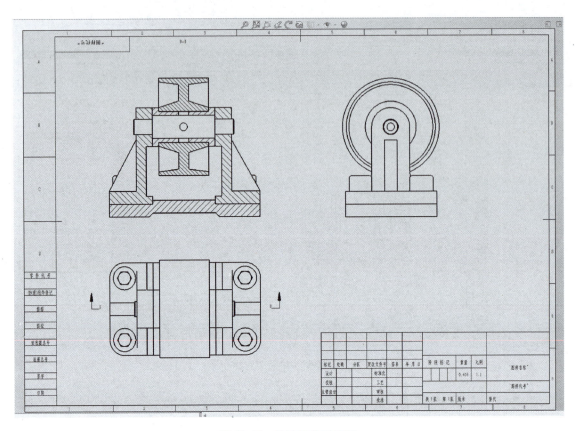

图 10-67　转动机构三视图

"设计库"按钮 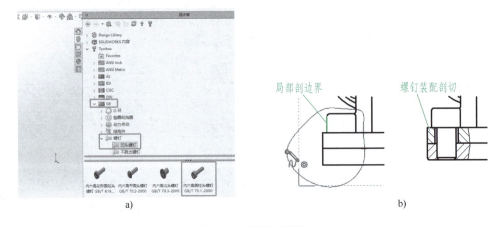 展开设计库，依次选择"ToolBox"→"GB"→"螺钉"→"凹头螺钉"选项，接着在设计库下方的预览框中选择"内六角圆柱头螺钉 GBT70.1-2000"选项，如图 10-68a所示，插入该螺钉并单击"确定"按钮。在左视图上单击螺钉的侧边投影线，如图 10-68b所示，此时默认通过螺钉轴线所在平面为剖切位置，完成局部剖视图。

图 10-68　局部剖视图

a）选择螺钉　b）完成局部剖视图

4. 标注尺寸和技术要求

标注尺寸需要用到"注解"工具条，如图 10-69 所示。

图 10-69　"注解"工具栏

1）单击"注解"工具栏的"智能尺寸"按钮 ，标注旋转轴与支座配合尺寸 φ12H8/ n7。单击选择旋转轴与支座配合处轮廓生成 φ12 尺寸，在属性管理器的"公差/精度"选项组中选择"套合""H8""n7"，单击"确认"按钮 ，如图 10-70 所示。

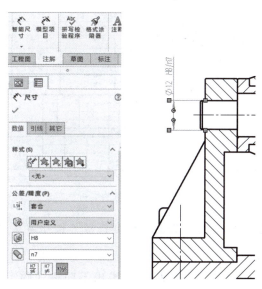

图 10-70　配合尺寸标注

2）单击"注解"工具栏中的"中心符号线"按钮 或"中心线"按钮 ，标出圆的中心线或圆柱的轴线。

3）单击"注解"工具栏中的"表格"按钮 ，在其下拉列表中选择"材料明细表"选项 ，然后根据提示选择符合我国标准的明细表模板"gb-bom-material"，单击"确认"按钮 后，将表格拖放到标题栏上方。

4）单击"注解"工具栏中的"零件序号"按钮 或"自动零件序号"按钮 ，手动或自动插入零件序号，选择主视图，单击"确认"按钮 。零件序号可以直接通过修改序号属性调整。

5）填写标题栏和明细栏。

完成的转动机构装配图如图 10-71 所示。

创建零件图的步骤与创建装配图的基本一致，零件图表面粗糙度和几何公差等技术要求

319

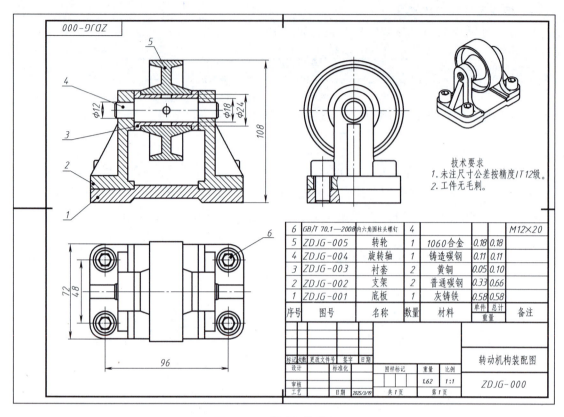

图 10-71 转动机构装配图

6	GB/T 70.1—2008	内六角圆柱头螺钉	4				M12×20
5	ZDJG-005	转轮	1	1060合金	0.18	0.18	
4	ZDJG-004	旋转轴	1	铸造碳钢	0.11	0.11	
3	ZDJG-003	衬套	2	黄铜	0.05	0.10	
2	ZDJG-002	支架	2	普通碳钢	0.33	0.66	
1	ZDJG-001	底板	1	灰铸铁	0.58	0.58	
序号	图号	名称	数量	材料	单件	总计	备注
					重量		

可以通过单击"注解"工具栏中的"表面粗糙度符号"按钮 √ 、"形位公差"按钮 ▣□▢ 、"基准符号"按钮 🅐 进行标注。

工程图创建完成后，SOLIDWORKS 2021 可导出不同格式的工程图，如图 10-72 所示，选择"文件"→"另存为"菜单命令后，选择需要的格式保存即可。

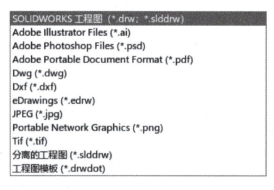

图 10-72 SOLIDWORKS 工程图导出格式

注意：工程图导出后不建议对图样进行修改，否则图样和三维模型之间的对应关系将不复存在，不会随着三维模型的设计变动而变动。

【本章归纳】

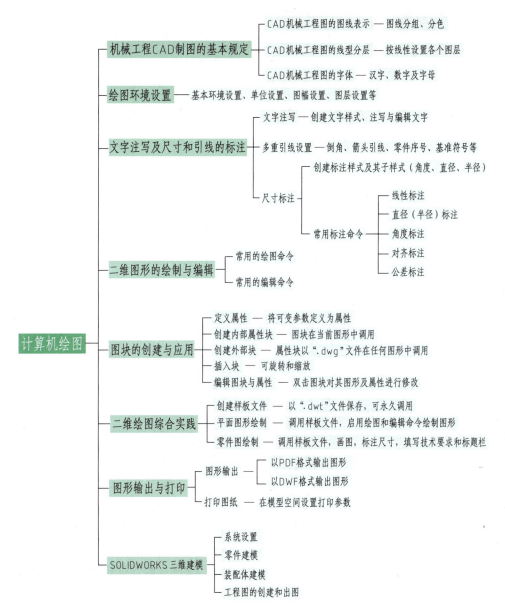

【拓展阅读】

我国的国旗是五星红旗。1949 年 9 月 27 日，中国人民政治协商会议第一届全体会议通过决议，确定中华人民共和国的国旗为五星红旗。1990 年 6 月 28 日，第七届全国人民代表大会常务委员会第十四次会议通过《中华人民共和国国旗法》（简称为《国旗法》），2009年 8 月 27 日第十一届全国人民代表大会常务委员会第十次会议、2020 年 10 月 17 日第十三届全国人民代表大会常务委员会第二十二次会议先后通过了修改《国旗法》的决定。为维护国旗的尊严，国家发布《国旗》和《国旗颜色标准样品》两项国家标准，规定了国旗的形状、颜色、图案、制版定位、通用尺寸、染色牢度等技术要求。绘制五星红旗时，应严格遵守国家标准《国旗》（GB 12982—2004）的规定，如图 10-73 所示，标准国旗尺寸和允许误差见表 10-20。扫描下方二维码观看使用 AutoCAD 绘制国旗的过程。

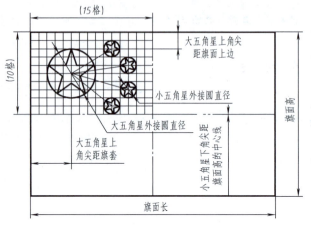

演示视频

图 10-73　标准国旗的尺寸

表 10-20　标准国旗尺寸和允许误差　　　　　（单位：mm）

规格		1 号	2 号	3 号	4 号	5 号	车旗	签字旗	桌旗
旗面	长	2880^{+30}_{-15}	2400^{+24}_{-12}	1920^{+20}_{-10}	1440^{+18}_{-9}	960^{+15}_{-8}	300^{+6}_{-3}	210^{+4}_{-2}	150^{+3}_{-2}
	高	1920^{+20}_{-10}	1600^{+16}_{-8}	1280^{+13}_{-7}	960^{+12}_{-6}	640^{+10}_{-5}	200^{+4}_{-2}	140^{+3}_{-2}	100^{+2}_{-1}
大五角星外接圆直径		576±10	480±10	384±8	288±6	192±4	60±2	42±2	30±1
小五角星外接圆直径		192±4	160±3	128±3	96±2	64±2	20±1	14±1	10±2
大五角星上角尖距旗面上边		192±10	160±10	128±8	96±8	64±8	20±4	14±2	10±2
小五角星上角尖距旗套		480±10	400±10	320±8	240±8	160±8	50±4	35±2	25±2
小五角星下角尖距旗面高的中心线		5	4	3	2	2	0	0	0

　　1952 年 9 月下旬，一面崭新的五星红旗在沈阳化工研究院缓缓升起。这是第一面由中国人自主开发、自主生产的"国旗红"染料染红的五星红旗。这面色泽鲜艳的国旗背后，凝聚了无数化工先辈们的心血，扫描右侧二维码了解他们是如何在技术条件非常匮乏的情况下研制出"国旗红"染料的。

信物百年
新中国第一份
"国旗红"染料

附录 A 极限与配合

表 A-1 标准公差数值（GB/T 1800.1—2020）

公称尺寸 /mm		标准公差等级																			
		IT01	IT0	IT1	IT2	IT3	IT4	IT5	IT6	IT7	IT8	IT9	IT10	IT11	IT12	IT13	IT14	IT15	IT16	IT17	IT18
大于	至	标准公差数值 /μm													标准公差数值 /mm						
—	3	0.3	0.5	0.8	1.2	2	3	4	6	10	14	25	40	60	0.1	0.14	0.25	0.4	0.6	1	1.4
3	6	0.4	0.6	1	1.5	2.5	4	5	8	12	18	30	48	75	0.12	0.18	0.3	0.48	0.75	1.2	1.8
6	10	0.4	0.6	1	1.5	2.5	4	6	9	15	22	36	58	90	0.15	0.22	0.36	0.58	0.9	1.5	2.2
10	18	0.5	0.8	1.2	2	3	5	8	11	18	27	43	70	110	0.18	0.27	0.43	0.7	1.1	1.8	2.7
18	30	0.6	1	1.5	2.5	4	6	9	13	21	33	52	84	130	0.21	0.33	0.52	0.84	1.3	2.1	3.3
30	50	0.6	1	1.5	2.5	4	7	11	16	25	39	62	100	160	0.25	0.39	0.62	1	1.6	2.5	3.9
50	80	0.8	1.2	2	3	5	8	13	19	30	46	74	120	190	0.3	0.46	0.74	1.2	1.9	3	4.6
80	120	1	1.5	2.5	4	6	10	15	22	35	54	87	140	220	0.35	0.54	0.87	1.4	2.2	3.5	5.4
120	180	1.2	2	3.5	5	8	12	18	25	40	63	100	160	250	0.4	0.63	1	1.6	2.5	4	6.3
180	250	2	3	4.5	7	10	14	20	29	46	72	115	185	290	0.46	0.72	1.15	1.85	2.9	4.6	7.2
250	315	2.5	4	6	8	12	16	23	32	52	81	130	210	320	0.52	0.81	1.3	2.1	3.2	5.2	8.1
315	400	3	5	7	9	13	18	25	36	57	89	140	230	360	0.57	0.89	1.4	2.3	3.6	5.7	8.9
400	500	4	6	8	10	15	20	27	40	63	97	155	250	400	0.63	0.97	1.55	2.5	4	6.3	9.7
500	630			9	11	16	22	32	44	70	110	175	280	440	0.7	1.1	1.75	2.8	4.4	7	11
630	800			10	13	18	25	36	50	80	125	200	320	500	0.8	1.25	2	3.2	5	8	12.5
800	1000			11	15	21	28	40	56	90	140	230	360	560	0.9	1.4	2.3	3.6	5.6	9	14
1000	1250			13	18	24	33	47	66	105	165	260	420	660	1.05	1.65	2.6	4.2	6.6	10.5	16.5
1250	1600			15	21	29	39	55	78	125	195	310	500	780	1.25	1.95	3.1	5	7.8	12.5	19.5
1600	2000			18	25	35	46	65	92	150	230	370	600	920	1.5	2.3	3.7	6	9.2	15	23
2000	2500			22	30	41	55	78	110	175	280	440	700	1100	1.75	2.8	4.4	7	11	17.5	28
2500	3150			26	36	50	68	96	135	210	330	540	860	1350	2.1	3.3	5.4	8.6	13.5	21	33

表 A-2　孔的极限偏差

代号		A	B	C	D	E	F	G		H					公差
公称尺寸/mm 大于	至	11①	11①	11①	10①	9①	8①	6	7①	6	7①	8①	9①	10	11①
—	3	+330 +270	+200 +140	+120 +60	+60 +20	+39 +14	+20 +6	+8 +2	+12 +2	+6 0	+10 0	+14 0	+25 0	+40 0	+60 0
3	6	+345 +270	+215 +140	+145 +70	+78 +30	+50 +20	+28 +10	+12 +4	+16 +4	+8 0	+12 0	+18 0	+30 0	+48 0	+75 0
6	10	+370 +280	+240 +150	+170 +80	+98 +40	+61 +25	+35 +13	+14 +5	+20 +5	+9 0	+15 0	+22 0	+36 0	+58 0	+90 0
10	14	+400 +290	+260 +150	+205 +95	+120 +50	+75 +32	+43 +16	+17 +6	+24 +6	+11 0	+18 0	+27 0	+43 0	+70 0	+110 0
14	18														
18	24	+430 +300	+290 +160	+240 +110	+149 +65	+92 +40	+53 +20	+20 +7	+28 +7	+13 0	+21 0	+33 0	+52 0	+84 0	+130 0
24	30														
30	40	+470 +310	+330 +170	+280 +120	+180 +80	+112 +50	+64 +25	+25 +9	+34 +9	+16 0	+25 0	+39 0	+62 0	+100 0	+160 0
40	50	+480 +320	+340 +180	+290 +130											
50	65	+530 +340	+380 +190	+330 +140	+220 +100	+134 +60	+76 +30	+29 +10	+40 +10	+19 0	+30 0	+46 0	+74 0	+120 0	+190 0
65	80	+550 +360	+390 +200	+340 +150											
80	100	+600 +380	+440 +220	+390 +170	+260 +120	+159 +72	+90 +36	+34 +12	+47 +12	+22 0	+35 0	+54 0	+87 0	+140 0	+220 0
100	120	+630 +410	+460 +240	+400 +180											
120	140	+710 +460	+510 +260	+450 +200	+305 +145	+185 +85	+106 +43	+39 +14	+54 +14	+25 0	+40 0	+63 0	+100 0	+160 0	+250 0
140	160	+770 +520	+530 +280	+460 +210											
160	180	+830 +580	+560 +310	+480 +230											
180	200	+950 +660	+630 +340	+530 +240	+355 +170	+215 +100	+122 +50	+44 +15	+61 +15	+29 0	+46 0	+72 0	+115 0	+185 0	+290 0
200	225	+1030 +740	+670 +380	+550 +260											
225	250	+1110 +820	+710 +420	+570 +280											
250	280	+1240 +920	+800 +480	+620 +300	+400 +190	+240 +110	+137 +56	+49 +17	+69 +17	+32 0	+52 0	+81 0	+130 0	+210 0	+320 0
280	315	+1370 +1050	+860 +540	+650 +330											
315	355	+1560 +1200	+960 +600	+720 +360	+440 +210	+265 +125	+151 +62	+54 +18	+75 +18	+36 0	+57 0	+89 0	+140 0	+230 0	+360 0
355	400	+1710 +1350	+1040 +680	+760 +400											
400	450	+1900 +1500	+1160 +760	+840 +440	+480 +230	+290 +135	+165 +68	+60 +20	+83 +20	+40 0	+63 0	+97 0	+155 0	+250 0	+400 0
450	500	+2050 +1650	+1240 +840	+880 +480											

① 优先选用的公差带代号。

（GB/T 1800. 2—2020）　　　　　　　　　　　　　　　　　　　　　　　　　（单位：μm）

等级

JS		K	M	N	P	R	S	T	U	X
7	8	7①	7	7①	7①	7	7①	7	7	7
±5	±7	0 / −10	−2 / −12	−4 / −14	−6 / −16	−10 / −20	−14 / −24	—	−18 / −28	−20 / −30
±6	±9	+3 / −9	0 / −12	−4 / −16	−8 / −20	−11 / −23	−15 / −27	—	−19 / −31	−24 / −36
±7.5	±11	+5 / −10	0 / −15	−4 / −19	−9 / −24	−13 / −28	−17 / −32	—	−22 / −37	−28 / −43
±9	±13.5	+6 / −12	0 / −18	−5 / −23	−11 / −29	−16 / −34	−21 / −39	—	−26 / −44	−33 / −51
								—		−38 / −56
±10.5	±16.5	+6 / −15	0 / −21	−7 / −28	−14 / −35	−20 / −41	−27 / −48	—	−33 / −54	−46 / −67
								−33 / −54	−40 / −61	−56 / −77
±12.5	±19.5	+7 / −18	0 / −25	−8 / −33	−17 / −42	−25 / −50	−34 / −59	−39 / −64	−51 / −76	−71 / −96
								−45 / −70	−61 / −86	−88 / −113
±15	±23	+9 / −21	0 / −30	−9 / −39	−21 / −51	−30 / −60	−42 / −72	−55 / −85	−76 / −106	−111 / −141
						−32 / −62	−48 / −78	−64 / −94	−91 / −121	−135 / −165
±17.5	±27	+10 / −25	0 / −35	−10 / −45	−24 / −59	−38 / −73	−58 / −93	−78 / −113	−111 / −146	−165 / −200
						−41 / −76	−66 / −101	−91 / −126	−131 / −166	−197 / −232
±20	±31.5	+12 / −28	0 / −40	−12 / −52	−28 / −68	−48 / −88	−77 / −117	−107 / −147	−155 / −195	−233 / −273
						−50 / −90	−85 / −125	−119 / −159	−175 / −215	−265 / −305
						−53 / −93	−93 / −133	−131 / −171	−195 / −235	−295 / −335
±23	±36	+13 / −33	0 / −46	−14 / −60	−33 / −79	−60 / −106	−105 / −151	−149 / −195	−219 / −265	−333 / −379
						−63 / −109	−113 / −159	−163 / −209	−241 / −287	−368 / −414
						−67 / −113	−123 / −169	−179 / −225	−267 / −313	−408 / −454
±26	±40.5	+16 / −36	0 / −52	−14 / −66	−36 / −88	−74 / −126	−138 / −190	−198 / −250	−295 / −347	−455 / −507
						−78 / −130	−150 / −202	−220 / −272	−330 / −382	−505 / −557
±28.5	±44.5	+17 / −40	0 / −57	−16 / −73	−41 / −98	−87 / −144	−169 / −226	−247 / −304	−369 / −426	−569 / −626
						−93 / −150	−187 / −244	−273 / −330	−414 / −471	−639 / −696
±31.5	±48.5	+18 / −45	0 / −63	−17 / −80	−45 / −108	−103 / −166	−209 / −272	−307 / −370	−467 / −530	−717 / −780
						−109 / −172	−229 / −292	−337 / −400	−517 / −580	−797 / −860

表 A-3 轴的极限偏差

大于	至	a 11	b 11	c 11	d 9	e 8	f 7	g 5	g 6	h 6	h 7	h 8	h 9	h 10	h 11
—	3	-270	-140	-60	-20	-14	-6	-2	-2	0	0	0	0	0	0
		-330	-200	-120	-45	-28	-16	-6	-8	-6	-10	-14	-25	-40	-60
3	6	-270	-140	-70	-30	-20	-10	-4	-4	0	0	0	0	0	0
		-345	-215	-145	-60	-38	-22	-9	-12	-8	-12	-18	-30	-48	-75
6	10	-280	-150	-80	-40	-25	-13	-5	-5	0	0	0	0	0	0
		-370	-240	-170	-76	-47	-28	-11	-14	-9	-15	-22	-36	-58	-90
10	14	-290	-150	-95	-50	-32	-16	-6	-6	0	0	0	0	0	0
14	18	-400	-260	-205	-93	-59	-34	-14	-17	-11	-18	-27	-43	-70	-110
18	24	-300	-160	-110	-65	-40	-20	-7	-7	0	0	0	0	0	0
24	30	-430	-290	-240	-117	-73	-41	-16	-20	-13	-21	-33	-52	-84	-130
30	40	-310	-170	-120	-80	-50	-25	-9	-9	0	0	0	0	0	0
40	50	-320	-180	-130	-142	-89	-50	-20	-25	-16	-25	-39	-62	-100	-160
		-470 / -480	-330 / -340	-280 / -290											
50	65	-340	-190	-140	-100	-60	-30	-10	-10	0	0	0	0	0	0
65	80	-360	-200	-150	-174	-106	-60	-23	-29	-19	-30	-46	-74	-120	-190
		-530 / -550	-380 / -390	-330 / -340											
80	100	-380	-220	-170	-120	-72	-36	-12	-12	0	0	0	0	0	0
100	120	-410	-240	-180	-207	-126	-71	-27	-34	-22	-35	-54	-87	-140	-220
		-600 / -630	-440 / -460	-390 / -400											
120	140	-460	-260	-200	-145	-85	-43	-14	-14	0	0	0	0	0	0
140	160	-520	-280	-210	-245	-148	-83	-32	-39	-25	-40	-63	-100	-160	-250
160	180	-580	-310	-230											
		-710 / -770 / -830	-510 / -530 / -560	-450 / -460 / -480											
180	200	-660	-340	-240	-170	-100	-50	-15	-15	0	0	0	0	0	0
200	225	-740	-380	-260	-285	-172	-96	-35	-44	-29	-46	-72	-115	-185	-290
225	250	-820	-420	-280											
		-950 / -1030 / -1110	-630 / -670 / -710	-530 / -550 / -570											
250	280	-920	-480	-300	-190	-110	-56	-17	-17	0	0	0	0	0	0
280	315	-1050	-540	-330	-320	-191	-108	-40	-49	-32	-52	-81	-130	-210	-320
		-1240 / -1370	-800 / -860	-620 / -650											
315	355	-1200	-600	-360	-210	-125	-62	-18	-18	0	0	0	0	0	0
355	400	-1350	-680	-400	-350	-214	-119	-43	-54	-36	-57	-89	-140	-230	-360
		-1560 / -1710	-960 / -1040	-720 / -760											
400	450	-1500	-760	-440	-230	-135	-68	-20	-20	0	0	0	0	0	0
450	500	-1650	-840	-480	-385	-232	-131	-47	-60	-40	-63	-97	-155	-250	-400
		-1900 / -2050	-1160 / -1240	-840 / -880											

注：公差带代号行中，a、b、c、d、e、f 及 h 的各级（11、9、8、7、5、6、6、7、8、9、10、11）后带标记 ① 者为优先选用的公差带代号。

① 优先选用的公差带代号。

（GB/T 1800. 2—2020）　　　　　　　　　　　　　　　　　　　　　　　　　　　　　　　　（单位：μm）

js		k	m	n	p	r	s	t	u	x
等级										
6①	7	6①	6	6①	6①	6①	6①	6	*6	6
±3	±5	+6	+8	+10	+12	+16	+20	—	+24	+26
		0	+2	+4	+6	+10	+14		+18	+20
±4	±6	+9	+12	+16	+20	+23	+27	—	+31	+36
		+1	+4	+8	+12	+15	+19		+23	+28
±4.5	±7.5	+10	+15	+19	+24	+28	+32	—	+37	+43
		+1	+6	+10	+15	+19	+23		+28	+34
±5.5	±9	+12	+18	+23	+29	+34	+39	—	+44	+51
		+1	+7	+12	+18	+23	+28		+33	+40
								—		+56
										+45
±6.5	±10.5	+15	+21	+28	+35	+41	+48	—	+54	+67
		+2	+8	+15	+22	+28	+35		+41	+54
								+54	+61	+77
								+41	+48	+64
±8	±12.5	+18	+25	+33	+42	+50	+59	+64	+76	+96
		+2	+9	+17	+26	+34	+43	+48	+60	+80
								+70	+86	+113
								+54	+70	+97
±9.5	±15	+21	+30	+39	+51	+60	+72	+85	+106	+141
		+2	+11	+20	+32	+41	+53	+66	+87	+122
						+62	+78	+94	+121	+165
						+43	+59	+75	+102	+146
±11	±17.5	+25	+35	+45	+59	+73	+93	+113	+146	+200
		+3	+13	+23	+37	+51	+71	+91	+124	+178
						+76	+101	+126	+166	+232
						+54	+79	+104	+144	+210
±12.5	±20	+28	+40	+52	+68	+88	+117	+147	+195	+273
		+3	+15	+27	+43	+63	+92	+122	+170	+248
						+90	+125	+159	+215	+305
						+65	+100	+134	+190	+280
						+93	+133	+171	+235	+335
						+68	+108	+146	+210	+310
±14.5	±23	+33	+46	+60	+79	+106	+151	+195	+265	+379
		+4	+17	+31	+50	+77	+122	+166	+236	+350
						+109	+159	+209	+287	+414
						+80	+130	+180	+258	+385
						+113	+169	+225	+313	+454
						+84	+140	+196	+284	+425
±16	±26	+36	+52	+66	+88	+126	+190	+250	+347	+507
		+4	+20	+34	+56	+94	+158	+218	+315	+475
						+130	+202	+272	+382	+557
						+98	+170	+240	+350	+525
±18	±28.5	+40	+57	+73	+98	+144	+226	+304	+426	+626
		+4	+21	+37	+62	+108	+190	+268	+390	+590
						+150	+244	+330	+471	+696
						+114	+208	+294	+435	+660
±20	±31.5	+45	+63	+80	+108	+166	+272	+370	+530	+780
		+5	+23	+40	+68	+126	+232	+330	+490	+740
						+172	+292	+400	+580	+860
						+132	+252	+360	+540	+820

表 A-4　基孔制优先、常用配合（GB/T 1800.1—2020）

基准孔	轴公差带代号																
	间隙配合							过渡配合				过盈配合					
	b	c	d	e	f	g	h	js	k	m	n	p	r	s	t	u	x
H6						g5	h5	js5	k5	m5	n5	p5					
H7					f6	g6	h6	js6	k6	m6	n6	p6	r6	s6	t6	u6	x6
H8				e7	f7		h7	js7	k7	m7				s7		u7	
H8			d8	e8	f8		h8										
H9			d8	e8	f8		h8										
H10	b9	c9	d9	e9			h9										
H11	b11	c11	d10				h10										

注：标注▉的配合为优先配合。

表 A-5　基轴制优先、常用配合（GB/T 1800.1—2020）

基准轴	孔公差带代号																
	间隙配合							过渡配合				过盈配合					
	B	C	D	E	F	G	H	JS	K	M	N	P	R	S	T	U	X
h5						G6	H6	JS6	K6	M6	N6	P6					
h6					F7	G7	H7	JS7	K7	M7	N7	P7	R7	S7	T7	U7	X7
h7				E8	F8		H8										
h8			D9	E9	F9		H9										
h9				E8	F8		H8										
h9			D9	E9	F9		H9										
h9	B11	C10	D10				H10										

注：标注▉的配合为优先配合。

附录 B　螺纹

表 B-1　普通螺纹　直径与螺距标准组合系列（GB/T 193—2003、GB/T 196—2003）

（单位：mm）

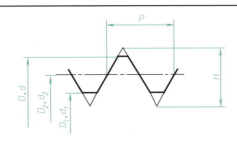

（续）

公称直径 D、d			螺距 P							
				细牙						
第1系列	第2系列	第3系列	粗牙	3	2	1.5	1.25	1	0.75	0.5
4			0.7							0.5
	4.5		0.75							0.5
5			0.8							0.5
6			1						0.75	
8			1.25					1	0.75	
		9	1.25					1	0.75	
10			1.5				1.25	1	0.75	
12			1.75				1.25	1		
	14		2			1.5	1.25[a]	1		
16			2			1.5		1		
		17				1.5		1		
	18		2.5		2	1.5		1		
20			2.5		2	1.5		1		
	22		2.5		2	1.5		1		
24			3		2	1.5		1		
	27		3		2	1.5		1		
30			3.5	(3)	2	1.5		1		
	33		3.5	(3)	2	1.5				
		35[b]				1.5				
36			4	3	2	1.5				

注：1. 尽可能避免选用括号内的螺距。

2. a 仅用于发动机的火花塞；b 仅用于轴承的锁紧螺母。

3. 优先选用第1系列直径，其次选择第2系列直径，最后选择第3系列直径。

表 B-2　梯形螺纹　直径与螺距标准组合系列（GB/T 5796.2—2022、
GB/T 5796.3—2022、GB/T 5796.4—2022）　　　　　（单位：mm）

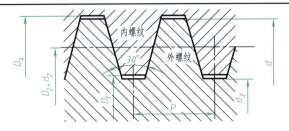

标记示例

公称直径 d 为 40mm，导程 P_h 和螺距 P 为 7mm，中径公差带代号为 7H 的左旋单线梯形螺纹：

Tr40×7-7H-LH

公称直径 d 为 40mm，导程 P_h 为 14mm，螺距 P 为 7mm，中径公差带代号为 7e 的右旋双线梯形螺纹：

Tr40×14P7-7e

公称直径 d(外螺纹大径)		螺距 P	小径		$d_2 = D_2$	大径 D_4
第一系列	第二系列		d_3	D_1		
10		1.5	8.2	8.5	9.25	10.3
		2	7.5	8.0	9.0	10.5
	11	2	8.5	9.0	10.0	11.5
		3	7.5	8.0	9.5	
12		2	9.5	10.0	11.0	12.5
		3	8.5	9.0	10.5	
	14	2	11.5	12.0	13.0	14.5
		3	10.5	11.0	12.5	
16		2	13.5	14.0	15.0	16.5
		4	11.5	12.0	14.0	
	18	2	15.5	16.0	17.0	18.5
		4	13.5	14.0	16.0	
20		2	17.5	18.0	19.0	20.5
		4	15.5	16.0	18.0	
	22	3	18.5	19.0	20.5	22.5
		5	16.5	17.0	19.5	22.5
		8	13.0	14.0	18.0	23.0
24		3	20.5	21.0	22.5	24.5
		5	18.5	19.0	21.5	24.5
		8	15.0	16.0	20.0	25.0
	26	3	22.5	23.0	24.5	26.5
		5	20.5	21.0	23.5	26.5
		8	17.0	18.0	22.0	27.0
28		3	24.5	25.0	26.5	28.5
		5	22.5	23.0	25.5	28.5
		8	19.5	20.0	24.0	29.0
	30	3	26.5	27.0	28.5	30.5
		6	23.0	24.0	27.0	31.0
		10	19.0	20.0	25.0	31.0

表 B-3 55°非密封管螺纹（GB/T 7307—2001）

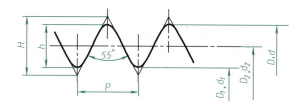

标记示例

尺寸代号为 2 的右旋圆柱内螺纹:G2

尺寸代号为 3 的 A 级右旋圆柱外螺纹:G3A

尺寸代号为 2 的左旋圆柱内螺纹:G2LH

尺寸代号为 4 的 B 级左旋圆柱外螺纹:G4B-LH

表示螺纹副时，仅需标注外螺纹的标记代号。

尺寸代号	每 25.4mm 内所包含的牙数 n	螺距 P/mm	牙高 h/mm	基本直径/mm		
				大径 $d = D$	中径 $d_2 = D_2$	小径 $d_1 = D_1$
1/16	28	0.907	0.581	7.723	7.142	6.561
1/8				9.728	9.147	8.566
1/4	19	1.337	0.856	13.157	12.301	11.445
3/8				16.662	15.806	14.950
1/2	14	1.814	1.162	20.955	19.793	18.631
5/8				22.911	21.749	20.587
3/4				26.441	25.279	24.117
7/8				30.201	29.039	27.877
1	11	2.309	1.479	33.249	31.770	30.291
1⅛				37.897	36.418	34.939
1¼				41.910	40.431	38.952
1½				47.803	46.324	44.845
1¾				53.746	52.267	50.788
2				59.614	58.135	56.656
2¼				65.710	64.231	62.752
2½				75.184	73.705	72.226
2¾				81.534	80.055	78.576
3				87.884	86.405	84.926
3½				100.330	98.851	97.372
4				113.030	111.551	110.072

注：1. 本标准适用于管子、管接头、旋塞、阀门及其他管路附件的螺纹连接。

2. 外螺纹中径公差分为 A 和 B 两个等级。

表 B-4　55°密封管螺纹 （GB/T 7306.1—2000、GB/T 7306.2—2000）

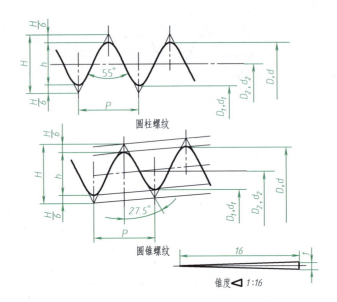

圆柱螺纹

圆锥螺纹

锥度 ◁ 1:16

标记示例

尺寸代号为 3/4 的右旋圆柱内螺纹：Rp3/4

尺寸代号为 3 的左旋圆锥内螺纹：Rc3LH

尺寸代号为 3 的右旋圆锥外螺纹：$R_1$3

尺寸代号为 3 的左旋圆锥外螺纹：$R_2$3LH

由尺寸代号为 3 的右旋圆锥内螺纹与圆锥外螺纹所组成的螺纹副：Rc/$R_2$3

尺寸代号	每 25.4mm 内牙数 n	螺距 P/mm	牙高 h/mm	基准平面内的基本直径/mm			基准距离（基本）/mm	外螺纹的有效螺纹长度不小于（基准距离的基本直径）/mm
				大径 $d=D$	中径 $d_2=D_2$	小径 $d_1=D_1$		
1/16	28	0.907	0.581	7.723	7.142	6.561	4	6.5
1/8				9.728	9.147	8.566		
1/4	19	1.337	0.856	13.157	12.301	11.445	6	9.7
3/8				16.662	15.806	14.950	6.4	10.1
1/2	14	1.814	1.162	20.955	19.793	18.631	8.2	13.2
3/4				26.441	25.279	24.117	9.5	14.5
1	11	2.309	1.479	33.249	31.770	30.291	10.4	16.8
1¼				41.910	40.431	38.952	12.7	19.1
1½				47.803	46.324	44.845		
2				59.614	58.135	56.656	15.9	23.4
2½				75.184	73.705	72.226	17.5	26.7
3				87.884	86.405	84.926	20.6	29.8
4				113.030	111.551	110.072	25.4	35.8

注：本标准适用于管子、管接头、旋塞、阀门及其他管路附件的螺纹连接。

附录C 螺纹紧固件

表 C-1　六角头螺栓（GB/T 5782—2016）　　　　　　　（单位：mm）

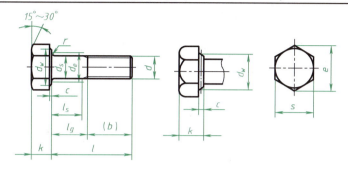

标记示例

螺纹规格为 M12，公称长度 $l=80$mm，性能等级为 8.8 级，表面不经处理，A 级的六角头螺栓：

螺栓　GB/T 5782　M12×80

螺纹规格 d				M5	M6	M8	M10	M12	M16	M20	M24	M30	M36
b 参考	$l_{公称}\leqslant125$			16	18	22	26	30	38	46	54	66	—
	$125<l_{公称}\leqslant200$			22	24	28	32	36	44	52	60	72	84
	$l_{公称}>200$			35	37	41	45	49	57	65	73	85	97
c	max			0.5	0.5	0.6	0.6	0.6	0.8	0.8	0.8	0.8	0.8
d_a	max			5.7	6.8	9.2	11.2	13.7	17.7	22.4	26.4	33.4	39.4
d_s	公称=max			5	6	8	10	12	16	20	24	30	36
	min			4.7	5.7	7.64	9.64	11.57	15.57	19.48	23.48	29.48	35.38
d_w	产品等级	A	min	6.88	8.88	11.63	14.63	16.63	22.49	28.19	33.61		
		B		6.74	8.74	11.47	14.47	16.47	22	27.7	33.25	42.75	51.11
e	产品等级	A	min	8.79	11.05	14.38	17.77	20.03	26.75	33.53	39.98		
		B		8.63	10.89	14.20	17.59	19.85	26.17	32.95	39.55	50.85	60.79
k	公称			3.5	4	5.3	6.4	7.5	10	12.5	15	18.7	22.5
	min			3.26	3.76	5.06	6.11	7.21	9.71	12.15	14.65	18.28	22.08
	max			3.74	4.24	5.54	6.69	7.79	10.29	12.85	15.35	19.12	22.92
r	min			0.2	0.25	0.4	0.4	0.6	0.6	0.8	0.8	1	1
s	公称=max			8	10	13	16	18	24	30	36	46	55
	产品等级	A	min	7.78	9.78	12.73	15.73	17.73	23.67	29.67	35.38		
		B		7.64	9.64	12.57	15.57	17.57	23.16	29.16	35	45	53.8
l（商品规格范围及通用规格）				25~50	30~60	40~80	45~100	50~120	65~160	80~200	90~240	110~300	140~360
l 系列				25,30,35,40,45,50,55,60,65,70,80,90,100,110,120,130,140,150,160,180,200,220,240,260,280,300,320,340,360									

注：A 级和 B 级为产品等级，A 级用于 $d\leqslant24$mm 或 $l\leqslant10d$ 或 $\leqslant150$mm（按较小值）的螺栓；B 级用于 $d>24$mm 或 $l>10d$ 或 >150mm（按较小值）的螺栓。

表 C-2 双头螺柱（GB/T 897—1988、GB/T 898—1988、GB/T 899—1988、GB/T 900—1988）

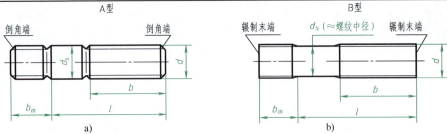

a)　　　　　　　　　　　　　　　　b)

标记示例

两端均为粗牙普通螺纹，$d=10$mm，$l=50$mm，性能等级为 4.8 级、不经表面处理、B 型、$b_m=1.25d$ 的双头螺柱；

螺柱 GB/T 898 M10×50

旋入机体一端为粗牙普通螺纹、旋入螺母一端为螺距 $P=1$mm 的细牙普通螺纹，$d=10$mm，$l=50$mm，性能等级为 4.8 级、不经表面处理，A 型、$b_m=1.25d$ 的双头螺柱：螺柱 GB/T 898 AM10-M10×1×50

螺纹规格	b_m/mm				l/b
	GB/T 897 —1988 $b_m=1d$	GB/T 898 —1988 $b_m=1.25d$	GB/T 899 —1988 $b_m=1.5d$	GB/T 900 —1988 $b_m=1.5d$	
M5	5	6	8	10	$\dfrac{16\sim22}{10}, \dfrac{25\sim50}{16}$
M6	6	8	10	12	$\dfrac{20\sim22}{10}, \dfrac{25\sim30}{14}, \dfrac{32\sim75}{18}$
M8	8	10	12	16	$\dfrac{20\sim22}{12}, \dfrac{25\sim30}{16}, \dfrac{32\sim90}{22}$
M10	10	12	15	20	$\dfrac{25\sim28}{14}, \dfrac{30\sim38}{16}, \dfrac{40\sim120}{26}, \dfrac{130}{32}$
M12	12	15	18	24	$\dfrac{25\sim30}{16}, \dfrac{32\sim40}{20}, \dfrac{45\sim120}{30}, \dfrac{130\sim180}{36}$
M16	16	20	24	32	$\dfrac{30\sim38}{20}, \dfrac{40\sim55}{30}, \dfrac{60\sim120}{38}, \dfrac{130\sim200}{44}$
M20	20	25	30	40	$\dfrac{35\sim40}{25}, \dfrac{45\sim65}{35}, \dfrac{70\sim120}{46}, \dfrac{130\sim200}{52}$
M24	24	30	36	48	$\dfrac{45\sim50}{30}, \dfrac{55\sim75}{45}, \dfrac{80\sim120}{54}, \dfrac{130\sim200}{60}$
M30	30	38	45	60	$\dfrac{60\sim65}{40}, \dfrac{70\sim90}{50}, \dfrac{95\sim120}{66}, \dfrac{130\sim200}{72}, \dfrac{210\sim250}{85}$
M36	36	45	54	72	$\dfrac{65\sim75}{45}, \dfrac{80\sim110}{60}, \dfrac{120}{78}, \dfrac{130\sim200}{84}, \dfrac{210\sim300}{97}$
l 系列	16,(18),20,(22),25,(28),30,(32),35,(38),40,45,50,(55),60,(65),70,(75),80,(85),90,(95),100,110,120,130,140,150,160,170,180,190,200,210,220,230,240,250,260,280,300				

注：1. 尽可能不采用括号内的规格。

2. 本表所列双头螺柱的力学性能等级为 4.8 级或 8.8 级（需标注）。

表 C-3 开槽圆柱头螺钉（GB/T 65—2016）　　　　　　　　（单位：mm）

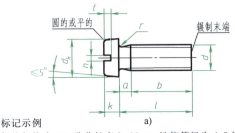 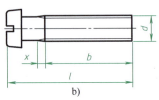

a)　　　　　　　　　　　　　　b)

标记示例

螺纹规格为 M5、公称长度 $l=20$mm、性能等级为 4.8 级、不经表面处理的 A 级开槽圆柱头螺钉：

螺钉 GB/T 65 M5×20

（续）

螺纹规格 d	P	b_{min}	d_k	k_{max}	n	r_{min}	t_{min}	公称长度 l
M3	0.5	25	5.5	2.0	0.8	0.1	0.85	4~30
M4	0.7	38	7	2.6	1.2	0.2	1.1	5~40
M5	0.8	38	8.5	3.3	1.2	0.2	1.3	6~50
M6	1	38	10	3.9	1.6	0.25	1.6	8~60
M8	1.25	38	13	5	2	0.4	2	10~80
M10	1.5	38	16	6	2.5	0.4	2.4	12~80
长度 l（系列）	4,5,6,8,10,12,（14）,16,20,25,30,35,40,45,50,（55）,60,（65）,70,（75）,80							

注：1. 括号内的尽可能不采用。

2. 公称长度 $l \leqslant 40$mm 的螺钉和 M3、$l \leqslant 30$mm 的螺钉，制出全螺纹（$b = l - a$）。

表 C-4　开槽盘头螺钉（GB/T 67—2016）　　　（单位：mm）

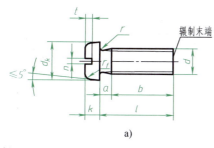 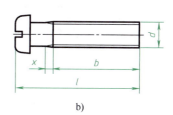

a)　　　　　　　　　　　　　　　　　　b)

标记示例

螺纹规格为 M5，公称长度 $l = 20$mm、性能等级为 4.8 级、不经表面处理的 A 级开槽盘头螺钉：

螺钉　GB/T 67　M5×20

螺纹规格 d	P	b_{min}	d_k	k_{max}	n	r_{min}	t_{min}	r_f	公称长度 l
M3	0.5	25	5.6	1.8	0.8	0.1	0.7	0.9	4~30
M4	0.7	38	8	2.4	1.2	0.2	1	1.2	5~40
M5	0.8	38	9.5	3	1.2	0.2	1.2	1.5	6~50
M6	1	38	12	3.6	1.6	0.25	1.4	1.8	8~60
M8	1.25	38	16	4.8	2	0.4	1.9	2.4	10~80
M10	1.5	38	20	6	2.5	0.4	2.4	3	12~80
长度 l（系列）	4,5,6,8,10,12,（14）,16,20,25,30,35,40,45,50,（55）,60,（65）,70,（75）,80								

注：1. 括号内的尽可能不采用。

2. 公称长度 $l \leqslant 40$mm 的螺钉和 M3、$l \leqslant 30$mm 的螺钉，制出全螺纹（$b = l - a$）。

表 C-5　开槽沉头螺钉（GB/T 68—2016）　　　（单位：mm）

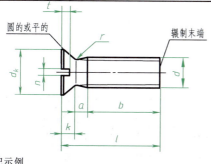 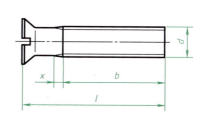

标记示例

螺纹规格为 M5，公称长度 $l = 20$mm，性能等级为 4.8 级，不经表面处理的 A 级开槽沉头螺钉：

螺钉　GB/T 68　M5×20

（续）

螺纹规格 d	P	b	d_k	k	n	r	t	公称长度 l
M1.6	0.35	25	3.6	1	0.4	0.4	0.5	2.5~16
M2	0.4	25	4.4	1.2	0.5	0.5	0.6	3~20
M2.5	0.45	25	5.5	1.5	0.6	0.6	0.75	4~25
M3	0.5	25	6.3	1.65	0.8	0.8	0.85	5~30
M4	0.7	38	9.4	2.7	1.2	1	1.3	6~40
M5	0.8	38	10.4	2.7	1.2	1.3	1.4	8~50
M6	1	38	12.6	3.3	1.6	1.5	1.6	8~60
M8	1.25	38	17.3	4.65	2	2	2.3	10~80
M10	1.5	38	20	5	2.5	2.5	2.6	12~80
l（系列）	2.5,3,4,5,6,8,10,12,(14),16,20,25,30,35,40,45,50,(55),60,(65),70,(75),80								

注：1. 括号内的尽可能不采用。

　　2. 材料为钢，螺纹公差为6g，性能等级为4.8级，产品等级为A。

表 C-6　开槽锥端紧定螺钉（GB/T 71—2018）、开槽平端紧定螺钉（GB/T 73—2017）

（单位：mm）

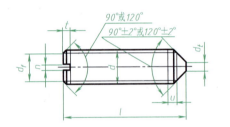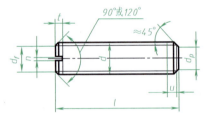

不完整螺纹的长度 $u \leqslant 2P$

标记示例

螺纹规格为 M5，公称长度 l = 12mm，钢制，硬度等级为 14H 级、表面不经处理、产品等级 A 级的开槽平端紧定螺钉：

螺钉　GB/T 73　M5×12

螺纹规格 d	P	$d_f \approx$	d_t		d_p		n		t		l（公称长度）	
			max	min	max	min	min	max	min	max	GB/T 71	GB/T 73
M1.6	0.35	螺纹小径	0.16	—	0.8	0.55	0.31	0.45	0.56	0.74	2~8	2~8
M2	0.4		0.2	—	1	0.75	0.31	0.45	0.64	0.84	3~10	2~10
M2.5	0.45		0.25	—	1.5	1.25	0.46	0.6	0.72	0.95	3~12	2.5~12
M3	0.5		0.3	—	2	1.75	0.46	0.6	0.8	1.05	4~16	3~16
M4	0.7		0.4	—	2.5	2.25	0.66	0.8	1.12	1.42	6~20	4~20
M5	0.8		0.5	—	3.5	3.2	0.86	1	1.28	1.63	8~25	5~25
M6	1		1.5	—	4	3.7	1.06	1.2	1.6	2	8~30	6~30
M8	1.25		2	—	5.5	5.2	1.26	1.51	2	2.5	10~40	8~40
M10	1.5		2.5	—	7	6.64	1.66	1.91	2.4	3	12~50	10~50
长度 l（系列）	2,2.5,3,4,5,6,8,10,12,(14),16,20,25,30,35,40,45,50											

注：1. 括号内的尽可能不采用。

　　2. 紧定螺钉的性能等级有 14H 和 22H 级，其中 14H 级为常用。

336

表 C-7　1 型六角螺母（GB/T 6170—2015）　　　　　　　（单位：mm）

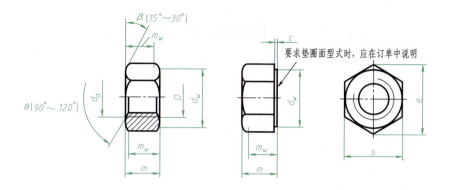

标记示例

螺纹规格为 M12、性能等级为 8 级、表面不经处理、产品等级为 A 级的 1 型六角螺母:

螺母　GB/T 6170　M12

螺纹规格 D	c	d_a		d_w	e	m		m_w	s	
	max	min	max	min	min	max	min	min	max	min
M1.6	0.2	1.6	1.84	2.4	3.41	1.3	1.05	0.8	3.2	3.02
M2	0.2	2	2.3	3.1	4.32	1.6	1.35	1.1	4	3.82
M2.5	0.3	2.5	2.9	4.1	5.45	2	1.75	1.4	5	4.82
M3	0.4	3	3.45	4.6	6.01	2.4	2.15	1.7	5.5	5.32
M4	0.4	4	4.6	5.9	7.66	3.2	2.9	2.3	7	6.78
M5	0.5	5	5.75	6.9	8.79	4.7	4.4	3.5	8	7.78
M6	0.5	6	6.75	8.9	11.05	5.2	4.9	3.9	10	9.78
M8	0.6	8	8.75	11.6	14.38	6.8	6.44	5.2	13	12.73
M10	0.6	10	10.8	14.6	17.77	8.4	8.04	6.4	16	15.73
M12	0.6	12	13	16.6	20.03	10.8	10.37	8.3	18	17.73
M16	0.8	16	17.3	22.5	26.75	14.8	14.1	11.3	24	23.67
M20	0.8	20	21.6	27.7	32.95	18	16.9	13.5	30	29.16
M24	0.8	24	25.9	33.2	39.55	21.5	20.2	16.2	36	35
M30	0.8	30	32.4	42.8	50.85	25.6	24.3	19.4	46	45
M36	0.8	36	38.9	51.1	60.79	31	29.4	23.5	55	53.8
M42	1	42	45.4	60	71.30	34	32.4	25.9	65	63.1
M48	1	48	51.8	69.5	82.6	38	36.4	29.1	75	73.1
M56	1	56	60.5	78.7	93.56	45	43.4	34.7	85	82.8
M64	1	64	69.1	88.2	104.86	51	49.1	39.3	95	92.8

注：1. A 级用于 $D \leqslant 16$ 的螺母；B 级用于 $D > 16$ 的螺母。本表仅按商品规格和通用规格列出。

　　2. 螺纹规格为 M8~M64、细牙、A 级和 B 级的 1 型六角螺母，请查阅 GB/T 6171—2016。

表 C-8　小垫圈 A 级（GB/T 848—2002）　　　　　　　（单位：mm）

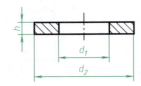

标记示例

小系列、公称规格 8mm，由钢制造的硬度等级为 200HV 级，不经表面处理，产品等级为 A 级平垫圈：

垫圈　GB/T 848　8

小系列、公称规格 8mm，由 A2 组不锈钢制造的硬度等级为 200HV 级，不经表面处理，产品等级为 A 级的平垫圈：

垫圈　GB/T 848　8　A2

公称规格（螺纹大径）d	5	6	8	10	12	16	20	24	30	36
内径 d_1 公称 $=$ min	5.3	6.4	8.4	10.5	13	17	21	25	31	37
外径 d_2 公称 $=$ min	9	11	15	18	20	28	34	39	50	60
厚度 h	1	1.6			2	2.5	3		4	5

表 C-9　平垫圈 A 级（GB/T 97.1—2002）平垫圈　倒角型 A 级（GB/T 97.2—2002）

（单位：mm）

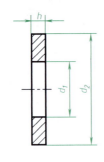
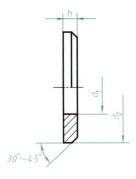

$30°\sim45°$

标记示例

标准系列、公称规格 8mm，由钢制造的硬度等级为 200HV 级，不经表面处理，产品等级为 A 级平垫圈：

垫圈　GB/T 97.1　8

标准系列、公称规格 8mm，由 A2 组不锈钢制造的硬度等级为 200HV 级，不经表面处理，产品等级为 A 级倒角型平垫圈：

垫圈　GB/T 97.2　8　A2

公称规格（螺纹大径）d		5	6	8	10	12	16	20	24	30	36
内径 d_1	公称 $=$ min	5.3	6.4	8.4	10.5	13	17	21	25	31	37
外径 d_2 公称 $=$ min	GB/T 97.1—2002	10	12	16	20	24	30	37	44	56	66
	GB/T 97.2—2002										
厚度 h	GB/T 97.1—2002	1	1.6		2	2.5	3		4		5
	GB/T 97.2—2002										

表 C-10　标准型弹簧垫圈（GB/T 93—1987）　　　　　　　（单位：mm）

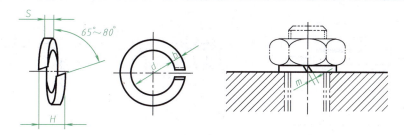

标记示例

螺纹规格 16mm，材料为 65Mn，表面氧化的标准型弹簧垫圈：

垫圈　GB/T 93—87　16

规格（螺纹大径）		4	5	6	8	10	12	16	20	24	30
d	min	4.10	5.10	6.10	8.10	10.20	12.20	16.20	20.20	24.50	30.50
	max	4.40	5.40	6.68	8.68	10.90	12.90	16.90	21.04	25.50	31.50
$S(b)$	公称	1.10	1.30	1.60	2.10	2.60	3.10	4.10	5.00	6.00	7.50
	min	1.00	1.20	1.50	2.00	2.45	2.95	3.90	4.80	5.80	7.20
	max	1.20	1.40	1.70	2.20	2.75	3.25	4.30	5.20	6.20	7.80
H	min	2.20	2.60	3.20	4.20	5.20	6.20	8.20	10.00	12.00	15.00
	max	2.75	3.25	4.00	5.25	6.50	7.75	10.25	12.50	15.00	18.75
$m \leqslant$		0.55	0.65	0.80	1.05	1.30	1.55	2.05	2.50	3.00	3.75

注：m 应大于零。

附录 D　键和销

表 D-1　普通型平键（GB/T 1096—2003）　　　　　　　（单位：mm）

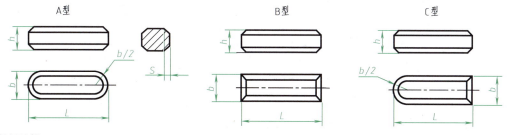

标记示例

宽度 $b=16$mm、高度 $h=10$mm、长度 $L=100$mm 普通 A 型平键的标记为：GB/T 1096　键 16×10×100

宽度 $b=16$mm、高度 $h=10$mm、长度 $L=100$mm 普通 B 型平键的标记为：GB/T 1096　键 B16×10×100

宽度 $b=16$mm、高度 $h=10$mm、长度 $L=100$mm 普通 C 型平键的标记为：GB/T 1096　键 C16×10×100

b	2	3	4	5	6	8	10	12	14	16	18	20	22	25
h	2	3	4	5	6	7	8	8	9	10	11	12	14	14
S	0.16~0.25			0.25~0.4			0.40~0.60					0.60~0.80		
L	6~20	6~36	8~45	10~56	14~70	18~90	22~110	28~140	36~160	45~180	50~200	56~220	63~250	70~280
L 系列	6、8、10、12、14、16、18、20、22、25、28、32、36、40、45、50、56、63、70、80、90、100、110、125、140、160、180、200、220、250、280													

表 D-2　平键和键槽的剖面尺寸（GB/T 1095—2003）　　　　（单位：mm）

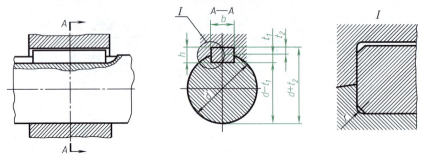

键尺寸 $b \times h$	键槽										
	宽度 b						深度				半径 r
	公称尺寸	极限偏差					轴 t_1		毂 t_2		
		正常连接		紧密连接	松连接		公称尺寸	极限偏差	公称尺寸	极限偏差	
		轴 N9	毂 JS9	轴和毂 P9	轴 H9	毂 D10					min	max
2×2	2	-0.004	±0.0125	-0.006	-0.025	+0.060	1.2	+0.1 0	1	+0.1 0	0.08	0.16
3×3	3	-0.029		-0.031	0	+0.020	1.8		1.4			
4×4	4	0	±0.015	-0.012	+0.030	+0.078	2.5		1.8			
5×5	5	-0.030		-0.042	0	+0.030	3		2.3		0.16	0.25
6×6	6						3.5		2.8			
8×7	8	0	±0.018	-0.015	+0.036	+0.098	4.0		3.3			
10×8	10	-0.036		-0.051	0	+0.040	5.0		3.3			
12×8	12						5.0		3.3			
14×9	14	0	±0.0215	-0.018	+0.043	+0.120	5.5	+0.2 0	3.8	+0.2 0	0.25	0.40
16×10	16	-0.043		-0.061	0	+0.050	6.0		4.3			
18×11	18						7.0		4.4			
20×12	20						7.5		4.9			
22×14	22	0	±0.026	-0.022	+0.052	+0.149	9.0		5.4		0.40	0.60
25×14	25	-0.052		-0.074	0	+0.065	9.0		5.4			
28×16	28						10.0		6.4			

表 D-3　圆柱销　不淬硬钢和奥氏体不锈钢（GB/T 119.1—2000）圆柱销
淬硬钢和马氏体不锈钢（GB/T 119.2—2000）　　　（单位：mm）

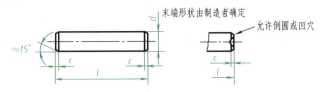

标记示例
公称直径 $d = 8$mm，公差为 m6，公称长度 $l = 30$mm，材料为钢，不经淬火，不经表面处理的圆柱销的标记：
销　GB/T 119.1　8 m6×30
公称直径 $d = 8$mm，公差为 m6，公称长度 $l = 30$mm，材料为钢，普通淬火（A 型），表面氧化处理的圆柱销的标记：
销　GB/T 119.2　8×30
公称直径 $d = 8$mm，公差为 m6，公称长度 $l = 30$mm，材料为 C1 组马氏体不锈钢，表面简单处理的圆柱销的标记：
销　GB/T 119.2　6×30-C1

（续）

		1	1.2	1.5	2	2.5	3	4
c	GB/T 119.1	0.2	0.25	0.3	0.35	0.4	0.5	0.63
	GB/T 119.2	0.2	—	0.3	0.35	0.4	0.5	0.63
l	GB/T 119.1	4~10	4~12	4~16	6~20	6~24	8~30	8~40
	GB/T 119.2	3~10	—	4~16	5~20	6~24	8~30	10~40
d		5	6	8	10	12	16	20
c	GB/T 119.1	0.8	1.2	1.6	2	2.5	3	3.5
	GB/T 119.2	0.8	1.2	1.6	2	2.5	3	3.5
l	GB/T 119.1	10~50	12~60	14~80	18~95	22~140	26~180	35~200
	GB/T 119.2	12~50	14~60	18~80	22~100	26~100	40~100	50~100
l系列（公称尺寸）		2,3,4,5,6,8,10,12,14,16,18,20,22,24,26,28,30,32,35,40,45,50,55,60,65,70,75,80,85,90,100；公称长度大于100mm，按20mm递增							

表 D-4　圆锥销（GB/T 117—2000）　　　　　　　　　（单位：mm）

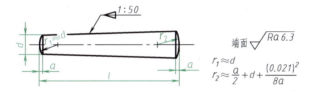

标记示例

公称直径 $d=10$mm，长度 $l=60$mm，材料为35钢，热处理硬度28~38HRC，表面氧化处理的A型圆锥销：

销　GB/T 117　10×60

d(公称)h10	0.6	0.8	1	1.2	1.5	2	2.5	3	4	5
$a\approx$	0.08	0.1	0.12	0.16	0.2	0.25	0.3	0.4	0.5	0.63
l(商品规格范围)	4~8	5~12	6~16	6~20	8~24	10~35	10~35	12~45	14~55	18~60
d(公称)h10	6	8	10	12	16	20	25	30	40	50
$a\approx$	0.8	1	1.2	1.6	2	2.5	3	4	5	6.3
l(商品规格范围)	22~90	22~120	26~160	32~180	40~200	45~200	50~200	55~200	60~200	65~200
l系列（公称尺寸）	2,3,4,5,6,8,10,12,14,16,18,20,22,24,26,28,30,32,35,40,45,50,55,60,65,70,75,80,85,90,95,100；公称长度大于100mm，按20mm递增									

注：1. A型（磨削）：锥面表面粗糙度 $Ra=0.8\mu$m。B型（切削或冷镦）：锥面表面粗糙度 $Ra=3.2\mu$m。
　　2. 材料：易切钢（Y12、Y15），碳素钢（35，28~38HRC；45，38~46HRC）；合金钢（30CrMnSi，35~41HRC）；不锈钢（12Cr13、20Cr13、14Cr17Ni2、06Cr19Ni10）。

附录 E 滚动轴承

表 E-1 深沟球轴承（GB/T 276—2013）

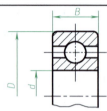

标记示例

滚动轴承 6012 GB/T 276—2013

轴承型号	外形尺寸/mm			轴承型号	外形尺寸/mm		
	d	D	B		d	D	B
(0)1 尺寸系列 6004	20	42	12	**(0)3 尺寸系列** 6304	20	52	15
6005	25	47	12	6305	25	62	17
6006	30	55	13	6306	30	72	19
6007	35	62	14	6307	35	80	21
6008	40	68	15	6308	40	90	23
6009	45	75	16	6309	45	100	25
6010	50	80	16	6310	50	110	27
6011	55	90	18	6311	55	120	29
6012	60	95	18	6312	60	130	31
6013	65	100	18	6313	65	140	33
6014	70	110	20	6314	70	150	35
6015	75	115	20	6315	75	160	37
6016	80	125	22	6316	80	170	39
6017	85	130	22	6317	85	180	41
6018	90	140	24	6318	90	190	43
6019	95	145	24	6319	95	200	45
6020	100	150	24	6320	100	215	47
(0)2 尺寸系列 6204	20	47	14	**(0)4 尺寸系列** 6404	20	72	19
6205	25	52	15	6405	25	80	21
6206	30	62	16	6406	30	90	23
6207	35	72	17	6407	35	100	25
6208	40	80	18	6408	40	110	27
6209	45	85	19	6409	45	120	29
6210	50	90	20	6410	50	130	31
6211	55	100	21	6411	55	140	33
6212	60	110	22	6412	60	150	35
6213	65	120	23	6413	65	160	37
6214	70	125	24	6414	70	180	42
6215	75	130	25	6415	75	190	45
6216	80	140	26	6416	80	200	48
6217	85	150	28	6417	85	210	52
6218	90	160	30	6418	90	225	54
6219	95	170	32	6419	95	240	55
6220	100	180	34	6420	100	250	58

表 E-2　圆锥滚子轴承（GB/T 297—2015）

标记示例

滚动轴承　30205　GB/T 297—2015

轴承型号	外形尺寸/mm					轴承型号	外形尺寸/mm				
	d	D	T	B	C		d	D	T	B	C
30204	20	47	15.25	14	12	32204	20	47	19.25	18	15
30205	25	52	16.25	15	13	32205	25	52	19.25	18	16
30206	30	62	17.25	16	14	32206	30	62	21.25	20	17
30207	35	72	18.25	17	15	32207	35	72	24.25	23	19
30208	40	80	19.75	18	16	32208	40	80	24.75	23	19
30209	45	85	20.75	19	16	32209	45	85	24.75	23	19
30210	50	90	21.75	20	17	32210	50	90	24.75	23	19
30211	55	100	22.75	21	18	32211	55	100	26.75	25	21
30212	60	110	23.75	22	19	32212	60	110	29.75	28	24
30213	65	120	24.75	23	20	32213	65	120	32.75	31	27
30214	70	125	26.25	24	21	32214	70	125	33.25	31	27
30215	75	130	27.25	25	22	32215	75	130	33.25	31	27
30216	80	140	28.25	26	22	32216	80	140	35.25	33	28
30217	85	150	30.5	28	24	32217	85	150	38.5	36	30
30218	90	160	32.5	30	26	32218	90	160	42.5	40	34
30219	95	170	34.5	32	27	32219	95	170	45.5	43	37
30220	100	180	37	34	29	32220	100	180	49	46	39
30304	20	52	16.25	15	13	32304	20	52	22.25	21	18
30305	25	62	18.25	17	15	32305	25	62	25.25	24	20
30306	30	72	20.75	19	16	32306	30	72	28.75	27	23
30307	35	80	22.75	21	18	32307	35	80	32.75	31	25
30308	40	90	25.25	23	20	32308	40	90	35.25	33	27
30309	45	100	27.25	25	22	32309	45	100	38.25	36	30
30310	50	110	29.25	27	23	32310	50	110	42.25	40	33
30311	55	120	31.5	29	25	32311	55	120	45.5	43	35
30312	60	130	33.5	31	26	32312	60	130	48.5	46	37
30313	65	140	36	33	28	32313	65	140	51	48	39
30314	70	150	38	35	30	32314	70	150	54	51	42
30315	75	160	40	37	31	32315	75	160	58	55	45
30316	80	170	42.5	39	33	32316	80	170	61.5	58	48
30317	85	180	44.5	41	34	32317	85	180	63.5	60	49
30318	90	190	46.5	43	36	32318	90	190	67.5	64	53
30319	95	200	49.5	45	38	32319	95	200	71.5	67	55
30320	100	215	51.5	47	39	32320	100	215	77.5	73	60

02尺寸系列、03尺寸系列、22尺寸系列、23尺寸系列

表 E-3 推力球轴承（GB/T 301—2015）

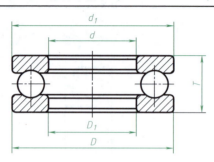

标记示例

滚动轴承 51210 GB/T 301—2015

轴承类型		外形尺寸/mm					轴承类型		外形尺寸/mm				
		d	D	T	D_{1smax}	d_{1smax}			d	D	T	D_{1smax}	d_{1smax}
11 尺寸系列 (51000 型)	51104	20	35	10	21	35	13 尺寸系列 (51000 型)	51304	20	47	18	22	47
	51105	25	42	11	26	42		51305	25	52	18	27	52
	51106	30	47	11	32	47		51306	30	60	21	32	60
	51107	35	52	12	37	52		51307	35	68	24	37	68
	51108	40	60	13	42	60		51308	40	78	26	42	78
	51109	45	65	14	47	65		51309	45	85	28	47	85
	51110	50	70	14	52	70		51310	50	95	31	52	95
	51111	55	78	16	57	78		51311	55	105	35	57	105
	51112	60	85	17	62	85		51312	60	110	35	62	110
	51113	65	90	18	67	90		51313	65	115	36	67	115
	51114	70	95	18	72	95		51314	70	125	40	72	125
	51115	75	100	19	77	100		51315	75	135	44	77	135
	51116	80	105	19	82	105		51316	80	140	44	82	140
	51117	85	110	19	87	110		51317	85	150	49	88	150
	51118	90	120	22	92	120		51318	90	155	50	93	155
	51120	100	135	25	102	135		51320	100	170	55	103	170
12 尺寸系列 (51000 型)	51204	20	40	14	22	40	14 尺寸系列 (51000 型)	51405	25	60	24	27	60
	51205	25	47	15	27	47		51406	30	70	28	32	70
	51206	30	52	16	32	52		51407	35	80	32	37	80
	51207	35	62	18	37	62		51408	40	90	36	42	90
	51208	40	68	19	42	68		51409	45	100	39	47	100
	51209	45	73	20	47	73		51410	50	110	43	52	110
	51210	50	78	22	52	78		51411	55	120	48	57	120
	51211	55	90	25	57	90		51412	60	130	51	62	130
	51212	60	95	26	62	95		51413	65	140	56	68	140
	51213	65	100	27	67	100		51414	70	150	60	73	150
	51214	70	105	27	72	105		51415	75	160	65	78	160
	51215	75	110	27	77	110		51416	80	170	68	83	170
	51216	80	115	28	82	115		51417	85	180	72	88	177
	51217	85	125	31	88	125		51418	90	190	77	93	187
	51218	90	135	35	93	135		51420	100	210	85	103	205
	51220	100	150	38	103	150		51422	110	230	95	113	225

附录 F　常用材料

表 F-1　常用钢铁金属材料

名称	牌号	应用举例	说明
碳素结构钢	Q195	用于金属结构构件、拉杆、心轴、垫圈、凸轮等	"Q"是钢材屈服强度"屈"字汉语拼音首字母,后面数字表示屈服强度的数值(MPa)
	Q215		
	Q235	用于金属结构构件、吊钩、拉杆、套筒、气缸、齿轮、螺栓、螺母、连杆、轮轴、楔、盖、焊接件等	
	Q275	用于轴、轴销、刹车杆、螺栓、螺母、连杆等强度要求较高零件	
优质碳素结构钢	10	焊接性好,用于拉杆、卡头、钢管垫片、垫圈、铆钉及焊接件等	牌号的两位数字表示钢中碳的名义质量分数(以万分数表示),45钢表示碳的名义质量分数为0.45%
	15	用于受力不大而韧性较高的零件、渗碳零件及紧固件,如螺栓、螺钉、法兰盘、化工贮器、蒸汽锅炉等	碳的名义质量分数≤0.25%的碳钢是低碳钢(渗碳钢)
	35	用于曲轴、转轴、杠杆、连杆、轴销、螺栓、螺母、垫圈等,一般不用于焊接件	碳的名义质量分数为0.25%~0.6%的碳钢是中碳钢(调质钢)
	45	用于强度要求较高的零件,如轴、齿轮、齿条、汽轮机叶轮、压缩机等	碳的名义质量分数>0.6%的碳钢是高碳钢
	60	用于弹簧、弹簧垫圈、轧辊、凸轮、离合器等	锰的质量分数较高的钢需加注化学元素符号"Mn"
	15Mn	用于中心部分机械性能要求较高且需渗碳的零件	
	65Mn	用于耐磨性要求高的圆盘、齿轮、弹簧发条、花键轴等	
灰铸铁	HT150	用于小负荷和对耐磨性无特殊要求的零件,如工作台、端盖、带轮、机床座等	"HT"是"灰铁"的汉语拼音首字母,后面数字表示抗拉强度(MPa)
	HT200	用于中等负荷和对耐磨性有一定要求的零件,如机床床身、立柱、飞轮、气缸、泵体、轴承座、齿轮箱等	
	HT250	用于中等负荷和对耐磨性有一定要求的零件,如气缸、油缸、联轴器、齿轮、阀壳等	

表 F-2　常用非铁金属材料

名称	牌号	应用举例	说明
5-5-5锡青铜	ZCuSn5Pb5Zn5	用于较高负荷、中等滑动速度下工作的耐磨、耐腐蚀零件,如轴瓦、衬套、蜗轮、离合器等	"Z"是"铸造"的汉语拼音首字母,各化学元素后面数字表示该元素的质量分数(%)
10-3铝青铜	ZCuAl10Fe3	用于高强度、耐磨、耐腐蚀零件,如蜗轮、轴承、衬套、管嘴、耐热管配件等	
25-6-3-3铝黄铜	ZCuZn25Al6Fe3Mn3	用于一般用途结构件,如套筒、衬套、轴瓦、滑块等	
38-2-2锰黄铜	ZCuZn38Mn2Pb2	用于强度要求较高的零件,如轴、齿轮、齿条、汽轮机叶轮、压缩机等	

（续）

名称	牌号	应用举例	说明
铸造铝合金	ZAlMg10	用于承受大冲击负荷、要求高耐腐蚀性的零件	"Z"是"铸造"的汉语拼音首字母,各化学元素后面数字表示该元素的质量分数(%)
	ZAlSi12	用于气缸活塞和高温工作的复杂形状零件	
	ZAlZn11Si7	用于压力铸造的高强度铝合金	
工业纯铝	1060	用于贮槽、热交换器、防污染及深冷设备等	1060 的含铝量达到 99.6% 以上
硬铝	2A12	用于高负荷零件及构件(不包括冲压件和锻件)	2A12 属于国际典型硬铝合金

表 F-3 常用非金属材料

名称	牌号	应用举例	说明
耐油石棉橡胶板	NY250 HNY300	用于供航空发动机用的煤油、润滑油及冷气系统结合处的密封衬垫材料	有 0.4~3.0mm 的十种厚度规格
耐油橡胶板	3707 3807 3709 3809	用于冲制各种形状的垫圈	3709 代表邵氏硬度为 70 抗拉强度为 9MPa
耐热橡胶板	4708 4808 4710	用于冲制各种形状的垫圈、隔热垫板等	4708 代表邵氏硬度为 70,抗拉强度为 8MPa
耐酸碱橡胶板	2707 2807 2709	用于冲制密封性能较好的垫圈	2807 代表邵氏硬度为 80,抗拉强度为 7MPa

参 考 文 献

[1]　何铭新，钱可强，徐祖茂. 机械制图 [M]. 7 版. 北京：高等教育出版社，2016.

[2]　刘宇红，张建军. 工程图学基础 [M]. 3 版. 北京：机械工业出版社，2018.

[3]　同济大学，上海交通大学等院校编写组. 机械制图 [M]. 7 版. 北京：高等教育出版社，2016.

[4]　邹凤楼，梁晓娟. 机械制图 [M]. 北京：机械工业出版社，2020.

[5]　唐克中，郑镁. 画法几何及工程制图 [M]. 6 版. 北京：高等教育出版社，2023.

[6]　焦永和，张彤，张昊. 机械制图手册 [M]. 6 版. 北京：机械工业出版社，2022.

[7]　王丹虹，宋洪侠，陈霞. 现代工程制图 [M]. 2 版. 北京：高等教育出版社，2017.

[8]　张政武，陈杰峰. 工程图学基础 [M]. 重庆：重庆大学出版社，2020.

[9]　林新英，王庆有. 工程图学 [M]. 北京：机械工业出版社，2022.

[10]　董祥国. AutoCAD 2020 应用教程 [M]. 南京：东南大学出版社，2020.

[11]　蒋冬清，刘琴琴，钱桂名. 计算机绘图：AutoCAD 实用教程 [M]. 成都：西南交通大学出版社，2022.

[12]　付饶，段利君，洪友伦. AutoCAD 中文版基础应用信息化教程 [M]. 2 版. 南京：南京大学出版社，2024.